内 容 简 介

本书依据作者团队的研究成果，详细介绍了碳基复合材料、碳纤维增韧碳化硅复合材料、连续碳化硅纤维增韧碳化硅复合材料及其改性复合材料等超高温结构复合材料的热环境行为、热化学环境行为、热/力/介质耦合环境行为、空间辐照行为，并介绍了固/液火箭发动机燃气和羽流对超高温结构复合材料极端环境服役行为的模拟验证结果。本书既可为新型超高温结构复合材料针对服役环境的改性设计提供指导，又可为现有超高温结构复合材料在冲压发动机、火箭发动机、高超声速飞行器、空天飞行器等航空航天核心装备上的应用设计提供依据。

本书适合材料专业科研开发人员、研究生及高年级的本科生阅读参考。

图书在版编目（CIP）数据

超高温结构复合材料服役行为模拟：理论与方法/
成来飞等著．—北京：化学工业出版社，2020.4
ISBN 978-7-122-36605-4

Ⅰ.①超…　Ⅱ.①成…　Ⅲ.①超高温-复合材料-结构性能-研究　Ⅳ.①TB33

中国版本图书馆 CIP 数据核字（2020）第 063746 号

责任编辑：韩霄翠　仇志刚　　　　　　　　　装帧设计：王晓宇
责任校对：宋　玮

出版发行：化学工业出版社（北京市东城区青年湖南街 13 号　邮政编码 100011）
印　　装：凯德印刷（天津）有限公司
787mm×1092mm　1/16　印张 23½　彩插 4　字数 516 千字　2020 年 4 月北京第 1 版第 1 次印刷

购书咨询：010-64518888　　售后服务：010-64518899
网　　址：http://www.cip.com.cn
凡购买本书，如有缺损质量问题，本社销售中心负责调换。

定　　价：168.00 元

超高温结构复合材料 服役行为模拟
——理论与方法

成来飞　栾新刚　张立同　等　著

Behaviors of Thermostructural Composite Materials in Simulated Service Environments
——Theory and Methods

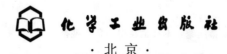

化学工业出版社
·北京·

前　言

　　碳基复合材料、碳纤维增韧碳化硅复合材料、连续碳化硅纤维增韧碳化硅复合材料及其改性复合材料是超高温结构复合材料的重要组成部分，是航空发动机、冲压发动机、火箭发动机、高超声速飞行器、空天飞行器等航空航天核心装备必需的战略性结构材料。超高温结构复合材料在航空航天极端环境中的服役行为研究，对确保装备服役安全具有极其重要的意义。然而，机会难得且费用昂贵的试飞测试仅能回答"行与不行"的问题，对材料改进和构件设计的支撑严重不足，因此通过各种模拟环境测试来研究超高温结构复合材料的损伤行为和机理以支撑复合材料改性和构件设计是国际通用做法。

　　1999年至2009年期间，西北工业大学超高温结构复合材料实验室国防科技创新团队获得国家重大基础研究计划的持续支持，开展了航空发动机环境高温结构复合材料的制备与表征研究，相关基础研究成果汇编于《纤维增韧碳化硅陶瓷复合材料——模拟、表征与设计》和《自愈合陶瓷基复合材料制备与应用基础》两本专著中。

　　2005年至2015年期间，西北工业大学超高温结构复合材料重点实验室教育部创新团队获得"国家重点基础研究发展计划"的持续支持，开展了固/液火箭发动机和临近空间飞行器用超高温结构复合材料的制备与表征研究，系统研究了温度、气氛、应力、流场和辐照等因素对超高温结构复合材料的单一和耦合损伤行为与机理，并探讨了材料改性对超高温结构复合材料航空航天极端环境服役行为的影响，其相关基础研究成果汇编于本书。

　　本书是张立同院士团队连续纤维增韧陶瓷基复合材料系列专著之一，依循《纤维增韧碳化硅陶瓷复合材料——模拟、表征与设计》的整体构思和框架撰写而成。本书系统总结了西北工业大学在超高温结构复合材料烧蚀、冲蚀、应力氧化、应力冲蚀、粒子辐照等极端环境模拟服役行为方面近十几年的研究成果，以材料的物理、化学性能变化为主线，从温度的单一影响入手，逐步叠加气氛、应力、流速、辐照等因素，揭示了多因素耦合对超高温结构复合材料损伤行为的影响规律以及因素耦合对损伤机理的影响机制。

　　全书围绕超高温结构复合材料在极端环境中非线性强耦合服役行为的模拟与解耦展开，全书共7章。第1章介绍超高温结构复合材料的类别、应用环境及应用考核方法，由成来飞教授和张立同教授执笔。第2章主要介绍极端环境模拟的理论依据与实现途径，由栾新刚副教授和成来飞教授执笔。第3章主要介绍温度对超高温结构复合材料微结构和性能演变的影响规律与机制，由刘小冲讲师和成来飞教授执笔。第4章主要介绍热化学反应对超高温结构复合材料微结构和性能演变的影响规律与机制，由栾新刚副教授和成来飞教授执笔。第5章主要介绍热/力/水氧耦合对超高温结构复合材料微结构和性能演变的影响规律与机制，由张亚妮副教授和张立同教授执笔。第6章主要介绍空间粒子辐照对超高温结构复合材料微结构和性能演变的影响规律与机制，由刘小冲讲师和成来飞教授执笔。第 7 章主要介绍固/液火箭发动机燃气和羽流对超高温结构复合材料极端环境服役行为的模拟验证结果，由陈博讲师和张立同教授执笔。

本书内容覆盖了刘小冲、张亚妮、陈博、刘巧沐、刘持栋、刘光海、殷小玮、栾新刚、梅辉等博士学位论文的部分工作，以及潘育松、宿孟、王海玲等硕士学位论文的部分工作。此外，栾新刚副教授和李珍宝博士负责本书的校对与整理，团队的技术人员为制备大量性能测试试件也付出辛勤劳动。在此一并表示感谢。

本书既可为新型超高温结构复合材料针对服役环境的改性设计提供指导，又可为现有超高温结构复合材料在冲压发动机、火箭发动机、高超声速飞行器、空天飞行器等航空航天核心装备上的应用设计提供依据。本书适合材料专业科研开发人员、研究生及高年级的本科生阅读参考。

成来飞
西北工业大学

目　录

第 1 章

绪论

超高温结构复合材料作为一类战略性结构材料，在航空航天领域具有不可替代的优势和不可限量的前景，已经逐渐投入应用。然而，随着对航空航天装备的性能要求越来越高，超高温结构复合材料面对的服役环境也越来越苛刻，探索并揭示超高温结构复合材料在极端服役环境中的性能演变规律和损伤失效机理，是提高超高温结构复合材料性能并加速其实际应用的不可或缺的环节。本章将概述超高温结构复合材料的类别、应用环境特点及其应用考核方法。

1.1 超高温结构复合材料的类别

超高温结构复合材料的主要组成是耐高温的纤维、基体和界面相。目前常用的耐高温纤维是碳纤维和 SiC 纤维；常用的耐高温基体包括碳基体、SiC 基体和超高温陶瓷（UHTC）基体（例如 HfC、ZrC、HfB_2、ZrB_2 等及其混合物）；界面相通常有热解碳（PyC）、BN、SiC 等。

1.1.1 碳基复合材料（C/C）

碳基复合材料也称 C/C 复合材料（简称 C/C）。C/C 的诞生源自一次偶然的试验。1958 年，美国 Chance-Vought 航空公司科研人员在测定碳纤维增强酚醛树脂基复合材料中碳纤维的含量时，由于试验过程中的操作失误，聚合物基体没有被氧化，反而被热解，意外得到了 C/C。C/C 通常是以碳相为基体，碳纤维为增韧相的复合材料，基体和界面之间通常存在一定厚度的 PyC 界面层。该材料最大的特点是由单一的碳元素构成。它不仅具有碳材料、石墨材料优异的耐烧蚀性能，良好的高温强度和低密度，而且由于碳纤维的增韧，一定程度上改善了碳材料的脆性和对裂纹的敏感性，以及热解石墨明显的各向异性和易分层等弱点，显著提高了 C/C 的力学性能[1]。室温下 C/C 的比强度、比模量均优于金属热结构材料[2,3]。更重要的是，C/C 的强度指标随着温度的升高（可达 2200℃）不仅不降低，甚至比室温时还要高，这是金属结构材料所无法比拟的[4,5]。此外，C/C 还具有热膨胀系数低、耐腐蚀、耐热冲击、耐摩擦、吸振性好等一系列优异性能[1,6]。

航空航天领域的发展，对材料的性能提出了新的要求，我国从 20 世纪 70 年代初开始 C/C 的研究，主要研究单位有西安航天复合材料研究所、西北工业大学、中国科学院金属研究所、航天材料及工艺研究所、中国科学院山西煤炭化学研究所等。研究者们从制备工艺入手，在常压浸渍碳化工艺和等温 CVI（化学气相渗透）工艺的研究基础上，成功开发了热等静压工艺、新型超高压浸渍工艺，以及热梯度 CVI 工艺、CVI 与浸渍碳化混合工艺、强制流动热梯度 CVI 工艺、液烃蒸发沉积工艺、限域变温 CVI 工艺等一系列改进型浸渍或 CVI 工艺，提高了 C/C 致密化速率，并降低了制备成本。在材料种类方面，国内研制出了单向 C/C、两向 C/C、多向 C/C、缠绕-径向插棒增强、针刺碳毡增强等多种 C/C。基体原材料方面则分别研究了沥青、树脂和不同的气态碳源前驱体（甲烷、丙烯等）[7]。使用 Novoltex 预制体及制备的 C/C 的微结构如图 1-1 所示[8,9]。

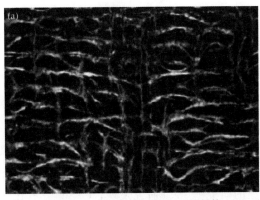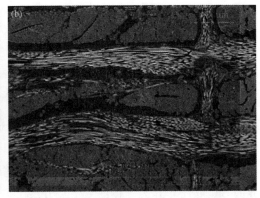

图 1-1　Novoltex 预制体（a）及其制得的 C/C 的微结构（b）[8,9]

C/C 的优异特性使其既可作为结构材料，又可作为功能材料，受到了各国的高度重视，在航空和航天领域迅速得到应用[10-16]。C/C 在军用和民用领域的典型应用可参见表 1-1[17-20]。

表 1-1　C/C 的应用领域[17-20]

军事应用	商业/双用
导热空间结构	越野车辆制动器
电子封装用散热器	替代石墨结构
太阳能电池陈列结构	柴油活塞和排气部件
前缘材料	商用飞机刹车
天线窗材料	电子封装材料
高频雷达/反射镜结构	高温炉部件
空间散热器	核反应堆组件
防热罩	生物医学材料
超声速气动武器	涡轮发动机排气
再入飞行器前端	

C/C 的致命弱点是高温（>400℃）易氧化，这严重限制了其应用。因此研究者们从 20 世纪 70 年代初期就开始了 C/C 的抗氧化研究。研究表明，基体改性和涂层改性技术可以提高 C/C 的抗氧化能力。

基体改性是通过向碳基体中引入适当的氧化抑制剂，使其在高温氧化条件下主动吸收氧，并自发地、优先地与氧反应，原位生成固氧化合物或转化成连续、致密的保护膜，最终达到提高 C/C 的抗氧化能力的方法。界面改性则是通过对碳纤维表面进行适当处理来提高界面完整性或在碳纤维与基体之间直接引入抗氧化的第三种物质充当界面，从而提高 C/C 自身的抗氧化能力的方法。目前，改性技术所能实现的防护温度主要限于 1200℃以下，这远不能满足飞机发动机（工作温度高达 1600℃，甚至更高）和航天飞机热防护部件（工作温度高达 1600～1700℃）的工作要求。与改性技术相比，抗氧化涂层技术可以提供更高温度下的防护能力，因而得到了快速发展[7]。

抗氧化涂层技术是在 C/C 外表面涂覆均匀、致密，并具有一定厚度和良好氧阻挡能力的防护层，实现 C/C 与氧的完全隔离，从而达到阻止碳氧化的方法。目前一般所选择的都是以 SiC 或 Si_3N_4 为主的涂覆层体系[5,21-26]，SiC 涂层在 1000～2000℃具有较好的抗氧化性能[21,27]，这是由于在高温条件下，涂层表面形成了一层非常薄的、致密的、与基体结合牢固的 SiO_2 氧化膜，氧在其中的扩散系数非常小，因而 SiC 涂层的氧化速率非常缓慢。

1.1.2 碳纤维增韧碳化硅复合材料（C/SiC）

碳纤维增韧碳化硅复合材料（简称 C/SiC）是随着航空航天技术的发展而崛起的一种新型高温结构材料。自 20 世纪 70 年代以来，为了寻求将热防护、结构承载以及抗氧化结合于一体的新途径，人们首先从提高基体抗氧化性能方面着手，对用抗氧化性能优异的 SiC 取代 C 作为基体的 C/SiC 开展了广泛的研究[28-30]。研究发现，C/SiC 具有比强度高、比模量高、耐高温、抗热震性能好、韧性高、硬度高、耐磨性高、化学稳定性高、设计容限高、导热性好、密度低和热膨胀系数低等一系列优异性能，是一种可在 1650℃长时间、2200℃有限时间和 2800℃瞬时使用的新型超高温结构材料，在航空航天等领域具有广阔的应用前景。C/SiC 既有高强度低成本的碳纤维，又有高模量和抗氧化性能优良的 SiC 基体，是一种可广泛应用于航空发动机热端部件、核能反应堆热交换器以及空天飞行器热防护系统（TPS）的结构材料。

连续碳纤维增韧的碳化硅基复合材料是以碳化硅为基体，碳纤维为增韧相的复合材料，通常界面层为厚度小于 $1\mu m$ 的各向异性热解碳层（如图 1-2 所示[31]）。目前的研究结果表明，C/SiC 的性能主要取决于以下几方面：碳纤维的结构与性能及其在复合材料中的排列方式；碳纤维与基体间界面相的结构与性能；基体的结构与性能；复合材料表面涂层的性能；复合材料各组元的制备方法等[32-34]。

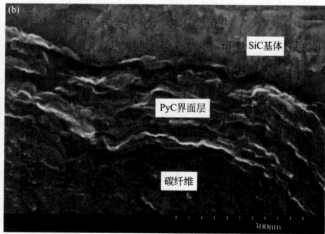

图 1-2　2D C/SiC 三大组元碳纤维、PyC 界面层和 SiC 基体的 TEM 照片（a）及 SEM 照片（b）[31]

C/SiC 的应用覆盖了航空发动机、火箭发动机、冲压发动机和空天飞行器热防护体系等各方面[35-37]。而航空航天的应用条件非常复杂，对材料的要求也很苛刻，所以对材料进行破坏规律、失效机制以及伴随的物理现象的研究至关重要。但由于硬件技术的制约，如腐蚀介质中高温长时间的加热及加力技术、原位扫描电镜、原位透射电镜等，现阶段仍无法对 C/SiC 的微观结构演变规律进行系统且深入的研究，这严重制约了 C/SiC 的发展。

在国内，C/SiC 的研究整体起步较晚。近年来仅有中国科学院金属研究所、国防科技大学、西安航天复合材料研究所和西北工业大学开展了一些实用性较强的研究[38-47]。其中，西北工业大学超高温结构复合材料重点实验室已全面突破了 CVI 法制备 C/SiC 的一系列关键技术，形成了具有独立知识产权的材料制造技术和设备制造体系，使我国成为继法国之后，独立发展 CVI 法制备连续纤维增韧碳化硅陶瓷基复合材料的国家。西北工业大学超高温结构复合材料重点实验室在连续纤维增韧碳化硅陶瓷基复合材料研制方面有重大创新，发展的材料制造技术居国际先进水平，材料的综合性能居国际领先水平。

C/SiC 可以通过液相或气相途径来制备。低温、无压和近净尺寸的制备工艺是不损伤纤维并且降低成本的有效途径。此外，选择制备工艺时还得考虑所制备部件的尺寸、形状和数量。C/SiC 中 SiC 基体常用的制备方法有：热压烧结（HPS）、先驱体转化法（PIP）、反应性熔体渗透（RMI）和化学气相渗透法（CVI）。其中 CVI 是目前唯一商业化的制备方法。

1.1.3　连续碳化硅纤维增韧碳化硅基复合材料（SiC/SiC）

连续碳化硅纤维增韧碳化硅基复合材料（简称 SiC/SiC）具有高的比强度和比刚度、良好的高温力学性能和抗氧化性能以及优异的抗辐照性能和耐腐蚀性能，在航空航天和核聚变领域都有着广泛的应用前景。SiC/SiC 是航空航天和原子能等领域最理想的新一代高温结构材料。其应用于航空航天发动机的结构部件，能在超高温度下使用，且密度小、强度高，能显著提高发动机的推重比；用于原子能反应堆的堆壁材料则稳定性好、易维护、安全可靠性高。因此，许多国家开展了 SiC/SiC 材料应用于高温热结构部件的研究，并且取得了丰硕的成果。

SiC 纤维是发展 SiC/SiC 的关键。SiC 纤维具有和碳纤维接近的力学性能，跟氧化物纤维相似的优良的高温抗氧化性能，同时它与陶瓷基体的相容性能比这两者都好。目前 SiC 纤维的制备工艺主要有：聚合物先驱体转化法、活性碳纤维转化法、化学气相沉积（CVD）法和超微粉体挤压法。SiC/SiC 中 SiC 基体的制备工艺主要有：泥浆浸渗烧结法、反应烧结法（RS）、聚合物先驱体浸渍裂解（PIP）和化学气相渗透法（CVI）等。

在美国能源部陶瓷燃气轮机计划［Ceramic Stationary Gas Turbine（CSGT）Program］的支持下，一个由美国 Solar Turbines 公司牵头的小组成功地制造出以 SiC/SiC 作为燃烧室衬里的发动机（Solar's Centaur 505）。在 35000h 的试验运转中，其排出尾气的 NO_x、CO 量比普通发动机低。同时测试表明，SiC/SiC 内衬在燃烧室环境的寿命受 SiC 在高速气流中长时间服役的稳定性限制，因此有必要开展用于 SiC/SiC 的环境保护涂层（environmental barrier coating，EBC）的研究。美国 Texaco 公司进行的试验测试也表明，EBC 能使 SiC/SiC 内衬寿命提高 5000～14000h[48]。德国也进行了多种超高温结构复合材料作为燃烧室内衬的对比试验[27]，结果表明：在 Klöckner Humboldt Deutz

T216 型燃气发动机进行 10h 试验后，CVD SiC 涂层 C/SiC 火焰燃烧室出现了 C/SiC 基材和涂层之间的分层剥落，而 CVD SiC 涂层 C/C 火焰燃烧室则没有出现损坏，SiC/SiC 火焰燃烧室则由于自身具有良好的抗氧化性能，经受了 90 h 的试验而无损坏。试验考核也表明，采用 CVI SiC/SiC 的液体火箭发动机燃烧室壁及喷嘴，可经受累积高达 24000s 点火考核和 400 次热循环。在 1989 年的巴黎航展上，采用 CVI SiC/SiC 燃烧室的幻影 2000 战机作了多次飞行表演[48]。这些应用测评表明 SiC/SiC 更适合在航空发动机热端部件使用。

Barbera 等检验了 Nicalon 纤维增韧的碳化硅复合材料在 800℃ 的 Li_4SO_4 和 Li_2TiO_3 中的稳定性[49]。测试采用 SEP 生产的 CERASEP N-31 SiC/SiC，其热解碳（PyC）界面层厚为 $0.2\mu m$，表面涂有 CVD SiC 涂层。经过长达 10000h 的测试后，在 Li_4SO_4 中，材料的力学性能几乎没有受到影响，而在 Li_2TiO_3 中，材料的力学性能有所降低。Nishio 等[50]也对 SiC/SiC 用于国际热核实验反应装置做了评估，认为从制造费用、安全性和可维护性等方面，该材料都能满足要求。

值得关注的是日本在 SiC/SiC 应用方面进行了较多的研究。其研究主要集中在：燃气发电机先进材料（advanced material gas generator，AMG）、超声速运输推进系统（super/hypersonic transport propulsion system，HYPR）、陶瓷燃气轮机（ceramic gas turbine，CGT）以及世界能源网络［World Energy Net-Work（WE-NET）Project］等工程中。已经制造并进行了测试的 SiC/SiC 构件主要包括：高速叶盘、喷嘴挡板、燃烧室内衬、燃气舵及各种翼板等。如日本在试验空间飞机 HOPE X 的平面翼板及前沿曲面翼板等热防护系统（TPS）中试验了 SiC/SiC，其力学性能和热保护性能都达到了考核要求。

从上述 SiC/SiC 的应用可以看出，SiC/SiC 的应用可覆盖瞬时寿命（数十秒至数百秒）、有限寿命（数十分钟至数十小时）和长寿命（数百小时至上千小时）3 类服役环境的需求。而 C/SiC 主要用于有限寿命的火箭发动机，其使用温度可达 2000～2200℃。虽然用于长寿命航空发动机 C/SiC 的使用温度为 1650℃，SiC/SiC 为 1450℃，但由于 C/SiC 抗氧化性能较 SiC/SiC 差，国内外普遍认为，航空发动机热端部件最终获得应用的应该是 SiC/SiC。因此，提高 SiC 纤维的使用温度是保证 SiC/SiC 能在 1650℃ 应用的关键。

1.1.4　超高温陶瓷基复合材料

超高温陶瓷基复合材料（简称 UHTCMC）是指采用连续纤维（如碳纤维、SiC 纤维）为增韧相，耐超高温陶瓷为基体制得的复合材料。UHTCMC 在 2000℃ 以上有优异的物理性能，包括高熔点、高热导率、高弹性模量，并能在高温下保持很高的强度，同时还具有良好的抗热震性等高温性能，是未来超高温领域最有前途的材料。由于其优异的耐高温性能，该材料可适用于超高声速长时飞行、火箭推进系统等极端环境和飞行器鼻锥和发动机热端等关键部件。

耐高温陶瓷主要包括碳化物、硼化物等，所以超高温陶瓷基复合材料一般分为碳化物陶瓷基复合材料和硼化物陶瓷基复合材料。碳化铪（HfC）、碳化锆（ZrC）和碳化钽（TaC）具有较好的抗热震性，在高温下仍具有高强度，这类碳化物陶瓷的断裂韧性和抗氧化性非常低，通过采用纤维来增强增韧，而加入适当的添加剂就可以提高其抗氧化性能；ZrB_2 和 HfB_2 陶瓷基复合材料的脆性和室温强度可以通过合理选择原材料的组分、纯度和颗粒度来克服，它们的共价键很强的特性决定了它们很难烧结和致密化。为了改善其烧结性，提高致密度，可通过提高反应物的表面能、降低生成物的晶界能、提高材料的体扩散率、延迟材料的蒸发、加快物质的传输速率、促进颗粒的重排及提高传质动力学来解决。但遗憾的是硼化物陶瓷基复合材料的高温氧化模型仍未建立，对改善材料的抗氧化性还没有找到有效的解决方法，这是今后亟待解决的问题。

制备工艺是影响陶瓷基复合材料性能的关键因素之一。制备工艺决定了复合材料中纤维的强度保留率、纤维的分布情况、基体的致密度和均匀性以及纤维与基体之间的界面结合状态。目前，已报道的 UHTCMC 制备工艺主要包括以下几种：先驱体浸渍-裂解法（precursor infiltration and pyrolysis，PIP）、化学气相渗透法（chemical vapor infiltration，CVI）、金属熔融浸渗法（reactive melting infiltration，RMI）、泥浆法（slurry process）等。

1.2　超高温结构复合材料的应用环境

航空航天领域的高精尖装备包括飞机、导弹、火箭、高超声速飞行器、航天飞机、太空船、人造卫星、空间站等。这些装备中需要超高温结构复合材料的部位主要涉及航空发动机、冲压发动机、火箭发动机等动力推进系统，以及耐高温和（或）耐空间辐照的热结构系统。

1.2.1　航空发动机热端环境

航空发动机是一种高度复杂和精密的热力机械，为飞机提供飞行所需的动力。目前应用最广的是燃气涡轮发动机，包括涡轮喷气发动机、涡轮风扇发动机、涡轮螺旋桨发动机和涡轮轴发动机，都具有压气机、燃烧室和燃气涡轮。

航空发动机燃烧室、涡轮、加力燃烧室和尾喷管等构件内均属热端环境，其中的热端构件承受的环境特点是高温燃气介质与各种应力的耦合。为了便于研究，将上述环境分为热物理化学环境和复杂应力环境。热物理化学环境不仅包含氧气、水蒸气、碳氧化合物、碳水化合物、硫化物和熔盐等化学成分，还包含高温、高压和高速气流等。复杂应力环境则包括弯曲、拉伸、剪切、压缩、冲击、热震疲劳、机械振动、持久蠕变等。航空发动机热端部位的主要环境参数范围如表 1-2[51] 所示。对于军用涡喷/涡扇发动机，当推重比达到 12～15 时，发动机燃烧室冷却后的壁面温度超过 1100℃，高压涡轮进口温度预计在 1700℃以上；当推重比达到 15～20 时，发动机燃烧室冷却后的壁面温度将超过 1200℃，加力燃烧室中心温度超过 2000℃。为保证燃烧性能，会大幅增加燃烧空气比例，减少冷却空气比例。因而推重比分别为 12～15、15～20 的航空发动机的燃烧室、加力燃烧室以及涡轮部位，在冷却气量分配减少和冷却气品质下降的条件下，必须进一步保持甚至提高构件的耐久性，大幅度降低构件的结构重量。

对航空发动机金属热端部件破坏的统计分析表明，80％的破坏属于高、低温周期疲劳导致的疲劳破坏。对于碳纤维和 SiC 纤维增强的超高温陶瓷基复合材料来说，其中大部分组元都对氧气、水蒸气、碱金属熔盐和燃气流速敏感，因此燃气温度、燃气流速、氧分压、水分压和腐蚀介质浓度都可能是热物理化学环境的控制因素。而应力会降低陶瓷基体和涂层对纤维的防氧化保护作用，加速纤维的氧化退化而导致复合材料的破坏，因此持久蠕变、机械疲劳、热冲击和热循环都可能是应力环境的控制因素。

表 1-2　航空发动机热端部位的环境因素参数[51]

环境因素	燃烧室	涡轮	尾喷管
温度/℃	＞1538~1649	＞1571~1538	＞1538
压力/MPa	3~6	3~6	3~6
速度/(m/s)	30~120	约 700	＞700
氧分压/MPa	0~0.02	0~0.02	0~0.02
水分压/MPa	0.05~0.15	0.05~0.15	0.05~0.15
Na_2SO_4/($\mu g/g$)	10~50	10~50	10~50
振动频率/Hz	100 左右	100 左右	100 左右
工作循环/次	2200	2200	2200
最大应力/MPa	气动载荷	1000	气动载荷
时间/h	1000	1000	1000

1.2.2　冲压发动机热端环境

冲压发动机是一种无压气机和燃气涡轮的航空发动机，由进气道、燃烧室和尾喷管构成。进入燃烧室的空气利用高速飞行时的冲压作用增压。它构造简单、推力大，特别适用于高速高空飞行。采用碳氢燃料时，冲压发动机的飞行马赫数（Ma）在 8 以下；使用液氢燃料时，其飞行马赫数可达到 6~25。超声速或高超声速气流在进气道扩压到马赫数 4 的较低超声速，然后燃料从壁面和/或气流中的突出物喷入，在超声速燃烧室中与空气混合并燃烧，最后，燃烧后的气体经扩张型的喷管排出。当飞行马赫数大于 6 时，燃烧室内燃气温度可高达 2727℃，并且随着马赫数的增加，其温度也随之升高，因而燃烧室壁面及部件常常承受着极高的温度。燃气主要通过对流换热和辐射换热向燃烧室壁面传热。对流换热是燃烧室内燃气向壁面传热的主要形式，辐射换热在高温高压的环境下也非常显著，且燃烧室尺寸越大，气体的辐射作用越大[52]。

冲压发动机燃烧室的内流场条件较为复杂，不仅仅是超高温、超声速以及富氧。在发动机工作过程中，发动机内部的复杂激波波系、燃烧脉动和振荡很容易使燃烧室局部壁面温度过高，而且过热的部位随着工况的变化可能遍及燃烧室的各个位置，但是只有部分结构才能使用冷却结构。发动机内部富氧燃烧，燃烧产物中有较高浓度的 H_2O/CO_2/CO。高速气流中还可能含有因激波而产生的原子氧。发动机流道材料要承受由于热流分布不均匀而产生的热应力、由于气流速度快而产生的冲刷和噪声载荷、由于发动机/机身一体化而导致的气动力载荷等复杂作用。

1.2.3　火箭发动机热端环境

火箭发动机是航天器的动力装置之一[53]，采用化学推进剂的火箭发动机，按其使用推进剂的类型大致可分为液体火箭发动机（liquid rocket engine，LRE）和固体火箭发动机（solid rocket motor，SRM）。LRE 的优点是比冲高、能反复启动、能控制推力大小、工作时间较长等，主要用作航天器发射、姿态修正与控制、轨道转移等。SRM 则具有结构简单、机动、可靠、易于维护等一系列优点；缺点是比冲小，工作时间短，加速度大导致推力不易控制，重复启动困难，主要用作火箭弹、导弹和探空火箭的发动机，以及航天器发射和飞机起飞的助推发动机。

化学推进剂组合（通常包括一种燃料和一种氧化剂）在高压燃烧反应时产生的能量可以把反应气体产物加热到很高温度（2500～4100℃），这些气体随后在喷管中膨胀并加速到很高速度（1800～4300m/s）。火箭发动机喷管部件正是通过控制排气的膨胀和加速，将燃烧室产生的燃气热能有效地转换为动能，从而为飞行器提供推力，是火箭发动机的主要组成部分之一。在这个动力实现过程中，喷管必须承受燃气高温、高压、高速和化学气氛等严酷而复杂的热物理化学作用。通常情况下，推进剂燃烧产物对喷管发生作用的主要因素[54-56]包括内压力载荷、流动介质的对流热流对喷管粗糙可渗透表面的作用和辐射热流。在这个过程中，燃气流中的化学活性组分作用会与喷管材料发生剧烈的化学反应，引起材料的热化学烧蚀。此外，迅速加热和冷却引起的热应力，以及燃气高速流动产生的摩擦剪切和冲击作用也会引起材料破坏。

除了液体火箭和部分不含固体添加物的固体推进剂，目前常用的大多数推进剂均是含有金属燃烧剂 Al、B 或 Mg 等的复合推进剂。这些金属粒子增加了推进剂能量，消耗了部分氧，减弱了燃气的氧化和腐蚀性，但也在燃烧产物中带来了固态或液态的凝聚相产物，形成多相流燃气。另外，颗粒的冲刷作用会增大对燃烧室和喷管的传热，加剧壁面的烧蚀；还会引起壁面粗糙度增大或者壁面的轻微剥蚀，增大摩擦，导致动量损失。这些因素不仅会对喷管材料造成额外的非均匀侵蚀，也会显著降低发动机的整体性能。

除了需要承受极高的温度（约 3000℃）和高速燃气流的冲刷与侵蚀等以外，由于升温速度太快，产生极大的温度梯度和热应力，材料也会承受很大的热震。另外，由于火箭发动机工作时产生高温、高压和强振动，一些推进剂具有极低温和强腐蚀性能，因此，对制造火箭发动机的材料，还要求有极高的耐热、耐极低温、抗疲劳、抗腐蚀性能以及高的比强度、比刚度和良好的加工性能等。

1.2.4　飞行器热结构应用环境

目前，高超声速飞行器已成为 21 世纪初的重点研究对象之一。高超声速飞行器结构与材料面临的挑战的最大根源在于其经受的严酷热环境。当飞行器进入大气层时，会和大气层发生摩擦，从而产生高温。尤其当飞行器以高超声速在大气中飞行时，气动加热更严重，飞行器的头锥部位温度可达 2000℃，其他部位的温度也将在 600℃ 以上。而可重复使用空天飞行器在大气层内和临近空间以高超声速（$Ma6 \sim Ma25$）长时间飞行时，因气动加热时间长（每次再入 1200～1800s），机体表面温度甚至更高（1260～1900℃）。

高超声速飞行器与此前的太空"穿梭"航天器不同，因为航天器的热效应主要是集中在升空和再入阶段，时间相对有限，在热防护上是以隔离为主，机体结构材料因温度低可选余地较大。但高超声速飞行器在大气层内长时间飞行，摩擦热集中在机体的前端和翼面前缘，气动加热持续时间远比航天器要长，机体结构温度也会大幅上升，机体材料很可能因温度的飙升发生膨胀形变，加之机体内不同材料的膨胀系数不同，形变程度又有差别。这细微的形变随之可能引发高速飞行的飞行器的气动控制的改变、机体的振动乃至解体。另外，高超声速飞行时热结构还要承受高噪声（约 180dB）、强振动和高速冲击等严酷载荷[57,58]。在众多耦合条件下，热结构材料可能会产生数千微米的应变。而大气中的氧气和高速气流的冲刷，还会造成防热结构氧化进而加速其损伤。

1.2.5　空间服役环境

随着深空探测事业的发展和空天一体化战略的提出，越来越多的航天器如空天飞机、卫星、空间站和深空探测器等将进入太空。太空服役环境条件主要包括分子氧（MO，molecular oxygen）、原子氧（AO，atomic oxygen）、辐照环境（质子和电子等）和低温环境等。空间环境既包括地球高层大气，也包括受地球引力影响较小的其他高真空区域。空间环境中存在高层大气（平流层、中间层和低热层）、电离层和磁层中的各种环境因素。相对于地球表面生态环境，空间环境相对更加复杂、苛刻，对人造航天器的正常运行及其在轨可靠性和寿命影响显著，被认为是诱发航天器材料性能衰减和损伤的主要原因之一[59]。空间环境中的 MO 气氛（包括 O_2 和 H_2O），再加上航天器在发射阶段和再入阶段所"引发"的极端高温等因素，使得航天器用防热和结构材料须经历最严苛的氧化考验。而空间站、人造卫星等飞行器主要运行在高度范围为 200～600km 的低地球轨道（LEO）环境中，当轨道高度超过 200km 时，AO 粒子逐渐成为空间环境中浓度最高的气氛粒子。在国际空间站所在的 400km 轨道，AO 粒子通量约为 10^8 个/cm^3[59]。当飞行器以 7～8km/s 的轨道速度运行时，大通量密度［约 $10^{14} \sim 10^{15}$ 个/（$cm^2 \cdot s$）］、高撞击动能（5eV）、强氧化性的原子氧将作用在飞行器材料表面上，使材料发生复杂的物理、化学反应，有可能导致材料的剥蚀和性能的退化，从而影响飞行器的使用寿命或使其彻底失效。

四十余年的航天实践经验证明，空间辐射环境是诱发航天器异常和故障的主要原因之一，而其中高能带电粒子的相关效应起着重要作用，必须给予极大关注。空间环境的主要辐射源是地球辐射带、太阳宇宙射线和银河宇宙射线。地球辐射带，又称为范阿仑（Van Allen）辐射带，是在地球周围一定的空间范围内存在的大量被地磁场捕获的高能带电粒子带，其中的主要粒子为质子和电子。质子能量≤500MeV，电子能量≤7MeV，目前人类发射的航天器大多在此辐射带影响范围内（除了星际探测器）。太阳宇宙射线中90%～95%的高能粒子是质子（氢核），另外含有电子、粒子及少数电荷数大于 3 的粒子 C、N、O。能量一般在 1MeV～10GeV，大多数在 1MeV 至几百 MeV。银河宇宙射线是宇宙背景辐射，来自于宇宙形成初期的超新星爆发。银河宇宙射线 88% 是高能质子（H 核），$10^8 \sim 10^{20}$ eV，但通量密度很低，为 3.6 个 /$cm^2 \cdot s$；9.8% 是 α 粒子，通量密度为 0.4 个 /$cm^2 \cdot s$；1% 是电子束核光子，通量密度为 0.4 个 /$cm^2 \cdot s$；0.75% 是中等核（C、N、O、F），通量密度为 0.03 个 /$cm^2 \cdot s$；0.2% 是轻核（Li、Be、B），通量密度为 8×10^{-3} 个 /$cm^2 \cdot s$；0.15% 是重核（$10 \leqslant Z \leqslant 30$），通量密度为 6×10^{-3} 个 /$cm^2 \cdot s$；0.01% 是超重核（$Z \geqslant 31$），通量密度为 5×10^{-4} 个 /$cm^2 \cdot s$[60]。这些低能量带电粒子和重粒子与原子核弹性碰撞可使靶物质原子核在晶体里发生位移，形成辐射损伤。当入射带电粒子与核外电子发生非弹性碰撞，使轨道电子获得足够大的能量而成为自由电子时，可使其轨迹上的靶物质原子连续地被激发、电离，从而在其轨道周围留下许多离子对，导致材料损伤。

此外，对于人造空间载荷平台而言，宇宙空间是极度"寒冷"的"黑体"，其背景温度约为 3K 左右。在太阳系中，太阳向行星空间辐射热量。太阳和地球形成的恒星-行星几何结构中，地球周围空间环境会形成周期性的阴影区（umbra）和半影区（penumbra）。人造飞行器周期性地穿过缺少对流传热的半影区和阴影区高真空环境，会引起飞行器表面材料产生极端温度并伴随周期性变化。研究数据表明：飞行器表面材料温度会在 -170～200℃ 之间周期性变化[61]。

1.3　超高温结构复合材料的应用考核方法

新材料从研制到应用的过程中，普遍采用"积木式"验证策略。即从材料和元件的性能测试开始，逐级对典型细节、组件、部件结构和全尺寸结构的设计和分析进行充分的试验验证。在航空航天领域，全尺寸结构的挂机飞行试验位于"积木式"验证的顶层，对整个设计过程进行最全面、最接近真实的验证。

1.3.1　航空发动机应用考核

在陶瓷基复合材料（简称 CMC）构件验证测试方面，由于 CMC 与现行使用的金属材料的特点呈现出如下不同，因此在测试设备方面也逐渐发展出了一系列专用化的试验系统，以开展 CMC 构件的考核验证。

① CMC 的使用温度进一步提升，对各类试验器的试验能力提出了更高的要求，包括加温能力、热应变测试能力等。此外，还需进一步提升综合多场的加载与测试能力。

② CMC 特性有别于金属（传统热端部件用），因此随着使用温度的不同，CMC 会呈现出不同的类陶瓷特性或类金属特性，尤其是在承受上游部件脱落等造成的二次损伤时更需要进行考核与验证。

③ 由于 CMC 的特性造成其构件的特殊工艺也必须加以验证，例如 TBC（隔热涂层）的 C/Si 基粘接等性能，都必须进行刮擦等相关考核。

正是基于以上原因，美国在相关研究计划进行的同时，也进行了专用试验系统的研发。美国在 CFCC 计划中构建的小型 CMC 涡轮外环高温燃烧考核试验系统及 CMC 涡轮外环剐蹭抗磨试验系统如图 1-3 和图 1-4[62]所示。

图 1-3　小型 CMC 涡轮外环高温燃烧考核试验系统[62]

1—支撑法兰；2,3—燃烧室；4—过渡件；5—护罩测试部分；

6—替代金属罩；7—铸造陶瓷下盘（替换为 CMC 以提高耐久性）；8—仪器仪表

图 1-4　CMC 涡轮外环剐蹭抗磨试验系统[62]

1—轮盘；2—燃烧室；3—摩擦试件；4—摩擦头；5—试件夹具；6—样品热电偶

此外，为了验证 CMC 在燃烧室和涡轮应用的可靠性，美国等国家已经利用多种高温燃烧试验平台，进行了高温环境长时间和高低温循环试验考核。相关试验设施比较著名的有美国 NASA 刘易斯研究中心 0.3 马赫常压燃气加热器（atmospheric pressure burner rig，APBR），格伦研究中心的高压燃气加热器（high pressure burner rig，HPBR），富油-淬熄-贫油（rich-quench-lean，RQL）燃烧试验器，此外还有美国橡树岭国家实验室的 Keiser Rig，如图 1-5 和表 1-3 所示。从公开的文献报道看，目前尚没有一套能够真正模拟燃烧室环境的试验系统。总结对比美国上述高温燃气试验系统可以发现，美国 NASA 格伦研究中心的高压燃气加热器除了不能机械加载以外，综合性能指标都较为先进。

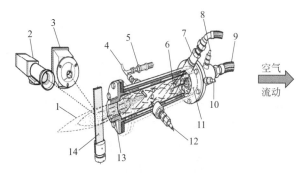

空气
流动

(a) NASA APBR[63]

1—火焰；2—录像机；3—光学高温计；4—盐溶液供应装置（可选）；5—雾化空气；6—燃油喷雾；7—点火器；8—喷油燃料供给装置；9—预热燃烧送风装置；10—燃烧压力龙头；11—旋流片；12—燃烧热电偶；13—喷嘴；14—测试试件

(c) NASA RQL 燃烧试验器[64]

1—富燃区；2—贫燃过渡区；3—贫燃区；4—尾气分析探针；5—燃烧室 1；6—燃烧室 2

(b) NASA HPBR[63]

(d) 美国橡树岭国家实验室的 Keiser Rig[65]

图 1-5　美国高温燃气环境模拟试验器

表 1-3　各高温燃烧试验器性能比较[63-65]

关键指标	NASA APBR	NASA HPBR	RQL 燃烧试验器	Keiser Rig（高温炉）
高温	1350℃	1650℃	1100℃	1550℃
高压	常压	√	√	√
高速	$Ma\,0.3$	200m/s	—	—
富油燃烧可调	×	√	√	—
贫油燃烧可调	0.5	√	√	—
机械载荷	静载	×	×	×
成本	低	适中	高	低

注：图中√表示具有该项性能；×表示不具有该项性能；—表示无相关数据。

　　以美国为代表的发达国家在 CMC 应用于航空发动机相关构件方面已经积累了近 30 年的经验，国外航空发动机上应用的 CMC 正在从低温向高温，外部冷端向内部热端，军用发动机尾喷系统向商用发动机涡轮、燃烧室方向推进，显示出相当大的应用潜能[66]。

　　考虑航空发动机尾喷结构服役温度在 800～900℃，结构相对简单，国外最先将

CMC 材料应用于军用发动机尾喷结构。法国 Snecma 公司于 1996 年将 C/SiC 成功地应用在 M88-2 发动机喷管外调节片（图 1-6[66]）上，大大减轻了质量。2002 年，Snecma 公司已经验证了其寿命目标，并开始批量化生产。20 世纪 90 年代中期，Snecma 公司与 PW 公司合作，在 PW 公司西棕榈滩海平面试验台和阿诺德工程发展中心的海平面与高空试验舱中，在 F100-PW-229 和 F100-PW-22020 发动机上进行了地面加速任务试验。试验表明，SiC/SiBC 和 C/SiBC 密封片都满足了其所替代的金属密封片的 4600 次总加速循环寿命的要求，且没有出现分层问题（表 1-4[66]）。此后，C/SiBC 密封片于 2005 年和 2006 年分别通过了 F-16 和 F-15E 的飞行试验，目前已经成功应用到 F119 和 F414 军用发动机。2015 年 6 月 16 日，法国赛峰集团设计的 CMC 尾喷口搭载在 CFM56-5B 发动机上完成了首次商业飞行[67]。

表 1-4 陶瓷基复合材料定剖面密封片/调节片在 F100 发动机上试验时数总结[66]

密封片	材料种类	试验种类	总累计循环数/次	发动机时数/h	加力工作时数/h
A410 调节片	SiC(34%,体积分数)/SiBC	全寿命	4851	1294.9	97.6
A500 调节片	C(44%,体积分数)/SiBC	全寿命	4609	1307.2	94.4
A410 调节片	SiC(34%,体积分数)/SiBC	延长寿命	6582	1750.3	117.4
A500 调节片	C(44%,体积分数)/SiBC	延长寿命	5611	1485.3	102

 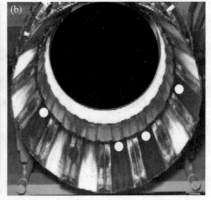

图 1-6 已装机的 CMC 构件[66]

(a) M88-2 发动机喷管外调节片；(b) F100-PW-229 挂机试验件

美国除了利用 F110 发动机试验验证了 COI 陶瓷公司的 SiC/SiNC 密封片可行性之外，还利用联合技术验证发动机（JTDE）XTE76/1 验证了 GEAE/Allison 公司的 CMC 低压涡轮静子叶片，利用先进涡轮发动机燃气发生器（ATEGG）验证机 XTC 76/3 验证了 GEAE/Allison 公司的 SiC/SiC 燃烧室火焰筒；利用 ATEGG 验证机 XTC 77/1 验证了 GEAE/Allison 开发的 CMC 燃烧室 3D 模型和高压涡轮静子叶片（图 1-7），利用联合涡轮先进燃气发生器（JTAGG）验证机 XTC97 验证了霍尼韦尔/GEAE 公司的 CMC 的高温主燃烧室，利用联合一次性使用的涡轮发动机概念（JETEC）验证机 XTL86 验证了威廉姆斯国际公司开发的 C/SiC 涡轮导向器、C/SiC 涡轮转子、C/C 的喷管和 Allison 公司 C/SiC 排气喷管。通过超高效发动机技术（UEET）计划，CMC 燃烧室火焰筒的试验室试件

（图 1-8）已经被证实其在 1478K、大于 9000h 的热
态寿命下，具有 13.78MPa 的应力能力，燃烧室
扇段具有 200h 的寿命[66]。

GE 公司利用 GEnx 发动机先后进行了 CMC
燃烧室内外衬、高压涡轮一级涡轮罩和二级喷管
试验验证，最终将 CMC 部件用到了 LEAP 发动
机上（图 1-9）。2010 年，GE 公司利用 F414 发动
机测试了 CMC 涡轮导向叶片，并利用 F136 发动
机测试了其他热部件，累计进行了超过 15000h 的
地面气体涡轮测试。2015 年 2 月，GE 公司进一步
利用 F414 发动机成功进行了 500 次 CMC 低压涡轮

图 1-7　GEAE/Allison 公司验证的陶瓷基
复合材料低压涡轮静子叶片[66]

转子叶片的验证试验，证实了 CMC 在高温转动部件上的可行性。基于大量的考核数据，
GE 公司认为 CMC 已经可以满足装机飞行。

图 1-8　GEAE/Allison 公司研制的陶瓷基复合材料燃烧室火焰筒和由其组成的柔性燃烧室[66]

综上所述，目前已制备或通过试验的部件主要有：尾喷管、燃烧室内衬、燃烧室火
焰筒、喷口导流叶片、涡轮外环、涡轮叶片、涡轮导向叶片及相关配件（图 1-9[68]）。

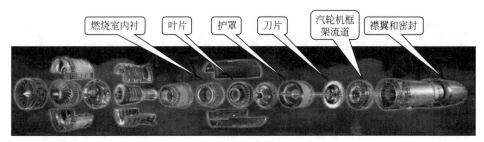

图 1-9　CMC 材料在发动机上的应用

1.3.2　冲压发动机应用考核

19 世纪 80 年代，法国 Snecma 公司利用亚燃冲压发动机考核了其研制的 C/SiC，证
明 C/SiC 在喷射气流和 2250K 条件下 1000s 无明显烧蚀和失重。基于此，1984 年，法国
Snecma 公司与美国联合技术公司（United Technologies Corporation，UTC）合作，启

图 1-10　UTRC 小尺度唇口实验器[70]

动了 Joint Composite Scramjet（JCS）计划[69]，研制了超燃冲压发动机被动热防护用 C/SiC 尖锐唇口、C/SiC 吸气导流喷嘴（airbreathing pilot injector）、C/SiC 燃烧室被动防热面板。利用联合技术研究中心（United Technologies Research Center）的超燃冲压发动机小尺度唇口实验器（见图 1-10[70]），对前缘半径 1.25mm 和 1mm 的尖锐唇口各进行了 7 次 $Ma7$/90s 考核；利用通用应用科学实验室（General Applied Sciences Laboratory）的超燃冲压发动机实验，对前缘半径为 0.75mm 的唇口进行了 $Ma8$/150s 考核[69]；质量损失都小于 1%，无明显线烧蚀。吸气导流喷嘴（包含主体与斗篷两个部件）和燃烧室被动防热面板在联合技术研究中心的燃冲压发动机实验器上经过 $Ma7$/35.9kPa 条件 3 次考核（单次 25～30s）后，斗篷前缘（计算温度为 2250K）半径没有变化，关键区域没有破坏和烧蚀（图 1-11[71]）；防热面板没有任何变化。

1996 年，美国空军实验室在 HyTech 计划中利用阿诺德工程发展中心（Arnold Engineering Development Center）的 HEAT-H2 型电弧加热风洞在 $Ma8$/600s 条件下进行了气道唇口和侧壁用被动防热材料的筛选，所测试的材料包括多种涂层 C/C、涂层 C/SiC 和难熔陶瓷。它们被制成前缘半径 0.75mm 的楔形来模拟进气道唇口（见图 1-11[71]），结果表面涂层 C/SiC 在前 7min 无任何变化，10min 后仅有有限的氧化和涂层损失，其表现优于带涂层 C/C 和热压烧结 ZrB_2/SiC 复相陶瓷。它们被制成 1.5in×4in（1in＝2.54cm）的平板来模拟进气道侧壁板，在实测温度 1700～1810K 高温气流中考核 10min 后无明显烧蚀。美国空军实验室还利用嵌板氧化与冲蚀试验风洞（POET Ⅱ型）考核了上述材料作为燃烧器/喷管的可行性。该风洞通过燃烧乙炔来模拟含 H_2O/CO_2/CO 的超燃冲压发动机燃烧室气氛，模拟考核巡航状态（$Ma1.4$/1650℃）和加速状态（$Ma1.4$/1910℃）下燃烧室壁板的烧蚀情况，结果表明：涂层 C/C 会在 1min 内失效，而涂层 C/SiC 和涂层 SiC/SiC 考核 10min 无明显冲蚀。

1996 年后期，美国空军实验室启动 HySET 计划，利用嵌板氧化与冲蚀试验风洞（POET Ⅱ型）开展了被动防热 C/SiC 进气道整流罩前缘考核（见图 1-12[72]）。带有抗氧化涂层的 C/SiC 前缘通过了 $Ma6$/10min＋$Ma8$/3min 的考核（前缘滞止温度 1920K），材料退化程度很小。

德国宇航局（DLR）则利用美国 NASA 兰利研究中心的高熔直连超燃试验设备（见图 1-13[73]）模拟超高冲压发动机 $Ma5$ 和 $Ma6$ 飞行状态，对 C/SiC 进气道斜面进行了几分钟的考核。通过模拟飞行条件下的热/力环境考核，验证了 C/SiC 作为超燃冲压发动机进气道的可行性，计划将于 HIFiRE 8 飞行中进行 $Ma7$/30s 的飞行试验。

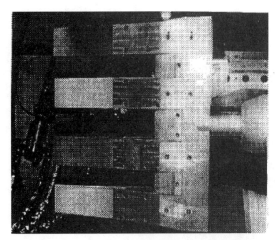

图 1-11　进气道唇口电弧加热风洞测试模型　　　图 1-12　进气道整流罩前缘燃气风洞冲蚀试验[72]

图 1-13　NASA 兰利研究中心的高燃料喷嘴焓直连超燃试验设备[73]

1—加热设备；2—$Ma21$喷嘴；3—绝缘器；4—燃烧室；5—喷嘴；6—燃料喷射器

1.3.3　火箭发动机应用考核

超高温结构复合材料在火箭发动机上的应用部位主要包括燃烧室、喷管喉衬、喷管扩张段。每种新设计都需要经历缩比件地面测试、全尺寸件地面测试、发动机整机地面试车、发动机发展飞行试验、发动机考核/定型飞行试验和发动机定型飞行试验等过程（见图 1-14[74]）。

C/C 是最早应用于火箭发动机的超高温结构复合材料。法国 Snecma Propulsion Solide 公司从 1969 年开始实施 C/C 喉衬材料的发展计划，20 世纪 80 年代末开发了一种称为 Novoltex®结构的超细三向预制件编织技术，成功制备了 Ariane 5 固体火箭发动机用的喷管喉衬。该喉衬内径 900mm，厚度 100mm，经过数年的测试与优化，于 1993 年通过首次全尺寸件地面试车，并装备 Ariane 5 投入应用。1995 年，法国 Snecma Propulsion Solid 公司使用相同材料为美国 Pratt & Whitney Rocketdyne 公司的 RL10 B-2 型低温发动机制备了 C/C 喷管扩张段，先后应用于 Delta Ⅲ 和 Delta Ⅳ 上级火箭[75]。截至 2009 年，C/C 喉衬已成功进行了 43 次飞行；C/C 喷管扩张段已成功

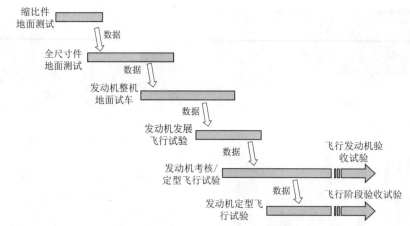

图 1-14　火箭发动机部件考核流程图[74]

经历了 25 次的太空点火试验，累计超过 9000s。

为了降低成本和提高 C/C 的抗烧蚀能力，法国 Snecma 公司新发展了 Naxeco® 预制体，采用商用碳纤维代替预氧丝制作成类似 Novoltex® 结构的预制体。2006 年 11 月，用于 P80 火箭发动机的 Naxeco® Sepcarb® C/C 喷管喉衬（见图 1-15[76]）通过发展点火试车；2007 年 12 月，该喷管喉衬搭载于 VEGA European 小型运载火箭第一级固体火箭发动机 P80 成功通过定型考核，表现了出色的喉衬性能和整体性能。

图 1-15　试验后的 Naxeco® Sepcarb® C/C 复合材料喷管喉衬[76]

为了满足液体火箭发动机的耐氧化要求，C/SiC 逐渐受到关注。1989 年，用于液氧-液氢火箭发动机的 Novoltex® Sepcarb® C/SiC 喷管扩张段装备于 HM7 型发动机上成功经受住了 2000K、累积 1650s、2 次点火的试车考核。2006 年 2 月，用于 Vinci 液体火箭发动机的 Naxeco® Sepcarb® C/SiC 喷管固定扩张段在德国宇航局的 P4.1 高空试验台通过了 350s 的试车考核（见图 1-16[76]）；2008 年 5 月，该喷管固定扩张段又通过了两次（累计 700s）的试车考核，证明其可满足

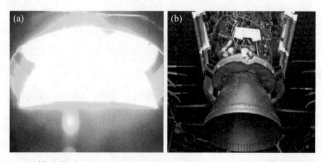

图 1-16　Vinci 液体火箭发动机用 C/SiC 固定喷管在 P4.1 高空试验台的点火试车[76]

(a) 稳态时的锥体；(b) 测试后的锥体

Vinci 液体火箭发动机的性能要求。

德国宇航局（DLR）于 1998 年利用 P8 高压燃烧室试验台的 B 型燃烧室对德国宇航公司（Dasa）的多种 C/SiC 扩张喷管缩比件进行了筛选考核（见图 1-17[77]）。2000 年，德国 Astrium 公司（前身是德国宇航公司 Dasa）用于 Ariane 5 主发动机 Vulcain 的 C/SiC 喷管缩比件（1∶5）先后在德国宇航局的 F3 吸气式试验台（见图 1-18[78]）和 P8 试验台成功通过点火考核（见图 1-19[78]）。其中，F3 试验台考核时燃烧室压力为 4MPa，壁面最高温度达到 2300K，温度梯度高达 650K；P8 试验台考核时燃烧室压力高达 8MPa，喷管未出现结构破坏。同年，德国 Astrium 公司（前身是德国宇航公司 Dasa）用于 AESTUS 上级发动机的 C/SiC 扩张喷管在德国宇航局的 P4.1 高空试车台和 P4.2 真空试验台（见图 1-20[78]）成功通过考核。其中，P4.2 试验台考核是在真空中进行，燃烧室压力 1.1MPa，氧/燃比 2.05，叠加正弦振动，累计试验 150s。

图 1-17　DLR 的 P8 高压燃烧室试验台的 B 型燃烧室上的 C/SiC 扩张喷管缩比件[77]

为了研究纤维增韧陶瓷复合材料在小型推进器上的应用，德国宇航局于 1998 利用 P1.5 姿控/远地点发动机试验台开展了多种 C/SiC 燃烧室的考核，考核压力 1MPa，最高温度 1700℃，累积测试时间 3200s［见图 1-21(a)[78]］。基于测试结果，对 C/SiC 燃烧室的构型和涂层系统进行了优化。同年，为了考核优化后 C/SiC 燃烧室的长时工作能力（约 1h）和最大许用温度又利用 P1.5 试验台进行 1.1MPa、累积 5700s 的点火测试［见图 1-21(b)[78]］。

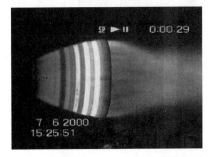 

图 1-18　主发动机 Vulcain 的喷管缩比件在　　　图 1-19　DLR 的 P8 试验台上的 Vulcain
德国宇航局的 F3 吸气式试验台上试验[78]　　　　　发动机上的喷管缩比件[78]

法国在 LEA 项目中将 C/SiC 用于主动冷却燃烧室热结构，其中空气冷却 C/SiC 平板通过了 12 次 $Ma7.5$ 超燃状态下的 10s 模拟考核试验，燃料冷却 C/SiC 平板则通过 AFRL 辐射加热试验器和超然冲压发动机的高热流密度考核。

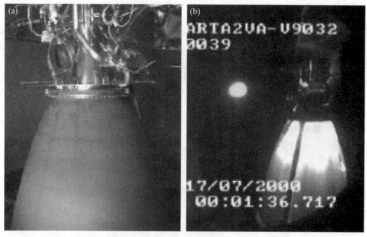

图 1-20 4.2 真空试验台上的陶瓷喷嘴（a）和其点火试验（b）[78]

图 1-21 P1.5 试验台上的 C/SiC 燃烧室的考核（a）和点火测试（b）[78]

1.3.4 飞行器热结构应用考核

热防护系统和热结构是再入飞行器和高超声速巡航飞行器所必需的。

德国宇航局早在 1992 年和 1994 年就将 C/C-SiC 整合进俄罗斯 FOTON8 和 FOTON9 返回舱的可烧蚀热防护系统中完成了再入飞行考核。基于考核结果，德国宇航局为 C/C-SiC 发展了多种抗氧化涂层，并于 2005 年 6 月利用俄罗斯 FOTON-M2 返回舱再次进行了再入飞行考核（见图 1-22[79]），其中的碳化硅/硅酸钇双涂层在高达 1500℃大气冲刷中表现出优异的抗氧化性和抗冲蚀性。成功的飞行考核不仅验证了复合材料刚性隔热瓦作为热防护系统的可行性，也验证了等离子体风洞模拟再入飞行条件的可行性。随后，为了验证多面前缘的性能和数字模拟结果，德国宇航局将 C/C-SiC 用于

图 1-22　德国 FOTON-M2 太空舱上的局部 C/C-SiC 试验结构的轮廓位置[79]

制备锐边飞行试验（sharp edge flight experiment，SHEFEX）飞行器的前缘和热防护系统刚性面板，于 2005 年 10 月成功通过大气层再入飞行考核（见图 1-23[80]）。此次飞行的弹道最高点是 211km，飞行时间 550s。2006 年 10 月 SHEFEX 飞行器再次进行飞行考核，弹道最高点达到 300km，飞行速度在 90～20km 高度达到 $Ma\,7$，C/C-SiC 前缘和热防护系统刚性面板再次经受住了考验。2012 年 6 月，德国宇航局发射了 SHEFEX Ⅱ 飞行器（见图 1-24[81]），飞行速度达到 2.8km/s（$Ma\,10$），其装备的整体式 CMC 鼻尖、9 种热防护系统和 Ti/CMC 控制舵等热结构都成功通过了考核。

图 1-23　锐边飞行试验飞行器[80]　　　　　图 1-24　锐边飞行试验 Ⅱ 飞行器[81]

美国是最早开展高超声速飞行器研究的国家，20 世纪 90 年代开始的 Hyper-X 计划主要用来研究超燃冲压发动机技术和机身-发动机一体化设计技术，其中最主要的是 X-43A 项目。2004 年 3 月 27 日，X-43A 第二台试飞器成功在 27km 高空以 $Ma\,7$ 的速度实现超燃冲压发动机连续工作 10s 的飞行，标志着超燃冲压发动机技术和高超声速飞行器向工程化前进了一大步，具有里程碑式的意义；同时也验证了 SiC 涂层 C/C 作为高超声速飞行器鼻锥尖锐前缘和水平尾翼尖锐前缘的可行性。由于 SiC 涂层 C/C 无法承受 $Ma\,10$ 飞行时高达 4000℉（2200℃）的高温，美国开发了具有 SiC/HfC 涂层 C/C 作为 X-43A 的鼻锥尖锐前缘、垂直尾翼尖锐前缘和水平尾翼尖锐前缘，并且于 2004 年 11 月 16 日成功通过了 $Ma\,10$（实际为 $Ma\,9.6$）的飞行考核（见图 1-25[82]）。

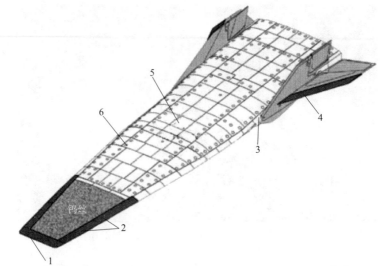

图 1-25　X-43A 飞行器分别在 $Ma\,7$ 和 $Ma\,10$ 时的热防护[82]

1—C/C 鼻锥前缘；2—C/C 侧缘；3—尾部前缘（$Ma\,7$，Haynes 合金；$Ma\,10$，C/C）；

4—水平控制面；5—具有未固化涂层的铝增强隔热栅；6—飞行器上表面

飞行器尺寸≈12ft×5ft（1ft＝30.48cm）；$Ma\,7$ 时，机头前缘最高温度<3000℉（1649℃）；

$Ma\,10$ 时，机头前缘最高温度<43000℉（2204℃）

　　为了获得气动热力学数据以验证设计工具、地面测试设备和考核技术，欧洲空间局于2011 年 6 月 1 日利用火箭发射了 EXPERT（European eXPErimental Re-entry Testbed）飞行器，该飞行器在 100km 高度以 5km/s 的高超声速再入大气层，最终达到 $Ma\,20$，成功验证了德国宇航局 C/C-SiC 鼻锥帽和德国 MT Aerospace 公司 C/SiC 开放襟翼的可行性。2015年 2 月 11 日，欧洲空间局成功发射了 IEV（Intermediate Experimental Vehicle）飞行器（见图 1-26[80]），该飞行器在 120km 高度以 7.5km/s 的高超声速再入大气层，最终安全降落在太平洋中。德国 MT Aerospace 公司的 C/SiC 鼻锥帽、裙边、控制面和襟翼，以及 Snecma公司的 C/SiC 面板热防护系统等 CMC 热结构都成功经受住了飞行考验。

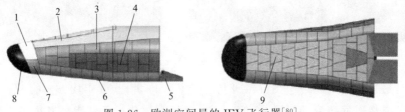

图 1-26　欧洲空间局的 IEV 飞行器[80]

1—柔性隔热板（FEI）1000；2—柔性隔热板（FEI）650；3—氧化物弥散强化金属热防护系统（ODS）；

4—表面防护柔性隔热板（SPFI）；5—陶瓷基复合材料襟翼；6—陶瓷基复合材料前缘；

7—陶瓷基复合材料鼻锥帽及下巴板；8—陶瓷基复合材料裙边；9—陶瓷基复合材料盖板

　　2010 年 4 月 11 日，意大利空间局通过气球将 USV（Unmanned Space Vehicle）升到24km 高空投放，其最高飞行速度在 15km 高度时达到 $Ma\,1.2$。该飞行器首次通过飞行试验考核了 ZrB_2 高超温陶瓷鼻锥帽和机翼前缘的可行性，并验证了地面风洞试验考核结果（见图 1-27[80]）。

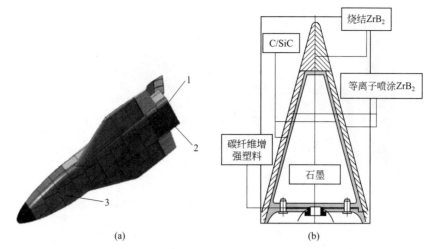

图 1-27　意大利 USV 飞行器（a）及其超高温陶瓷鼻锥帽（b）[80]

1—区域 5：后部（FEI 1000＝15mm）；2—区域 6：襟翼

（C/SiC＝3mm；HTI＝20mm；IFI＝20mm）；3—区域 2：迎风面（C/SiC＝3mm；HTI＝20mm；IFI＝20mm）

1.3.5　空间服役环境应用考核

针对超高温结构复合材料作为空间结构和空间环境屏障材料的应用，2008 年美国国家能源技术实验室在第六次材料国际空间站试验计划中将连续碳纤维增韧 SiC 基复合材料送入太空进行了为时一年的空间辐照试验[83]。2012 年至今，美国通过 X-37B 空天飞行器的三次飞行试验验证了 C/SiC 热防护系统在长时空间粒子辐照和高温烧蚀连续服役条件下的可靠性能。

因为具有高比强、轻质、膨胀系数低等特性，C/SiC 已经成为新一代空间光学望远镜首选结构及功能材料。C/SiC 主要作为镜片衬底、光具座、以及主、次镜之间支撑筒结构材料[59]。图 1-28[84-86]中所示的是 C/SiC 制备的光具座和镜筒。图 1-28(a)和（b）是德国 IABG 公司开发的 C/SiC 光具座，经模拟的发射环境和空间热环境考核，其尺寸精度完全满足实际使用要求。图 1-28(c)和（d）所示的是 C/SiC 镜筒构件，其主要功能是对空间望远镜主镜和次镜起到固支作用，使镜片之间保持精确的相对位置关系，以满足空间望远镜大口径、高分辨率的功能需求。2016 年 7 月，德国 SGL 公司生产的 C/SiC 磁力计光具座装备在 NASA 的 Juno 航天器上开始了 5 年的木星之旅。

C/SiC 作为反射镜材料的研究在国外已经进行了 20 多年，技术比较成熟，如美国、俄罗斯、德国、加拿大等利用 C/SiC 制备出高性能反射镜。最具代表性的是德国 Donier 卫星系统公司采用 LSI 方法制备的 C/SiC 反射镜作为空间望远镜主镜，直径 630mm，质量仅为 4kg，最大可制作 3m 的大型反射镜，有望用作美国下一代空间望远镜（NGST）用反射镜[59]。2009 年，德国 ECM 公司制备了直径 800mm、总质量 20kg 的轻质 He-cesic 反射镜，并应用到当年发射升空的 SPIRALE-A 和 SPIRALE-B 小型卫星光学系统上。

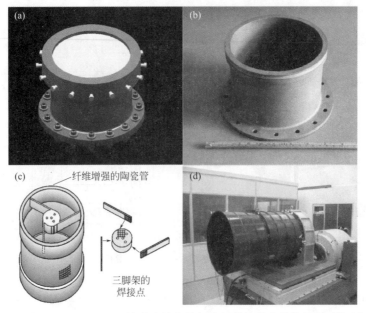

图 1-28　C/SiC 光具座和镜片支撑镜筒复合材料镜筒力学性能测试[84-86]

（a）光具座概念图；（b）C/SiC 光具座；（c）空间望远镜主、次镜片支撑筒；（d）C/SiC

　　近年来，空间望远镜向大口径、长焦距、高精度方向发展，传统材料已经不能满足日益苛刻的使用需求。目前，美国 NASA 正在推进的先进大口径空间望远镜项目（ATLAST，advanced technology large-aperture space telescope）也沿用该技术途径，发展下一代 8～16m 孔径的紫外-近红外宇宙观测望远镜，预计 2019 年将 ATLAST-8m（直径 8m）空间望远镜定点在日-地轨道的拉格朗日 2 点，实现对宇宙结构的精确观测[87-89]。图 1-29 所示是 JWST 空间望远镜的效果图和实际测试状态图。

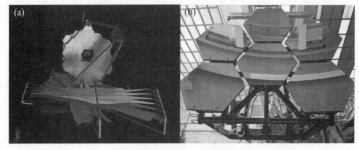

图 1-29　C/SiC 6.5m 孔径 JWST 空间望远镜[89]

（a）效果图；（b）测试状态图

1.4　小结

　　航空航天技术的发展促进了超高温结构复合材料的发展。长期以来，国内外基本上以空气、真空或保护性气氛下的高温性能代替真实环境性能，来研制高温热结构材料。

由于性能测试条件与服役条件不一致，如果材料研制的性能评价指标不能代表其环境性能，则往往会误导材料研究。而材料的环境性能通常是在该材料构件的台架试车和试飞后，进行系统剖析后才能有所发现或认识。这种"构件制造-构件考核-材料改进"的多次迭代的材料研究传统模式，带来了一系列的问题。首先，材料的考核机会少且费用极高；第二，考核结果受到特定环境条件制约，缺乏普适性；第三，只能回答材料"行"还是"不行"，难以获得材料环境性能演变的过程信息，不能确定材料性能演变的环境控制因素和材料性能控制因素，不能为材料改进提供准确信息。以上问题最终导致材料研制周期长，研制成本高。因此，发展航空航天热结构材料环境性能的科学、简易模拟测试方法，显得十分重要和迫切。

由于这些材料的服役环境往往十分复杂，对材料的要求也非常苛刻，如何了解新型高温热结构材料在服役环境中的性能及其演变规律显得十分迫切。发展材料的环境模拟测试技术，在材料研究领域受到越来越多的关注。

目前，材料服役环境性能的模拟测试方法主要有两种：第一种是采用全环境因素模拟测试，直接获取材料环境性能。但这种方法的缺点也显而易见，即模拟设备建设难度大、投资高，环境考核试验成本高；因此，这种试验方法只能与试车、试飞等手段结合，作为材料和构件最终验证的试验手段。第二种是采用控制因素模拟测试，建立材料环境性能演变物理模型。这种方法将全环境因素模拟测试简化为控制因素模拟测试，以材料损伤与破坏的环境控制因素和材料性能控制因素为依据，从环境与材料相互作用的物理和化学本质出发，建立环境性能演变模型。

由于对材料损伤与破坏的环境控制因素和材料性能控制因素认识不清，目前所建立的各种简易模拟方法均具有一定局限性。建立可靠有效的实验模拟测试手段，以及科学分析实验结果，涉及到一些科学问题：例如，如何遵照"相似理论"原则建立模拟测试设备？是否可用逐步逼近法建立模拟实验测试系统？如何加速材料的损伤演变，以缩短实验周期？如何在线获得材料损伤失效过程信息？如何对耦合环境因素的实验测试结果解耦，以获得材料损伤失效机理及其控制性因素？这些都是材料环境性能模拟测试中需要解决的理论与技术问题。

参考文献

[1] Windhorst T, Blount G. Carbon-carbon composites: a summary of recent developments and applications [J]. Materials & Design, 1997, 18: 11-15.

[2] Stevenson RD, Vrable DL, Watts RJ. Development of an intermediate temperature carbon-carbon heat exchanger for aircraft applications [R]. International SAMPE Symposium and Exhibition (Proceedings), 1999, 44: 1888-1897.

[3] Kogo Y, Hatta H, Toyoda M, et al. Application of three-dimensionally reinforced carbon-carbon composites to dovetail joint structures [J]. Composites Science and Technology, 2002, 62: 2143-2152.

[4] Hill J, Thomas CR, Walker EJ. Advanced carbon-carbon composites for structural applications [R]. Izvestiya AN SSSR: Energetika i Transport, 1974: 9.

［5］ Naslain R. Thermostructural ceramic matrix composites: An overview. Proceedings of the International Seminar on Advanced Structural and Functional Materials, 1991: 51.

［6］ Schmidt DL, Davidson KE, Theibert LS. Applications of carbon-carbon composites. Anaheim, CA, USA, 1997.

［7］ Buckley JD, Edie DD. Carbon-carbon materials and composites［M］. New Jersey, USA: Noyes Publications, 1993.

［8］ Alain L. 3D Novoltex and Naxeco caron-carbon nozzle extensions: matured, industrial and available technologies to reduce programmatic and technical risks and to increase performance of launcher upper stage engines［R］. 44th AIAA/ASME/SAE/ASEE Joint Propulsion Conference & Exhibit, 2008.

［9］ Christin FA. A global approach to fiber nD architectures and self-sealing matrices: from research to production ［J］. Int. J. Appl. Ceram. Technol. , 2005, 2 (2): 97-104.

［10］ Aspa Y, Quintard M, Lachaud J, et al. Identification of microscale ablative properties of C/C composites using inverse simulation［R］. 9th AIAA/ASME Joint Thermophysics and Heat Transfer Conference. San Francisco, California, USA, 2006.

［11］ Abel A, Sukkarieh S. On revolutionising space vehicle design［R］. 5th NSSA Australian Space Science Conference. Melbourne, Australia, 2005.

［12］ Acharya R, Kuo KK. Effect of chamber pressure and propellant composition on erosion rate of graphite rocket nozzle［R］. 44th AIAA Aerospace Sciences Meeting and Exhibit. Reno, Nevada, USA, 2006.

［13］ Alting J, Grauer F, Hagemann G. Hot-firing of an advanced 40 kN thrust chamber［R］. 37th AIAA/ASME/SAE/ASEE Joint Propulsion Conference and Exhibit. Salt Lake City, UT, USA, 2001.

［14］ Antonenko J, Müller M. High temperature insulations on the X-38 re-entry vehicle［R］. 4th European Workshop on Hot Structures and Thermal Protection Systems for Space Vehicles. Palermo, Italy, 2002.

［15］ Asada S, Nishiwaki K, Niitsip M, et al. Development of HOPE-X all-composite prototype structure［R］. AIAA/NAL-NASDA-ISAS 10th International Space Planes and Hypersonic Systems and Technologies Conference. Kyoto, Japan, 2001.

［16］ Baker CF. High temperature composites for SSTO rocket motors［R］. 31st AIAA/ASME/SAE/ASEE Joint Propulsion Conference and Exhibit. San Diego, CA, USA, 1995.

［17］ Chung DDL. Carbon fiber composites［M］. Newton: Butterworth-Heinemann, 1994.

［18］ Burchell TD. Carbon materials for advanced technologies［M］. Oxford, UK: Elsevier Science Ltd. , 1999.

［19］ King AG. Ceramic technology and processing［M］. Norwich, New York, USA: Noyes Publictions; 2002.

［20］ Low IM. Ceramic matrix composites: microstructure, properties and applications［M］. Cambridge, England: Woodhead Publishing Ltd. , 2006.

［21］ Aoki T, Hatta H, Kogo Y, et al. High temperature oxidation behavior of SiC-coated C/C composites［J］. Nippon Kinzoku Gakkaishi/Journal of the Japan Institute of Metals, 1998, 62: 404-412.

［22］ Hatta H, Nakayama Y, Kogo Y. Bonding strength of SiC coating on the surfaces of C/C composites［J］. Advanced Composite Materials: The Official Journal of the Japan Society of Composite Materials, 2004, 13: 141-156.

［23］ Kobayashi S, Wakayama S, Aoki T, et al. Oxidation behavior and strength degradation of CVD-SiC coated C/C composites at high temperature in air［J］. Advanced Composite Materials: The Official Journal of the Japan Society of Composite Materials, 2003, 12: 171-183.

［24］ Kawai C, Igarashi T. Oxidation-resistant coating of TiC-SiC system on C/C composite by chemical vapor deposition ［J］. Journal of the Ceramic Society of Japan, International Edition 1991, 99: 377-381.

［25］ Labruquere S, Pailler R, Naslain R, et al. Enhancement of the oxidation resistance of carbon fibres in C/C composites via surface treatments［J］. Key Engineering Materials, 1997, 132-136: 1938-1941.

［26］ Hatta H, Sudo E, Kogo Y, et al. Oxidation and mechanical behavior of SiC coated C/C composites made by Si impregnation method［J］. Nippon Kinzoku Gakkaishi/Journal of the Japan Institute of Metals, 1998, 62:

861-867.

［27］ Jiao GS，Li HJ，Li KZ，et al. Multi-composition oxidation resistant coating for SiC-coated carbon/carbon composites at high temperature ［J］. Materials Science and Engineering A，2008，486：556-561.

［28］ Naslain R. CVI composites. In：Warren R ed. Ceramic Matrix Composites. London：Chapman and Hall，1992，199-243.

［29］ Besmann TM，Sheldon BW，et al. Vapor-phase fabrication and properties of continuous filament ceramic composites ［J］. Science，1991，253：1104-1109.

［30］ 刘文川. 热结构复合材料的制备及应用［J］. 材料导报.1994，2：62-66.

［31］ 梅辉. 2D C/SiC 在复杂耦合环境中的损伤演变和失效机制 ［D］. 西安：西北工业大学，2007.

［32］ Becher PF. Microstructural design of toughened ceramics ［J］. J. Am. Ceram. Soc.，1991，74（2）：255-269.

［33］ Becher PF. Advances in the design of toughened ceramics ［J］. J. Ceram. Soc. Jap：International Edition，1991，99（10）：962-969.

［34］ Mah TI，Mendiratta MG，Katz AP，et al. Recent developments in fiber-reinforced high temperature ceramic composites ［J］. Am. Ceram. Soc. Bull.，1987，66（2）：304-308.

［35］ Spriet P，Habarou G. Applications of CMCs to turbojet engines：overview of the SEP experience ［J］. Key Eng. Mater.，1997，127-131（2）：1267-1276.

［36］ Naslain R. SiC-Matrix Composites：Non-brittle ceramics for thermo-structural application ［J］. Int J. Appl. Ceram. Technol.，2005，2（2）：75-84.

［37］ Peterson PF，Zhao H，Niu F，et al. Development of C-SiC ceramic compact plate heat exchangers for high temperature heat transfer applications ［R］. AIChE Annual Meeting，Conference Proceedings，2006.

［38］ 何新波，杨辉，张长瑞，等. 连续纤维增强陶瓷基复合材料概述［J］. 材料科学与工程，2002，20（2）：273-279.

［39］ 吴德隆，沈怀荣. 纺织结构复合材料的力学性能［M］. 长沙：国防科技大学出版社，1998.

［40］ 闫联生，宋麦丽，邹武，等. 高温处理对碳纤维及其复合材料性能的影响［J］. 宇航材料工艺，1998，13（1）：18.

［41］ 闫联生，邹武，宋麦丽，等. 制备工艺对炭纤维增强碳化硅基复合材料性能的影响［J］. 新型炭材料，1998，13（3）：7.

［42］ 闫联生，邹武. 影响碳化硅基复合材料机械性能的工艺因素［J］. 宇航材料工艺，2000，15（1）：7-12.

［43］ 尹洪峰. LPCVI-C/SiC 复合材料结构与性能的研究［D］. 西安：西北工业大学，2000.

［44］ 尹洪峰，徐永东，张立同. 纤维增韧陶瓷基复合材料界面相的作用及其设计［J］. 硅酸盐通报，1999，3：23-28.

［45］ 徐永东，张立同，成来飞. 三维碳/碳化硅复合材料的显微结构与力学性能［J］. 航空学报，1997，18（2）：196-201.

［46］ 栾新刚. 高温腐蚀环境 SiC-C/SiC 的性能演变规律与损伤机理研究［D］. 西安：西北工业大学，2002.

［47］ 吴守军，成来飞，张立同，等. 化学气相沉积碳化硅涂层缺陷形成的机制及其控制［J］. 硅酸盐学报，2005，33（4）：443-446.

［48］ Josh Kimmel，Narendernath Miriyala，Jeffrey Price，Karren More，Peter Tortorelli，Harry Eaton，Gary Linsey，Ellen Sun. Evaluation of CFCC liners with EBC after field testingin a gas turbine. Journal of the European Ceramic Society 22（2002）2769-2775.

［49］ Barbera AL，Riccardi B，Donasto A，et al. Stability of SiC/SiC fibre composites exposed to Li_4SiO_4 and Li_2TiO_3 in fusion relevant conditions ［J］. J. Nucl. Mater.，2001，294：223-231.

［50］ Nishio S，Ueda S，Kuroda RK，et al. Prototype tokamak fusion reactor based on SiC/SiC composite material focusing on easy maintenance ［J］. Fusion Engineering and Design，2000，48（3-4）：271-279..

[51] 张立同. 纤维增韧碳化硅陶瓷复合材料——模拟、表征与设计 [M]. 北京：化学工业出版社，2009.

[52] Nelson HF. Radiative heating in scramjet combustors [J]. Journal of thermophysics and heat transfer，1997，11（1）：59-64.

[53] Sutton G，Biblarz O. Rocket Propulsion Elements [M]. NY：John Wiley & Sons，2001：241-242.

[54] 希什科夫 AA，帕宁 сл，鲁缅采夫 BB 著. 固体火箭发动机工作过程 [M]. 关正西，赵克熙，译. 北京：中国宇航出版社，2006：170，220-223.

[55] Liggett N，Menon S. Simulation of Nozzle Erosion Process in a Solid Propellant Rocket Motor [C]. 45th AIAA Aerospace Sciences Meeting and Exhibit，2007：776.

[56] 郑亚，陈军，鞠玉涛，等. 固体火箭发动机传热学 [M]. 北京：北京航空航天大学出版社，2006：111，204.

[57] 杨亚政，杨嘉陵，方岱宁. 高超声速飞行器热防护材料与结构的研究进展 [J]. 应用数学和力学，2008，29（1）：47-57.

[58] 梁德利，于开平，韩敬永. 高速飞行器振动噪声环境预示技术 [J]. 噪声与振动控制，2013，33（5）：58-63.

[59] 刘小冲. 碳化硅陶瓷基复合材料空间环境性能研究 [D]. 西安：西北工业大学，2014.

[60] Griffith G，Goka T. The Space Environment. Safety Design for Space Systems，2009：7-104.

[61] Rooij A. Corrosion in Space [M]. Blockley R，Shyy W. Encyclopedia of Aerospace Engineering. New Jersey：John Wiley & Sons，Ltd，2010：2472-2475.

[62] Luthra KL. Melt Infiltrated（MI）SiC/SiC Composites for Gas Turbine Applications [R]. GE Corporate Research & Development Schenectady，NY 12301. Talk Presented at DER Peer Review for Microturbine & Industrial Gas Turbines Programs on March 14，2002.

[63] Fox DS，Miller RA，Zhu DM，et al. Mach 0.3 Burner Rig Facility at the NASA Glenn Materials Research Laboratory [J]. NASA/TM，2011.

[64] Verrilli MJ，Martin LC，Brewer DN. RQL Sector Rig Testing of SiC/SiC Combustor Liners [J]，NASA/TM，2002.

[65] Lee KN，Fox DS，Eldridge JI，et al. Upper temperature limit of environmental barrier coatings based on mullite and BSAS [J]. Journal of the American Ceramic Society，2003，86（8）：1299-1306.

[66] 梁春华. 纤维增强陶瓷基复合材料在国外航空发动机上的应用 [J]. 航空制造技术，2006，3：40-46.

[67] 陶瓷基复合材料尾喷口完成首次商业飞行. 中国复合材料，2015（8）：122.

[68] Hurst JB. Advanced Ceramic Matrix Composites：Science and Technology of Materials，Design，Applications. Performance and Integration [J]. Curvan Associates，Inc.，2017.

[69] Bouquet C，Fischer R，Thebault J，et al. Composite technologies development status for scramjet [C]. AIAA/CIRA 13th International Space Planes and Hypersonics Systems and Technologies Conference，2005：3431.

[70] Kazmar RR. Airbreathing hypersonic propulsion at Pratt & Whitney-overview [C]. AIAA/CIRA 13th International Space Planes and Hypersonics Systems and Technologies Conference，2005：3256.

[71] Dirling，JR. Progress in materials and structures evaluation for the HyTech program [C]. 8th AIAA International Space Planes and Hypersonic Systems and Technologies Conference，1998：1591.

[72] Sillence MA. Hydrocarbon scramjet engine technology flowpath component development [J]. AIAA Paper，2002，17-5158.

[73] Glass DE，Capriotti D，Reimer T，et al. Testing of DLR C/C-SiC and C/C for HIFiRE 8 scramjet combustor [C]. 19th AIAA International Space Planes and Hypersonic Systems and Technologies Conference，2014，3089.

[74] Rahman SA，Hebert BJ. Large Liquid Rocket Testing-Strategies and Challenges [C]. AIAA-2005-3564，Joint Propulsion Conference & Exhibit Tuscon，Arizona，July 10-13.

［75］ Schmidt S，Beyer S，Knabe H，et al. Advanced ceramic matrix composite materials for current and future propulsion technology applications ［J］. Acta Astronautica，2004，55（3-9）：409-420.

［76］ Lacombe A. 3D Novoltex and Naxeco Caron-Carbon Nozzle Extensions：matured，industrial and available technologies to reduce programmatic and technical risks and to increase performance of launcher upper stage engines ［C］. 44th AIAA/ASME/SAE/ASEE Joint Propulsion Conference & Exhibit，2008：5236.

［77］ S. Beyer，F. Strobel，H. Knabe. Development and Testing of C/SiC Components for Liquid Rocket Propulsion Applications. AIAA-99-2896.

［78］ Schmidt S，Beyer S，Knabe H，et al. Advanced ceramic matrix composite materials for current and future propulsion technology applications ［J］. Acta Astronautica，2004，55：409-420.

［79］ Ullmann T，Reimer T，Hald H，et al. Reentry Flight Testing of a C/C-SiC Structure with Yttrium Silicate Oxidation Protection ［C］. 14th AIAA/AHI Space Planes and Hypersonic Systems and Technologies Conference，2006：8127.

［80］ Glass DE. European directions for hypersonic thermal protection systems and hot structures ［J］. 2007.

［81］ SHEFEX Ⅱ 2nd Flight within DLR's Re-Entry Technology and Flight Test Program ［OL］. https://docplayer. net/19024749-Shefex-ii-2nd-flight-within-dlr-s-re-entry-technology-and-flight-test-program-html.

［82］ Ohlhorst CW，Glass DE，Bruce Ⅲ WE，et al. Development of X-43A Mach 10 leading edges ［C］. 56th International Astronautical Congress，Fukuoka，Japan，October 2005，IAC-2005-D2. 5. 06.

［83］ http://www. netl. doe. gov/technologies/coalpower/advresearch/pubs/ARSS-017_4P. pdf.

［84］ Stute T，Wulz G，Scheulen D. Recent developments of advanced structures for space optics at Astrium，Germany ［C］. Optical Materials and Structures Technologies. International Society for Optics and Photonics，2003，5179：292-302.

［85］ 李威，刘宏伟. 空间光学遥感器中碳纤维复合材料精密支撑构件的结构稳定性 ［J］. 光学精密工程，2008，16（11）：2173-2179.

［86］ Veggel MV，Wielders A，Brug HV，et al. Experimental set-up for testing alignment and measurement stability of a metrology system in Silicon Carbide for GAIA ［J］. Proc. of SPIE，2005，5877：587701.

［87］ Postman M，Argabright V，Arnold B，et al. Advanced Technology Large-Aperture Space Telescope （ATLAST）：a technology roadmap for the next decade ［J］. arXiv preprint arXiv：0904. 0941，2009.

［88］ Sabelhaus PA，Decker JE. An overview of the James Webb space telescope （JWST） project ［C］. Proc. of SPIE，2004，5487：550-563.

［89］ Clampin M. Status of the james webb space telescope （JWST） ［C］. Proc. of SPIE，2008，7010.

第 2 章

**超高温结构复合材料
环境性能模拟理论与实现途径**

超高温结构复合材料的服役环境复杂，服役环境特点主要包括：服役温度范围宽（-200～3000℃）、服役时间跨度长（数十秒至上千小时）、服役环境载荷复杂（疲劳、蠕变、摩擦、冲刷等）以及服役环境介质多样（原子氧、分子氧、水蒸气和颗粒等）等。同时，由于构件服役环境考核只能回答"行"与"不行"的问题，不能实现复杂微结构和极端环境因素之间的强非线性耦合模拟和解耦，导致超高温结构复合材料在航空航天等高技术领域应用时面临两个重大基础问题：①无法全面获得材料的损伤失效机理；②缺乏材料的环境性能数据及其演变模型。这使得根据环境要求选择、设计、制备并使用材料较为困难。发展简单科学的材料环境性能模拟方法与解耦方法是国际公认的难题，至今尚未见系统报道。本章将介绍国内外现有航空航天环境下，超高温结构复合材料的控制性服役环境因素、环境性能模拟理论基础和环境性能模拟方法。

2.1　超高温结构复合材料控制性服役环境因素

2.1.1　热效应

超高温结构复合材料的服役温度范围宽，空间环境服役温度范围为-200～350℃，航空发动机和热结构服役环境温度范围为450～1700℃，高超声速服役环境温度范围为1500～2200℃，火箭发动机服役环境温度范围为1900～3000℃。除空间环境存在热循环外，其他服役环境都存在摩擦生热和热冲击现象。温度对超高温结构复合材料的热效应主要包含两方面影响：①温度对各组元材料力学性能和热学性能的影响；②温度对各组元之间结合或应力状态的影响。超高温结构复合材料的力学性能一般包括拉伸模量、拉伸强度、压缩强度、弯曲强度、剪切强度、蠕变和疲劳性能等；超高温结构复合材料的热学性能主要包括热膨胀和热扩散。

2.1.1.1　力学性能

超高温结构复合材料的力学性能由组元与环境等内外因素共同决定，组元包括组元性质、纤维编织方式和界面结合状态等。纤维与基体间的界面、残余应力、气孔率和缺陷是决定复合材料基体裂纹扩展以及各种失效模式的重要因素。理想的界面结合能保证基体受力后传给纤维，而弱界面结合能使扩展的裂纹发生偏转，纤维发生脱黏与拔出，使超高温结构复合材料表现出非线性的力学行为。区别于树脂基和金属基复合材料，超高温结构复合材料基体的断裂应变较小，但超高温结构复合材料中的裂纹扩展和纤维桥接有助于残余应力的释放，从而增加材料断裂韧性和可靠性[1]。

作为超高温结构复合材料中的主要承载单元，在不接触空气和氧化剂时，碳纤维能够耐受3000℃以上的高温，具有突出的耐热性能，与其他材料相比，碳纤维要温度高于1500℃时强度才开始下降，而且温度越高，纤维强度下降越大。碳纤维的径向强度不如轴向强度，因而碳纤维忌径向强力，即不能打结。另外碳纤维还具有良好的耐低温性能，如在液氮温度下也不脆化。

连续纤维增强 CVI SiC 基复合材料强度高、韧性好，其中最有代表性的是法国 SEP

公司生产的 SEP-CARBINOX（2D C/SiC）和 CERASEP（2D SiC/SiC），纤维体积含量分别为 45％和 40％，密度分别为 2.1g/cm³ 和 2.5g/cm³，其力学性能见表 2-1[1]。2D C/SiC 材料的使用温度比 2D SiC/SiC 材料高，因为碳纤维热机械稳定性高（一般＞1400℃）。

　　超高温结构复合材料的力学性能具有明显的温度依赖性。在制备温度（1000℃左右）以下，超高温结构复合材料的强度和模量随温度的升高而升高；在制备温度以上，超高温结构复合材料的力学性能随温度升高而变化的规律差别很大。表 2-2[1] 是 CVI 工艺制备的 3D C/SiC 的力学性能，可以看出 3D C/SiC 在 900～1500℃的高温真空中，较常温下具有更高的拉伸强度，模量没有明显下降。

表 2-1　2D C/SiC 和 2D SiC/SiC 材料力学性能[1]

性能	2D C/SiC(CARBINOX)			2D SiC/SiC(CERASEP)		
	23℃	1000℃	1400℃	23℃	1000℃	1400℃
拉伸模量/GPa	90	100	100	230	200	170
拉伸强度/MPa	350	350	350	—	—	—
压缩强度(∥)/MPa	—	—	—	580	480	300
压缩强度(⊥)/MPa				420	380	250
弯曲强度/MPa	500	700	700	300	400	280
剪切强度(∥)/MPa	35	35	35	40	35	25

表 2-2　CVI 3D C/SiC 的常规力学性能[1]

性能	室温	900℃ 真空	1100℃ 真空	1300℃ 真空	1500℃ 真空
拉伸模量/GPa	140.4	129.1	141.8	116.0	123.9
拉伸强度/MPa	270.0	287.8	282.5	286.5	278.0
断裂应变/%	0.548	0.457	0.395	0.404	0.499

　　吴琦等研究结果表明：在 25～1200℃范围内，2D C/(BC$_x$-SiC)$_n$ 和 2D C/SiC 的层间剪切强度与温度有很大的联系。2D C/(BC$_x$-SiC)$_n$ 在 900℃时材料的层间剪切强度最高可达 40.0MPa，分别比 25℃和 1200℃的高约 13％和 8％，略高于 700℃的。此外，C/(BC$_x$-SiC)$_n$ 的层间剪切强度始终高于 C/SiC 的强度，且两种材料的层间剪切强度随温度变化规律相似，如图 2-1 所示[1]。

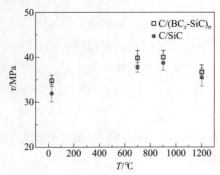

图 2-1　不同温度下 C/(BC$_x$-SiC)$_n$ 和 C/SiC 的层间剪切强度[1]

杨忠学等人[2]研究了 CVI 3D C/SiC 在不同温度真空中的蠕变行为，如图 2-2 所示，发现其早期蠕变速率和稳态蠕变速率都随温度的升高而增大。

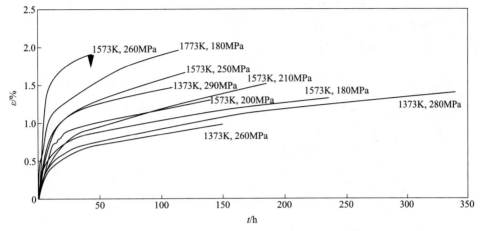

图 2-2　CVI 3D C/SiC 在不同温度真空中的蠕变行为[2]

温度对蠕变损伤的影响规律如下：较低温度下（1100℃），界面的滑移相当于两个粗糙固体之间的库仑干摩擦，对应着较高的界面剪切力，因此基体微裂纹的张开和扩展便会遇到更大的阻力，微裂纹的生长缓慢；此外，摩擦还会造成局部的应力集中，引起纤维过早失效，从而引起复合材料的破坏，因此，低温下蠕变试样断裂时的断裂应变较小。而在较高温度下（1500℃），界面的滑移可归结为一种类黏性流动。类黏性流动界面的纤维拔出长度长，对应着较低的界面剪切力，从而使得基体微裂纹的扩展和展开较为容易。在宏观层次上，这对应着较高的蠕变断裂应变和一种类黏塑性行为。

刘兴法等人[3]研究了频率 60Hz，应力比 0.1，温度分别为室温、1100℃、1300℃、1500℃时 CVI 3D C/SiC 的在真空环境中的疲劳寿命，发现其疲劳极限随温度升高先上升后下降，见表 2-3。

表 2-3　不同温度下的疲劳极限[3]

室温	1100℃	1300℃	1500℃
230～240MPa	320～350MPa	290～300MPa	240～250MPa

3D C/SiC 的制备温度为 950～1000℃，由于碳纤维沿纤维径向的热膨胀系数（$7 \times 10^{-6} K^{-1}$）大于碳化硅的热膨胀系数（$4.8 \times 10^{-6} K^{-1}$）[1]，冷却到室温后，界面上会产生残余拉应力，温度升高到 1000℃以上，则会产生残余压应力。室温下残余拉应力的存在，在一定程度上会使得界面相上的剪切应力 τ_i 比较小。相反，在 1100℃，尤其是在 1300℃和 1500℃时，残余压应力的存在使得界面相上的剪切应力 τ_i 比较大。对于 3D C/SiC，室温下纤维/基体界面的滑动磨损在其疲劳失效过程中起重要作用，但高温下 τ_i 的提高使基体和纤维之间的摩擦损伤不容易发生，因此疲劳极限提高。高温下，存在疲劳损伤的同时也存在着蠕变损伤，而且温度越高越明显，基体蠕变作用等原因会使基体裂纹克服界面阻碍而继续扩展。

Mineo Mizuno 等对 SiC/SiC 的室温和高温疲劳性能进行了研究，指出高温条件下，试样疲劳寿命随着疲劳应力的变化大致分为短寿命区（Ⅰ区，$N_f < 10^4$ 周次）、中寿命区（Ⅱ区，$10^4 < N_f < 10^6$ 周次）和长寿命区（Ⅲ区，$N_f > 10^6$ 周次）三个区域。而室温下没有出现中寿命区，这说明中寿命区受温度的影响很大。由图 2-3 可知，高温的疲劳极限仅为 75MPa，室温的疲劳极限为 160MPa[1]。

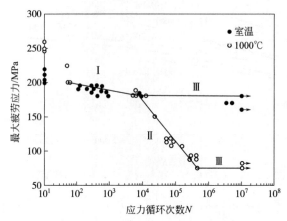

图 2-3　CVI 2D SiC/SiC 室温和 1000℃下的 S-N 曲线[1]

2.1.1.2　热膨胀性能

物体的体积或长度随温度升高而增大的现象称为热膨胀，其本质可归结为点阵结构中质点间平均距离随温度升高而增大。此外，晶体中各种热缺陷的形成也会造成局部点阵的畸变和膨胀，特别是在高温时，由于热缺陷浓度随温度升高呈指数增加，热缺陷将对晶体的热膨胀等性能产生重要影响[4]。

物体的热膨胀行为可用热膨胀系数来定量表示，热膨胀系数可分为物理热膨胀系数（P-CTE）和工程热膨胀系数（T-CTE），二者分别在伸长量的变化速率和平均相对伸长量方面对材料物性进行表述。温度升高 1 K 时，物体的相对伸长，称为线膨胀系数（α_1），无机材料的线膨胀系数一般都不大，数量级约为 $10^{-5} \sim 10^{-6}/\mathrm{K}$。实际上固体材料的 α_1 值并不是一个常数，而是随温度稍有变化，通常随温度升高而增大。因为通常所说的 α_1 值都是指定温度范围内的平均值，因此应用时要注意适用的温度范围。

实际上无机材料都是一些多晶体或由几种晶体和玻璃相组成的复合体。各向同性晶体组成的多晶体的热膨胀系数与单晶体相同；假如晶体是各向异性的，或复合材料中不同相或晶粒的不同方向上膨胀系数不同时，则它们在烧成后的冷却过程中会产生内应力，有时内应力甚至会发展到使坯体产生微裂纹。测试过程中有时会测得多晶聚集体或复合体出现热膨胀系数滞后的现象，这是因为烧成后冷却过程中产生的微裂纹在升温过程中会愈合，因此在不太高的温度下会观察到反常的低膨胀系数。当达到高温时，由于微裂纹已基本闭合，膨胀系数与单晶时的数值又变为一致。晶体内的微裂纹可以发生在晶粒内和晶界上，但最常见的还是在晶界上，晶界上应力的发展与晶粒大小有关，晶界裂纹和热膨胀系数滞后主要是发生在大晶粒样品中。同时，复合体中有多晶转变的组分时，因多晶转化的体积不均匀变化也会导致膨胀系数的不均匀变化。

复合材料中纤维、基体和界面相三个结构单元具有不同的热膨胀系数，在制备和使用过程中，随着温度的不断改变，材料内部不可避免地产生热失配应力，使复合材料的微结构及其环境性能在服役过程中随温度的剧烈变化而变化。界面热应力对复合材料性能的影响主要有两个方面[5]：①径向热应力影响纤维的脱黏和拔出，径向压应力不利于纤维脱黏和拔出，而径向拉应力则有利于纤维的脱黏和拔出。②轴向热应力影响基体的开裂应力，当基体中轴向热应力达到一定程度时会导致基体开裂。复合材料中均匀分布的气孔也可以看作是复合体中的一个相，由于空气体积分数非常小，对于热膨胀系数的影响可以忽略。

通过对 C/SiC 热膨胀行为的研究，发现界面相、高温热处理、纤维束大小、预制体结构等都对 C/SiC 热膨胀行为有影响。3D C/SiC 的热膨胀行为与界面热应力之间具有对应关系，可以通过热膨胀曲线斜率的改变来判断界面热应力的变化。热膨胀系数与温度关系的每一个线性段，均对应着一种界面热应力变化方式。一般地，从室温到 1400℃，3D C/SiC 界面热应力的变化可以分为六种方式：残余应力弹性释放、残余应力塑性释放、基体裂纹闭合前热应力累积、基体裂纹闭合后热应力累积、纤维断裂/界面滑移热应力释放和热应力重新分布后再次累积。但是，当二次升温至 1400℃时，仅发生前三阶段的转变，复合材料的结构不会发生进一步的破坏，界面热应力不再经历释放和再累积的过程。

张青[5] 研究了界面相的引入对 3D C/SiC 热膨胀行为的影响，以丙烯作为气源制备 PyC 界面相，研究发现 PyC 界面相的引入使 3D C/SiC 的热膨胀系数略微升高，但并未改变其热膨胀行为，因为它可以有效地缓解和降低纤维与基体之间的界面热应力，而对热应力的变化规律不产生决定性的影响。1800℃ 高温前处理改变了 3D C/SiC 的热膨胀行为，并使其热膨胀系数显著降低。高温前处理对纤维结构和性能的影响是热膨胀系数产生变化的主要原因。所以，纤维的结构和性能是 3D C/SiC 热膨胀行为和界面热应力变化的决定性因素。

纤维束大小不同的 3D C/SiC 具有相似的热膨胀行为，即纤维束大小不会改变 3D C/SiC 界面热应力的变化。然而，它会影响 3D C/SiC 的致密度，纤维束较小（1K）的复合材料致密度较高，尤其是在纤维束间，其热膨胀系数整体高于纤维束较大（3K）的复合材料。

预制体结构也会改变 C/SiC 的热膨胀行为。2D C/SiC 的热膨胀系数与 3D C/SiC 在低温区具有相似的变化规律，即随着温度的升高分阶段线性增大。而在高温区内，二者的变化规律有所差别。这与 2D C/SiC 的界面热应力不仅来自纵、横向纤维束自身内部的相互作用，也有两种纤维束之间的相互竞争有关。在整个测量温度范围内，2D C/SiC 的热膨胀系数均高于 3D C/SiC。

2.1.1.3 热扩散性能

无机材料常含有气孔，气孔对热导率的影响较为复杂。含有微小气孔的多晶陶瓷，其光子自由程显著喊小，因此，大多数无机材料的光子传导率要比单晶和玻璃的小 1~3 个数量级，光子传导效用只在温度大于 1773K 时才是重要的；另一方面，少量的大气孔对热导率影响较小，而且当气孔尺寸增大时，气孔内的气体会因对流而加强传热。当温度升高时，热辐射作用增强，它与气孔的大小和温度的三次方成比例。这一效应在温度较高时，随温度的升高加剧，这样气孔对热导率的贡献就不可忽略。粉末和纤维材料的热导率比烧结材料低得多。这是因为在其间气孔形成了连续相。材料的热导率在很大程度上受气相热导率所影响。一些具有显著的各向异性的材料和热膨胀系数较大的多相复合物，由于存在大的内应力会形成微裂纹，气孔以扁平微裂纹出现并沿晶界发展，使热流受到严重的阻碍。这样，即使气孔率很小，材料的热导率也明显地减小[4]。

对于由多个组元复合而成的多相复合材料，其热扩散性能不仅与组成相的热扩散性能和导热性能有关，而且还与每个相的相对含量以及它们的结构、分布、排列方向等有关。研究发现，C/SiC 的热扩散性能与材料组成、气孔含量、组元结构转变、界面结合强度、基体裂纹密度等微观结构的构成和变化有关[5]。主要结论如下：

① C/SiC 的热扩散系数随温度的升高逐渐降低，在 1200℃ 左右突然逆势增大。这与 PyC 界面相在高温下发生结构转变，即石墨化程度提高有关。

② 2D C/SiC 的弱层间结合使其热扩散系数明显低于 3D C/SiC。但是，预制体结构未对 C/SiC 的热扩散行为产生影响。

③ CVD SiC 涂层使 C/SiC 的气孔率降低，从而使 C/SiC 的热扩散系数得到提高。但是，CVD SiC 涂层并未改变 C/SiC 的热扩散行为。

④ 高温热处理通过改变 C/SiC 各组元的结构和性能、裂纹密度以及界面结合等因素，从而对复合材料的热扩散行为产生影响。高温前处理和高温后处理均使 C/SiC 的热扩散系数得到提高，并改变了其随温度的变化规律，即热扩散系数随温度的升高单调降低，在 1200℃ 左右时不再发生突变。高温前处理主要通过提高碳纤维和 PyC 界面相的石墨化程度，来改善复合材料的热扩散系数。但是随着热处理温度的升高，石墨度提高对界面结合强度的降低和界面区域热传递能力的削弱，使复合材料热扩散系数的提高幅度有所降低，因此，经过高温前处理的 C/SiC 的热扩散系数随处理温度的升高先增大后降低。高温后处理虽然会引起基体裂纹增多、宽度增大、界面结合强度降低等多个不利因素，但是碳纤维、PyC 界面相、SiC 基体在高温热处理过程中发生石墨化度提高、晶粒长大、缺陷减少等结构变化，使这三种组元自身的结构和性质得到改善，成为促进复合材料热扩散系数后提高的决定性因素。因此，经过高温后处理，C/SiC 的热扩散系数显著提高，并且随处理温度的升高，提高幅度不断增大。

⑤ 改变 PyC 界面相的厚度会使 C/SiC 具有大小不一的热扩散系数，但是不改变其热扩散行为。当 PyC 界面相厚度在 60～150nm 之间不断增加时，C/SiC 的热扩散系数表现为逐渐减小，这主要是因为界面结合强度随界面相厚度的增大而逐渐降低，从而降低了界面区域的热传递能力。而当 PyC 界面相厚度在 150～190nm 之间不断增加时，C/SiC 的热扩散系数表现为逐渐增大，这是因为厚的界面相使基体内的裂纹密度得到降低，从而对 C/SiC 的热扩散性能起到改善作用。

2.1.1.4 热稳定性能

热稳定性是指材料承受温度的急剧变化而不致破坏的能力，所以又称为抗热震性。

由于无机材料在加工和使用过程中，经常会受到环境温度起伏的热冲击，因此，热稳定性是无机材料的一个重要性能。图 2-4[4] 为理论上预期的裂纹长度以及材料强度随温度的变化。假如原有裂纹长度为 l_0，相应的强度为 σ_0，当 $\Delta T < (\Delta T)_c$ 时，裂纹是稳定的；当 $\Delta T = (\Delta T)_c$ 时，裂纹迅速地从 l_0 扩展到 l_f，相应地，σ_0 迅速地降到 σ_f。由于 l_f 对 $(\Delta T)_c$ 是亚临界的，只有 ΔT 超过 $(\Delta T)_c'$ 值后，裂纹才准静态地、连续地扩展。因此，在 $(\Delta T)_c < \Delta T < (\Delta T)_c'$ 区间，裂纹长度无变化，相应地强度也不变。$\Delta T > (\Delta T)_c'$ 时，强度同样连续地降低。这一结论被很多实验所证实。

对于多孔的复合材料，要从抗热冲击损伤性的角度来考虑，降低裂纹扩展的材料特性（高 E 和 γ_{eff}，低 σ_f），主要还是避免既有裂纹的长程扩展所引起的深度损伤。

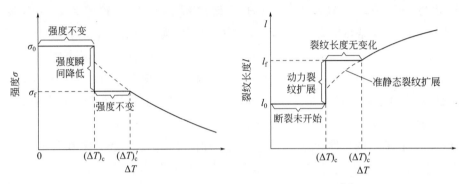

图 2-4　裂纹长度及强度与温度差的函数关系[4]

ΔT_c 为临界温度差

2.1.1.5　熔融与升华

有些材料虽然在常压下并无明显的升华现象，但随着温度的升高，蒸气压强烈增大，在高温使用时严重挥发，这就限制了它们的使用温度和高温使用寿命。例如 MgO 虽然熔点高达 2650℃，但在真空下，不宜在超过 1873～1973K 的温度下使用。

对于由聚合物转化而来的陶瓷材料，分相和分解也是温度引起的重要的热效应之一。研究表明 Nicalon SiC 纤维中的 SiO_xC_y 成分会在高温条件下分解，从而使纤维性能衰减。同时，该分解反应的产物 SiO 能与 SiC 纤维中的碳杂质和 SiC/SiC 中的碳相发生反应，最终影响 SiC/SiC 的高温性能。比如：在真空条件下，研究者发现一种 2D-Nicalon SiC/PyC/SiC 复合材料的性能衰减与温度和高温处理时间成正比。因此，SiC 纤维的热稳定性是影响 SiC/SiC 性能的关键因素。

2.1.2　力（应力）效应

作为热结构材料，承载是超高温结构复合材料的主要任务，而且其服役载荷复杂，火箭发动机部件服役时间仅有数十秒至上百秒，主要承受热冲击、气流冲刷和内外压差导致的拉、压、弯、剪等载荷；高超声速飞行器部件、热结构部件和航空发动机部件服役时间从几十分钟到上千小时，因设计时都预留了安全系数，超高温结构复合材料在服役过程中不会出现简单载荷导致的破坏，其破坏原因以疲劳和蠕变为主。因热膨胀系数远小于金属材料，导致超高温结构复合材料在高温服役中通常发生拉伸载荷下的蠕变和疲劳。然而在不同服役环境中，导致复合材料产生疲劳和蠕变的载荷来源不同，因此载荷类型也可能不同。

2.1.2.1 室温拉伸疲劳行为

S-N 曲线是材料疲劳过程中最大疲劳应力 S 和应力循环次数 N 之间的关系曲线，通过在恒定应力幅的循环载荷作用下的疲劳试验测定。S-N 曲线是表征材料疲劳性能的最经典，同时也是最有效的方法之一。它是可以不考虑材料内部的损伤机理，而直接用宏观的方法就能反映材料疲劳性能的基本参数。

图 2-5[6] 为 2D C/C 的室温疲劳应力-寿命数据，采用的疲劳应力比 $R(\sigma_{min}/\sigma_{max})$ 为 0.1，波形为正弦波，加载频率为 10Hz。该曲线特点是比较平坦，疲劳极限为 232.5MPa（取 10^5 次循环作为衡量基准），与极限拉伸强度（UTS，264.2MPa）的比值较高，约为 0.88。当应力超过 0.9UTS 时，疲劳失效迅速发生。结果表明，2D C/C 具有优异的室温抗疲劳性能。另外，对于同一应力水平其疲劳寿命有较大的变化，这说明复合材料的疲劳性能存在较大的分散性，而且疲劳极限以上材料寿命随着应力的增大快速减小，这都给结构的抗疲劳设计带来一定的难度。

3D C/SiC 在室温的拉伸疲劳应力-寿命数据如图 2-6 所示，疲劳应力比 $R = 0.1$，频率 60Hz，波形为正弦波。可以看出，3D C/SiC 的疲劳寿命大致可分为低周疲劳区（$N_f < 10^3$ 周）、高周疲劳区（$10^3 < N_f < 10^6$ 周）和无限寿命区（$N_f > 10^6$ 周）三个区域。应力接近抗拉强度时，断裂发生在低周疲劳区；应力介于断裂强度和疲劳极限之间时，断裂发生在高周疲劳区；应力小于疲劳极限时，断裂发生在无限寿命区。若取循环基数为 10^6 次，3D C/SiC 的室温疲劳极限可以认为是 235MPa，约为抗拉强度的 85%。

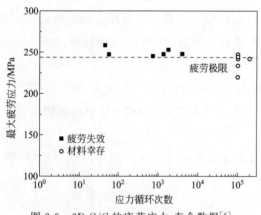

图 2-5　2D C/C 的疲劳应力-寿命数据[6]

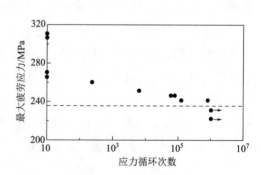

图 2-6　3D C/SiC 在室温的疲劳应力-寿命图

图 2-7 为 2D C/SiC 在室温的疲劳应力-寿命数据，疲劳频率 3Hz，波形为正弦波，应力比 $R = 0.1$。由室温疲劳数据可得，若取循环基数为 10^5 周，2D C/SiC 的疲劳极限为 244.8MPa，为极限拉伸强度的 89%。

图 2-8 所示为 2D C/SiC 室温拉-拉疲劳试验结果，疲劳应力比为 0.1，频率为 10Hz，波形为正弦波。由图可知，2D C/SiC 疲劳性能的分散性非常大，加载相同应力下的疲劳

寿命量级相差最大可以达到 4。光滑试样的疲劳寿命曲线较为平坦，疲劳极限（应力循环次数 $N=5\times10^5$ 时）约为极限拉伸强度的 80%～85%。当应力超过极限拉伸强度的 88% 时，疲劳失效较快；当应力低于极限拉伸强度的 87% 时，循环造成的疲劳损伤不明显。表明 C/SiC 具有较为优良的抗疲劳性能，疲劳极限较高。

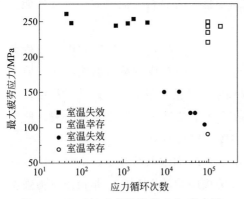
图 2-7　2D C/SiC 室温疲劳应力-寿命图

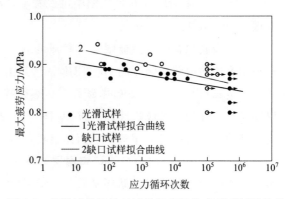
图 2-8　光滑试样和缺口试样的室温拉-拉疲劳试验结果

对于相同的疲劳寿命，中心孔试件对应的最大应力与极限应力的比值较光滑试件的要高，这与复合材料的缺口钝化效应有关，试验所用材料的孔径与试验件宽度之比较小，对试验件的拉伸强度影响小。另外，此种复合材料的基体与纤维束的弹性模量量级相当，开孔后对结构的受力影响不显著，即复合材料对缺口不敏感，缺口的钝化使得局部应力集中降低。

图 2-9[7] 给出了 2D C/SiC 在 90MPa、120MPa 和 160MPa 应力水平下室温疲劳 24h（86400 次）后的剩余拉伸强度及其强度变化率（剩余拉伸强度的增量与原始强度之比）。疲劳试验均为拉-拉疲劳，波形为正弦波，应力比 $R=0.5$，频率为 1Hz。这种短时间的疲劳常称为预疲劳。可以看出，预疲劳对该材料的拉伸强度有着重要的影响。预疲劳后复合材料的强度不仅没有降低，反而有一定程度的提高，尤其是在 120MPa 应力水平下拉伸强度的提高最为明显，达到了 23.47%，低于或者高于这一疲劳应力水平下拉伸强度的

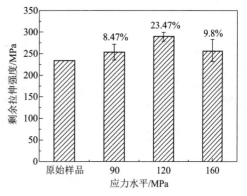
图 2-9　2D C/SiC 在 90MPa、120MPa 和 160MPa 应力水平下疲劳 86400 次后的剩余拉伸强度及其强度变化率[7]

提高明显减弱。预疲劳能够提高材料拉伸强度的原因可能是由于残余应力得到了一定程度的释放，同时预疲劳减少了纤维压应力，有利于纤维均匀承载。

2.1.2.2　室温剪切疲劳行为

根据 2D C/SiC 在空气中的室温面内剪切疲劳试验数据，得到 S-N 曲线，如图 2-10[8] 所示。

从 *S-N* 曲线可以看出，室温下面内剪切疲劳极限约为 103MPa，远大于该材料的基体开裂应力 σ_{mc}，是面内剪切强度的 82%，*S-N* 曲线大致可分为低寿命区和高寿命区两个区域。高温下的疲劳极限约为 90MPa，是室温下极限面内剪切强度的 72%。高温下的 *S-N* 曲线可分为低周疲劳区（$N_f < 10^4$）、高周疲劳区（$10^4 < N_f < 10^6$）和无限寿命区（$N_f > 10^6$）三个阶段，并且从图中可以看出，高寿命区复合材料的面内剪切疲劳性能存在很大的分散性。

多数金属材料的疲劳极限是其静强度的 40%~50%，而 2D C/SiC 的面内剪切疲劳极限则可达面内剪切强度的 70% 以上。这是由于 2D C/SiC 对疲劳载荷的响应在本质上不同于金属材料。2D C/SiC 由碳纤维、热解碳界面与 SiC 基体组成，在疲劳过程中，可以通过基体开裂与裂纹扩展、纤维/基体界面脱黏以及纤维或纤维束的随机断裂，使材料内部的应力集中得以缓解，从而使材料具有高的疲劳损伤容限。

图 2-11[1] 所示为 2D C/SiC 室温层间剪切疲劳的 *S-N* 曲线其特点是，室温下比较平坦，疲劳应力区间较窄，循环基数为 1×10^6 次的疲劳极限约为 29MPa，是极限抗剪强度（ultimate shearing strength，σ_{USS}）的 91%。从图 2-11[1] 中还可以发现，在低于层间剪切疲劳极限值时，第一次循环产生的基体裂纹不会在疲劳过程中扩展长大引起材料失效断裂，材料会有较高的疲劳寿命，但是当应力超过层间剪切疲劳极限值以后，疲劳失效会迅速发生，这表明 C/SiC 在室温条件下具有较好的抗层间剪切疲劳性能。当室温疲劳极限远大于 σ_{mc} 时，第一次循环产生的基体裂纹可能扩展增大，也可能在数千次循环之后，基体裂纹开裂仍在发生，但随着循环加载的继续裂纹开裂最终被阻止。

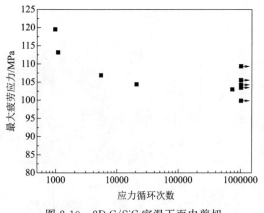
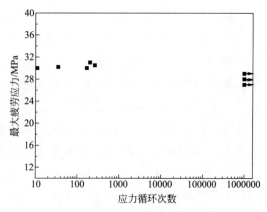

图 2-10 2D C/SiC 室温下面内剪切疲劳应力与寿命的 *S-N* 曲线[8] 图 2-11 2D C/SiC 室温下层间剪切疲劳应力与寿命的 *S-N* 曲线[1]

2.1.2.3 室温拉伸蠕变行为

C/SiC 的典型蠕变曲线如图 2-12[8] 所示。低于一定的应力（即门槛应力），材料不产生明显蠕变。门槛应力与基体开裂应力相当。和金属材料蠕变曲线不同的是，C/SiC 不会出现加速蠕变阶段，而是在 *C* 点发生瞬时断裂。

碳化硅陶瓷基复合材料（SiC-CMC）的蠕变损伤可用蠕变不匹配比（CMR）进行判断。其定义为纤维的稳态蠕变速率和基体的稳态蠕变速率之比。CMR<1 时，基体具有

较低的蠕变抗力，蠕变过程中通过应力重新分布，纤维应力不断增加，蠕变损伤主要表现为纤维周期性断裂，材料的蠕变行为由纤维控制。当 CMR＞1 时，从纤维上传递给基体的应力不断增大，基体生成微裂纹是主要的损伤模式，基体控制材料的蠕变。

按照损伤蠕变机理，CMC 的蠕变可看成是基体开裂、界面脱黏、界面滑动摩擦以及纤维或纤维束拔出等多种微观损伤累计的结果，其中基体裂纹的张开是蠕变的主要贡献者。

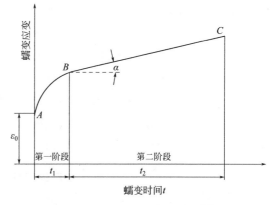

图 2-12　C/SiC 的蠕变曲线[8]

2.1.3　介质效应

超高温结构复合材料的服役环境介质多样，如空间环境中的原子氧、电子和质子，热结构和高超声速环境中的分子氧，航空发动机环境中的分子氧、水蒸气和熔盐，火箭发动机环境中的分子氧、水蒸气和颗粒等。超高温结构复合材料的各无机材料组元通常具有优异的化学稳定性，除原子氧以外，其他介质只有在一定高温下才能导致材料的损伤，因此，介质效应其实是温度和介质的耦合效应。

2.1.3.1　原子氧（AO）氧化效应

从 20 世纪 80 年代发现以来，各国研究者对 AO 粒子对宇航材料的"剥蚀""退化"效应自开展了一系列卓有成效的研究。例如，在空间环境暴露 69 个月之久的"长时间持续暴露试验装置"（long duration exposure facility，LDEF）曾在 20 世纪 90 年代掀起了一个航天材料 AO 效应研究的高潮[9]。

B. A. Banks 等基于 LDEF 试验平台的研究发现：AO 可以严重"氧化剥蚀"几乎所有的有机物材料，部分有机物材料甚至因强烈的"AO 剥蚀效应"而消失。E. Miyazaki 等研究者发现某些聚合物的 Si—O 键在 AO 作用下会生成 SiO_2 污染物，吸附在临近材料的表面，影响材料的热控特性、光学性能等。另外，在空间太阳能电池系统大量应用的金属银导线以及光学系统中常用的超硬铍金属，在 AO 的"轰击"下会变得异常"脆弱"而分层、剥落[9]。

碳基复合材料（包括 C/C 或 C/环氧树脂）的 AO 剥蚀率约为 $1.2 \times 10^{-24} cm^3/AO$，其数值与大多数有机物的剥蚀率在同一个数量级。研究表明：在 600km 轨道，碳基材料会以 0.1cm/年的速度被剥蚀"消耗"；经一段时间 LEO（低地球轨道）暴露试验后，其表面热发射率由原来的 0.42 变为 0.85 以上（测试温度 800K），其表面形貌发生了显著变化。Han J 等研究表明：地面 LEO 模拟环境会对石墨/环氧树脂复合材料产生严重损伤，甚至会对复合材料本体结构产生"显著"破坏[9]。

Fujimoto K 等研究了 AO 粒子对三种碳基材料的氧化效应，包括石墨、C/C 和硅浸渍的 C/C 复合材料（Si-C/C）。结果表明：上述材料氧化失重效应与 AO 作用时间和温度呈正比。微观形貌观测发现 AO 粒子对材料的剥蚀严重程度顺序是：碳基体＞碳纤维；C/C＞Si-C/C；Si-C/C 中的 C 区域＞Si-C/C 中的 Si 和 SiC 区域。AO 对 Si-C/C 中的 Si 区域和 SiC 区域的表面剥蚀效应较小[9]。

基于国内外已公开的文献，航天器上常用的聚合物、聚合物基复合材料、热控涂层、金属导线等材料的 AO 效应研究已经比较充分。表 2-4[9]列举了常用空间材料的 AO 剥蚀率。然而，目前国内外鲜有对 SiC-CMC 材料（SiC 陶瓷基复合材料）AO 效应的系统报道。

表 2-4　常用空间材料原子氧剥蚀率[9]

材料	剥蚀率/(cm³/AO)	材料	剥蚀率/(cm³/AO)
石墨	$(1.2\sim1.4)\times10^{-24}$	碳纤维/环氧树脂	$(2.1\sim2.6)\times10^{-24}$
Kapton	3.0×10^{-24}	铝	0
聚乙烯	$(3.3\sim3.7)\times10^{-24}$	金	0
聚苯乙烯	1.7×10^{-24}	锡	0
Teflon	$(0.03\sim0.5)\times10^{-24}$	银	10.5×10^{-24}
聚砜	$(2.3\sim2.4)\times10^{-24}$	铜	$(0\sim0.007)\times10^{-24}$
硅树脂	0.05×10^{-24}	二氧化硅	$<0.005\times10^{-24}$
聚碳酸酯树脂	2.9×10^{-24}	二氧化钛	0.0067×10^{-24}
环氧树脂	1.7×10^{-24}	三氧化二铝	$<0.025\times10^{-24}$

2.1.3.2　分子氧（MO）氧化效应

飞行器发射过程中热防护材料先受 MO 氧化，然后是 AO 氧化；再入过程中则先被 AO 氧化，而后被 MO 氧化。空间环境中的 MO 气氛（包括 O_2 和 H_2O 分子）加上航天器在发射阶段和再入阶段所"引发"的极端高温等因素，使得航天器用防热和结构材料须经历最严苛的氧化考验。连续纤维增韧碳化硅陶瓷基复合材料（SiC-CMC）及其组元材料的 MO 氧化失效一直是众多研究者重点研究的内容之一。

SiC-CMC 中包括的碳相（碳纤维、界面碳）、SiC 基体及涂层等在高温环境中都面临着氧化的问题，其中碳相的氧化是其高温氧化失效的重要原因之一[9]。研究表明，当温度高于 300℃时，C 就会和 O_2 发生如下反应[9]：

$$2C(s)+O_2(g)\longrightarrow 2C(O) \tag{2-1}$$

$$C(O)\longrightarrow CO(g) \tag{2-2}$$

$$C(2O)\longrightarrow CO_2(g) \tag{2-3}$$

如何避免或延迟 SiC-CMC 内部碳相氧化失效是提高 SiC-CMC 抗氧化性能的根本途径。

SiC 陶瓷材料具有独特的高温强度和优异的化学稳定性，因此，SiC 材料常作为保护性涂层或基体材料制备高性能陶瓷基复合材料。SiC 材料存在"被动氧化"和"主动氧化"两种氧化模式。当环境温度高于 800℃或有较高的氧分压时，SiC 的氧化按照如下反应进行：

$$SiC + 1.5O_2(g) \longrightarrow SiO_2 + CO(g) \tag{2-4}$$

SiC 表面会生成一层致密的 SiO_2 薄膜，随着氧化反应的进行，SiC 表面将生成致密的 SiC_2 层，生成的 SiO_2 层最突出的特点是阻止 O_2 扩散渗透的能力强，有利于阻止 SiC 的进一步氧化，因此 SiC 表面将被钝化。此时材料呈增重效应，SiC 氧化速率将受到氧气或产物气体在 SiO_2 层中的扩散所制约，呈现抛物线模式。一般来说，将这种氧化模式称为被动氧化（passive oxidaion），图 2-13[10] 为 SiC 被动氧化的典型动力学曲线。

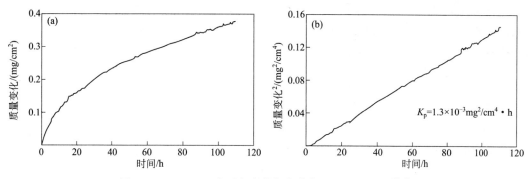

图 2-13　CVD SiC 在干氧中的氧化曲线（$T = 1673$ K）[10]

（a）质量变化随时间的变化；（b）质量变化平方随时间的变化

当氧化环境中氧分压较低或氧化温度很高时，SiC 发生主动氧化，生成气态 SiO 和 CO 产物，由于没有 SiO_2 保护层存在，将发生快速的线性质量损失，即主动氧化过程。反应过程如式(2-5) 所示：

$$SiC(s) + O_2(g) \longrightarrow SiO(g)\uparrow + CO(g)\uparrow \tag{2-5}$$

两者的转变温度在 $p_{O_2} > 5$kPa 时约为 1985K，在 $p_{O_2} < 5$kPa 时，转变温度随氧分压的降低而降低，如图 2-14[11] 所示。

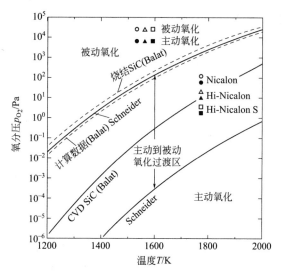

图 2-14　SiC 发生主/被动氧化转变的氧分压与温度关系[11]

但由于 SiC 的起始氧化温度偏高，其氧化产物 SiO_2 的熔点（1996K）偏低，无法满足超高温结构复合材料的全温域抗氧化要求；而且其升华温度（2873K）也不够高，无法满足超高温结构复合材料的耐烧蚀要求。

超高温陶瓷材料体系包括高熔点的碳化物、硼化物及氧化物，其中，过渡金属化合物 TaC、ZrB_2、ZrC、HfB_2、HfC 等熔点都超过 3000℃，它们具有优异的热化学稳定性，能够作为极端环境下使用的候选材料。因此，超高温陶瓷材料体系常被引入到陶瓷基结构复合材料中，希望在更高的导热性和更低的热膨胀性条件下，发挥难熔金属的抗氧化性和耐烧蚀性，以获得更抗氧化、更耐烧蚀的超高温结构复合材料。

ZrB_2 在 700℃时开始发生较明显的氧化反应［如式(2-6)所示］，其氧化速率在 700～1200℃之间明显高于 SiC，可以提高 C/SiC 在低温下的抗氧化性能。

$$2ZrB_2(s)+5O_2(g) \xrightarrow{700℃} 2\,ZrO_2(l)+2B_2O_3(l) \tag{2-6}$$

HfB_2 在 720℃时开始发生较明显的氧化反应［如式(2-7) 所示］，可以提高 C/SiC 在低温下的抗氧化性能。

$$HfB_2(s)+5O_2(g) \xrightarrow{720℃} HfO_2(l)+B_2O_3(l) \tag{2-7}$$

SiB_4 在 500℃时就开始发生较明显的氧化反应［如式(2-8)所示］，可进一步提高 C/SiC 在低温下的抗氧化性能。

$$SiB_4(s)+4O_2(g) \xrightarrow{500℃} 2B_2O_3(l)+SiO_2(l) \tag{2-8}$$

上述反应生成的玻璃相会降低分子氧的扩散速率，提高超高温结构复合材料的抗氧化性能。然而其中的 B_2O_3 会在 490℃开始熔化挥发，1100℃以上气化，破坏氧化层结构，降低其抗氧化性能，因此需要氧化产物熔点更高的超高温陶瓷。

ZrC 陶瓷在 200℃时开始氧化，在 200～450℃时，氧化产物为 ZrC_xO_{1-x}（$x=0\sim0.42$）；在 500～600℃时，生成中间相 Zr_2O；当氧化温度升高到 1000℃，氧化产物主要为 ZrO_2[12]。ZrC 在低温低压下氧化时也会有 C 残余，并有报道认为碳会以六方金刚石的结构存在于氧化产物中[13]。

对于 HfC，在 380～600℃温度范围内，Hf 先发生氧化导致 C 剩余［如式(2-9)所示］，在此温度之上 C 再发生氧化生成 CO 和 CO_2［如式(2-10) 和式(2-11) 所示］[14]。氧气含量和温度是影响 HfC 氧化的主要因素，在低温区（$T<1273℃$）和氧含量较少时，HfC 中的 C 以石墨态剩余，随氧含量增加 C 逐步氧化为 CO 和 CO_2；在高温区（$T\geqslant1273℃$），HfC 中的 C 和 Hf 同时被氧化。在低温区（$T<1699.85℃$）和高温区（$1699.85℃\leqslant T<2899.85℃$），HfC 中的 Hf 会分别氧化生成单斜相和四方相氧化铪[15]。

$$HfC(s)+O_2(g) = HfO_2(s_1)+C(s_1) \tag{2-9}$$

$$HfC(s)+2O_2(g) = HfO_2(s_1)+CO_2(g) \tag{2-10}$$

$$2HfC(s)+3O_2(g) = 2HfC+2CO \tag{2-11}$$

Stewart 和 Cutlcrl[16] 发现 TiC 低于 400℃会形成氧化层，其结构为锐钛矿，高于 600℃时变成金红石。单晶研究表明，在 1000℃（100）和（110）面之间的氧化没有区别。在低温（752～800℃）时，氧化速率取决于氧分压的 1/6 次方；而在高温下取决于氧分压的 1/4 次方。氧化的真实机理显然是最初的近似抛物线规律向长时间的近似线性规律转变的混合。

Arun 等[17]报道了在 1273 K 下 3 种碳化物抗氧化能力的顺序：TiC>HfC>ZrC。

TaC 抗氧化能力较强，1100℃ 以下在空气中不氧化，超过 1100℃ 迅速氧化生成 Ta_2O_5［如式(2-12) 所示］。Ta_2O_5 熔点［(1872±10)℃］较高，可大幅提高超高温结构复合材料的抗氧化温度。然而 TaC 的起始氧化温度很高，不利于复合材料在低温区的抗氧化性能。

$$4TaC + 7O_2 \longrightarrow 2Ta_2O_5 + 4CO \tag{2-12}$$

B_4C 在大约 600℃ 开始氧化形成 B_2O_3 膜，空气中的湿气将温度降低到 250℃。

2.1.3.3　水腐蚀效应

超高温结构复合材料在服役环境中通常会面临着高温水蒸气的腐蚀，许多试验已经证实高温水蒸气的存在会明显加速复合材料的损伤。碳纤维在 900℃ 以下的水蒸气中不发生氧化，通常作为复合材料基体和涂层的 SiC 往往最先受到水腐蚀的影响，在水蒸气作用下涂层和基体的破坏使得复合材料逐渐遭受破坏。

大量研究指出，水蒸气对 SiC 材料氧化行为的影响，主要有以下几点[18,19]：

① SiC 与 H_2O 作用生成 SiO_2，而生成的 SiO_2 会进一步与 H_2O 作用生成挥发性的 $Si(OH)_4$，氧化行为服从由上述两个方面共同决定的抛物线-线性规律；

② H_2O 会增大 SiC 的氧化速率；

③ H_2O 的作用会使 SiO_2 的网络结构破坏，导致 SiO_2 疏松多孔；

④ H_2O 促进 SiO_2 由无定形向方石英转变；

⑤ H_2O 对 SiC 氧化程度的影响不仅与温度有关，而且与水分压、总压和气流速度有关：

$$k_1 \propto \frac{\nu^{1/2} p_{H_2O}^2}{p_{total}^{1/2}} \tag{2-13}$$

$$k_p \propto p_{H_2O}^n \tag{2-14}$$

式中，k_p 指 SiO_2 的生成速率；k_1 指 SiO_2 的挥发速率；ν 为气流速度；p_{H_2O} 指 H_2O 的分压；p_{total} 为总压。

2.1.3.4　熔盐腐蚀效应

航空发动机中含有的少量杂质（Na、Cl、S 等）反应生成的硫酸钠熔盐是其中最常见的腐蚀性产物，研究表明高温下硫酸钠熔盐对 SiC、Si_3N_4 等硅基陶瓷具有严重的腐蚀性。因此，SiC 材料在熔盐环境下的腐蚀行为同样是硅基陶瓷材料应用于高性能发动机热端部件必须考虑的一个重要课题。研究发现，Na_2SO_4 对 SiC 和 Si_3N_4 陶瓷的腐蚀一般分两步：首先是盐在部件表面的沉积，然后才是真正意义上的腐蚀。Na_2SO_4 对 SiC 陶瓷腐蚀的温度范围界定在 Na_2SO_4 的熔点（884℃）和 Na_2SO_4 的沉积卤化点（1200℃）之间，相应的研究温度主要是针对 1000℃ 和 1200℃[18]。

橡树岭国家实验室的 Federer[19]研究了 1200℃ 时气态 Na_2SO_4 对 SiC 陶瓷的腐蚀，

提出了在 1200℃时，Na_2SO_4 蒸气腐蚀 SiC 的机理：

① 在低的 SO_3 分压下，Na_2SO_4 和 SiO_2 的反应如下：

$$Na_2SO_4(g)+2SiO_2(s) = Na_2O \cdot 2SiO_2(l)+SO_3(g) \tag{2-15}$$

$$Na_2SO_4(g)+SiO_2(s) = Na_2O \cdot SiO_2(l)+SO_3(g) \tag{2-16}$$

或者 Na_2SO_4 分解为 Na_2O，并与 SiO_2 反应形成钠硅酸盐。

② 从 Na_2O-SiO_2 相图（图 2-15）可以看到，在 1200℃时呈熔化态的 Na_2O-SiO_2 混合物与剩余的 SiO_2 相达到了一种液相与方石英平衡的状态。

③ 由于液相的存在大大降低了 SiO_2 薄膜的黏度，从而提高了 O_2 通过 SiO_2 薄膜扩散到 SiO_2/SiC 界面，以及气态产物向外扩散逸出的可能性。

20 世纪 90 年代以来，复合材料的熔盐腐蚀也受到了广泛的重视[18]。成来飞等[20,21]研究了 CVD SiC 涂层 C/SiC 在 Na_2SO_4 环境下的高温腐蚀行为。研究结果指出，Na_2SO_4 对 CVD SiC 涂层 C/SiC 具有腐蚀作用，根据温度的不同其腐蚀过程存在三种不同的作用机理（如图 2-16 所示）[20]：

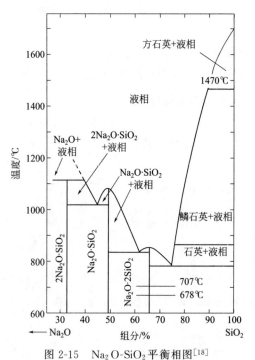

图 2-15 Na_2O-SiO_2 平衡相图[18]

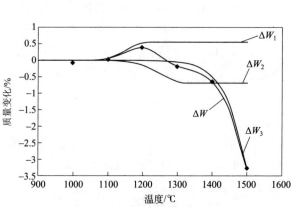

图 2-16 C/SiC 腐蚀 5h 后的质量变化与温度关系[20]

① 1080～1200℃，SiC 在 Na_2SO_4 作用下发生被动氧化，引起复合材料的增重 ΔW_1：

$$Na_2O+4SO_3+SiC = SiO_2+4SO_2+CO_2+Na_2O \tag{2-17}$$

② 1100～1300℃，复合材料中的碳相在 Na_2SO_4 作用下发生氧化，导致复合材料出现较小的失重 ΔW_2：

$$Na_2O+SO_3+C = SO_2+CO+Na_2O \tag{2-18}$$

③ 高于 1300℃，复合材料中 SiC 在 Na_2SO_4 作用下发生主动氧化，引起复合材料严重的失重 ΔW_3：

$$Na_2O + SO_3 + 2SiC \stackrel{}{=\!=\!=} 2SiO + 2CO + Na_2S \tag{2-19}$$

复合材料的失重是上述机理共同作用的结果。

2.1.3.5　介质输运效应及其影响因素

前面提到，影响 SiC 氧化方式从主动向被动转变的两个主要因素是氧分压和温度，但从图 2-17 中 Balat[22] 和 Singhal[23] 等人的理论热力学计算数据与实验结果的比较可知，SiC 氧化的主-被动转变过程不是一个单纯的热力学问题，可能由化学反应动力学、传质动力学和热力学等多重因素控制。其中，热力学条件可以确定可能的反应。对任何具体体系来说，不管是否有充足的动力学参数，满足热力学约束是这些反应可以进行的首要条件。而动力学因素决定了在特定的实验条件下热力学计算所需要的平衡假设是否能够实现。

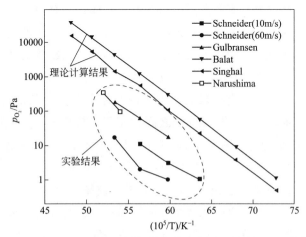

图 2-17　碳化硅氧化主-被动转变的氧分压-温度关系曲线[27]

Vaughn 等人[24] 和 Narushima 等人[25] 发现在一个给定的氧分压下，当提高环境气体流速时，需要更高的温度主-被动氧化转变才会发生。同时，Schneider 等人[26] 也发现在相同温度下，当环境气体流速增快时，需要更低的氧分压才会发生从被动氧化到主动氧化的转变。这些实验结果所揭示的规律和王俊杰等人[27] 模型计算所揭示的机制一致。其模型基于主被动转变时反应体系的主反应方程，通过整合热力学计算和传质引起的非平衡效应，提出了预测 SiC 主-被动氧化转变边界的公式。由模型中 Damköhler 数（D_a，体扩散时间和化学反应时间的比值）的定义可得，Damköhler 数的数值随流速增大而减小。由 Damköhler 数与反应摩尔吉布斯函数变 $\Delta_r G_{m1}$（也就是界面反应偏离平衡的程度）的关系（式 2-20）可得，随着流速增大，$\Delta_r G_{m1}$ 将随之减小。这就意味着在实验条件下，体系的化学反应速率大大高于系统内的传质速率，即意味在文献的实验条件下，氧化反应速率是由传质所控制。

$$D_a = \frac{4}{3^{\frac{3}{4}}} \left(\frac{D_{SiO}}{D_{O_2}} \right)^{\frac{1}{2}} \left(\frac{D_{SiO}}{D_{CO}} \right)^{-\frac{3}{8}} Q_{P_{12}}^{\frac{3}{4}} \Big/ \left[1 - \exp\left(\frac{1}{2} \Delta_r G_{m1} \right) / RT \right] \tag{2-20}$$

式中，D_{O_2}、D_{SiO}、D_{CO} 分别是 O_2、SiO、CO 在主体气相中的扩散系数；$Q_{P_{12}}$ 是

反应的压力熵。

综上可知：氧化环境中的气体流速越大，界面反应偏离热力学平衡的程度就越大，由此导致在相同温度下，SiC 主-被动氧化转变点的氧分压随之降低（或在相同的氧分压条件下，SiC 主-被动氧化转变点的温度升高）。

不仅 SiC 的氧化与气体流速有关，超高温结构复合材料的氧化过程实际上也是伴随有化学反应的质量传递过程，即在该材料的氧化过程中，既有气相扩散又有化学反应，这两种过程的相对速率极大影响着氧化过程的性质。当化学反应速率远远高于扩散速率时，扩散决定传质速率，这种过程叫做扩散控制过程；当化学反应速率远远低于传质速率时，化学反应决定传质速率，这种过程叫做反应控制过程[28]。

由于基体对纤维的保护作用，超高温结构复合材料中纤维的氧化通常是扩散控制过程。由于复合材料内部含有一定的微裂纹和孔隙，气体在复合材料中的扩散过程可以用多孔固体中的扩散来描述。从分子运动论的观点来看，气体扩散的本质是气体分子不规则热运动的结果。气体在多孔固体中的扩散，与固体内部的结构有非常密切的关系。扩散机理视固体内部毛细孔道的形状、大小及气体的平均自由程而异，如图 2-18 所示[28]。

图 2-18(a) 中表示孔道的直径较大，当孔道直径大于 100 倍的分子平均自由程时，气体通过孔道时碰撞主要发生在气体分子之间，而分子与孔道的碰撞机会较少，此类扩散的规律遵循 Fick 扩散定律，称为 Fick 扩散。图 2-18(b) 表示毛细孔道的直径很小，当孔道直径小于 0.1 倍的分子平均自由程时，碰撞主要发生在流体分子与孔道壁面之间，而分子之间的碰撞退居次要位置。此类扩散不遵循 Fick 扩散定律，称为 Knudsen 扩散。图 2-18(c) 为介于两者之间的情况，即毛细孔道的直径与流体分子的平均自由程相当，分子之间的碰撞以及分子与孔道壁面的碰撞同等重要，这类扩散包括 Fick 扩散和 Knudsen 扩散，称为过渡区扩散。过渡区扩散的有效扩散系数可用如下关系式表示[29]：

$$\overline{D}^{-1} = D_F^{-1} + D_K^{-1} \tag{2-21}$$

式中，$\overline{D}$ 为有效扩散系数，m^2/s；D_F 为 Fick 扩散系数，m^2/s；D_K 为 Knudsen 扩散系数，m^2/s。

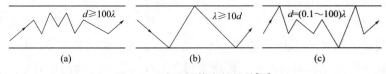

图 2-18　多孔固体中的扩散[28]

(a) Fick 型扩散；(b) Knudsen 型扩散；(c) 过渡型扩散

$0 \sim 1500°C$ 范围内，O_2 的分子平均自由程的量级为 10^{-7} m 左右。复合材料中纤维束间的孔隙的尺度为 $100\mu m$ 左右，大于 100 倍的 O_2 分子平均自由程，因而 O_2 在纤维束间的孔隙中的扩散是 Fick 型扩散。单丝纤维之间的孔洞和微裂纹的尺度为几个微米，因而 O_2 在其中的扩散归于混合型扩散的范畴。

超高温结构复合材料在服役环境中通常包括高速气体的流动，当气体流经固体表面时，表面总会形成一个薄层，称为边界层，又称附面层。因此超高温复合材料在服役过程中表面同时存在速度边界层、温度边界层和浓度边界层，边界层内存在速度梯度、温度梯度和浓度梯度。

当气体平行于试样表面流动时，气流仅通过影响扩散传质速率来影响氧化进程。但是当气体垂直于试样表面流动时，流速使裂纹内产生强制对流传质，即在扩散传质的方向上叠加对流传质项，此时，气体在复合材料内部的传质包括扩散传质和对流传质两种方式。

当气体垂直固体表面时，气流流过裂纹时会在壁面上形成速度边界层。由于裂纹上下壁上的速度边界层是对称的，只须考虑单个裂纹壁上的速度边界层，该速度边界层与气流沿无限长平面流动的速度边界层相似[30]。但是在封闭流道里，速度边界层不能充分发展到气体流速 v_∞，而是在裂纹中心处被截断，流速变成 v_x，相关内容可以参考5.2.4.3 节。

2.1.4　因素耦合效应

2.1.4.1　混合介质耦合效应

超高温结构复合材料的服役环境中通常含有多种介质，它们的相互耦合对材料退化具有重大影响。

McKee 和 Chatterji[31] 报道，在 900℃ SiC 暴露在纯 H_2、纯 N_2 气体环境中没有氧化。在 N_2-2% SO_2 混合体系中氧分压为 10^{-5} Pa，观察到主动氧化。添加 5% CH_4 到 N_2-2% SO_2 混合体系中，观察到初始阶段（1h）迅速失重，推断可能是形成了挥发性的 SiS。

Jacobson 等[32] 预测，SiC 在 1300℃、5% H_2/H_2O/Ar 混合气体中氧化时，根据水含量或等效氧含量的不同，可能存在三种机制：被动氧化、主动氧化和碳选择去除。在主动氧化区（氧分压在 10^{-21}～10^{-17} Pa）内，SiC 的氧化是由水的气相扩散控制的；在碳选择去除区（氧分压大于 10^{-21} Pa）内，碳被选择性氧化，留下的自由硅与杂质铁形成硅化铁。

Maeda 等[33] 研究了几种 SiC 材料在 1300℃时于 1%～40%（体积分数）水蒸气的湿空气流中历时 100h 的氧化。他们发现水蒸气极大地加快了 SiC 的氧化，水蒸气含量与增重之间呈线性关系。根据 Ready[34] 的报道，在 1400～1527℃，气压为 10^{-6}～10^{-3} MPa 的含水蒸气的氢气气氛中 SiC 发生主动氧化（如失重）。在水蒸气气压高的情况下，反应产物中有 SiO_2 生成，但主动氧化继续进行，原因在于 SiO_2 被氧气还原成 SiO。发生的反应如下列方程式所示：

$$SiC(s) + 3H_2O(g) \longrightarrow SiO_2(s) + CO(g) + 3H_2(g) \tag{2-22}$$

$$SO_2(s) + H_2(g) \longrightarrow SiO(g) + H_2O(g) \tag{2-23}$$

不同氧化性气氛中的氧化动力学常数 K_p 见表 2-5[35]。对于分压都为 5×10^4 Pa 的氧气和水蒸气，SiC 在水蒸气中的氧化抛物线速度常数比在氧气中提高了 3～11 倍。对于总压为 1×10^5 Pa 的氧气和 O_2/H_2O 混合气体，SiC 在 O_2/H_2O 混合气体中的氧化抛物线速度常数比在纯氧气中提高了 13～20 倍。

表 2-5　不同氧化性气氛中的氧化动力学常数 K_p[35]

温度/℃	$K_p/\mathrm{m^2 \cdot s^{-1}}$			
	$p_{O_2}=5\times10^4\mathrm{Pa}$	$p_{H_2O}=5\times10^4\mathrm{Pa}$	$p_{O_2}=1\times10^4\mathrm{Pa}$	$p_{H_2O}=5\times10^4\mathrm{Pa}$ $p_{O_2}=5\times10^4\mathrm{Pa}$
1200	4.76×10^{-18}	0.28×10^{-16}	6.73×10^{-18}	1.112×10^{-16}
1300	8.83883×10^{-18}	0.9×10^{-16}	1.25×10^{-17}	2.502×10^{-16}
1400	1.83011×10^{-17}	1.74×10^{-16}	2.5×10^{-17}	4.448×10^{-16}
1500	3.94086×10^{-17}	4.4×10^{-16}	5.2×10^{-17}	6.95×10^{-16}

与单纯 Na_2SO_4 环境下的腐蚀相比，在 $Ar/O_2/Na_2SO_4$ 环境下，SiC 氧化形成的 SiO_2 会减轻 SiC 的腐蚀程度；H_2O 的加入会导致腐蚀过程中形成较厚的低黏度玻璃层，增加 SiC 的腐蚀和腐蚀层出现气泡的可能。而 M. Carruth 等对 SiC 在 1300℃燃气环境下的腐蚀研究指出，腐蚀产物层内部 SiO_2 的晶化会阻碍 Na_2SO_4 对 SiC 的进一步腐蚀，腐蚀受氧通过晶态 SiO_2 层的扩散控制，而玻璃态腐蚀产物中的钠盐不再起主导作用[18]。

SiC 的氧化伴随着 CO_2 和 SiO_2 的产生，还可能有中间产物 SiO 和 CO。

$$SiC(s)+O_2(g) \Longequal SiO(g)+CO(g) \tag{2-24}$$

$$SiO(g)+1/2O_2(g) \Longequal SiO_2(s) \tag{2-25}$$

$$CO(g)+1/2O_2(g) \Longequal CO_2(g) \tag{2-26}$$

$$SiC(s)+2O_2(g) \Longequal SiO_2(s)+CO_2(g) \tag{2-27}$$

根据 Na-S-O 平衡相图（图 2-19）可知，在较低的氧分压下，SiC 会发生主动氧化：

$$2SiC(s)+Na_2SO_4(g) \Longequal 2SiO(g)+2CO(g)+Na_2S(l) \tag{2-28}$$

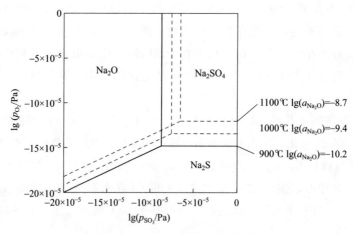

图 2-19　Na-S-O 平衡相图[18]

a_{Na_2O} 为 Na_2O 的活度

生成气态的 SiO 与 CO，一方面会导致在 SiC/SiO_2 界面出形成高的气压，产生气泡，另一方面 SiO 会与 Na_2SO_4 继续反应：

$$SiO(g)+Na_2SO_4(g) \Longequal Na_2O \cdot SiO_2(l)+SO_2(s) \tag{2-29}$$

导致 SiC 的进一步氧化消耗，促进 SiC 的腐蚀[93]。只要 O_2 能扩散到 SiC 界面，以上反应就可以不停地进行下去。反应引进到 SiO_2 层中的 Na_2O 和通过升华离开 SiO_2 层的 Na_2O 之间可能存在着动态平衡。如果 Na_2O 的沉积停止，随着 Na_2O 的升华，SiO_2 层会逐渐地恢复氧化保护性能（Na_2O 的升华温度为 1275℃）。

　　Jacobson 和 Smialek 深入研究了在 1000℃ 不同气氛下（流动 O_2、SO_3-O_2 混合气流、SO_2-O_2 混合气流等）Na_2SO_4 对 SiC 的腐蚀[36-38]，发现：① Na_2SO_4 在 1000℃分解产生 Na_2O；② Na_2O 与 SiO_2 反应在气固界面形成水溶性硅酸钠；③O_2 可以透过液态硅酸钠层和多孔 SiO_2 层并使 SiC 氧化，因而 SiO_2 层较厚；④ 气体的生成导致 SiO_2 是多孔的；⑤ 一定分压的 SO_3 可以阻止反应进行；⑥SiC 中多余的 C 能够穿透 SiC 表面的 SiO_2 薄膜，加速反应。

　　Federer[19] 将几种类型的 SiC 材料暴露在 1200℃含硫酸钠和水蒸气流动空气中，发现鳞石英反应层嵌在硅酸钠液体中，氧通过该液体的扩散增强，从而使得腐蚀持续进行。

　　Pareek 和 Shores 指出，K 蒸气也可使 SiC 氧化反应加速。他们研究了在 1300～1400℃历时 42h 条件下在含少量 K 蒸气的干 CO_2/O_2（9∶1）混合气流中 α-SiC 的氧化，发现钾含量少时生长规律呈抛物线形，钾高含量条件下遵循线性规律；当同时含少量水蒸气时（此时 K 以 KOH 蒸气形式存在）介于抛物线和线性之间，预示可能从一种规律向另一种规律转变；在水蒸气含量中等或更高钾含量条件下，氧化反应动力学重新遵循线性规律。含钾蒸气的气氛加快了氧化速度，可能是增大了氧化剂通过氧化层的迁移率。

　　除了碱性金属蒸气以外，Al_2O_3、Al、B 和 C 等烧结助剂和 Na、K、Ca 等杂质对 SiC 的氧化也有重要的影响。如 SiC 中加入的 Al_2O_3 会在高温下与 SiO_2 反应生成液态硅酸盐，导致氧的扩散能力增强。而加入的 B 会在氧化过程中向外扩散，并与 SiO_2 形成低熔点硅硼玻璃。虽然硅硼玻璃的低黏度有利于在中低温下封填 SiC 材料的表面缺陷，但是它同样会增加氧的扩散。而且在更高温度下，B_2O_3 还会发生剧烈挥发，导致 SiO_2 膜防护能力的进一步恶化。当 SiC 材料中存在 Na、K、Ca 和 Fe 等杂质元素时，还会进一步降低晶界玻璃相的液相形成温度，以及材料的抗氧化能力。而在水蒸气存在的条件下，上述烧结助剂和杂质对 SiC 材料氧化加剧的影响将进一步加强[18]。

　　$H_2O/O_2/Na_2SO_4$ 混合气氛在不同温度范围对 C/SiC 性能有着不同的影响[118]：在 1200℃以下，H_2O 和 O_2 对碳纤维的氧化是造成强度降低的重要原因；在 1200～1400℃，H_2O 与 Na_2SO_4 共同作用导致 SiO_2 消耗，涂层保护作用降低是材料强度降低的主要原因。

2.1.4.2　对流与介质耦合效应

　　由于超高温结构复合材料在对流与介质耦合环境（特别是航空发动机燃气服役环境）下较大的研究难度以及较高的试验成本，所以对超高温结构复合材料的研究多偏重于在静态氧化条件下的腐蚀与氧化研究，但对流与介质耦合对超高温结构复合材料的影响确是极其重要的，特别是在航空发动机较高的燃气速度下，会导致气相扩散的加快，从而加速超高温结构复合材料中碳相、SiC 基体的氧化，加速复合材料的损伤。

　　20 世纪 90 年代，N. S. Jacobson、E. J. Opila 和 J. L. Smialek 等人[39-41] 系统地报道

了 Si 基陶瓷及其复合材料在航空发动机燃气环境条件下的氧化与腐蚀行为。重点阐述了 Si 基陶瓷，如 Si、SiC 和 Si_3N_4 与燃气中的 O_2、H_2O、NaCl 和 SO_2 等气体成分之间的氧化与腐蚀热力学、动力学、活化能以及材料的产物分析等。他们认为发动机燃气环境对材料构成破坏的主要原因为：惰性氧化、燃气沉积物腐蚀、活性氧化、氧化层与基底材料间的相互作用以及氧化层的高温挥发等。研究指出：氧化性气体的速度越大，氧化硅挥发越多，SiC 消耗越快，如图 2-20[41] 所示。

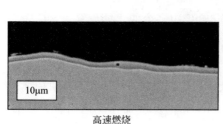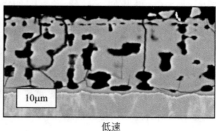

高速燃烧　　　　　　　　　　　　低速

图 2-20　高速和低速氧化环境气氛下氧化硅的衰减[41]

2000 年，成来飞教授等人[42-44]首次对比了 3D C/SiC 和 SiC/SiC 在空气和燃气介质中的氧化行为，获得了燃气风洞环境下试样不同位置的弯曲强度变化规律。图 2-21[42]

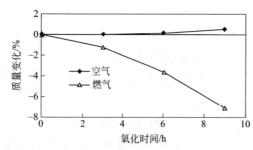

图 2-21　3D C/SiC 1250℃时在空气
和燃气下的氧化失重变化曲线[42]

给出了 1250℃时 3D C/SiC 在空气和燃气下的氧化失重变化曲线。研究指出，C/SiC 最敏感的温度是 700℃。在静态空气中，该温度点的氧化失重最大，在高速燃气环境条件下，在试样上温度接近 700℃的地方强度最低。在试样长度方向上，可以分成四个区域：400℃以下为无氧化区，400～1050℃为裂纹氧化区，1050～1250℃为涂层氧化与裂纹氧化过渡区，1250℃以上为涂层氧化区。

随着氧化时间的增加，暴露在静态空气气氛下的 C/SiC 逐渐增重，而高速燃气气氛下的复合材料则明显减重。

2.1.4.3　热/力/介质耦合效应

超高温结构复合材料的服役环境恶劣、因素复杂，材料对环境的响应不是单一因素作用结果的机械叠加，而是存在耦合效应，这将会大大减少复合材料的服役寿命，因此需要全面考虑服役环境中的热/力/介质耦合对复合材料性能的影响。

Federe[45]研究了烧结 α-SiC 在 1200℃条件下，在含 1% NaCl 溶液蒸气的空气中的应力氧化，发现由于形成硅酸钠熔融反向层导致 SiC 过早失效，其寿命大约 150h，远小于相同温度、相同载荷空气中的寿命（＞1500h）。

图 2-22[1]所示为 2D C/SiC 在室温和 900℃的层间剪切疲劳 S-N 曲线。室温下层间剪切疲劳的特点是比较平坦，疲劳应力区间较窄。900℃高温层间剪切疲劳曲线则可分为三个阶段：第一阶段为低周疲劳区（＜10^4），对应的应力较高；第二阶段为高周疲劳

区（$10^4 \sim 5 \times 10^5$），室温疲劳曲线则没有这一阶段；第三阶段为无限寿命区（$>10^6$），该区存在疲劳极限，对应的应力水平低。从图中可以看出，C/SiC 900℃时的层间剪切疲劳极限低于室温层间剪切疲劳极限，这主要与 900℃时碳纤维的氧化有关。同时，对于同一个应力级其疲劳寿命有较大的变化，这表明复合材料的层间剪切疲劳性能存在较大的分散性。

图 2-23[8] 所示为 2D C/SiC 在空气中的室温和高温面内剪切疲劳 S-N 曲线。从 S-N 曲线可以看出，高温下的疲劳极限约为 90MPa，是室温下极限面内剪切强度的 72%。高温下的 S-N 曲线可分为低周疲劳区（$N_f < 10^4$）、高周疲劳区（$10^4 < N_f < 10^6$）和无限寿命区（$N_f > 10^6$）三个阶段，并且从图中可以看出，高温下复合材料的面内剪切疲劳性能存在很大的分散性。

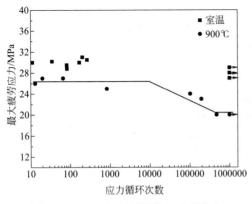

图 2-22　2D C/SiC 层间剪切疲劳应力
与寿命的 S-N 曲线[1]

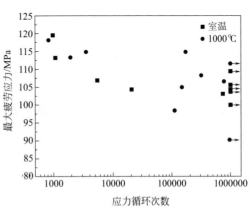

图 2-23　2D C/SiC 面内剪切疲劳应力
与寿命的 S-N 曲线[8]

Ruggles-Wrenn 等研究了 Hi-Nicalon/SiC-B$_4$C 在 1200℃空气和蒸汽中的层间剪切蠕变行为。研究结果表明，材料只出现第一和第二蠕变阶段，没有出现第三蠕变阶段。蠕变的主要损伤机理随着时间增加而发生改变。蠕变时间较短时，损伤主要为材料内部分层和少量纤维的断裂，随时间的增加纤维断裂逐渐成为主要的破坏机理[8]。

S. Mall 等人[46] 研究了 2D C/SiC 在 550℃空气气氛下不同拉伸疲劳频率对材料性能的影响。试验采用的应力比 R 为 0.05，频率为 0.1Hz、10Hz 和 375Hz，疲劳最大应力为 105～500MPa。图 2-24 是 2D C/SiC 在 550℃和室温的应力-循环次数曲线。结果表明：①疲劳寿命随着频率的升高而升高；②碳纤维的氧化是造成材料力学性能和寿命下降的主要原因，高温下，频率越低材料越容易氧化；③高温高频下的纤维与基体之间摩擦磨损产生的热量促使基体裂纹愈合，形成的氧化硅可以封填裂纹。该试验结果与室温疲劳相比，具有明显的差异，复合材料中承载的碳纤维氧化与否成为影响材料性能和寿命的主要原因[7]。

2004 年，M. J. Verrilli 和 E. J. Opila 等人拓展了 2D C/SiC 环境蠕变的测试条件，将氧化性气氛由单一的空气扩展到空气、水蒸气、真空以及水蒸气与氩气的混合气体[46]。测试结果如表 2-6[46] 所示。研究指出：① 69MPa 应力和氧化性气氛下，温度越

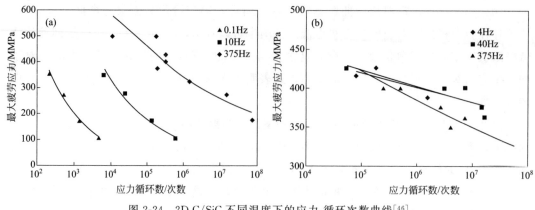

图 2-24　2D C/SiC 不同温度下的应力-循环次数曲线[46]

（a）550℃；（b）室温

高，材料性能下降越快，寿命越短；②随着水蒸气分压的升高，2D C/SiC 的寿命不断降低；③氧气比等量的水蒸气对 C/SiC 的氧化更为严重；④超声波扫描可以较为准确的判定损伤出现的时间和位置。高温氧化性气氛下，即使很小的应力蠕变时，C/SiC 寿命也很低。

表 2-6　2D C/SiC 在 69MPa 空气和水蒸气下环境蠕变断裂测试结果[46]

测试温度/℃	测试压力/MPa	环境	平均寿命/h
1200	69	空气	2.49±0.18
1200	69	20%蒸汽/80%Ar	4.47±1.53
1200	69	50%蒸汽/50%Ar	2.59±0.40
1200	69	80%蒸汽/20%Ar	2.01±0.08
600	69	空气	8.42±3.70
600	69	20%蒸汽/80%Ar	250.32±52.66

环境温度的突然改变会在材料内外产生温度差，当材料受到温度突降引起的热转变时（即淬冷测试），材料表面受到拉伸应力，而内部受到压缩应力。当温差等于临界值时，拉伸热应力足以造成表面裂纹的形成，即热应力大于陶瓷基体的拉伸强度 σ_{mu}。H. Wang 和 R. N. Singh 等人对 2D SiC/PyC/SiC 的热震行为开展了大量的研究，认为热震过程中碳相的氧化是造成材料力学性能下降的主要原因；随着热震温差的增加，基体开裂应力、残余强度、断裂功和杨氏模量会逐渐降低，并能够与材料的原始性能保持一定比例[46]。

2.2　超高温结构复合材料环境性能模拟理论基础及方法

前期材料损伤控制性因素的研究说明，温度、分子氧、水蒸气、熔盐、原子氧都是高温陶瓷及其复合材料损伤的控制性介质因素，疲劳和蠕变则是其控制性载荷因素，而各种因素的叠加都对超高温结构复合材料具有耦合损伤效应，因此材料环境性能模拟测试方法必须是一套可逐步施加所有因素的综合试验系统或综合解决方案。要在完全等同于实际环境下进行材料的性能模拟耗资巨大，也不太现实，因而有必要遵循一定的理论基础或者实验经验完成对超高温结构复合材料的环境性能模拟。目前发展的超高温结构复合材料的环境性能模拟理论基础及方法主要包括相似理论、分布模拟测试方法和加速模拟测试方法[47]。

2.2.1　相似理论

所谓相似，是指各类事物间存在某些共性。相似性是客观世界的一种普遍现象，它反映了客观世界的特性和共同规律。系统仿真是根据实际系统的某些属性、关系或功能人为建立一个与之相似的模型进行试验，通过研究模型来揭示原型（实际系统）的形态特征和本质，以达到认识原型的目的，这是分析复杂问题常用的手段。依据相似原理，人们才有可能建立起一个与原型相似的模型，通过适当模拟手段研究复杂现象，否则将寸步难行。因此，试验模拟测试是基于相似理论进行的仿真试验方法。

相似理论的基本原理包括支配原理、同序结构原理和信息原理等[2-5]，这些原理反映了相似系统的形成和演变规律。支配原理认为，受相同自然规律支配的系统间存在一定的相似性。系统相似程度的大小取决于支配系统与自然规律的接近程度。同序结构原理认为，系统的序结构决定了系统的整体特性。当系统序结构存在共同性时，系统之间存在相似性，其相似程度的大小取决于系统序结构的共同性程度。信息原理认为，系统的序结构形成和演化与系统的信息作用相关。不同系统间的信息作用存在共同性时，系统间形成相似性。信息作用的内容、形式和信息场强度及其分布规律越接近，系统间的特性越相似。

相似理论基本内容可用相似三定理概括：

① 相似第一定理：现象相似，相似指数等于 1。在现象相似的前提下，把由相似常数组成的反映其相互关系的表达式称为相似指数，常用 C 表示，把 $C=1$ 叫做相似指数方程。相似模型的设计过程实际上是用求解相似指数方程的方法来确定相似常数的过程。相似常数就是模型与真型对应物理量的比值。

② 相似第二定理：现象相似，相似准数恒定不变。现象相似，现象的单值条件按照一定的原则能够组成一组无量纲因式，因式与因式的值构成无量纲因式的等式。每一个无量纲因式的等式都能够反映整个系统不同侧面的共性特征，所以这种无量纲因式的等式称为相似准则。无量纲因式的值称为相似准数。无量纲因式是指由单值条件组合而成的没有量纲的单项式。

③ 相似第三定理：现象与现象的单值条件相似，且相似准数相等，则两现象相似。单值条件就是现象的影响因素。

相似理论的基本原理为材料性能演变模拟提供了理论基础。根据支配原理，模拟的目的是再现材料的环境行为，实现材料环境性能演变规律的相似。根据信息原理，要实现材料环境性能演变规律的相似，则模拟环境中必须具备与实际环境相似的控制性环境因素，也就是说要求单值条件相似。

在真实环境中，环境参数对材料性能的影响可用下式表示：

$$\Delta\Omega_1 = f(T_1, t_1, P_1, \sigma_1) \tag{2-30}$$

在模拟环境中，环境参数对材料性能的影响可用下式表示：

$$\Delta\Omega_2 = f(T_2, t_2, P_2, \sigma_2) \tag{2-31}$$

式中，$\Delta\Omega$ 为某一目标性能的变化；T 为温度；t 为作用时间；P 为各种腐蚀性气氛的分压；σ 为应力；f 为作用函数，下标 1 代表真实环境，下标 2 代表模拟环境。设相似常数如下：

$$C_\Omega = \Delta\Omega_2/\Delta\Omega_1; C_T = T_2/T_1; C_t = t_2/t_1; C_P = P_2/P_1; C_\sigma = \sigma_2/\sigma_1 \tag{2-32}$$

根据相似第一定律，可建立相似指数方程：

$$\frac{C_\Omega}{f(C_T, C_t, C_P, C_\sigma)} = 1 \tag{2-33}$$

由于以材料的环境性能演变规律作为相似目标，因此相似常数 C_Ω 肯定等于 1，因此上式可简化为：

$$f(C_T, C_t, C_P, C_\sigma) = 1 \tag{2-34}$$

由上式可知，相似常数之间相互制约，在不改变材料性能演变规律的前提下，与环境相关的相似常数（C_T，C_P，C_σ）越大，则与时间有关的相似常数（C_t）越小，即加速了材料环境性能的演变速率。

2.2.2 分步模拟测试方法

根据相似理论，可以采用分步模拟逐步逼近的方法（即积木法）进行材料的环境性能演变模拟测试，最终建立材料在真实复杂环境中性能演变的物理模型。一般建立材料环境性能演变的物理模型需要分三步完成，见图 2-25。首先，对材料环境性能进行分类因素模拟测试，建立分类因素对材料环境性能演变影响的基本物理模型；其次，在基本物理模型建立的基础上，叠加其他环境因素，建立控制因素对材料环境性能演变影响的中间物理模型；最后，在真实环境中进行构件考核，进一步验证和修正中间物理模型和基本物理模型，确定真实环境中材料性能演变的最终物理模型。

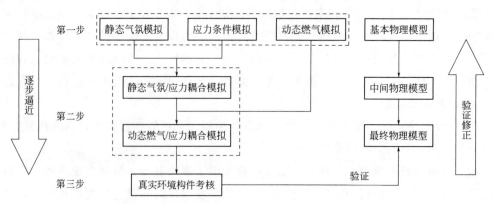

图 2-25　材料环境性能分步模拟测试方法与流程图

如果用 $\Omega_{中间}$ 表示环境控制因素对材料性能演变影响的中间物理模型，用 $\Omega_{初步}$ 表示环境分类因素对材料环境性能演变影响的基本物理模型，用 $n(S)$ 表示因素叠加因

子，则

$$\Omega_{初步} = n(S)\Omega_{中间} \tag{2-35}$$

因素叠加因子可以用不同模拟系统中获得的同一性能测试结果来确定。如果用 P_{I} 表示材料某一性能在模拟环境 I 中的测试结果，用 P_{II} 表示材料的同一性能在叠加某一环境因素的模拟环境 II 中的测试结果，则叠加因子可由下式获得：

$$n(S) = P_{I}/P_{II} \tag{2-36}$$

叠加不同的环境因素可以获得不同的叠加因子，因而叠加因子是叠加环境因素的函数。当叠加的环境因素加速材料环境性能下降时，叠加因子大于 1；反之，叠加因子小于 1。

2.2.3　加速模拟测试方法

材料环境性能测试服务于材料研制，它贯穿于材料研制的整个过程中。传统的材料环境性能测试要么与真实环境相距甚远，导致测试结果缺乏针对性，不能有效指导材料改进；要么完全重现真实环境，导致测试效率不高，财力物力耗费巨大。许多高温热结构材料都要求在极端严酷的环境下使用数百或上千小时，真实环境性能测试难以实现。为了确认材料存在问题或验证材料寿命，传统试验方法已难以胜任，需要在环境性能模拟测试过程中引入"加速环境试验"的概念。

加速环境试验（accelerated environmental testing）是一项可靠性试验技术。该技术将激发的试验机制引入到可靠性试验中，通过施加激发"应力"环境快速检测并清除产品的潜在缺陷，不仅能提高试验效率，而且能降低试验消耗。这里所提到的"应力"是寿命试验术语，指的是造成产品失效的因素。通常的"应力"有热应力（如温度）、机械应力（如振动、摩擦、压力、载荷、频率等）、电应力（如电压、电流、功率）和湿应力（如湿度）等[7-12]。

将加速环境试验方法应用到材料研制过程中，就是通过强化的"应力"环境来暴露材料的缺陷，加速材料损伤，从而缩短模拟测试时间。所以加速试验所施加的"应力"环境条件往往比真实的环境严酷得多。

根据加速环境试验结果可建立加速试验模型，将材料的失效率或者寿命与给定的"应力"联系起来，从而用加速环境试验中得到的性能来推断正常服役条件下的性能。但是，在利用加速试验模型进行推断时，必须满足以下三个基本假设：

假定 1：失效机理一致性假设，即在不同的"应力"水平下材料的失效机理保持不变。只有在失效机理保持一致性的情况下，才能进行不同"应力"水平下的换算。通常情况下该假定可以通过试验设计来保证。

假定 2：分布同族性假设，即在不同的"应力"水平下材料的寿命服从同一形式的分布。寿命分布同族性可以通过分布拟合来检验。

假定 3：假设材料的残存寿命仅依赖于已累积的失效和当前"应力"，而与累积方式无关，即在不同"应力"水平下，作用不同时间的效果相当。

实际中使用的加速试验模型很多，最常见的有三种，如表 2-7 所示。选用模型时，最重要的原则是所选用的模型能精确地将加速条件下的可靠性或寿命换算成正常服役条件下的可靠性或寿命。在选择最适用的模型、应用该模型和选择验证范围时必须十分谨慎。

表 2-7　常见的加速试验模型

模型名称	公式说明
逆幂率定律	$$\frac{正常应力下的寿命}{加速应力下的寿命}=\left(\frac{加速应力}{正常应力}\right)^N$$ 式中,N 为加速因子
阿仑尼乌斯加速模型	$$L=Ae^{-\frac{E}{kT}}$$ 式中,L 为寿命的度量,如零件总体的中位寿命;A 为由实验决定的常数;e 为自然对数的底;E 为活化能,它是每一失效机理特有的量值;k 为玻尔兹曼常数,为 $8.62 \times 10^{-5}eV/K$;T 为温度,K
迈因纳法则 (疲劳损伤)	$$CD=\sum_{i=1}^{k}\frac{C_{S_i}}{N_i}\leqslant 1$$ 式中,CD 为临界损伤和;C_{S_i} 为给定的平均应力 S_i 作用的循环次数;N_i 为应力 S_i 下失效的循环次数,可以根据该种材料的 S-N 曲线确定;k 为所施加的载荷数。假定每个应力循环都只消耗疲劳寿命的一小部分,当累积损伤的总和等于 1 时就发生失效。迈因纳法则只在材料的屈服强度以下成立

根据相似理论,实现损伤行为相似模拟和加速模拟的前提是确定损伤行为的"控制应力"。超高温复合材料的服役环境极端苛刻、应力复杂,但根据超高温复合材料的热物理化学性能和力学性能等本征性能,控制性服役环境因素主要包括热效应、力效应、介质效应、传质效应及其耦合效应。

2.3　超高温结构复合材料服役环境性能模拟实现途径

2.3.1　静态气氛/应力耦合环境材料性能模拟

超高温结构复合材料的服役环境复杂多样,影响材料环境服役性能的因素众多,综合起来主要包括温度、各种介质和应力等。为了考核材料在不同服役环境下的性能,基于材料环境性能模拟理论基础,建立相应的服役环境性能模拟方法很有必要。其中超高温结构复合材料最简单、最基本的服役环境性能模拟是考核静态气氛下(包括空气环境、真空以及惰性气氛等)温度对材料性能的影响,不同温度可以通过不同的加热方式实现。进一步,可以通过分别加入各种介质(如水蒸气、氧气、熔盐杂质等)、应力及其耦合等作用来研究材料的环境性能变化规律。

2.3.1.1　加热方法

温度是影响材料性能的重要因素,但由于超高温结构复合材料各组元的电阻不一致,不宜使用电加热方法对试样直接进行加温,因此辐射加热是目前最常用的加热方法。低于室温的环境,通常使用液氦、液氮或干冰作为降温介质;温度介于室温至1000℃时,一般利用电阻丝作为加热源;温度介于 1000～1600℃时,通常使用硅碳棒、硅钼棒或石英灯作为加热源;温度介于 1500～2000℃时,加热源通常为石墨加热体;温度高于 2000℃时，仅高能激光可满足加热需求。

以高能激光作为热源时，随着激光能量的沉积，待测试样表面经过局部区域受热升温、熔化和气化、气化物质高速喷出及等离子体产生等物理阶段，使得材料表面发生明

显烧蚀，并以此作为研究材料抗烧蚀性能的手段。由于激光束的输出功率和光斑大小可精确控制，因此，激光烧蚀试验的温度可覆盖范围较广。此外，激光烧蚀过程可以在任意介质中进行，而不需要依赖任何助燃剂，可用于研究不同气氛条件下材料的烧蚀性能。

图 2-26[48] 为西北工业大学凝固技术国家重点实验室建设的 LSF-ⅢB 型激光成形系统，该系统主要由激光器、数控工作

图 2-26　激光立体成型系统[48]

台、环境气氛密封箱所组成。该系统可用来模拟材料经受由室温激升到几千摄氏度的高温服役环境，在纯氩或空气气氛环境中，实现材料的烧蚀试验。LSF-ⅢB 型激光成形系统的部分性能参数见表 2-8[48]。

表 2-8　激光成形系统各部分性能参数[48]

CP4000 型 CO_2 激光器	数控工作台	环境气氛密封箱
波长：$10.6\mu m$ 功率范围：$400\sim4000W$ 激光功率稳定性：$\pm2\%$ 光束直径：$14mm$ 焦点光斑直径：$0.3mm$ 发射角：$1.5\ mrad$ 光点稳定度：$\pm150\ \mu rad$	坐标数：X、Y、Z、A(旋转) 最大行程： 　X：$1200mm$ 　Y：$1000mm$ 　Z：$1000mm$ 最大线速度：$30m/min$ 最小可调量程：$1\mu m$	箱体尺寸：$2.9m\times2.7m\times3.4m$ 性能：可在 $20h$ 内将箱体内氧含量降至 $10\mu L/L$ 以下，可实现氩气环境下材料的激光实验或加工生产

烧蚀研究中的一项重要内容就是确定材料烧蚀前后几何形貌和质量的变化情况。高能激光烧蚀实验主要通过对比材料的烧蚀深度、烧蚀宽度以及失重，研究不同种材料在相同实验条件或同种材料在不同实验条件下的抗烧蚀性能。

2.3.1.2　介质耦合方法

对于水氧耦合环境，通常以一定流量的氧气/氩气混合气体作为载气，通过鼓泡瓶将一定温度的饱和水蒸气载入反应炉内。实验装置如图 2-27 所示。由于水中的杂质如 Na^+ 等对 SiC 的氧化有较大影响，因此采用去离子水作为水蒸气来源。

对于水氧/硫酸钠耦合环境，可利用上述水氧耦合介质作为载气，通过将坩埚中硫酸钠蒸气带入试验区实现，硫酸钠的常用物理化学性能如表 2-9 所示[18]。实验中首先将装有无水硫酸钠粉末的刚玉坩埚放在电阻炉中，900℃下烧结 1h，获得硫酸钠烧结体；然后将装有硫酸钠烧结体的坩埚放在炉内，图 2-28 所示，在 900℃下蒸发产生所需的硫酸钠蒸气；最后以该氧气/氩气/水蒸气混合气体将硫酸钠蒸气载入反应炉中获得所需的水氧/硫酸钠腐蚀环境。

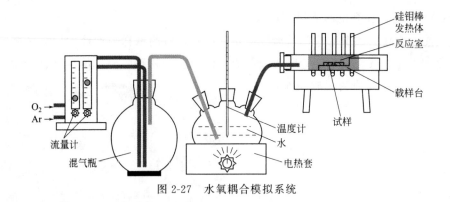

图 2-27 水氧耦合模拟系统

表 2-9 硫酸钠的常用物理化学性能[18]

分子式	晶型	熔点/℃	沸点/℃	密度/(g/cm³)
Na_2SO_4	正交	884	1275	2.68

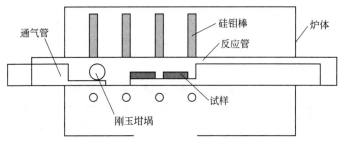

图 2-28 熔盐蒸气腐蚀试验示意图

2.3.1.3 热/力/介质耦合方法

对于真空和惰性气氛，静态气氛/应力耦合性能测试设备基本都采用试样与夹头同处加热区的加热方式，而且加热体一般都暴露在静态气氛中。德国宇航局（DLR）的 Indutherm 模拟设备就是采用辐射加热器的再入大气环境实验模拟设备，图 2-29[49]为辐射加热器的原理图。该设备通过电感应加热体对试验件辐射加热，最高温度可达 1600℃；真空泵系统和供气系统模拟再入大气的气体环境，依靠材料力学试验机加载实现应力环境的模拟。此装置在 X-38 头锥与襟翼轴承的研制中成功应用。其中最重要的是进行襟翼 EMA 轴承的鉴定试验，还用于测试 X-38 的头锥连接和铰链连接。

辐射加热器的优点是试验件可以很大，模拟的热流密度可以按预定的热流-时间曲线进行变化。但是，辐射加热试验中缺少了热气流的流动条件，不能真实地模拟再入环境的氧化烧蚀作用，辐射加热方法还受实验箱壁所承受最高温度限制，一般的模拟温度不高于 1700℃。

这种试样与夹头同处加热区的加热方式有两个主要问题：一是高温辐射和气氛腐蚀不可避免地会引起夹头的损伤和破坏，对夹头材料的耐高温和抗氧化性能要求很高，降低了设备测试精度，提高设备维护成本；二是由于加热体直接与气氛接触，使用温度受到限制，在空气环境中仅能用于 1000℃ 以下。

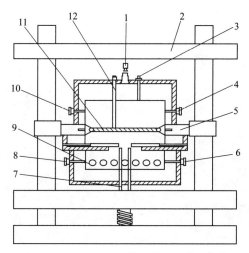

图 2-29　Indutherm 模拟装置示意图[49]

1—红外相机；2—机械测试部件；3—温度指示器；4—气体出口；5—测试样品位置；

6—底部气体出口；7—加压棒；8—底部气体入口；9—加热体；10—气体入口；11—样品；12—弹性测试

为了克服这类测试设备不能兼顾高温和水氧混合气氛、更不能兼顾高温和腐蚀介质的缺点，西北工业大学超高温结构复合材料重点实验室研制了一种新的静态气氛/应力耦合环境性能测试设备。该设备采用实验室自主研发并获得国家发明专利的腐蚀介质高温长寿命致密加热技术制备高温环境箱。这种环境箱以石墨作为加热体，用刚玉管将加热体与腐蚀气氛隔离以保护加热体，试样夹具的夹头处于环境箱外，并用陶瓷隔热塞隔热，使夹头温度始终保持在 100℃ 以下正常工作，如图 2-30（b）所示。试样夹具的夹头部分与力学性能试验机的加载部分相连，以实现静态气氛与应力条件的耦合。该静态气氛/应力耦合环境性能测试设备由加热装置、气氛模拟装置、加载装置（Instron 8801 材料力学性能试验机）、环境性能演变过程信息采集装置以及自动控制装置五部分组成，设备实物照片见图 2-31。

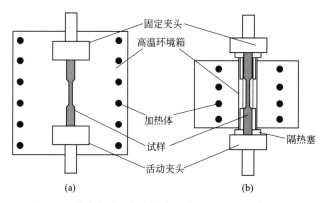

图 2-30　静态气氛/应力耦合环境性能测试设备示意图

（a）传统夹头内置式环境箱；（b）夹头外置式抗腐蚀致密加热环境箱

该系统可实现对温度、氧分压、水分压和熔盐浓度的精确控制，不仅可完成恒温复杂静态气氛中的拉、压、扭性能测试，还可在恒温条件下完成蠕变、疲劳、疲劳蠕变交

图 2-31　静态气氛/应力耦合环境性能测试设备的实物照片

互等性能的测试，并可以在线监测材料的应变、电阻、声发射等多种性能演变信息。通过将石墨加热体置换为高频感应加热线圈，将刚玉管置换为抗氧化石墨载热体，该系统还可实现热循环条件下的蠕变、疲劳、疲劳蠕变交互等性能的测试。主要技术参数如表 2-10所示。

表 2-10　静态气氛/应力耦合材料环境性能测试系统的主要技术参数

项目	参数
最高温度	1600℃
控温精度	±10℃
均温区尺寸	$\phi 20mm \times 15mm$
试样尺寸	$185mm \times 15mm \times 3mm$
氧分压	0～0.1MPa
水分压	0～0.05MPa
腐蚀介质浓度	0～300μL/L
介质流速	<0.2cm/min
加载条件	最大载荷：100kN 疲劳频率：1～20Hz 各种波形
热循环条件	200～1300℃，1000℃/min
在线信息获取	应变、电阻、声发射

2.3.2　动态燃气/应力耦合环境材料性能模拟

此外，高速气流冲蚀是导致超高温复合材料性能加速退化的另一个重要因素。目前主要使用动态燃气来模拟气流冲蚀对材料烧蚀性能的影响。根据超高温结构复合材料的具体服役环境，包括航空发动机、空天飞行器再入环境、液体火箭发动机、固体火箭发动机等，开发了多种动态燃气环境下材料性能的模拟方法及设备，主要包括航空煤油燃气风洞、甲烷燃气风洞、液氧-酒精燃气烧蚀、固体推进剂烧蚀、氧-乙炔焰烧蚀、等离子体烧蚀等。进一步，研究动态燃气/应力耦合环境下材料性能的模拟方法能够更真实地掌握接近材料真实服役环境下的性能。

2.3.2.1　氧-乙炔烧蚀

氧-乙炔烧蚀是用氧-乙炔焰流为热源（氧-乙炔焰流的温度高达 3500℃左右），控制该焰流以一定角度冲刷圆形试样表面，对材料进行烧蚀，达预定时间后，停止烧蚀。试验后测量烧蚀后试样厚度和质量的变化，计算出试样的线烧蚀率和质量烧蚀率。试样的尺寸一般为 $\Phi 30\text{mm} \times 10\text{mm}$。图 2-32[50]为氧-乙炔烧蚀试验装置示意图。通过控制氧气与乙炔的比例，可以在一定范围内控制火焰温度。通过控制冲刷角度可以模拟不同条件下的气流冲刷，最常用的冲刷角度为 90°，用于模拟驻点烧蚀。

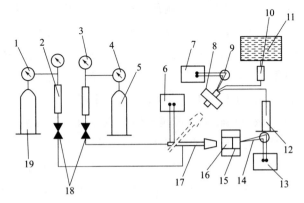

图 2-32　氧-乙炔烧蚀试验装置示意图[50]

1—氧气减压阀；2—流量计；3—压力表；4—乙炔减压阀；5—乙炔瓶；
6—单片机；7—电位差计；8—水冷量热器；9—冷端补偿器；10—流量计；11—高位水箱；12—量筒；
13—电位差计；14—镍铬-康铜热电偶；15—水冷试样盒；16—试样；17—烧蚀枪；18—调节阀；19—氧气瓶

氧-乙炔烧蚀试验法装置简单、成本低、操作方便，是对材料进行模拟烧蚀试验的一种十分便捷的方法[50]。但是，该方法具有以下主要缺点：①火焰温度可调范围有限（1800～3500℃），不能覆盖防热材料的所有应用环境，与实际状况相差较大；②乙炔（C_2H_2）在氧气不足的情况下会发生分解，在试验过程中可能会对测试试样造成污染。

2.3.2.2　等离子体烧蚀

（1）等离子电弧加热器烧蚀

等离子体发生器（plasma generator）是用人工方法获得等离子体的装置。自然产生的等离子体称为自然等离子体（如北极光和闪电），由人工产生的称为实验室等离子体。实验室等离子体是在有限容积的等离子体发生器中产生的。

如果环境温度较低，等离子体能够通过辐射和热传导等方式向壁面传递能量，因此，要在实验室内保持等离子体状态，发生器供给的能量必须大于等离子体损失的能量。不少人工方法（如爆炸法、激波法等）产生的等离子体状态只能持续很短时间，而有工业应用价值的等离子体状态则要维持较长时间（几分钟至几十小时）。能产生后一种等离子体的方法主要有：直流弧光放电法、交流工频放电法、高频感应放电法、低气压放电法（例如辉光放电法）和燃烧法。前四种放电法都用电学手段获得等离子体，而燃烧法则利用化学手段获得等离子体[50]。

等离子体发生器的放电原理：利用外加电场或高频感应电场使气体导电，称为气体放电。气体放电是产生等离子体的重要手段之一。被外加电场加速的部分电离气体中的电子与中性分子碰撞，把从电场得到的能量传给气体。电子与中性分子的弹性碰撞导致分子动能增加，表现为温度升高；而非弹性碰撞则导致激发（分子或原子中的电子由低能级跃迁到高能级）、离解（分子分解为原子）或电离（分子或原子的外层电子由束缚态变为自由电子）。高温气体通过传导、对流和辐射把能量传给周围环境，在定常条件下，给定容积中的输入能量和损失能量相等。电子和重粒子（离子、分子和原子）间能量传递的速率与碰撞频率（单位时间内碰撞的次数）成正比。在稠密气体中，碰撞频繁，两类粒子的平均动能（即温度）很容易达到平衡，因此电子温度和气体温度大致相等，这是气压在一个大气压以上时的通常情况，一般称为热等离子体或平衡等离子体。在低气压条件下，碰撞很少，电子从电场得到的能量不容易传给重粒子，此时电子温度高于气体温度，通常称为冷等离子体或非平衡等离子体。两类等离子体各有特点和用途。

在科学技术和工业领域应用较多的等离子体发生器有电弧等离子体发生器（又称等离子体喷枪、电弧加热器）、工频电弧等离子体发生器、高频感应等离子体发生器、低气压等离子体发生器、燃烧等离子体发生器五类。最典型的为电弧等离子发生器、高频感应等离子发生器、低气压等离子体发生器三类。它们的放电特性分别属于弧光放电、高频感应弧光放电和辉光放电。

等离子电弧加热器烧蚀是以相对稳定的等离子射流为热源（等离子射流的温度高达5000℃以上），控制该射流以90°角冲刷圆形试样表面，烧蚀一定时间后停止试验，测量试样的厚度和质量变化，计算出试样的线烧蚀率和质量烧蚀率。图2-33为等离子弧原理图，表2-11给出了等离子电弧加热器烧蚀的典型试验条件[50]。

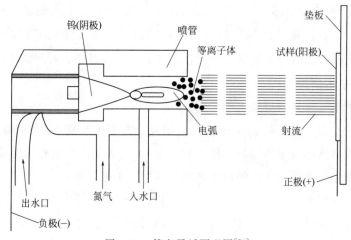

图 2-33　等离子弧原理图[50]

表 2-11　等离子电弧加热器烧蚀试验条件[50]

名称	单位	数值	名称	单位	数值
电弧电压	V	185±5	冷却水压力	MPa	1.5
电弧电流	A	550±10	喷嘴直径	mm	8
加热器功率	kW	约 100	电极间距	mm	3.3～4.0
氮气压力	MPa	0.5	火焰热流密度	kW/m²	25120±2512
氮气流量	L/h	13596	试样表面到火焰喷嘴距离	mm	10±0.2

该方法实验成本相对较低，操作简单，但条件单一，只能作为参考，定性地判断材料的烧蚀性能。

（2）等离子电弧风洞烧蚀

等离子电弧风洞烧蚀是在试验时将空气引入电弧加热器的旋气室并使其高速旋转，形成具有径向压力梯度的气流，利用等离子电弧加热气体，然后使气流通过喷管产生亚声速或超声速气流，模拟再入过程的气动加热，对材料表面进行烧蚀试验。图 2-34 为 Linde 型电弧加热器示意图[50]，表 2-12[50] 给出了该设备的运行范围。该方法可以模拟材料的真实烧蚀环境，根据需要添加各种冲刷粒子，系统可靠，可重复性好，是国内外普遍采用的再入过程烧蚀性能测试方法。

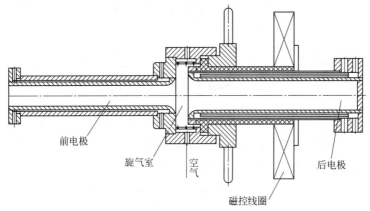

前电极　　旋气室　空气　　后电极　　磁控线圈

图 2-34　Linde 型电弧加热器示意[50]

表 2-12　等离子电弧加热器运行参数[50]

名称	单位	数值
电弧功率	MW	5～12.6
电弧电压	V	2500～4200
电弧电流	A	2000～3000
弧室压力	MPa	1.5～4.5
气流流量	g/s	300～750
气流总焓	MJ/kg	5～12

等离子体电弧风洞设备庞大，配套设施复杂，以德国 PWK 等离子风洞为例（见

图 2-35），需要等离子发生器产生高比熵等离子流，电力供应系统提供产生高气流速度所需的电流，供气系统模拟所需的气体环境，真空泵系统创造再入大气的低压环境。德国建造了 5 个不同的等离子风洞来模拟不同阶段的再入环境：PWK-1 和 PWK-2 采用磁等离子流体动力发生器（MPG），用于模拟高速低压的再入环境；PWK-3 用于模拟高比熵的再入环境。PWK-4 和 PWK-5 采用热电弧发生器（TPG），产生高冲击压力、高马赫数、高比熵的等离子流，常用于气动研究。

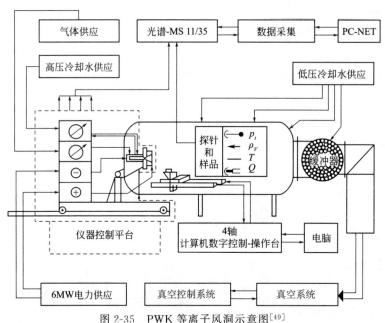

图 2-35　PWK 等离子风洞示意图[49]

p_t—压力；ρ_V—气体密度；T—温度；Q—热熵

美国 NASA 的格伦研究中心（Glenn Research Center）的电弧风洞复合体设备（arc jet complex）有七个测试间，其中四个测试间包含有不同的电弧风洞配置，由共同的支持设备为其提供服务。测试间分别为气动加热设备（the aerodynamic heating facility）、湍流管（the turbulent flow duct）、测试设备仪表板（the panel test facility）、交互加热设备（the interaction heating facility）。支持设备为两个特区的电力供应、一个蒸气喷射真空系统、一个冷却水系统、高压气体系统、数据采集系统以及其他的辅助设备。最大的电力供应可提供持续时间 30min/功率 75MW 以及持续时间 15s/功率 150MW 的烧蚀试验，这些电能配合大容量 5 阶段真空蒸气喷射排气系统，可以实现对相对大尺寸高海拔飞行环境的模拟。

中国航天空气动力技术研究院研制的 FD-04D/E 电弧等离子气动热设备是由直流电弧加热器、二元超声速气动喷管、超声速湍流导管组成。

等离子电弧风洞是一种较理想的再入环境模拟方法。优点是能够模拟较多的再入大气参数，如热流密度、气体总比熵、马赫数、剪力、压力和加热时间等，气体的环境和气流成分比较真实。表 2-13 列出了美国在空天飞行器研制中使用的主要电弧模拟设备，他们被广泛地用于材料筛选、性能评定及热结构鉴定试验。俄罗斯中央机械研究院（TSNII Mash）热交换中心使用欧洲最大的电弧烧蚀风洞 U-15T-1，为俄罗斯载人飞船做了许多防热结构试验[49]。

表 2-13　美国的等离子电弧风洞设备[49]

研究机构	电弧风洞设备		
Ame	20MW 电弧风洞		
Johnson	1.5MW 电弧风洞	5MW 再入结构试验设备	10MW 再入材料与结构评定设备
Langley	5MW 电弧加热设备	10MW 再入结构试验设备	

但是，等离子风洞受电弧室所能承受压力的限制，不能模拟压力大于 0.1MPa 的大气环境。而且该设备庞大，配套设施复杂，每次运行都要消耗巨大能量，运行昂贵，显然不适用于新材料研究。另外其成本也较为昂贵，需空气动力、热传、风洞实验等专业人员配合执行，且耗电量巨大。

2.3.2.3　液氧-酒精燃气烧蚀

液氧-酒精燃气发生器是以酒精为燃烧介质，液氧为助燃剂，利用喷管将高温燃气加速导出，对材料或喷管进行冲蚀的设备，可模拟液体火箭燃气作用。燃气发生器及喷管装置原理如图 2-36 所示。实验时通过调节氧气与酒精供给流量可得到不同比例，即氧燃比（O/F）的混合物，经燃气发生器点火产生的燃烧产物的温度和平衡组分也因混合比的变化而改变。燃气经由连接管道通过复合材料喷管流出，模拟液体火箭工作过程中复合材料的烧蚀响应。设计燃烧室压强约 3MPa，工作时间 6s。

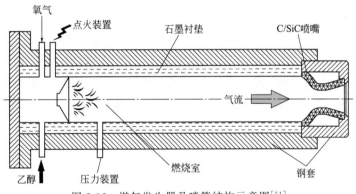

图 2-36　燃气发生器及喷管结构示意图[51]

燃气发生器工作时生成燃气的温度和组分随氧燃比的变化规律如图 2-37[51]所示。可见随着氧燃比的增大，燃气温度升高，燃气中的氧化性组分 H_2O 的浓度迅速增大，CO_2 含量有显著提高。燃气氧化能力的提升，会导致复合材料的工作环境愈加苛刻，因而其氧化烧蚀量将随之增大。表 2-14[51]以氧燃比 1.08 为例给出了该工况下燃气中各组分的摩尔分数及其热力学参数，其中燃烧室压强为 2.82MPa，绝热火焰温度为 2640K。

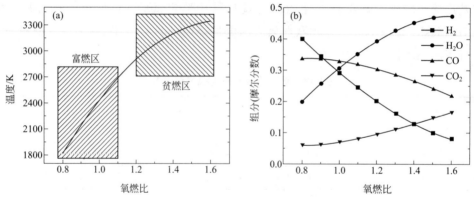

图 2-37　液氧-酒精燃气发生器模拟的 LRE 燃气温度和组分随氧燃比的变化[51]

（a）燃气温度；（b）主要组分的摩尔分数

表 2-14　氧燃比为 1.08 时液氧-酒精燃气发生器中燃烧产物摩尔分数及热力学参数[51]

产物	摩尔分数	热力学参数	
CO	0.32843	$\rho/(\text{kg/m}^3)$	2.4537
CO_2	0.07039	$M_\text{w}/(\text{g/mol})$	19.099
H	0.00423	$C_\text{p}/(\text{J/g} \cdot \text{K})$	2.3493
H_2	0.24721	Γ	1.2064
H_2O	0.34814	$\eta/(10^{-5}\,\text{Pa} \cdot \text{s})$	0.85223
O	0.00002	$\lambda/(\text{W/m} \cdot \text{K})$	3.2968
OH	0.00157	Pr	0.6073
O_2	0.00001	$c/(\text{m/s})$	1646.9

2.3.2.4　固体推进剂燃气烧蚀

固体火箭烧蚀试验是以真实使用的固体推进剂为燃烧介质，利用固体火箭试验台，通过燃气烧蚀喷管。固体火箭烧蚀实验发动机及喷管配置原理如图 2-38[51]所示。地面点火试验法是目前火箭发动机烧蚀最准确可信的测试手段，不但工作条件真实，而且可以测得烧蚀率沿喷管长度方向的分布。此外，利用火箭发动机燃气射流产生的高温、高压、高速热环境，可进行各种尺寸的导弹弹头模型和高超声速飞行器端头模型等烧蚀试验。固体火箭发动机燃气射流中含有粒子，可用来做烧蚀-侵蚀实验。在所有的测试方法

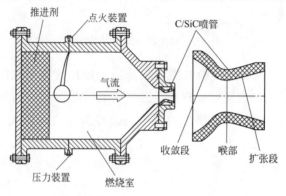

图 2-38　固体火箭烧蚀实验发动机及喷管配置原理图[51]

中，火箭发动机地面点火试验法的周期最长，成本也最高昂。

固体燃料分为高温型 H 和低温型 L [含 13.5%（质量分数）Al，燃烧温度 2978K]
两种，设计燃烧室压强均为 5.5MPa 左右，工作时间有 6s、9s、13s 等，分别模拟了燃
气化学组分、温度、金属粒子和烧蚀时间对复合材料的影响。

由于烧蚀实验条件为高温、高压和高速流动的火箭燃气环境，在线测量相关物理参
数十分困难。为了对火箭燃气流场环境有深入了解，并为复合材料热结构部件的烧蚀分
析提供环境条件佐证，可采用 FLUENT 公司成熟的前处理软件 GAMBIT 和通用计算流
体动力学（CFD）软件 FLUENT，计算实验过程中火箭发动机燃气由燃烧室流出、经喷
管排出到外界大气环境整个流场参数的分布情况。

图 2-39[51] 和图 2-40[51] 分别显示了使用含铝固体复合推进剂端羟基聚丁二烯/高氯
酸铵（HTPB/AP）高温推进剂 H 型 [含 17%（质量分数）Al，燃烧温度 3327K]的固
体火箭燃气全部流场和喷管内流场的温度、压强和流速分布云图（见文后彩插）。考虑
到多相流计算的复杂性，而凝聚相含量相对气相较少，这里将计算简化为纯气相流动，
并假设燃气为可压缩理想气体，这样火箭燃气流场计算简化为纯气相理想气体的可压缩流
动。此外，假定喷管壁面绝热且无烧蚀，按照稳态轴对称问题求解单纯气相流动问题[51]。

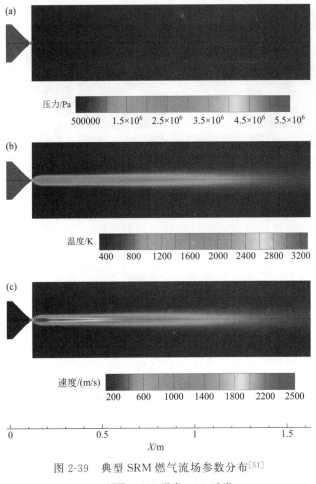

图 2-39　典型 SRM 燃气流场参数分布[51]

（a）压强；（b）温度；（c）速度

由图 2-39 可以看到，燃气经喷管排出后仍然形成长约为 1m、直径约 50mm 的高温、高速射流。在燃烧室内，燃气压强和温度都是最高的，而燃气流速是最低的。这是因为，推进剂以基本恒定的速率燃烧不断产生燃气注入燃烧室，这些高温燃烧产物逐渐膨胀加速，压强和温度也有所降低，但总的来说，在进入喷管以前，降幅不大。燃气在排出喷管后，其压强和温度迅速降低，流速则迅速增大，在喷管出口某个距离达到最大值，随后逐渐减小。这是因为燃气流出喷管后，急剧烈膨胀做功，使其能量骤降。纵观整个流场，同一横截面处，中心线上的燃气参数值都是最高的，这是由燃气密度分布决定的。

由图 2-40（见文后彩插）[51] 可以看到，喷管内燃气压强［见图 2-40(a)］和温度［见图 2-40(b)］由入口截面开始迅速下降，这使材料所受燃气内压的机械作用有所减弱，烧蚀反应动力学速率减小，对喷管烧蚀有所缓和。与此同时，燃气流速［见图 2-40(c)］沿轴向迅速增大。根据传质理论可知，这将减薄燃气边界层厚度，增大氧化性组分向喷管材料的扩散通量，促进氧化性物质向喷管壁面扩散，为烧蚀反应的进行提供丰富的侵蚀物质。高温高压高速流动燃气的综合作用在喷管喉部及其上游附近区域最为强烈，这个部位燃气与喷管壁面对流换热和传质过程最为强烈。

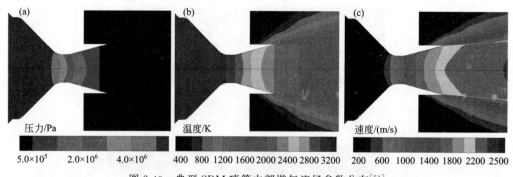

图 2-40　典型 SRM 喷管内部燃气流场参数分布[51]

(a) 压强；(b) 温度；(c) 速度

本书中的流场计算没有考虑喷管材料烧蚀，但实际火箭工作过程中，烧蚀引起的喷管壁面退移会改变喷管的气动几何和表面状态，进而影响近壁面流场参数和热量、质量的传递过程。随之而来，燃气参数的变化又会强烈地反作用于喷管材料，对烧蚀产生影响。因此，在真实火箭燃气环境中，喷管烧蚀与燃气流动、传热和传质等过程互相耦合，是一个异常复杂的过程。

2.3.2.5　甲烷燃气/应力耦合

甲烷燃气风洞是以甲烷为燃烧介质，以燃烧后的火焰作为加热源加热气体，然后通过喷管将气体加速喷出，对材料进行冲蚀。图 2-41 为甲烷燃气风洞工作原理图[49]。

甲烷燃气风洞由 7 个分系统组成：

① 气源　由高压氧气、氮气和甲烷组成。该系统的功能是为燃气发生器提供充足且符合标准的氧化剂（氧/氮混合物）和燃料（甲烷）。

② 气体控制系统　由调节控制柜、过滤器、截止阀、单向阀、电磁阀、减压器、流

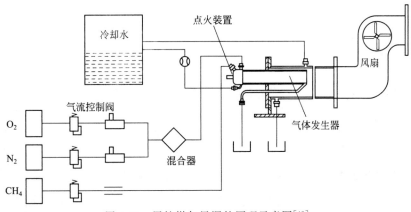

图 2-41　甲烷燃气风洞的原理示意图[49]

量控制器、节流孔板和压力表组成。该系统的功能是完成氧气、氮气和甲烷的减压及流量调节，同时完成氧气和氮气的混合。氧气和氮气流量调节采用流量控制器技术，混合过程由混合器完成。

　　③ 燃气生成系统（见图 2-42）由燃气发生器和电点火器组成。在燃气发生器内，当甲烷和氧/氮混合气体均匀混合后，由点火器提供能量，发生化学反应，反应产生的高温燃气流从发生器喷出，进入试验段。为了防止高温对设备的损坏，发生器和试验段均通有循环冷却水。

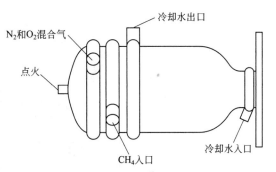

图 2-42　甲烷燃气风洞的燃气发生器示意图[49]

　　④ 试验段　试验段的功能是将试验件安装在合适的位置进行试验。

　　⑤ 燃气冷却及排放系统　由冷却段、排气通道和引风机组成。冷却段安装有 3 个喷嘴，试验过程中喷注雾化水对高温燃气进行冷却。排气通道内安装有轴流式引风机，能将燃气排出实验室。

　　⑥ 冷却水系统　由冷却水管路和涡轮流量计组成。需要冷却的部件包括燃气发生器、试验前段和试验后段。

　　⑦ 数据采集及控制系统　由信号检测、信号调理、数据采集和系统调节模块组成。数据采集及控制系统的软件部分采用 Labview 虚拟仪器系统，可实现试验的界面显示、参数记录和存储、流程控制和参数调节等功能。

　　甲烷风洞的最高温度可达 2000℃。燃气组成及温度可通过调节不同气源物质组分的流量来控制，通过供给额外氧气可获得富氧燃气环境，能够实现氧分压在 17～30kPa 可调，以及水分压在 20～55kPa 可调的水氧耦合高温氧化环境。通过热力学计算可得到不同条件下燃气的组成和分压，如表 2-15[49] 所示，甲烷燃气主要由水蒸气、氧气、二氧化碳和少量氮气组成，燃气流速 20m/s，氧气的质量分数一直控制在富氧 20%（氧分压约 17kPa），水分压约在 35～55kPa 范围内，不同温度下的水分压不同。

表 2-15　动态燃气环境的燃气组成与分压[49]

温度	燃气环境中燃气分压/kPa				总压 /kPa
	O_2	H_2O	CO_2	N_2	
1300℃	17	35	17	31	100
1500℃	17	45	22	16	100
1800℃	16	55	29	0	100

　　西北工业大学超高温结构复合材料重点试验室通过对甲烷燃气风洞试验段的改造，实现了甲烷燃气风洞与力学性能试验机的整合，可实现甲烷动态燃气/应力耦合环境中的材料性能测试。图 2-43[49]和图 2-44[49]分别为甲烷动态燃气/应力耦合环境性能测试设备的原理示意图和实物照片，主要组成部分有常压亚声速动态燃气风洞、材料力学试验机和伺服传动装置。动态燃气风洞产生高温富氧燃气，使试验件承受与再入大气相近的热物理化学气氛；力学试验机施加拉伸载荷，使拉伸试验件承受与气动载荷和机械载荷等效的应力；伺服传动装置施加转动载荷，使铰链试验件在承受拉伸载荷的同时承受与转动摩擦等效的扭矩。

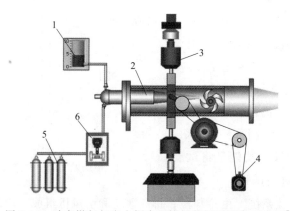

图 2-43　动态燃气与应力耦合环境性能测试设备示意图[49]

1—水冷系统；2—动态燃烧风洞；3—机械性能测试加载系统；4—旋转系统伺服执行部分；5—气源；6—气体流量控制

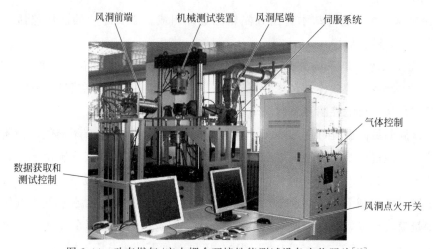

图 2-44　动态燃气/应力耦合环境性能测试设备实物照片[49]

动态燃气/应力耦合环境性能测试设备的功能参数如下：

① 燃气流速　常压亚声速低速风洞，燃气流速度约为 20m/s 以下。

② 燃气温度　最高温度为 2000℃。在 600～2000℃ 范围内可调，该温度范围基本涵盖了目前空天飞行器再入过程的各个温度段。控温精度 ±5％，均温区最小截面尺寸60mm×60mm，长度 20cm。

③ 燃气成分　氧气质量分数在 10％～30％ 可调，这是根据再入过程大气成分的最高氧含量 23％ 而定，并考虑了功能的可扩展性。

④ 工作时间　稳定连续运行时间不低于 30min，符合空天飞行器再入大气所经历的时间要求。

⑤ 载荷条件　可实现垂直加载和转动扭矩两种不同加载方式的耦合，垂直加载可实现最大约 100kN，扭矩最大可达到约 150N·m。

⑥ 控制精度　气体流量采用气体流量计控制，精度约为 0.01g/s 和 0.01MPa。

⑦ 数据采集　能够实现自动化采集数据和实验控制。自动化数据采集可提高数据采集精度，便于实验数据处理，实验控制程序化，可实现人机对话。

其中，耦合应力条件可通过机械/气动单向加载和实现转动行为的转动加载来实现，不但能实现任意一种应力下的材料性能测试，而且可实现两种不同方式应力耦合的应力环境。

采用 INSTRON 8800（来自 Instron Ltd.，High Wycombe，UK）材料力学试验机对试样进行单向机械加载，最大加载能力达 100kN，加载速率和加载形式可根据实验要求设定。同时还具有实验自动监控、数据采集与数据存储等功能。

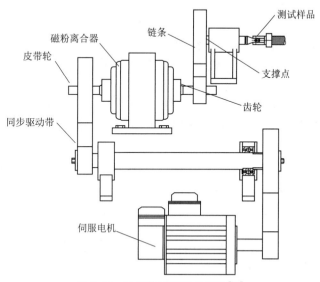

图 2-45　伺服传动装置示意图[49]

通过伺服传动装置实现对材料构件的转动加载，可实现的最大转动扭矩为 150N·m，最小转速为 32r/min。图 2-45[49] 为伺服传动装置的示意图，主要由伺服电机、磁粉离合器、传动减速装置、以及试验件定位系统等组成。

① 伺服电机　规格 MGMA122，伺服驱动器 MGDA123。额定功率是 1.2kW，额定转速 1000r/min，最高转速 2000r/min，额定转矩 11.5N·m。该型号伺服电机进行内部速度设定后，可在伺服传动装置末级实现 0~128r/min 以及 0~150N·m 扭矩。

② 磁粉离合器　选用 ZAJ-5 型机座式，激磁电流 2.5 A，滑差功率 300 W。

③ 传动减速装置　采用三级传动减速装置，三级减速比均为 2.5，通过设置伺服电机的内部速度，可在传动装置末级实现多种转速。在选择传动方式时，由于安装空间的限制，最后一级选择链传动。

④ 试验件定位系统　为了保证高温、高载、低转速摩擦磨损试验件在甲烷燃气风洞中的定位，设计了试验件定位支座，如图 2-46 所示。该支座由驱动轴、从动轴、驱动轴端头、从动轴端头、过渡连接件、弹簧和万向节等构件组成。为了使摩擦磨损试验件在转动过程中保持同轴转动，轴与端头间使用了万向节连接。为了试验件与定位支座的配合，还需要一个过渡连接件经受苛刻的高温环境，因此用 C/SiC 复合材料制造。

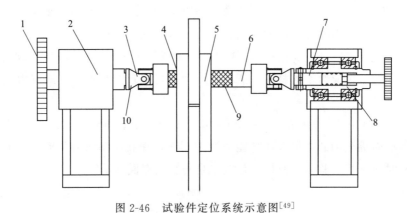

图 2-46　试验件定位系统示意图[49]

1—链轮；2—驱动轴；3—驱动轴端头；4—夹具；5—测试样品；

6—从动轴端头；7—弹簧；8— 从动轴；9—过渡连接件；10—万向节

图 2-47[49] 为 C/SiC 铰链转动副系统在模拟再入环境的测试原理图。转动副由 C/SiC 静止环和 C/SiC 旋转轴组成（实物图如图 2-48 所示）。静止环是一根带有键槽的圆管，镶嵌固定在加载板内，旋转轴也是圆管形状，通过两端定位由传动装置带其转动。铰链臂由上、下板及左、右侧板连接组成。C/SiC 静止环与旋转轴同时穿过左、上、右三个 C/SiC 夹板。下板与左右两个侧板通过 C/SiC 螺栓连接。在试验过程中可同时实现单向加载与转动加载。试验时上、下板以相同载荷进行拉伸，并通过 C/SiC 夹具将载荷传递到转动副上。这种配合方式可以通过更换静止环与旋转轴来实现不同转动副的性能测试。铰链转动副作为一个整体的摩擦学系统，主要由 C/SiC 转动副、C/SiC 铰链臂、金属夹具三大部分连接而成。

试验中采用金属夹具来连接 C/SiC 铰链臂和材料力学试验机夹头，以实现对实验系统加载。该夹具在实验中处于高温实验段的外部，故用 1Cr18Ni9Ti 不锈钢制造，金属夹具与 C/SiC 铰链臂的连接如图 2-49 所示。

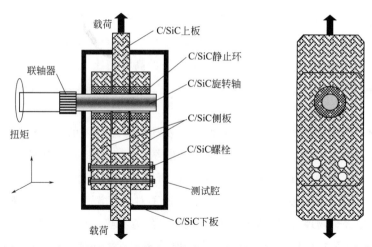

图 2-47　再入环境性能实验模拟系统中 C/SiC 转动副摩擦测试示意图[49]

图 2-48　全陶瓷 C/SiC 复合材料铰链转动副的试验件实物图[49]

图 2-49　不锈钢夹具与 C/SiC 铰链臂配合的实物图[49]

2.3.2.6　航空煤油燃气/应力耦合

　　航空煤油燃气风洞是以航空煤油为燃烧介质，利用喷管将高温燃气加速推出，对材料进行冲蚀的设备，是燃气组分最接近航空发动机真实环境的模拟方法。航空煤油燃气风洞主要由气源、输气管道、预热燃烧室、高温燃烧室和测控系统等部分组成。由气源来的常温空气流首先通过预热燃烧室喷油燃烧，将空气加热到高温燃烧室进口所要求的温度 200～300℃。事实上，为了保证预热燃烧室正常而高效地工作，其出口温度一般在 300～600℃。因此，系统还配备了冷旁路和混合段，这样既能保证预热燃烧室正常工作又可以满足高温燃烧室进气的要求。高温燃烧室是高温复合材料环境模拟实验的核心部件之一，其主要功用就是将空气温度经过燃烧后加热到材料实验所要求的温度。通过控制航空煤油的供给量可以将出口燃气温度控制在 900～1600℃，保证出口截面 80％的面积上，相对温差不大于 10％。由高温燃烧室出来的高温高速气流直接冲击试样，完成冲蚀试验。燃气主要由大量氮气、水蒸气、氧气和二氧化碳组成，燃气流速最高 $Ma1$，可通过气体流量控制。

以航空煤油为燃料的高温风洞是模拟航空发动机热端环境的最佳设备，与真实航空发动机热端环境气氛一致。西北工业大学超高温结构复合材料重点实验室将高温燃气风洞与力学性能试验机（Instron 8872）相结合，研制了一套动态燃气/应力耦合环境模拟测试设备，并获得了国家发明专利。该设备实现了对燃气温度、燃气流速、氧分压、水分压和熔盐浓度等热物理化学环境因素以及蠕变、疲劳和热循环等复杂应力耦合环境的模拟测试，并可在线采集材料应变、电阻、声发射等多种性能演变信息。图 2-50 是该设备的实物照片。

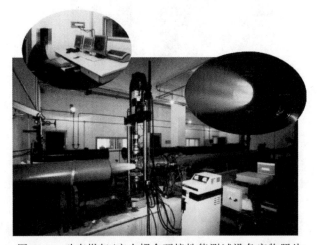

图 2-50　动态燃气/应力耦合环境性能测试设备实物照片

为了提高模拟测试的温度范围，该设备采用了自主研制的具有陶瓷内衬的燃烧室，如图 2-51 所示。由于油气比确定后，高温高速燃气中的氧分压、水分压和熔盐浓度也为

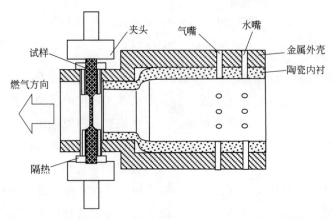

图 2-51　动态燃气/应力耦合环境性能测试设备的燃烧室结构示意图

固定值，不能对模拟参数进行有效的调节。为了实现加速模拟试验，该设备利用多个环绕在燃烧室周围的水嘴向燃气中喷入水，以提高燃气的水分压；利用多个环绕在燃烧室周围的气嘴向燃气中通入氧气，以提高燃气的氧分压；利用水嘴向燃气中通入硫酸钠或氯化钠等盐类水溶液来提高燃气的熔盐浓度。依靠加速介质引入位置和压力的设计，可以使环境介质混合均匀，保证燃烧室出口处试样的气氛条件，同时不影响燃烧室的稳定燃烧。

　　动态燃气/应力耦合环境性能测试设备还包括一个燃气风洞的热循环试验装置。该装置通过铰链将一个可转动的试样支架安装在风洞出口端，通过操作转动手柄来控制试样架与风洞火焰的相对位置，从而实现对试样的快速加热和冷却，实现热循环与动态燃气环境的耦合。当试样架转动到与风洞燃气火焰垂直位置时试样被加热，当试样架转动到与风洞火焰平行位置时试样被冷却，热循环频率可通过转动手柄的频率来实现，如图 2-52 所示。由于燃气流对周围空气的引流作用，热循环的速度可达到 2000℃/min。

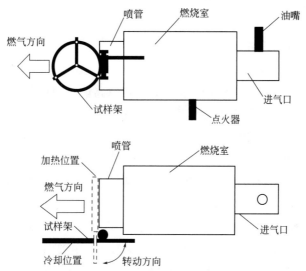

图 2-52　动态燃气/应力耦合环境性能测试设备热循环装置示意图

2.3.3　空间环境材料性能模拟

　　超高温结构复合材料的另一个服役环境是低温环境，主要指空间环境。空间服役环境一般包括真空、低温以及各种高能粒子辐射等。建立对应空间环境的材料性能模拟方法及设备是实现超高温结构复合材料在空间环境应用的基础。

2.3.3.1　空间低温环境模拟

　　材料的低温力学性能可采用如图 2-53 所示的低温环境模拟及原位材料力学性能综合测试设备完成。该设备主要由低温环境模拟系统和材料力学性能测试系统构成。主要包括液氮储罐、低温环境箱、计算机数据采集系统、Instron 8801 力学性能测试机、Instron 2630-105 应变仪和试样自适应夹具等子系统。低温功能的实现主要是将液氮储液导入至低温环境箱中的挥发器，通过液氮挥发吸热效应降低环境箱内的环境温度。降温过程中，通过 PID 控制模块调节液氮流速，可实现各种降温梯度、降温时间控制。力学性能测试通过 Instron 8801 子测试系统执行，通过更换弯曲试样夹具和拉伸试样夹具进行弯曲和拉伸力学性能测试[9]。

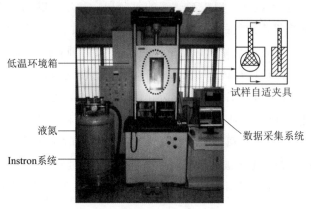

图 2-53　低温环境模拟及原位材料力学性能测试设备[9]

2.3.3.2　空间原子氧环境模拟

为考核复合材料的 AO 环境性能，可采用两类 AO 模拟设备开展研究工作，分别为高能量 AO 模拟设备和高通量 AO 模拟设备。其中高能量 AO 设备用来定性研究 SiC-CMC 材料的 AO 效应，而高通量 AO 设备则从定量角度出发研究该材料与 AO 粒子的相互作用及材料相关性能退化。

（1）高能量 AO 模拟设备

高能量 AO 地面模拟设备示意图如图 2-54 所示[9]。该设备主要由：微波发生器、电磁线圈系统、中性化系统、真空及测量系统、紫外辐照系统、样品架及光学原位测量系统、电控系统及计算机控制系统组成。该设备微波发生器产生的微波频率为 2.45GHz，微波功率 150～1500W 范围可调，产生的微波能量经过天线耦合到设备的放电室内。在永磁磁场的共同作用下，氧气在放电室内形成高密度等离子体。该设备的中性化板（金属板）相对于等离子体是加负偏压，与处于磁约束的氧等离子体接触，可以加速等离子体中的氧离子，使其获得定向能量。氧离子入射到中性化板上并从中得到电子，复合成中性氧原子。经中性板反射的氧原子保留入射能量的大部分，形成具有一定能量的定向中性 AO 束流。通过调节中性化板所加偏压及改变氧离子入射角度，可以调节中性 AO 束流的能量和反射后的角分布。

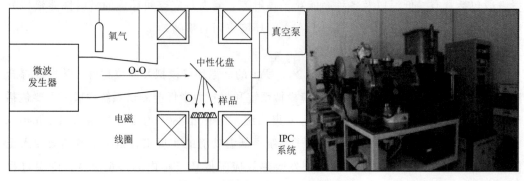

图 2-54　高能原子氧地面模拟设备[9]

高能 AO 模拟设备主要性能参数如下：

① 原子氧能量 5～8eV；

② 通量密度 $16×10^{14}$～$3×10^{16}$ 个/($cm^2·s$)，可调。

（2）高通量 AO 模拟设备

高通量 AO 设备如图 2-55 所示[9]。该设备属于灯丝放电型原子氧设备。其工作原理是：通过流量控制器将氧气导入该设备的真空室，调控氧气流量使真空室维持在一定的工作气压（10^{-2}～1Pa），然后通电加热阴极灯丝，在适当的温度时灯丝表面开始发射电子；在阴极（灯丝）和阳极（真空室内壁）间放电电压作用下，被加速到足够能量的电子与工作气体（O_2）分子发生碰撞，把 O_2 分解为 AO、O^+、O_2^+ 和电子，其中 AO 能量约为 0.04～0.06eV。该设备所产生的 AO 粒子能量可控，而且粒子通量密度较大，约为 10^{15}～10^{19} 个/($cm^2·s$)，其"等效"原子氧通量密度高达 10^{17} 个/($cm^2·s$)，比微波型 AO 模拟设备高 1 个量级。该设备产生 AO 粒子的均匀性要高于微波源原子氧设备，且灯丝放电产生的辐射小，对试样的热效应不显著。

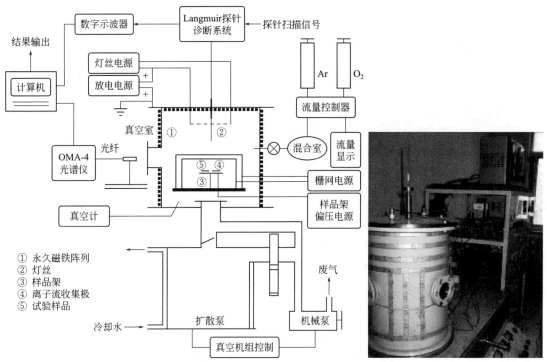

图 2-55　高通量 AO 地面模拟设备[9]

2.3.3.3　空间带电粒子环境模拟方法

可采用 RHM 空间综合环境模拟器来模拟测试材料所需的粒子辐照环境，设备示意图如图 2-56[9] 所示。质子辐照模拟模块包括电源、离子源、加速管、磁分析器、扫描系统和真空系统等部分。利用高频震荡电场的作用在离子源内将氢气电离获得质子，在引出、聚焦电压的作用下获得一定能量而进入磁分析器，通过调节磁场的强度和扫描系统获得所需的质子束。空间电子辐照模拟模块包括电源、电子发生器、加速管、磁分析器、扫描系统和真空系统等部分。结构及原理与质子辐照模拟器相似,只是用电子发生器取代离子源,利用电子发生器产生热电子,在引出、聚焦电压的作用下获得一定能量而进入磁分析器,通过调节磁场的强度和扫描系统获得所需的电子束。表 2-16[9] 罗列了该空间环境模拟器的相关技术参数。

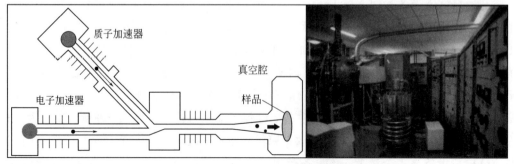

图 2-56　RHM 空间综合环境模拟试验设备[9]

表 2-16　RHM 空间综合环境模拟实验设备技术参数[9]

模拟环境因素	主要技术指标
真空	容器:1200×700mm;工作区域可达 $2×10^{-4}$ Pa
电子辐照	能量:0.1MeV;束流密度:$5.2×10^{8}~1.0×10^{12}$ 个/(cm² · s);受照区域:110mm × 110mm;最大分布不均匀度±10%
质子辐照	能量:0.1MeV;束流密度:$3.2×10^{8}~1.0×10^{12}$ 个/(cm² · s);受照区域:110mm × 110mm;最大分布不均匀度±10%

2.4　小结

　　超高温结构复合材料性能优异,潜在应用领域宽广,应用环境极端复杂。准确评价超高温结构复合材料的极端环境性能需要基于损伤机制相似原则,在模拟环境中进行加速测试。由于应用环境因素多,且耦合作用显著,为了确定每种因素的影响程度及影响机制,最好采用积木式方法逐步叠加环境因素。在材料环境性能模拟方法选择方面,因完成复原真实环境极其困难,因此需根据应用环境特点,并结合材料特点选择最接近材料真实服役环境的材料性能模拟方法。

参考文献

[1] 王海玲 . 2D-C/SiC 剪切疲劳损伤及热震性能研究 [D] . 西安:西北工业大学,2013.

[2] 杨忠学 . 3D-C/SiC 的高温拉伸蠕变性能 [D] . 西安:西北工业大学,2002.

[3] 刘兴法 . 3D-C/SiC 的高温拉-拉疲劳性能研究 [D] . 西北工业大学,2003.

[4] 关振铎 . 无机材料物理性能 [M] . 北京:清华大学出版社,2011:1-294.

[5] 张青 . C/SiC 复合材料热物理性能与微结构损伤表征 [D] . 西安:西北工业大学,2008.

[6] 刘持栋 . C/C 在多因素热力耦合环境中的性能演变与损伤机制 [D] . 西安:西北工业大学,2009.

[7]　梅辉 . 2D C/SiC 在复杂耦合环境中的损伤演变和失效机制 [D]. 西安：西北工业大学，2007.

[8]　马柯 . C/SiC 的空气高温面剪强度及面剪疲劳和蠕变基本特点 [D]. 西安：西北工业大学，2015.

[9]　刘小冲 . 碳化硅陶瓷基复合材料空间环境性能研究 [D]. 西安：西北工业大学，2014.

[10]　Opila EJ. The Oxidation Kinetics of Chemically Vapor Deposited Silicon Carbide [R]. Presented at TMS Fall Meeting，Chicago，IL，1992.

[11]　Schneider B，Guette A，Naslain R，et al. A theoretical and experimental approach to the active-to-passive transition in the oxidation of silicon carbide [J]. J Mater Sci，1998，33：535-5.

[12]　张育伟，张金咏，傅正义 . 碳化锆陶瓷的氧化及其对导电性能的影响 [J]. 硅酸盐学报，2013（7）：901-904.

[13]　Shimada S，Ishi1 T. Oxidation kinetics of zirconium carbide at relatively low temperatures [J]. J Am Ceram Soc，1990，73（10）：2804.

[14]　Shimada S. A thermoanalytical study on the oxidation of Zand HfC powders with formation of carbon [J]. Solid State Ionics，2002，149（3-4）：319.

[15]　李辉，孙国栋，邓娟利，等 . 碳化铪氧化的热力学研究 [J]. 材料导报 B，2015，29（9）：136-140.

[16]　Stewart RW，Cutler IB. Effect of Temperature and Oxygen Partial Pressure on the Oxidation of Titanium Carbide [J]. J. Am. Cer. Soc，1967，54（4）：176-81.

[17]　Tun RA，Subramanian M，Mehrotra GM. Oxid ation Behavior of TiC，ZrC，and HfC Dispersed in Oxide Matrices [J]. Corrosion and corrosive degradation of ceramics，1990，10：2l1-23.

[18]　吴守军 . 3D SiC/SiC 复合材料热化学环境行为 [D]. 西安：西北工业大学，2006.

[19]　Federer JI. Corrosion of SiC ceramicsby Na$_2$SO$_4$ [J]. Adv. Ceram. Mater.，1988，3（1）：56-61.

[20]　栾新刚 . 高温腐蚀环境 SiC-C/SiC 的性能演变规律与损伤机理研究 [D]. 西安：西北工业大学，2002.

[21]　Luan XG，Cheng LF. Corrosion of a SiC-C/SiC composite in environments with Na$_2$SO$_4$ vapor and oxygen [J]. Sci. Eng. Compos. Mater.，2002，10（4）：261-265.

[22]　Balat MJH，Flamant G，Male G，et al. Active to Passive Transition in the Oxidation of Silicon Carbide at High Temperature and Low Pressure in Molecular and Atomic Oxygen [J]. J Mater Sci，1992，27：697-703.

[23]　Singhal SC. Thermodynamic Analysis of the High-Temperature Stability of Silicon Nitride and Silicon Carbide [J]. Ceramurigia，1976，2：123-130.

[24]　Vaughn WL，Maahs HG. Active to Passive Transition in the Oxidation of Silicon Carbide and Silicon Nitride in Air [J]. J Am Ceram Soc，1990，73（6）：1540-1543.

[25]　Narushima T，Goto T，Iguchi Y，et al. High-Temperature Active Oxidation of Chemically Vapor-Deposited Silicon Carbide in an Ar-O$_2$ Atmosphere [J]. J Am Ceram Soc，1991，74（10）：2583-2586.

[26]　Gulbransen EA，Jansson SA. The High-Temperature Oxidation，Reduction and Volatilization Reactions of Silicon and Silicon Carbide [J]. Oxid Met，1972：4181-4201.

[27]　王俊杰 . 碳化硅氧化的热力学与动力学计算机模拟研究 [D]. 西安：西北工业大学，2010.

[28]　魏玺 . 3D C/SiC 复合材料氧化机理分析及氧化动力学模型 [D]. 西安：西北工业大学，2004.

[29]　Bennett CO，田福助 . 单元操作与输运现象 [M]. 第三版 . 台北：晓园出版社，1982.

[30]　栾新刚 . 3D C/SiC 在复杂耦合环境中的损伤机理与寿命预测 [D]. 西安：西北工业大学，2007.

[31]　McKee DW，Chatterji D. Corrosion of Silicon Carbide in Gases and Alkaline Melts [J]. J. Am. Cer. Soc.，1976，59（9-10）：441-4.

[32]　Jacobson NS，Eckel AJ，Misra AK，et al. Reactions of SiC with H$_2$/H$_2$O/Ar Mixtures at 1300℃ [J]. J. Am. Cer. Soc.，1990，73（8）：2330-2.

[33]　Borom MP，Brun MK，Szala LE. Kinetics of Oxidation of Carbide and Silicide Dispersed Phases in Oxide Matrices [J]. Adv. Cera. Mat.，1998，3（5）：491-7.

［34］ Readey DW. Gaseous Corrosion of Ceramics ［J］. Ceram. Trans. ，1989，10：53-80.

［35］ 殷小玮. 3D C/SiC 复合材料的环境氧化行为 ［D］. 西安：西北工业大学，2001.

［36］ Smialek JL，Jacobson NS. Mechanism of strength degradation for hot corrosion of α-SiC ［J］. J. Am. Ceram. Soc. ，1986，69 (101)：741-752.

［37］ Jacobson NS. Kinetics and mechanism of corrosion of SiC by molten salts ［J］. J. Am. Ceram. Soc. ，1996，69 (1)：74-82.

［38］ Jacobson NS，Smialek JL. Hot corrosion of sintered α-SiC at 1000℃ ［J］. J. Am. Ceram. Soc. ，1985，68 (81)：432-439.

［39］ Jacobson NS. Corrosion of Silicon-Based Ceramics in Combustion Environments ［J］. J. Am. Ceram. Soc. ，1993，76 (1)：5-28.

［40］ Jacobson NS，Fox DS，Smialek JL. Performance of Ceramics in Severe Environments ［R］. 2005.

［41］ Opila EJ，Smialek JL，Robinson RC，et al. SiC recession caused by SiO$_2$ scale volatility under combustion conditions：II，thermodynamics and gaseous-diffusion model ［J］. J. Am. Ceram. Soc. ，1999，82 (7)：1826-1834.

［42］ Cheng LF，Xu YD，Zhang LT，et al. Oxidation behavior of three dimensional C/SiC composites in air and combustion gas environments ［J］. Carbon，2000，38：2103-2108.

［43］ Cheng LF，Xu YD，Zhang LT，et al. Oxidation behavior of three-dimensional SiC/SiC composites in air and combustion environment ［J］. Composites Part A，2000，31：1015-1020.

［44］ Yin XW，Cheng LF，Zhang LT，et al. Oxidation behavior of 3D C/SiC composites in two oxidizing genvironments ［J］. Comp. Sci Technol. ，2001，61：977-80.

［45］ Federer J1. Stress-Corrosion of SiC in an Oxidizing Atmosphere Containing NaCI ［J］. Adv. Cer. Mat. ，1988，3 (3)：293-5.

［46］ Mall S，Engesser JM. Effects of frequency on fatigue behavior of CVI C/SiC at elevated temperature ［J］. Composites Science and Technology，2006，66：863-874.

［47］ 张立同. 纤维增韧碳化硅陶瓷复合材料——模拟、表征与设计 ［M］. 北京：化学工业出版社，2009.

［48］ 宿孟. 碳/碳化硅复合材料激光烧蚀性能研究 ［D］. 西安：西北工业大学，2013.

［49］ 张亚妮. 模拟再入大气环境中 C/SiC 复合材料的行为研究 ［D］. 西安：西北工业大学，2008.

［50］ 潘育松. 碳/碳化硅复合材料的环境烧蚀性能 ［D］. 西安：西北工业大学，2004.

［51］ 陈博. 火箭燃气中 C/C 和 C/SiC 的烧蚀行为及机理 ［D］. 西安：西北工业大学，2010.

［52］ 沈志刚，赵小虎，陈军，王忠涛，邢玉山，麻树林. 灯丝放电磁场约束型原子氧效应地面模拟试验设备 ［J］. 航空学报，2000 (05)：425-430.

第 3 章

**超高温结构复合材料
热环境行为**

超高温结构复合材料的服役环境条件复杂、多样，通常是多种极端环境条件时序或耦合叠加的综合作用。其中，温度是影响超高温结构复合材料性能的基础环境条件之一。超高温结构复合材料是以耐高温结构材料出现，所以其高温性能一直是研究者关注的重点。各国学者在中高温（0～1650℃）和超高温（＞1650℃）范围内对陶瓷基复合材料的环境性能开展了一系列研究，并取得了许多重要成果。在本系列著作《纤维增韧碳化硅陶瓷基复合材料——模拟、表征和设计》一书中已对相关内容作了部分介绍[1]。近年来随着航空航天技术的发展，超高温结构复合材料在深冷环境（cryogenic environment）下的性能及其演化规律也逐步得到关注[2,3]。

本章所涉及的超高温结构复合材料性能指的是在惰性气体或真空条件下的材料本征性能，不涉及除温度外其他环境条件对材料性能的影响。本章所涉及的复合材料主要有 2D C/SiC、3D C/SiC 和 2D SiC/SiC，其基体由 CVI 工艺制备而成，其涂层由 CVD 工艺制备而成。

3.1　深冷环境温度对材料性能的影响

复合材料在航空航天领域的加速应用，促进了深冷环境温度模拟和试验测试等技术在复合材料领域中的发展[4-6]。

深冷处理（cryogenic processing）作为传统热处理工艺的有益补充，可以提高材料的物理性能尤其是力学性能。通常是将材料以一定速率降温至 77K（液氮温度）左右，使得材料性能在降温过程或温度回复过程中得到改善和提高[7]。已有研究表明深冷处理适用于各种金属、金属合金、碳化物、聚合物、硅酸盐等各种材料，而且证实深冷处理能够改善材料的强度、韧性和耐磨性等，同时也能改善微观组织均匀性、尺寸稳定性[8]。近年来，众多研究者开展了超高温结构复合材料在深冷环境下的材料性能研究[9,10]。

清华大学研究者[11]研究了一种反应烧结 SiC（reaction-bonded silicon carbide，RBSC）复合材料的原位深冷温度性能，温度范围 77～293K。发现该材料的弯曲断裂强度由 293K 下的（277.93±23.21）MPa，转变为 77K 时的（396.74±52.74）MPa；断裂韧性随温度由原来的（3.69±0.45）MPa·m$^{1/2}$，增加到 77K 时的（4.98±0.53）MPa·m$^{1/2}$，如图 3-1[11]所示。

研究者认为，RBSC 复合材料在室温（RT）下的断裂模式是穿晶断裂，而在 77K 深冷温度条件下是晶间断裂模式。因此，在深冷温度下 RBSC 复合材料的力学性能会提高。同时，在降温过程中，SiC 基体对材料内部的自由 Si 颗粒产生径向压缩，阻碍了材料内部裂纹的扩展，因此 RBSC 复合材料韧性随温度降低会有所提高。研究认为，RBSC 复合材料具有深冷

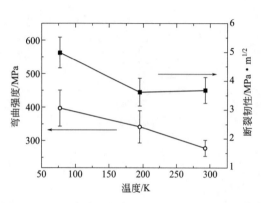

图 3-1　RBSC 复合材料在不同温度下的力学性能[11]

温度环境应用的潜力。

3.1.1　深冷环境温度下 C/SiC 性能演变行为及机制

3.1.1.1　C/SiC 性能演变行为

近年来 C/SiC 在空间运载器方面的应用需求日趋强烈，因而 C/SiC 的深冷温度性能研究得到了关注[12]。德国 ECM 公司（Engineered Ceramic Materials GmbH）发展了一种短切碳纤维增强 C/SiC 复合材料（HB-Cesic® C/SiC），并在空间望远镜的反射镜上得到了应用[2]。研究者测量了该材料在 10～293K 温度范围内的热膨胀系数（coefficient of thermal expansion，CTE），发现材料 XY 方向和 Z 方向的热膨胀系数分别为（0.805±0.003）×10^{-6} K^{-1} 和（0.837±0.001）×10^{-6} K^{-1}，试样规格如图 3-2[2]所示。研究人员认为采用这种混杂碳纤维预制体，可以将 HB-Cesic® C/SiC 的各向异性降低至 4% 左右，可用于深冷环境超轻质反射镜片的制备。

图 3-3 是一种 PIP C/SiC 在 －196～200℃ 之间经不同次数的温度循环后弯曲强度测试结果，证实了该材料的弯曲强度没有发生明显改变[13]。

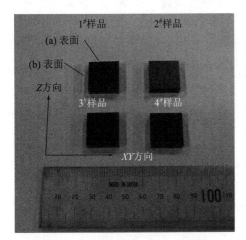

图 3-2　HB-Cesic® C/SiC 热膨胀
系数测试试样[2]

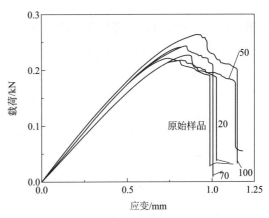

图 3-3　C/SiC 载荷-应变曲线与温度
循环次数关系[13]

CVI 工艺制备的 C/SiC 因性能优良而著称。图 3-4 所示的是 CVI 工艺制备的 2D C/SiC 在深冷温度条件下的原位弯曲性能[14]。图 3-4（a）是深冷温度条件下的弯曲性能响应曲线。数据表明：无论是在室温还是深冷温度条件下，2D C/SiC 的弯曲应力-位移曲线的变化趋势基本一致，即深冷温度条件下 2D C/SiC 的破坏模式与室温条件下的破坏模式基本相同。图 3-4（b）是 2D C/SiC 试样弯曲强度和位移随温度变化曲线。随着温度由室温降低至 －100℃ 过程中，C/SiC 试样的弯曲强度先是降低，由室温下的（368.40±34.0）MPa 降低到 －40℃ 时的（287.89±26.8）MPa，降低幅度约为 22.7%；然后又逐渐回升，在 －100℃ 达到最高值，（396.87±32.7）MPa。而且位移变化曲线与弯曲强度曲线的变化趋势基本相似，都呈现两头高中间低的 V 形分布。

图 3-5[14]所示是 3D C/SiC 试样拉伸性能随深冷温度变化情况。图 3-5（a）是 3D C/

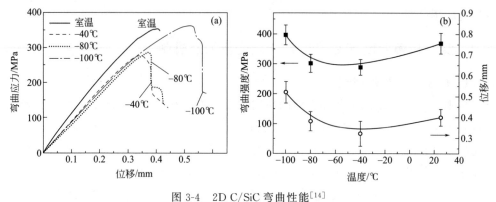

图 3-4 2D C/SiC 弯曲性能[14]

（a）弯曲应力-位移曲线；（b）弯曲强度及位移随温度变化曲线

SiC 在几个典型深冷温度下的应力-应变曲线。图 3-5（b）是 3D C/SiC 试样的拉伸强度和应变随温度的变化情况。

图 3-5（a）表明：在各深冷温度条件下，3D C/SiC 依然具有类似金属的断裂模式，即在深冷温度条件下（低至－100℃），C/SiC 不会发生"突发、灾难"性的破坏。从力学响应曲线的变化趋势看，温度由室温向－100℃降低过程中，3D C/SiC 的载荷响应曲线大致可以分为线性段和非线性段两部分，各温度段响应曲线的变化趋势大致相同。在试样被破坏之前，各曲线顶端都有一个凹坑状的阶段；说明在试样被破坏之前的这个阶段，材料内部的碳纤维与 SiC 基体之间有明显的界面滑移现象发生。然后，随界面滑移的距离逐渐增加，材料承载能力会稍微增加（小于强度的 10%），最终材料失去承载能力遭到破坏。

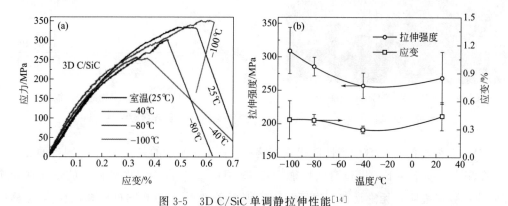

图 3-5 3D C/SiC 单调静拉伸性能[14]

（a）各温度下应力-应变曲线；（b）拉伸强度和应变随温度变化曲线

图 3-5（b）中的两条曲线分别是 3D C/SiC 拉伸强度-温度变化曲线和应变-温度变化曲线。随着温度从室温开始降低，试样的拉伸强度由室温的（283.04±39）MPa 降低到－40℃时的（256.66±19）MPa，降低了 10.28%；从整个测试温域来看，这时试样的拉伸强度降到最低点。随着温度继续降低（趋向－100℃），试样拉伸强度又逐渐升高，在－100℃时增加到（309.17±39）MPa，比室温拉伸强度增加 9.23%，比－40℃时的拉伸

强度增加了 20.46%。应变-温度变化曲线与试样的拉伸强度-温度曲线的变化趋势相同，都呈"V"字形变化；在 −40℃ 时的应变最小，约（0.29±0.04）%，即平均应变达到 0.29% 时试样就遭到破坏。在室温和 −100℃ 条件下试样破坏时的平均应变率分别为 0.40% 和 0.42%。

通常，材料的微观结构决定了其宏观性能。对破坏试样断口进行微结构分析，可以揭示材料性能变化机理。图 3-6[14] 是不同深冷温度条件下被破坏试样的断口形貌。室温破坏试样断口如图 3-6(a) 所示，图中可以看到有明显的纤维被拔出现象，并且因为纤维编织角的存在，使得局部纤维被破坏后翘起。

在 −40℃ 条件下被破坏试样的断口形貌如图 3-6(b) 所示，其中的碳纤维拔出较长，而且明显是以纤维束的状态整束被拔出，在 SiC 基体周围观测不到如图 3-6(a) 所示的有纤维单丝拔出；说明在 −40℃ 情况下纤维与 SiC 基体界面的弱结合状态显著。

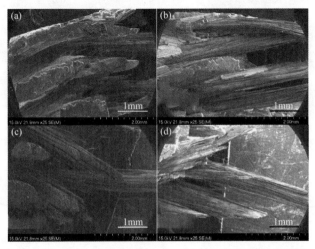

图 3-6　不同深冷温度下 3D C/SiC 试样的断口微观形貌[14]

(a) 室温；(b) −40℃；(c) −80℃；(d) −100℃

在 −80℃ 情况下，碳纤维仍以纤维束状态拔出，不过拔出长度明显变短，见图 3-6(c)，说明该温度下 C/SiC 界面结合强度有所增强。随着温度继续降低至 −100℃，拔出的纤维束端口呈现有斜切截断形成的椭圆状断口，如图 3-6(d) 所示。显然，纤维和基体（F/M）界面某些位置恢复为强结合界面，这些位置的 SiC 基体对碳纤维形成明显的切割作用，在纤维束末端形成椭圆状的纤维束断口。

3.1.1.2　C/SiC 性能演变机制

（1）C/SiC 界面演化模型

根据破坏试样断口的微结构变化，证实温度降低过程中 C/SiC 的 F/M 界面结合状况发生了明显变化，因而才引发 C/SiC 的低温性能发生了显著改变。

众所周知，T300 碳纤维是典型的各向异性材料，而 SiC 基体则为各向同性材料[15]。相关研究表明，碳纤维和 SiC 基体在 C/SiC 中存在热膨胀系数失配的问题，T300 碳纤维与 SiC 基体的部分热物理参数如表 3-1 所示[16-19]。T300 碳纤维材料有轴向（$\alpha_{/\!/}$）和径向（$\alpha_\perp$）两种热膨胀系数。其在轴向方向上热膨胀系数（$\alpha_{//}$）较小，室温为负值，即从室温向深冷温度降温过程中，纤维在其长度方向上会发生冷"膨胀"现象。而 T300 纤维的径向膨胀系数（$\alpha_\perp$）较大，在 1000℃时约为 $8.4\times10^{-6}/\text{K}$。SiC 基体材料是各向同性材料，1000℃时的热膨胀系数为 $5.20\times10^{-6}/\text{K}$。

表 3-1 T300 碳纤维和 SiC 基体的热物理性能参数[16-19]

材料	热膨胀系数/(10^{-6}/K)				杨氏模量/TPa	泊松比	密度/(g/cm³)
	取向	<0℃	0~25℃	400℃	1000℃			
T300	$\alpha_{//}$	—	−0.16	0.02	0.57	0.230	0.2	1.76
	$\alpha_\perp$	—	5.5	7	8.4			
SiC	α	—	3.20	4.36	5.20	0.405	0.15	3.16

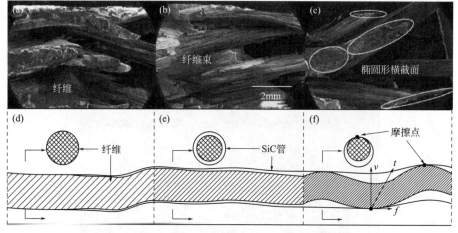

图 3-7 不同温度下 C/SiC 的断口形貌[(a)～(c)]及其界面深冷温度演化模型[(d)～(f)][14]
(a)，(d) 室温；(b)，(e) −40℃；(c)，(f) −100℃

C/SiC 深冷温度断口形貌界面演化模型如图 3-7[14]所示。图 3-7(a) 是 C/SiC 试样的室温拉伸断口形貌，可以看到正常纤维拔出现象。作为 C/SiC 材料深冷温度性能研究的逻辑起点，假定室温条件下碳纤维和 SiC 基体是完美界面结合状态，界面结合情况如图 3-7(d)所示。由于 T300 径向热膨胀系数比 SiC 的热膨胀系数大，温度由室温向 −40℃降温过程中，碳纤维在半径方向会产生相对更大的收缩，因此碳纤维与 SiC 基体界面结合会逐渐变弱。在试样拉伸测试过程中，界面就容易产生剥离现象，形成如图 3-7(b)所示的纤维束拔出现象。−40℃时可以认为碳纤维和 SiC 基体的界面结合最弱，界面模型如图 3-7(e) 所示。温度继续降低至 −100℃过程中，纤维直径继续收缩变细的同时，在纤维轴向方向的低温膨胀效应（轴向负热膨胀系数引起）变得逐步显著，变的细长的碳纤维会挠曲在管道状 SiC 基体中，界面状况如图 3-7(f) 所示，碳纤维和"SiC管道"之间产生了一些高应力接触点（尤其是在纤维编织拐角的位置）。试样拉伸过程中，碳纤维通过这些高应力接触点与 SiC 基体产生摩擦，并被 SiC 基体切割，最终形成如图 3-7(c)所示椭圆形断口形貌。因此在温度趋向 −100℃降低过程中，先前（−40℃时）被弱化的 F/M 界面因为产生众多高应力接触点而得到再增强，试样的承载能力得到一定程度的恢复。上述效应与膨胀螺栓与墙孔之间的作用相类似，膨胀螺栓就是与墙孔内壁形成众多高应力接触点，将自身嵌入到墙孔中，从而将自己锚固在墙体上。

综上所述，温度由室温向−100℃降温过程中，由于 T300 碳纤维和 SiC 基体之间的热膨胀系数失配，纤维和基体之间的界面结合会逐渐变弱，而后又会得到重建并加强。

（2）C/SiC 界面演化模型的验证

依据 C/SiC 深冷温度 F/M 界面演化模型可构建深冷温度有限元模型，如图 3-8 所示[14]。C/SiC 内部碳纤维与 SiC 基体的空间位置关系如图 3-8（a）所示。为方便计算，模型将 C/SiC 抽象成一根碳纤维和 SiC 基体"拼接"而成的组合体。因为空间位置的对称关系，该模型仅需将该结构的 1/4 体积作为计算模型，如图 3-8（b）所示。由于 PyC 和碳纤维同属于碳材料，在建模过程中将 PyC 和碳材料认为是一个整体材料。该模型计算过程采用 Comsol Multiphysics 4.0 平台的固体力学模块，按照稳态模式求解。

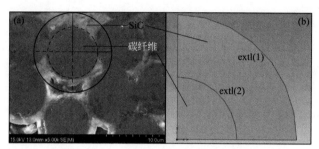

图 3-8　C/SiC F/M 界面有限元模型[14]

（a）碳纤维和基体材料位置关系；（b）有限元计算模型

图 3-9[14] 是 C/SiC 有限元模型及其网格剖分结果示意图。图 3-9（a）是 Comsol Multiphysics 4.0 软件平台构建模型时的初始界面。首先建立 C/SiC 的二维模拟，如图 3-9（b）所示。然后通过辅助设计工具将其"拉伸"并转换成 3D 结构模型。将表 3-1 所示的碳纤维和 SiC 材料热物理参数赋予该 3D 实体模型的相应部位，如图 3-9（c）所示。在模拟计算前，采用"自由四面体"网格将所建模型"精细"剖分，网格剖分结果如图 3-9（d）所示。

为方便模拟计算，进行如下假设：

① 假设碳纤维材料和 SiC 基体材料之间温差为 0；

② 假设在深冷温度条件下 T300 纤维和 SiC 材料的热膨胀系数等热物理参数是常数，其数值等于该参数在室温时的数值（深冷温度下的热物理参数目前还是空白）。

有限元计算边界条件设定为：

① 温度边界：室温～−100℃；

② 图 3-10（a）[14] 中边 1、线 2 和线 3 包围成的部分为 T300 碳纤维，外侧是 SiC 材料；

③ T300 纤维和 SiC 材料在降温过程中"接触"正常，不发生物理剥离；

④ 图 3-10（a）中的边 1（碳纤维轴）、边 2 和边 3（碳纤维和 SiC 材料接触的两外侧

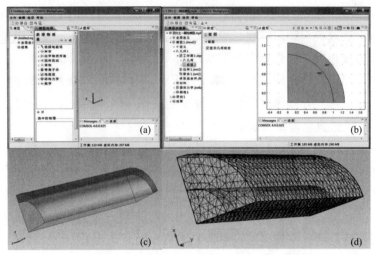

图 3-9　C/SiC 深冷温度 F/M 界面有限元模型建立步骤及有限元剖分结果[14]

边）及曲面 4（1/4 圆柱外曲面）设置为"固定属性"。

按照上述假定和有限元边界条件，采用 Comsol Multiphysics 4.0 平台计算在降温过程中该模型位移场的变化情况。图 3-10（b）是该模型的计算结果。

从图 3-10（b）中可以发现，在由室温向－100℃降温过程中，T300 碳纤维径向具有收缩趋势，即 T300 纤维的直径会变细。而在纤维轴向方向上表现出膨胀趋势，主位移场箭头指向纤维外侧。而 SiC 材料整体表现出收缩的趋势，向曲面 4 方向收缩。SiC 基体与 T300 碳纤维的界面位置是位移场中最大位移位置。

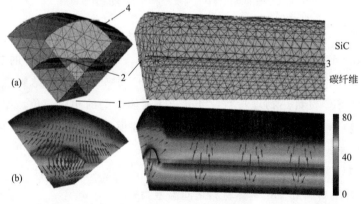

图 3-10　C/SiC 深冷温度 F/M 界面有限元边界条件及模型计算结果[14]

(a) 边界条件；(b) 位移场变化情况

依据有限元模型计算后，得到以下几点结论：

① 模拟结果表明：深冷温度效应对 C/SiC 的 F/M 界面具有显著影响；

② 证实存在第一种效应：降低温度，T300 碳纤维和 SiC 基体呈现出界面"弱结合"趋势；

③ 证实存在第二种效应：T300 碳纤维轴向方向会发生低温膨胀效应，这将有助于形成锚固效应。

3.1.2　深冷环境温度下 SiC/SiC 性能演变行为及机制

3.1.2.1　SiC/SiC 性能演变行为

图 3-11[14] 所示的是 CVI 工艺制备的 2D SiC/SiC 试样弯曲性能变化曲线。图 3-11 (a) 是材料弯曲应力-位移响应曲线。可见深冷温度力学响应曲线都位于室温响应曲线的右下方位置。即在低温条件下，相同载荷可以使 2D SiC/SiC 试样产生更大的位移形变。说明在低温条件下，外载荷需经过更长"路径"才能传递到 SiC 纤维表面引发纤维承载。随着温度降低，2D SiC/SiC 试样的最大位移也持续增大，该现象表明 SiC/SiC 的 F/M 界面在低温条件下发生了某些显著变化，2D SiC/SiC 的强度与韧性增加明显。

图 3-11(b) 所示的是 2D SiC/SiC 试样的弯曲强度和位移随温度变化情况。环境温度由室温降低至 −100℃ 过程中，2D SiC/SiC 试样的弯曲强度由 (469.00±25)MPa 升高到 (590.33±32)MPa，升高幅度约为 25.8%。同时断裂位移也由 (0.23±0.02)mm 增加至 (0.48±0.06)mm，增幅为 108.7%。显而易见，随着温度向 −100℃ 降低，2D SiC/SiC 试样的弯曲强度和位移都是单调升高，特别是断裂位移的增幅较大，证实深冷温度条件下 SiC/SiC 的 F/M 界面结合状态发生了显著变化，材料弯曲性能得到显著提高。

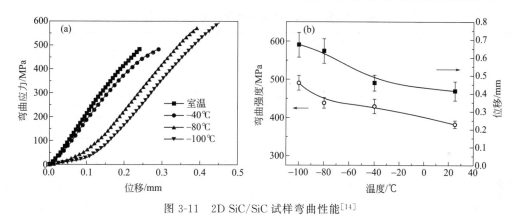

图 3-11　2D SiC/SiC 试样弯曲性能[14]

(a) 弯曲应力-位移曲线；(b) 弯曲强度和位移与温度的关系

图 3-12[14] 是 2D SiC/SiC 试样在室温、−80℃ 和 −100℃ 温度下破坏后的截面形貌。室温破坏的断口，SiC 纤维拔出长度（L_0）较短，说明在室温条件下 SiC/SiC 的 F/M 界面结合较强，材料韧性不足。图 3-12(b) 所示的是 −80℃ 时破坏试样的断口形貌，发现截面上的 SiC 纤维拔出长度（L_2）变长，仍有一些破裂的 SiC 基体附着在拔出纤维的表面。图 3-12(c) 是 −100℃ 温度时破坏试样的断口形貌，发现 SiC/SiC 试样趋向于韧性断裂，SiC 纤维的拔出较长，最长拔出长度约为 $50\mu m$。说明 SiC/SiC 在 −100℃ 时的韧性较好，可以更好地发挥其承载功能。同时也揭示了 SiC/SiC 在深冷温度条件下弯曲性能会升高、破坏位移会显著增大的根本原因。

3.1.2.2　深冷环境温度下 SiC/SiC 性能演变机制

（1）SiC/SiC 界面演化模型

根据力学性能测试和微结构观测结果，发现深冷温度条件下 SiC/SiC 的 F/M 界面发

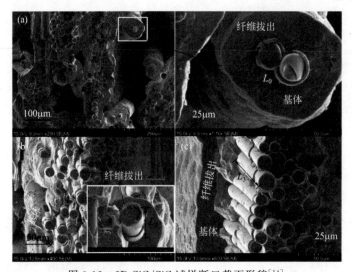

图 3-12　2D SiC/SiC 试样断口截面形貌[14]

（a）原始试样室温断口；（b）－80℃破坏试样断口；（c）－100℃破坏试样断口

生了显著变化，因此可以用 SiC/SiC 深冷温度 F/M 界面模型解释性能变化规律。

表 3-2　SiC/SiC 组元材料物理性能参数[20-22]

材料	热膨胀系数/(10⁻⁶/K)			杨氏模量/TPa	泊松比	密度/(g/cm³)
	0～25℃	400℃	1000℃			
Hi-Nicalon™ SiC 纤维	3.30			0.270	0.20	2.74
PyC	$\alpha_{//} = 0.08$, $\alpha_\perp = 25$			0.035	—	—
SiC	3.20	4.36	5.20	0.405	0.15	3.16

表 3-2 中[20-22]所示的是 Hi-Nicalon™ SiC 纤维、热解碳材料（PyC）以及 SiC 基体的物理性能参数。在室温条件下，Hi-Nicalon™ SiC 纤维与 SiC 基体的热膨胀系数相差不大，在（3.2～3.3）×10⁻⁶/K 之间，而 PyC 和 SiC 材料之间的热膨胀系数差异明显。数据显示 PyC 材料存在纵向（$\alpha_{//}$）和横向（$\alpha_\perp$）两种热膨胀系数：纵向方向上的热膨胀系数很小，可以忽略为 0；而横向热膨胀系数为 25×10⁻⁶/K，要比 SiC 的热膨胀系数大一个数量级。

因为 PyC 材料的横向热膨胀系数（$\alpha_\perp$）较大，在环境温度向－100℃降温过程中，PyC 必然会在厚度方向上产生较大的收缩，从而有效"弱化"SiC/SiC 的 F/M 界面结合。该过程可以消除复合材料内部的热应力，有利于 SiC 纤维的均匀承载，从而提高 SiC/SiC 性能。

（2）SiC/SiC 界面演化模型的验证

根据 SiC/SiC 中 F/M 界面深冷温度演化模型，可以构建 SiC/SiC 深冷温度 F/M 有限元模型。

采用 Comsol Multiphysics 4.0 平台建立的 SiC/SiC 1/4 体积模型，如图 3-13[14]所示。该模型由 1/4 体积 SiC 纤维柱和包围在其外侧的 PyC 和 SiC 基体组成，该三部分材料按照装配体结构接触。

为了简化模拟输出结果，沿着图 3-13(a) 中所示的割线（cross line）将模型切割，获得如图 3-13(b) 中所示 2D 模型。该模型上半部分是 SiC 基体材料，下半部分是 SiC 纤维材料，中间部分是 PyC 材料。

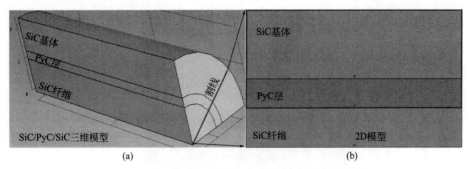

图 3-13　SiC/SiC 深冷温度 F/M 界面有限元模型[14]

(a) 3D 模型；(b) 2D 模型

在室温条件下 Hi-Nicalon™ SiC 纤维和 SiC 基体的热物理性能相当（深冷温度性能数据未知），按照空间对称性原则可以将图 3-13(b)所示的 2D 模型简化成图 3-14[14] 所示 F/M 界面有限元模型。即将三明治结构模型简化为两种材料接触有限元模型。

根据 SiC/SiC 组元材料位置关系和实体单元边界情况，将表 3-2 中材料的热物理参数赋予图 3-14 示模型对应区域。

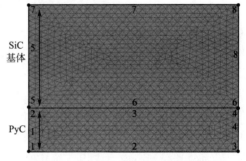

图 3-14　SiC/SiC 的 F/M 界面有限元模型边界条件及其网格剖分结果[14]

SiC/SiC 的 F/M 界面模型的边界设定为：

① 温度边界：室温～−100℃。

② 假设模型内部所有位置的温度差为 0。

③ 设定模型中所有边界线（边 1～边 8）为自由状态，如图 3-14 所示。

④ 设定模型中所有边界点（点 1～点 8）为固定约束。

⑤ 设定边界线 3（PyC 材料上边界）与边界 6（SiC 材料下边界）"理想"接触，不会发生边界分离，如图 3-14 所示。

本研究采用三角形网格自由剖分 SiC/SiC 有限元模型，剖分单元尺寸设置为"较细化"，剖分后结果如图 3-14 所示。

采用 Comsol Multiphysics 4.0 软件的固体力学模块对 SiC/SiC 深冷温度 F/M 界面有限元模型模拟计算，选择稳态求解器求解。图 3-15[14] 是按照所设定边界条件计算获得的位移场和应力场分布结果（见文后彩插）。图片中用红色箭头表示主位移的大小与方向。模型结构单元中采用颜色过度（蓝色→红色）表示平面内的应力由弱至强。模拟结果显示：温度降低时 SiC 基体会呈现出向心收缩状态。因为 PyC 材料横向热膨胀系数较大，模拟结果显示 PyC 厚度方向上的收缩位移明显。以至于 PyC 被"压缩"产生的"压延"效应，PyC 材料长度方向呈现膨胀趋势。根据模拟结果，显然 SiC 基体与 PyC 材料在低温条件下会产生"脱黏"趋势。从主应力分布状况看，SiC 与 PyC 材料接触界线两端存在有应力集中现象。

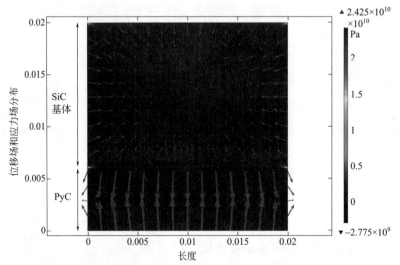

图 3-15　SiC/SiC 深冷温度 F/M 界面模型位移场有限元计算结果[14]

图 3-16[14] 是 SiC 与 PyC 材料接触界面（线）上应力张量变化情况。图 3-16（a）是界面上应力张量 X 轴分量变化情况。沿 X 轴方向，界面两端应力集中明显，中间部分的应力几乎为零。图 3-16（b）是应力张量 Y 轴分量变化情况。Y 轴方向上的应力分量也是在界面两端受到高应力作用，而其他部分的 Y 轴应力分量也几乎为零。故可以认为在环境温度降低过程中，SiC/SiC 的 SiC 基体和 PyC 材料呈现出界面剥离趋势，因此可以"弱化"SiC 基体与 PyC 材料（或 SiC 纤维）的界面结合。

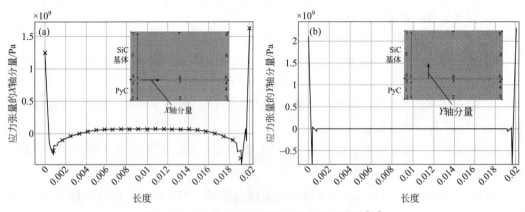

图 3-16　SiC 和 PyC 界面应力张量变化曲线[14]

（a）X 轴分量；（b）Y 轴分量

结果表明，深冷温度效应对 SiC/SiC 的 F/M 界面具有显著影响。温度降低可引发

SiC/SiC 内部 F/M 界面弱化，有利于 SiC/SiC 性能的提高。

3.2　中、高温对材料性能的影响

0～1650℃的中、高温范围一直是超高温结构复合材料性能研究者主要关注的领域，有较丰富的研究成果和报道。

3.2.1　中、高温下 C/SiC 力学性能演变行为及机制

3.2.1.1　C/SiC 力学性能演变行为

中、高温度范围内，CVI 制备的 2D C/SiC 在真空条件下的弯曲强度变化如图 3-17 所示。该材料强度由室温时的 441MPa，升高到 1300℃的 450MPa，温度在 1600℃时又降低至 447MPa。另外，随着温度升高并超过其制备温度后，材料的断裂韧性变差。

该变化趋势主要是由于随着温度升高，改变了碳纤维和 SiC 基体的界面结合状态。T300 碳纤维是典型的各向异性材料，其径向热膨胀系数约为 $(5.5\sim8.4)\times10^{-6}/K$，轴向热膨胀系数为 $(-0.16\sim0.57)\times10^{-6}/K$，而 CVI SiC 基体的热膨胀系数为 $4.8\times10^{-6}/K$。在低于材料制备温度的条件下，纤维受压应力，纤维与基体界面结合较弱，纤维断裂拔出较长；当温度高于材料制备温度时，纤维与基体是强界面结合，复合材料的断裂时纤维拔出较短，2D C/SiC 的脆性增加[23]。

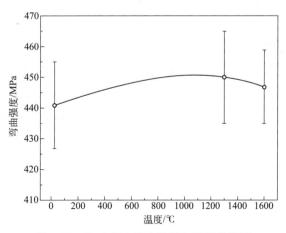

图 3-17　2D C/SiC 弯曲强度与温度关系图

CVI 工艺制备的 3D SiC/SiC 密度为 $2.5g/cm^3$，室温弯曲强度为 860MPa，1300℃ 真空弯曲强度为 1010MPa。该材料的断裂韧性为 $41.5MPa\cdot m^{1/2}$，约为 2D C/SiC 的两倍。研究发现，当环境温度超过材料制备温度时，3D SiC/SiC 韧性会变差[24]。图 3-18[24]为 3D SiC/SiC 弯曲性能响应曲线。

3.2.1.2　C/SiC 力学性能演变机制

当温度低于 C/SiC 的制备温度（900～1200℃）时，C/SiC 中的碳纤维承受残余压应力，与其接触的碳化硅基体受拉应力，两者综合作用导致材料的室温弯曲强度、模量

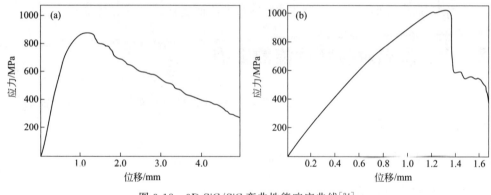

图 3-18 3D SiC/SiC 弯曲性能响应曲线[24]

(a) 室温；(b) 1300℃

较低；随着温度的升高残余应力得到相当程度的松弛，因此强度和模量随之升高。1300℃左右，碳纤维承受拉应力，碳化硅基体承受压应力，低温下碳化硅基体产生的裂纹闭合，有利于材料的承载，材料力学性能达到较理想状态。当温度超过 1600℃，碳纤维与碳化硅基体形成强界面结合，易于脱黏形成材料破坏；同时碳化硅基体的本征性能会开始下降，引起 C/SiC 力学性能降低。

3.2.2 中、高温下 C/SiC 热物理性能演变行为及机制

3.2.2.1 C/SiC 物理热膨胀系数演变行为及机制

（1）演变行为

图 3-19 所示的是 2D C/SiC 和 3D C/SiC 的物理热膨胀系数（physical CTE，P-CTE）随温度变化曲线。在低温区，2D C/SiC 的物理热膨胀系数与 3D C/SiC 具有相似

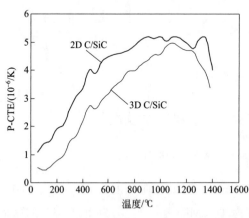

图 3-19 C/SiC 物理热膨胀系数变化曲线[25]

的变化规律。在高温区内，二者的变化规律有所差别，主要表现在 1250℃之后，2D C/SiC 的物理热膨胀系数表现为先增大后降低，而 3D C/SiC 则为持续降低[25]。

（2）演变机制

2D C/SiC 的物理热膨胀系数高于 3D C/SiC。这是因为在 2D C/SiC 里，有一半的纤维处于纵向位置，另一半纤维则处于横向位置，而纤维的径向热膨胀远高于其轴向和基体的热膨胀。从两种复合材料的拉伸性能可以发现，2D C/SiC 的拉伸强度

（约 270MPa）远低于 3D C/SiC（320MPa），这与 2D C/SiC 内仅有一半纤维起承载作用有关。同样地，在界面热应力的分布和承载中，3D C/SiC 的纵向纤维要同时承受来自横向纤维和基体的双重负荷，而后者的热膨胀将受到较少的限制。这成为 2D C/SiC 物理热膨胀系数较高的另一个原因。

由图 3-19 可以看出，在从室温～950℃之间的低温区内，2D C/SiC 的热膨胀行为与3D C/SiC 相似，热应力的变化规律也应类似。因此，在室温～450℃和 450～750℃，2D C/SiC 的物理热膨胀系数随温度的升高均表现为线性增大，这个变化过程对应着 2D C/SiC 内部残余应力的释放。在 750～950℃，应力状态发生转变，纵向纤维束内基体裂纹逐渐闭合，热应力不断累积，2D C/SiC 的物理热膨胀系数以更高的速度线性增大。然而，在高温区内，受纤维预制体编织结构不同的影响，界面热应力的分布发生了改变，2D C/SiC 的热膨胀行为与 3D C/SiC 有所不同。在 950～1100℃，纵向纤维束内基体裂纹应已基本闭合，理论上讲，2D C/SiC 的物理热膨胀系数应表现为加速增大，但是，实际测试结果基本保持不变。这是因为，在横向纤维束内纤维径向的热膨胀使基体产生了沿纤维轴向的裂纹，从而减缓了物理热膨胀系数的增大。随着裂纹的增多，2D C/SiC 的物理热膨胀系数在 1100～1250℃表现为逐渐降低。与此同时，纵向纤维束除了受自身内部基体的拉应力外，还受到来自横向纤维束的拉应力。当应力达到较高水平时，除了界面会发生剪切/滑移之外，纵向纤维也有可能会发生部分断裂来释放热应力。因此，2D C/SiC 的物理热膨胀系数在 1250℃之后表现为先增大后降低。

研究表明，2D C/SiC 的热膨胀行为不仅与纵、横向纤维束内碳纤维和 SiC 基体的热应力有关，而且与纵、横向纤维束之间的热应力有关。所以，2D C/SiC 内部的热应力变化比 3D C/SiC 更为复杂。

3.2.2.2　C/SiC 热辐射性能演变行为及机制

（1）演变行为

图 3-20 给出了 2D 和 3DN（3 维针刺）两种不同预制体结构的 C/SiC 光谱发射率随波长的变化关系[26]。从图中可以看到，两种 C/SiC 光谱发射率不仅受测试温度的影响，而且随着测试波长不同也有不同变化。对于 2D C/SiC 试样，在 6～10μm 波长范围内，光谱发射率随波长变化不明显，基本保持在 0.5 附近。在波长 10μm 附近，光谱发射率曲线出现一个不明显的凸包，发射率数值达到最大，随后出现快速降低，在波长12.5μm 附近达到最小。之后光谱发射率随着波长的增加而缓慢增长。C/SiC 在 10～14μm 波长范围内出现的低值区域，与 SiC 理论光谱发射率有很大关系。根据研究，SiC在该波段范围内存在一个剩余反射带，可以认为其属于 SiC 红外发射率的特征峰[26]。随着测试温度从 1000℃升高到 1300℃，2D C/SiC 光谱发射率在 10μm 的凸包增强，同时光谱发射率在整个测试波长范围内有所升高。当复合材料预制体结构从 2D 转变为 3DN时，可以看到 C/SiC 的发射率曲线形状基本保持不变，但二者之间也存在一些差别。在6～8μm 波长范围内，3DN C/SiC 光谱发射率曲线和 2D C/SiC 几乎重合，都维持在 0.5左右。在 8～10μm 波长范围内，3DN C/SiC 光谱发射率曲线出现一个明显的凸包，并且在波长 9μm 附近出现最大值。3DN C/SiC 光谱发射率在 10～12.5μm 波长范围内的降幅和在 12.5～14μm 波长范围内的增幅均大于 2D C/SiC，同时在波长 12.5μm 附近出现的最小值小于 2D C/SiC。在这两种不同预制体结构的 C/SiC 中，试样光谱发射率曲线都表现出明显的 SiC 剩余反射带特征，说明两种试样的热辐射性能都受到复合材料中 SiC相控制。

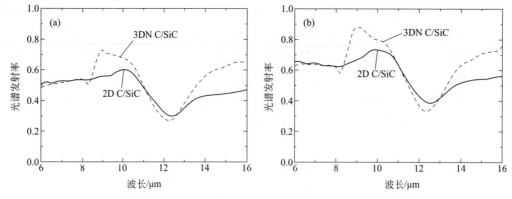

图 3-20　2D 和 3DN C/SiC 光谱发射率随波长的变化规律[26]

(a) 1000℃；(b) 1300℃

图 3-21[26]给出了 2D C/SiC 和 3DN C/SiC 总发射率随温度的变化曲线。对于两种 C/SiC 试样而言，总发射率在测试温度范围内（1000～1600℃）均表现出随测试温度升高缓慢升高的变化趋势，这与图 3-20 所给出的试样光谱发射率随温度的变化趋势一致。具体而言，当测试温度从 1000℃升高到 1600℃时，2D C/SiC 总发射率从 0.54 增加到 0.63，增幅为 16.67%，相对应地，3DN C/SiC 总发射率从 0.53 增加到 0.81，增幅为 52.83%。在相同的温度区间上，3DN C/SiC 总发射率增幅远大于 2D C/SiC。根据红外辐射理论，C/SiC 红外发射率随温度的变化主要与试样中碳相的电子运动和 SiC 相的晶格振动有关。随着测试温度的升高，碳相电子运动和 SiC 相晶格振动都会增强。这两种物质中粒子显微运动的增强必然伴随着辐射能量的增加，从而提高了 C/SiC 的红外发射率。从 C/SiC 总发射率的变化可以看到，当测试温度低于 1200℃时，纤维预制体结构对 C/SiC 总发射率影响不大，其中 2D C/SiC 总发射率略高于 3DN C/SiC。当测试温度高于 1200℃，2D C/SiC 总发射率随温度的增幅减缓，而 3DN C/SiC 总发射率维持快速增长的趋势，二者总发射率之间的差距随温度升高不断加大。由此可见，纤维预制体结构不仅影响 C/SiC 光谱发射率对波长的依赖关系，而且改变了试样总发射率的大小及其随温度的增长幅度。

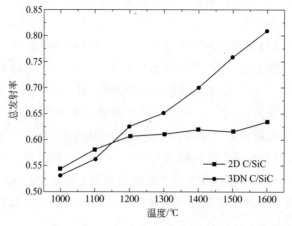

图 3-21　2D C/SiC 和 3DN C/SiC 总发射率随温度的变化规律[26]

（2）演变机制

纤维预制体的结构会影响 C/SiC 的热辐射性能。对于 3DN C/SiC，三维针刺预制体中无纬布层间的紧密结合和 Z 轴方向上的针刺碳纤维束均有利于热量的传输，因此其传输热量的能力优于 2D C/SiC 的二维叠层结构。纤维预制体结构的不同还引起复合材料在气孔率和 SiC 相含量上的差异。SiC 相具有较高的热辐射性能，SiC 相在提高 3DN C/SiC 热辐射性能的同时，也使得其光谱发射率表现出更加明显的 SiC 剩余反射带的特征。材料中的气孔阻碍热量的传输，降低了 2D C/SiC 红外发射率。

3.2.2.3 中、高温下 C/SiC 阻尼性能演变行为及机制

本节介绍 CVI 方法制备的 2D C/SiC 和 3D C/SiC 在不同振动频率下阻尼随温度的变化及复合材料阻尼机制的来源，并分析通过 CVI 方法制备的 SiC 涂层对 C/SiC 阻尼性能演变的影响。

（1）演变行为

图 3-22[25] 所示为无 CVD SiC 涂层 2D C/SiC 和 3D C/SiC 在不同频率下的阻尼系数随温度的变化关系图。可以看到，两种复合材料的阻尼系数均随温度的升高先逐渐增大而后降低，阻尼峰出现在 250～300℃之间。随着测试频率的增高，阻尼容量和阻尼峰值均逐渐降低，并且阻尼峰出现的位置逐渐向低温方向移动。

图 3-23[25] 和图 3-24[25] 所示分别为有 CVD SiC 涂层的 2D C/SiC 和 3D C/SiC 在不同频率下的阻尼系数随温度的变化曲线。可以看到，无论 C/SiC 的预制体结构如何，有涂层复合材料的阻尼系数，在测试温度范围内随温度的升高单调增大，不再有阻尼峰出现，并且明显低于无涂层复合材料。

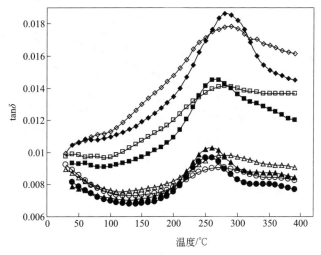

图 3-22　不同振动频率下无涂层 C/SiC 的阻尼性能与温度的关系[25]

无涂层3D C/SiC：—◇—1Hz　—□—2Hz　—△—5Hz　—○—10Hz
无涂层2D C/SiC：—◆—1Hz　—■—2Hz　—▲—5Hz　—●—10Hz

（2）演变机制

研究表明，在纤维种类和含量一定的情况下，复合材料的阻尼性能主要与基体内和

界面处的结构及缺陷的运动变化有关，而纤维的阻尼系数很低，一般在 $10^{-4} \sim 10^{-5}$ 级，基本可以忽略不计。C/SiC 的阻尼机制主要来源于基体阻尼、界面阻尼和气孔阻尼。存在于 SiC 基体内的位错、微裂纹等结构缺陷的运动，界面微滑移，面/层间摩擦，以及气孔的膨胀和变形，均为 C/SiC 提供了能量消耗机制。

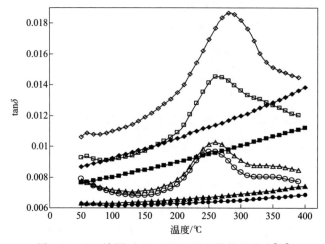

图 3-23　SiC 涂层对 2D C/SiC 阻尼性能的影响[25]

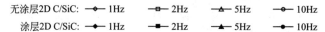

图 3-24　SiC 涂层对 3D C/SiC 阻尼性能的影响[25]

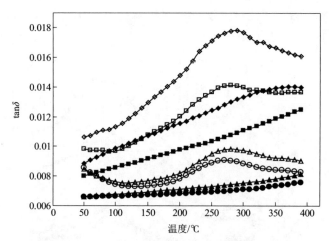

　　气孔尺寸及含量会对 C/SiC 的阻尼性能产生影响，大尺寸、低含量，均会使复合材料的阻尼性能降低。2D C/SiC 的阻尼系数略低于 3D C/SiC，这主要与两种材料内部的气孔尺寸有关，前者的气孔尺寸整体大于后者。

　　对比有无涂层的 C/SiC 复合材料的阻尼变化可以发现，CVD SiC 涂层会降低 C/SiC 的阻尼性能，而且与复合材料的预制体结构无关。

3.3　超高温对材料性能的影响

超高温（＞1650℃）对超高温结构复合材料会产生一系列物理和化学作用。激光烧蚀是研究材料超高温耐受性的主要手段之一，即采用激光束照射不透明靶材，随着激光能量的沉积，靶材表面局部区域受热升温、熔化和气化、气化物质高速喷出及产生等离子体等，使得材料表面发生烧蚀。由于激光束的输出功率和光斑大小可精确控制，因此，激光烧蚀试验的温度可覆盖范围较广。本节以 CO_2 激光光束为热源，在氩气环境中对 2D C/SiC 进行高温烧蚀性能测试。

图 3-25[27]是进行激光烧蚀试验的 2D C/SiC 试样 1/4 模型与激光光斑分布示意图。激光光斑在各方向上能量分布均匀，且光斑中心与试样的几何中心重合。在不影响计算结果的前提下，为了减小计算量，节省计算时间，只取模型的 1/4 进行分析。此外，对于网格的划分也要兼顾计算量和计算精度之间的矛盾。

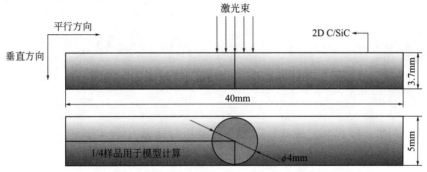

图 3-25　激光烧蚀试样几何尺寸与光斑分布[27]

图 3-26[27]是激光对材料表面照射 0.5s 后，输出功率为 500W 时材料表面的温度场分布云图（见文后彩插）。材料表面的温度分布呈现出高度对称性，其中光斑中心受热区的温度已高达 3520℃，超过了 SiC 基体分解温度（2500℃）以及碳纤维的升华温度（3100℃）。

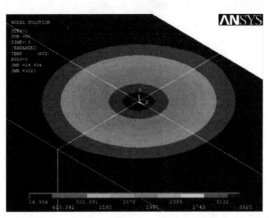

图 3-26　激光功率为 500W、照射 0.5s 时 2D C/SiC 表面温度场云图[27]

3.3.1　超高温下 C/SiC 微结构演变行为及机制

3.3.1.1　C/SiC 微结构演变行为

图 3-27(b)[27]是输出功率为 500W，4mm 光斑直径，氩气保护气氛下烧蚀 0.5s 后 C/SiC 微结构形貌。与烧蚀前 [图 3-27(a)] 的原始形貌相比，可以观测到烧蚀表面出现了非常明显的烧蚀坑。材料表面温度场近似为高斯分布，烧蚀坑中心点的温度最高，沿中心向外温度逐渐降低，因此材料表面的烧蚀机理也将发生变化。

根据形貌特征可将烧蚀表面划分成 3 个区域，如图 3-28[27]所示，即碳纤维与基体发生严重烧蚀的中心区 （Ⅰ区域），碳化硅涂层未发生明显烧蚀的边缘区 （Ⅲ区域），以及连接中心区与边缘区之间的过渡区 （Ⅱ区域）。

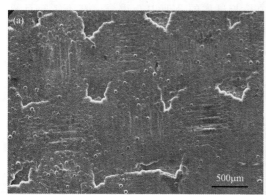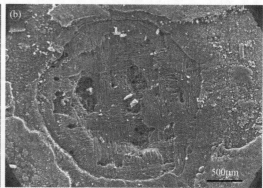

图 3-27　激光功率 500 W、氩气保护气氛下 2D C/SiC 烧蚀前后的微结构[27]

(a) 烧蚀前；(b) 烧蚀后

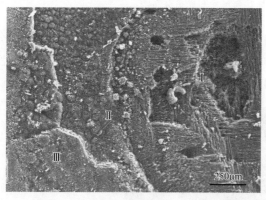

图 3-28　激光功率 500 W、氩气保护
气氛下 2D C/SiC 烧蚀区 1/4 表面形貌[27]

（1）烧蚀中心区的微观形貌特征

烧蚀中心区最接近激光光斑的中心，故此处 2D C/SiC 的烧蚀最为严重。图 3-29(a)[27]所示的是该区域内，碳纤维烧蚀后的微观形貌。从图中可以观察到大量裸露在基体外的碳纤维，而包裹在纤维外部的 SiC 基体在激光辐照后几乎完全消失。造成这种现象的主要原因是 SiC 和碳纤维烧蚀速率不同。碳纤维的升华潜热为 59750kJ/kg，明显升华温度大约为 3100℃；SiC 基体分解的反应潜热为 19825kJ/kg，明显分解温度为 2500℃。因此，在该区域内 SiC 基体的烧蚀速率要大于碳纤维的烧蚀速率。随着时间的推移，相对于纤维后端，纤维前端暴露于基体外的时间更长，这就使得碳纤维呈现出前端变尖变细的形貌。

图 3-29(b)[27]所示是在烧蚀中心区发现的层片状物质。这种物质主要出现在不同方

向的碳纤维相交处，原先由 SiC 基体填充的位置 [如图 3-29(c) 所示[27]]。EDS 能谱显示其元素组成为 C 和 Si，但 C 的含量为 90%，要远高于 Si 的含量。已知 SiC 在 2500℃以上温度时会快速分解，其产物包括 Si、Si_2、Si_3、C、C_2、Si_2C、SiC_2 等物质，其中 Si 和 C 为主要产物。由于 Si 的沸点为 2355℃，SiC 热分解产生的 Si 大部分都以气态的形式流失，仅留下分解生成的 C。因此，可以推断这些富碳物质来源于 SiC 的热分解，在高于 2000℃ 的温度环境内发生了石墨化转变而成为层片状。

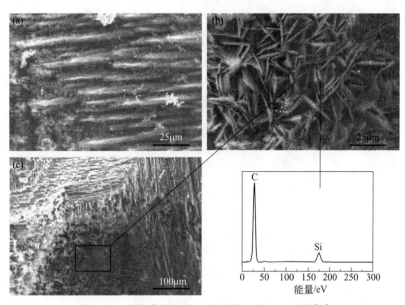

图 3-29　氩气保护气氛下激光烧蚀中心区形貌[27]

(a) 裸露的碳纤维；(b) 层片状结构；(c) 层状物质所在位置

（2）烧蚀过渡区的微观形貌特征

与烧蚀中心区相比，烧蚀过渡区的温度和升温速率明显降低，表面涂层没有发生明显的烧蚀现象。当激光功率为 500W 时，如图 3-30(a) 所示，可以观察到涂层的表面形貌为菜花状，EDS 能谱分析其主要成分为 C 和 Si，其中 C 含量为 74%，略高于 Si。说明表面 SiC 相可能发生了轻度的分解。当激光输出功率超过 1000W 时，在过渡区内出现了球状的富碳物，EDS 能谱显示其 C 含量接近 100%。由此推测，随着激光功率的上升，材料表面的温度升高，会促进过渡区 SiC 相的热分解。

（3）烧蚀边缘区

当激光功率为 500W 时，在烧蚀边缘区，材料的烧蚀程度很低，形貌无明显变化。但在材料表面观察到了从过渡区延伸至此的裂纹，裂纹长度约为几百微米左右，如图 3-31[27] 所示。由于 2D C/SiC 的制备温度和室温相差 1000℃，碳纤维与碳化硅基体之间的热膨胀系数差异会导致基体和涂层中产生微裂纹。由于激光能量分布服从高斯分布，导致不同位置的涂层受热不均匀，涂层受热中心与边缘的巨大温差将导致部分微裂纹扩展开裂以释放热应力。这些裂纹的开口基本指向光斑中心，与材料表面温度梯度方向保持一致。

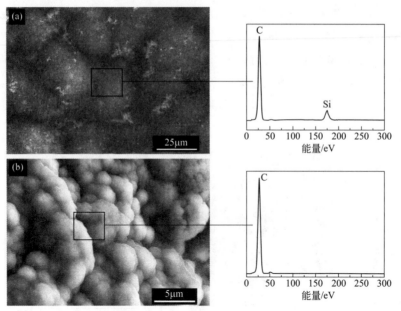

图 3-30 氩气保护气氛下烧蚀过渡区富碳相微观形貌[27]

(a) 500W；(b) 1500W

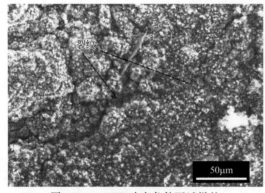

图 3-31 500W 功率条件下试样的
烧蚀边缘区裂纹微观形貌[27]

当激光功率到达 1000W 以上时，除去由热震产生的裂纹外，在边缘区内接近过渡区的位置还观察到少量的白色颗粒，如图 3-32[27] 所示。EDS 能谱显示其 C、Si 含量分别为 53.25% 和 46.75%，化学计量比接近 1∶1。原始的 CVI β-SiC 的颗粒尺寸只有几十纳米，但在温度较高的环境中可促进其生长。因此推断这些直径为 2μm 左右的白色颗粒为长大后的 SiC。

3.3.1.2 C/SiC 微结构演变机制

我们进一步尝试通过有限元方法，计算复合材料激光烧蚀的温度分布、烧蚀宽度和烧蚀深度，并以 C/SiC 为标样，验证其计算准确性。

温度测量方式有接触式和非接触式两大类。常用的接触式测温方法主要是热电偶测温，而常用的非接触式测温方法主要是红外测温。接触式测温仪表（热电偶测温方法）比较简单、可靠，测量精度较高；但因测温组件与被测介质要进行充分的热交换，需要一定的时间才能达到热平衡，所以存在测温的延迟现象，同时受耐高温材料的限制，温度测量上限一般不能超过 1300℃。非接触式仪表测温法（红外测温方法）是通过热辐射原理来测量温度的，测温组件不需要与被测介质接触，测温范围广，不受测温上限的限制，也不会影响被测物体的温度场分布，反应速度一般也比较快；但受到物体的发射率、测量距离、烟尘和水汽等外界因素的影响，其测量误差较大。

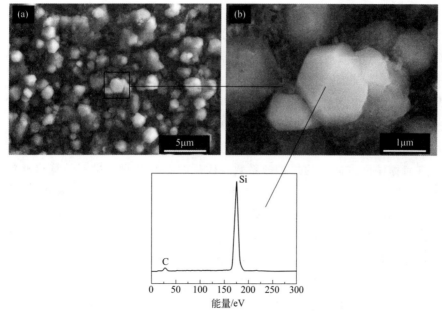

图 3-32　1000W 功率条件下烧蚀边缘区 SiC 颗粒微观形貌与 EDS 能谱分析[27]

考虑到本实验待测环境温度高，超过常用热电偶材料的熔点，不能采用热电偶测温法；温度测量时间短，光学信号积累不充分导致测量误差大，不能采用红外测温方法；故以 ANSYS 10.0 有限元模拟软件为平台，利用有限元法分析计算材料表面的温度场。

（1）建模过程

ANSYS 有限元分析软件进行热分析计算的基本原理是先将所处理对象划分为有限个单元，而每个单元包含若干个节点，然后依据能量守恒原则求解在一定初始条件和边界条件下每一节点处的热平衡方程，并由此计算出各个节点的温度值，进而求解其他相关物理量，如热应力分布等。其基本步骤包括：定义单元类型、定义材料属性、建立几何模型与网格划分、施加热载荷、设置初始条件与边界条件、计算求解。

① 定义单元类型。在 ANSYS 10.0 中，可用于热分析的单元共有 40 余种，其中包括对流单元、辐射单元、特殊单元以及耦合场单元等。其中常见的用于热分析的单元共有 16 种。本章中所涉及的问题属于三维实体的热瞬态分析，选用最为常用的 SOLID 70 三维六面体单元进行有限元分析。该单元具有三个方向的热传导能力，每个单元含 8 个节点，且每个节点上只有一个温度自由度，如图 3-33[27] 所示，可用于三维稳态或瞬态热分析。

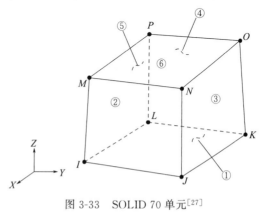

图 3-33　SOLID 70 单元[27]

② 定义材料属性。仿真计算激光加载后材料表面温度场的过程中，影响最终结果的

主要因素包括两类：激光本身的属性和材料本身的属性。两者相互耦合共同决定最终温度场的分布。在本章中，影响最终计算结果的主要材料属性包括：密度、热导率、比热容、热膨胀系数（如需计算热应力）、反射率。在建立温度场计算模型之前，必须要通过实验手段确定这些主要参数的值。

采用阿基米德法，测量了随机抽取的 25 个试样的密度和开气孔率（表 3-3），结果表明，所制备的 2D C/SiC 的平均密度为 $1.97g/cm^3$，平均开气孔率为 13.2%。

采用激光脉冲法分别对 2D C/SiC 平行于纤维布方向（简称面内方向）和垂直于纤维布方向（简称厚度方向）的热扩散系数、比热容进行测量，进而计算出材料的热导率，如表 3-4 和表 3-5 所示。从表中可以看出，无论是面内方向还是厚度方向，2D C/SiC 的热扩散系数均随温度的升高而降低，但降低的速率逐渐减小，在到达 1100℃ 之后，基本不再发生变化。与此相对应的是比热容随温度的升高而增大，在到达 1100℃ 以后同样不再发生明显变化。在热导率与材料密度均为常数的情况下，热扩散系数与比热容互为反比。随着温度的上升，比热容的增加抵消了热扩散系数的下降所产生的影响，温度的升高并没有使材料的热导率发生明显的变化。但是，在 30～1300℃ 范围内，相同温度条件下，2D C/SiC 面内方向的热扩散系数为厚度方向的 2 倍左右。由于 2D C/SiC 的预制体是由若干层碳纤维编织布堆栈而成的，经过 CVI 沉积工艺之后，编织布层与层之间的连接主要依靠 SiC 基体，而碳纤维在平行于轴线方向的热扩散系数远大于垂直于轴线的方向，这就造成了面内方向的热扩散性能要优于厚度方向。在定义材料的热导率时，对面内和厚度方向必须区别对待。在建立坐标系时，取 Y 方向为厚度方向，X、Z 方向为面内方向，并根据表 3-4[27] 和表 3-5[27] 中的数据分别定义其热导率。

采用积分球反射计法测量了 2D C/SiC 在 2.5～25μm 红外波段的反射率，如图 3-34 所示。结果表明，2D C/SiC 在该波段的平均反射率为 0.22，在 10.6μm 波长处（CO_2激光波长值）的反射率约为 0.3。

表 3-3　密度与气孔率计算[27]

试样编号	m_1/g	m_2/g	m_3/g	密度/(g/cm³)	气孔率/%
1-1	1.4734	1.5764	0.8254	1.96	13.72
1-2	1.4266	1.5338	0.7975	1.94	14.56
1-3	1.4452	1.5665	0.8017	1.89	15.86
1-4	1.5492	1.637	0.873	2.03	11.49
1-5	1.4268	1.541	0.7812	1.88	15.03
2-1	1.4313	1.5468	0.7787	1.86	15.04
2-2	1.4441	1.5503	0.8118	1.96	14.38
2-3	1.4472	1.5586	0.8107	1.94	14.90
2-4	1.4703	1.5675	0.8265	1.98	13.12
2-5	1.4559	1.5713	0.8212	1.94	15.38
1-1	1.4374	1.543	0.8022	1.95	14.25
1-2	1.4845	1.5933	0.8329	1.95	14.31

续表

试样编号	m_1/g	m_2/g	m_3/g	密度/(g/cm³)	气孔率/%
1-3	1.4979	1.5981	0.845	1.99	13.31
1-4	1.4564	1.5687	0.8149	1.93	14.90
1-5	1.5245	1.6072	0.8568	2.03	11.02
4-1	1.4985	1.6027	0.849	1.99	13.83
4-2	1.5106	1.5962	0.8548	2.04	11.55
4-3	1.4351	1.5491	0.8081	1.94	15.38
4-4	1.4452	1.5488	0.8099	1.96	14.02
4-5	1.4845	1.5783	0.8336	1.99	12.60
5-1	1.4781	1.5787	0.8285	1.97	13.41
5-2	1.5145	1.5963	0.858	2.05	11.08
5-3	1.5075	1.591	0.851	2.04	11.28
5-4	1.4963	1.5821	0.8474	2.04	11.68
5-5	1.4623	1.5638	0.8191	1.96	13.63

表 3-4　2D C/SiC 面内方向热扩散系数、比热容和热导率[27]

温度/℃	30	100	300	500	700	1100	1300
热扩散系数/(mm²/s)	10.287	8.955	7.229	6.333	6.090	5.385	5.304
比热容[J/(g·K)]	0.558	0.629	0.887	0.936	1.016	1.162	1.173
热导率[W/(m·K)]	11.481	11.265	12.824	11.855	12.374	12.514	12.444

表 3-5　2D C/SiC 厚度方向热扩散系数、比热容和热导率[27]

温度/℃	30	100	300	500	700	1100	1300
热扩散系数/(mm²/s)	4.220	3.427	2.792	2.498	2.360	1.950	2.103
比热容/[J/(g·K)]	0.62	0.676	0.876	1.094	1.193	1.312	1.315
热导率/[W/(m·K)]	5.233	4.633	4.891	5.466	5.631	5.118	5.531

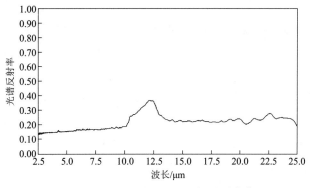

图 3-34　2D C/SiC 红外光谱反射率[27]

③ 建立几何模型与网格划分。几何模型的尺寸应尽可能接近 2D C/SiC 的真实试样，用于激光烧蚀试验和后期的力学性能测试的试样尺寸为 40mm×5mm×3.7mm。在实际试验中，激光光斑作用于试样的中心，如图 3-25 所示。由于激光光斑在各个方向上能量

分布均匀，且光斑中心与试样的几何中心重合。在不影响计算结果的前提下，为了减小计算量，节省计算时间，只取模型的 1/4 进行分析。此外，对于网格的划分也要兼顾计算量和计算精度之间的矛盾。一般来说，网格划分的越细，单位空间内所容纳的单元数越多，计算精度就越高。但是单元划分的越小，求解时运算量则越高。经过反复试运算，最终确定模型的单元边长取 0.25mm 比较合适。

④ 施加热载荷。在 ANSYS 10.0 中，总共有六种热载荷可施加在单元模型或实体模型上，包括：温度、对流、热流率、热流密度、生热率和热辐射率。激光加热物体的过程属于热流密度的加载。热流密度，简称为热通量，单位为 W/m²。作为一种面载荷，热流密度表示通过单位面积的热流率。本书中所使用的激光器模式为 TEM$_{00}$，其激光能量在光束横截面上服从高斯分布（图 3-35[28]），能量密度分布公式如下：

$$I_0(x,y) = \left[\frac{2(1-R)P}{\pi r_{\mathrm{b}}^2}\right] \exp\left[-\frac{2(x^2+y^2)}{r_{\mathrm{b}}^2}\right] \tag{3-1}$$

式中，$I_0(x,y)$ 表示以激光光斑中心为原点，坐标值为 (x,y) 位置处的激光能量密度；R 为材料在该激光波长时的反射率；P 为激光输出功率；r_{b} 为 $1/\mathrm{e}^2$ 最大峰值功率密度时的光斑半径，通常认为 r_{b} 为激光的有效作用半径。

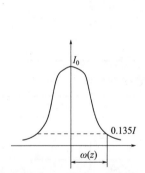
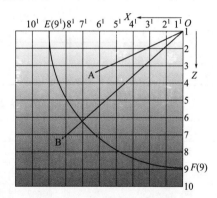

图 3-35　TEM$_{00}$ 模式下光束横截面能量密度分布[27]　　图 3-36　热流密度的加载[27]

根据高斯热流密度分布规律，在 1/4 模型上热源的有效加热区域为 1/4 圆。激光参数的设定与试验部分相一致。激光的光斑半径即有效作用半径 r_{b} 设定为 2mm，输出功率分别选取 500W、750W、1000W、1250W、1500W，照射时间为 0.5s，只计算激光作用于试样过程中的温度分布。热流密度加载过程如图 3-36[27] 所示，图中 1/4 圆 OEF 以内的区域为激光的有效作用区域，加载的具体步骤为：①计算激光加载面上某单元上表面的几何中心到热源中心的距离 s；②若 s 不大于激光光斑半径 r_{b}（在 1/4 圆内），则按式(3-1)计算该单元表面的热流密度，如取单元表面 A 的中心处的热流密度作为整个单元上表面 0.25mm×0.25mm 区域内的热流密度值；若 s 大于 r_{b}，如图 3-36 中的单元表面 B，则热流密度赋值为 0。计算出整个试样表面所有单元的热流密度后，形成整个表面的热流密度面载荷，以备 ANSYS 实现自动整面加载。

⑤ 设置初始条件与边界条件。对于热分析问题来说，求解对象的材料（物理条件）和几何形状（几何条件）均为已知，一般情况下，瞬态导热问题存在定解的条件有两个

方面：给出初始时刻的温度分布，也就是初始条件；给出物体边界上的温度或者换热情况，即边界条件。

对于本章中的计算模型，试样在受激光辐照前处于热稳态，可假设材料和周围环境气体的初始温度为 25℃。除试样与石墨装具相接触的底面和模型的对称面外，模型的其他外表面均施加自然对流换热边界条件。其对流换热方程为

$$q''=h(T_{\mathrm{S}}-T_{\mathrm{B}}) \tag{3-2}$$

式中，h 为对流换热系数；T_{S} 为固体表面的温度；T_{B} 为周围气体的温度。试样的底面与石墨装具相接触，由于石墨是优良的导热体且装具的尺寸要远大于试样，因此试样底面的传热较快。在这里通过对试样底面施加较大的对流换热系数来模拟热传导过程。在自然对流条件下，影响对流换热系数大小的因素包括材料表面的温度、周围气体的温度、材料的热物理属性以及周围气体的密度等，其数值大约在 $5\sim25\mathrm{W/(m^2 \cdot K)}$ 之间。本章中的模型主要用于计算激光辐照材料后，升温过程中温度场分布情况，由于辐照时间较短（0.5s），自然对流换热的作用并不显著。

⑥ 计算求解。热传导分为稳态传热和瞬态传热两种情况。如果体系中的热能流动不随时间而变化的话，该过程称为稳态传热。本章中所建立的模型属于非线性瞬态传热，即体系经历了加热或冷却过程，该过程中体系的温度、热流率或边界条件都发生了明显的变化。由能量守恒定律可得瞬态热平衡方程：

$$[C]\{\dot{T}\}+[K]\{T\}=\{Q\} \tag{3-3}$$

式中，$[K]$ 表示传导矩阵，包含导热系数、对流系数、形状系数和辐射率；$[C]$ 表示比热矩阵，考虑体系内能的增加；$\{T\}$ 表示接点温度向量；$\{\dot{T}\}$ 表示温度对时间的导数。

在非线性瞬态热分析中，为了表达载荷随时间变化的过程，必须把载荷-时间曲线分为离散的载荷步。通常情况下，载荷步长越小，计算结果越精确，计算量越大。经过但多次试运算，本文模型中的载荷步长最终设定为 0.01s，热源加载时间为 0.5s。至此，模型建立与求解的全部过程全部结束，其建模流程如图 3-37[27] 所示。

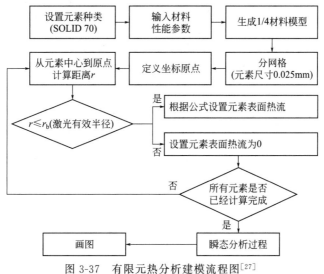

图 3-37　有限元热分析建模流程图[27]

（2）材料性能模拟计算

利用上述模型，分别模拟计算了材料表面温度场分布、材料表面温度随激光加热时间的变化关系，并对材料的烧蚀行为进行了初步预测。

① 材料表面温度场分布。前文图 3-26 给出了激光对材料表面照射 0.5s 后，输出功率为 500W 时材料表面的温度场分布云图。温度场分布云图只是对材料表面温度分布的直观表征，为了便于进一步定量分析，分别截取了在 500W、750W、1000W、1250W、1500W 功率条件下 0.5s 时 OX 与 OZ 坐标方向上各节点（各取 10 个节点）的温度值，如图 3-38[27] 所示。从图中可以看出，在 0.5s 时，无论是 OX 方向还是 OZ 方向，温度分布曲线均与激光的能量密度曲线相似，呈现出近似的高斯型分布。相同节点位置处的温度值与激光输出功率呈正比。其中，原点处的温度值（峰值温度）在 500W、750W、1000W、1250W、1500W 功率条件下分别为 3520℃、5320℃、7118℃、8918℃、

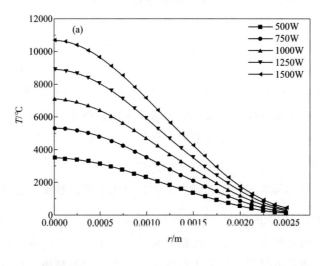

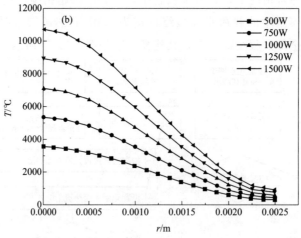

图 3-38　辐照时间 0.5s，功率为 500W、750W、1000W、1250W 和 1500W 时，

不同方向上各节点的温度分布情况[27]

（a）OX 坐标方向；（b）OZ 坐标方向

10721℃。但是，该模型只是对激光辐照条件下 2D C/SiC 表面温度场的简单仿真，并没有考虑复杂的相变问题（建模难度较大）。因此，伴随着中心受热区的剧烈相变换热过程，实际的峰值温度应该比计算结果要低。输出功率越大，相变反应越剧烈，其计算误差也越大。

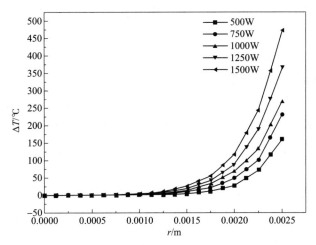

图 3-39　辐照时间 0.5s，功率为 500W、750W、1000W、1250W
和 1500W 时，X 坐标方向上的各节点温差[27]

虽然从图 3-38 的结果来看，在同一时刻，OX 和 OZ 方向上温度分布曲线非常相似。但是，由于激光烧蚀试样在 OZ 方向的长度是 2.5mm，而在 OX 方向的长度是 20mm，即这两个方向上的几何尺寸并不对称，造成与中心原点距离相同但位于不同坐标轴上的两个节点（例如图 3-36 中的 2 号节点和 2¹ 号节点）之间存在着温度差。图 3-39[27] 所示的是 OX 与 OZ 方向上等距节点的温差，横坐标表示与原点之间的距离。当热量沿着 OZ 方向从中心向外传导时，由于自然对流换热的效率很低，热量将很快到达模型的几何边界处并积累。而在 OX 方向，由于试样尺寸较较长（20mm），当 OZ 方向的热传导受阻时，OX 方向的热量仍会继续向外传导而不会堆积在一处。因此，在同一时刻，距离中心距离相等处，OZ 方向上的温度始终要大于或等于 OX 方向。在同一功率条件下，距离中心越远处的等距节点，热量阻滞效应越明显，其温差越大。此外，不同功率条件下的节点温差普遍在距原点 1mm 处开始上升，且随着激光功率的增大而明显升高。由于 C/SiC 可长时间在 1650℃ 以下的环境内服役而不产生明显烧蚀，故重点考察了 1500～1700℃ 温度范围内的等距节点温差。当激光功率在 1000W 以下时，该温度范围内的节点温差不超过 50℃，即使当功率升高到 1500W 时，节点温差的最大值也大约只有 130℃ 左右。由此推测，在较低的功率条件下，OZ 方向的烧蚀情况和 OX 方向相比没有差异；而在较高功率条件下，等距节点之间的温差可能会对烧蚀情况造成一定的影响，但不会过于显著。

② 材料表面温度随激光加热时间的变化关系。根据之前的结果，在 1650℃ 以上的温度范围内，不同激光功率条件下 OX 与 OZ 方向的温度分布并没有特别显著的差异。

因此，在这里只将 OZ 方向上各节点的升温曲线作为研究对象。图 3-40[27] 所示的是 500W 功率条件下，OZ 方向上各节点温度随时间的变化关系，节点编号为 1 至 9，与原点 O 的相对位置关系如图 3-36 所示，相邻节点间距为 0.25mm。从图中可以看出，距离激光照射中心较近的节点（节点 1～节点 4）的升温曲线呈抛物线状，其升温速率（斜率）随时间的增长而逐渐降低。节点与照射中心的距离越远，升温速率的变化越小，其中节点 7～节点 9 的升温曲线已经接近于直线。造成这一结果的主要原因是 2D C/SiC 的比热容着温度的升高而逐渐增大（表 3-4，表 3-5），节点温度越高，温度每升高 1℃ 所需的热量越多，升温阻力越大。由于各节点的升温速率是受时间影响的变量，为了便于分析节点升温速率随功率的变化关系，可取平均升温速率为研究对象。从图 3-41[27] 中可以看出，500W 功率条件下，OZ 方向上各节点的平均升温速率与激光功率成正比。在相同功率条件下，不同节点的升温速率差异极高。其中，节点 1 的升温速率为 4600℃/s，而节点 8 仅为 555℃/s。可以预计，在这样的辐照条件下，材料会受到环境温度的急剧变化作用，使内部产生很大的热应力。这对于材料的抗热震性能提出了很高的要求。

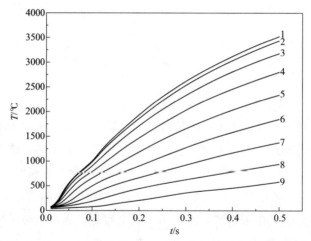

图 3-40　500W 功率条件下 OZ 方向各节点温度随时间的变化[27]

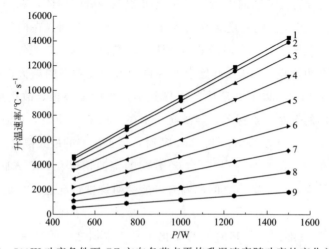

图 3-41　500W 功率条件下 OZ 方向各节点平均升温速率随功率的变化关系[27]

③ 对烧蚀行为的初步预测。材料表面的温度分布情况会对材料在高温下的烧蚀行为产生重要影响。以 500W 功率条件为例，照射时间 0.5s 时其中心温度已高达 3520℃，超过了碳纤维的升华温度（3100℃）和 SiC 的分解和升华温度（2500℃）。因此可以推测在表面温度超过 2500℃的区域内，2D C/SiC 的烧蚀情况会非常严重，在 3100℃以上区域内碳纤维将大量气化，导致烧蚀的进一步加剧。根据之前的计算结果，材料表面的温度会沿着 OX、OZ 方向逐渐降低，当表面温度低于 2500℃时，SiC 的分解速率将会大大下降，此时，若激光辐照过程是在含氧环境下进行，则材料的氧化将会成为损伤的主要方式。有关研究显示，SiC 的氧化可分为主动氧化和被动氧化两种方式。在标准大气压下，SiC 发生被动氧化的温度范围为 800～1712℃，其氧化产物主要为液态或固态的 SiO_2，会导致材料的质量增加。当温度超过 1712℃时，氧化模式转变为主动氧化，其主要产物为气态的 SiO，导致材料的质量减小，产生损伤。在表 3-6[27]中，列举了实验烧蚀过程中可能发生的主要物理化学反应，表中数据包含各过程的明显反应温度、焓变和吉布斯自由能变化。综上所述，3100℃、2700℃以及 1712℃是影响材料高温烧蚀行为模式的三个重要温度点，其在 0.5s 时的等温线直径与激光功率之间的关系如图 3-42[27]所示。等温线直径随激光功率增长而扩大，但增长速率逐渐减小。

表 3-6　烧蚀过程中 2D C/SiC 可能发生的物理化学反应[27]

编号	反应方程	$T/℃$	$\Delta H/(J/g)$	$\Delta G/(J/g)$
1	$C(s) \Longrightarrow C(g)$	3100	59117	-11181
2	$C(s) + O_2(g) \Longrightarrow CO_2(g)$	450	-32806	-32931
3	$2C(s) + O_2(g) \Longrightarrow 2CO(g)$	450	-9205	-17502
4	$SiC(s) \Longrightarrow Si(g) + C(s)$	2500	21245	-12729
5	$SiC(s) \Longrightarrow SiC(g)$	2500	19170.9	-457.5
6	$SiC(s) + O_2(g) \Longrightarrow SiO(g) + CO(g)$	1712	-4039	-16978
7	$2SiC(s) + 3O_2(g) \Longrightarrow 2SiO_2(s) + 2CO(g)$	800	-23579	-20197

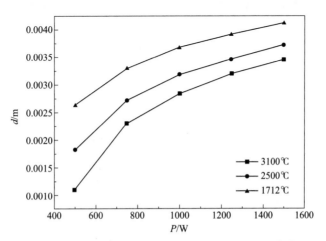

图 3-42　0.5s 时的等温线直径随功率的变化关系[27]

根据高斯热流密度分布规律，建立烧蚀深度的 2D 剖面模型（3D 建模计算量太大）。激光参数的设定与试验部分相一致。激光的光斑半径即有效作用半径 r_b 设定为 2mm，输出功率分别选取 500W、750W、1000W、1250W、1500W，照射时间为 0.5s，只计算激光作用于试样过程中的温度分布。载入的具体步骤为：a. 计算激光加载面上某单元上表面的几何中心到热源中心的距离 s；b. 若 s 不大于激光光斑半径 r_b，计算该单元表面的热流密度，如取单元表面 A 的中心处的热流密度作为整个单元上表面一个网格区域内的热流密度值；若 s 大于 r_b，如图 3-36 中的单元表面 B，则热流密度赋值为 0。计算出整个试样表面所有单元的热流密度后，形成整个表面的热流密度面载荷，以备 ANSYS 实现自动整面加载。图 3-43[27] 为在 1000W 功率的激光下烧蚀 0.5s 的材料截面温度场分布图（见文后彩插），激光作用中心区域温度上升速度最快，所以该区域的材料首先被烧蚀掉。图中红色的区域表示已被烧蚀掉的部分，烧蚀区域呈现为碗状。

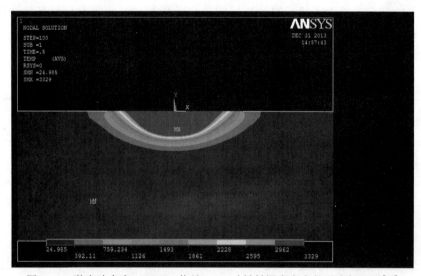

图 3-43　激光功率为 1000W、烧蚀 0.5s 时材料深度方向的温度场云图[27]

3.3.2　超高温下 C/SiC 力学性能演变行为及机制

3.3.2.1　C/SiC 力学性能演变行为

图 3-44（a）[27] 是一组未经激光烧蚀的 2D C/SiC 试样的弯曲载荷-位移曲线。试样的弯曲强度分别为 340MPa、338MPa 和 330MPa。与单纯的陶瓷材料不同，2D C/SiC 具有较好的抗弯能力，呈现出非脆性的断裂行为，其弯曲位移曲线可分为三个部分：第 I 部分由加载开始至基体开裂应力 σ_m，为线弹性阶段；第 II 部分由 σ_m 至最大载荷 σ_u；第 III 部分为纤维拔出阶段，表现出明显的韧性特征。当材料经过激光烧蚀后其弯曲强度出现明显下降 [图 3-44（b）[27]]，3 个试样的残余弯曲强度分别为 265MPa、285MPa 和 225MPa，但载荷-位移曲线与未烧蚀试样相比未发生显著变化，仍为非脆性断裂。

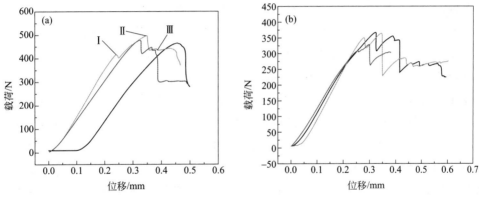

图 3-44 2D-C/SiC 的弯曲载荷-位移曲线[27]

(a) 未烧蚀试样；(b) 500W 氩气气氛烧蚀

3.3.2.2 C/SiC 力学性能演变机制

图 3-45[27]是未抛光试样和抛光试样烧蚀后的残余弯曲强度分布情况。图 3-45(a)和图 3-45(b) 分别表示氩气中残余弯曲强度和质量损失的实验结果。在氩气环境中，经 500W、750W、1000W、1250W、1500W 激光照射后，抛光试样的平均弯曲强度由原来的 335MPa 分别降低至 302MPa、285MPa、281MPa、280MPa、236MPa。与未抛光试样相比，相同实验条件下抛光试样的残余弯曲强度有了明显的提高。氩气环境中，不同功率条件下，抛光试样的平均弯曲强度要比未抛光试样高出 8%～28%。但是，通过对烧蚀实验前后试样的质量的测量可以发现抛光试样烧蚀后的质量损失要略小于未抛光试样。

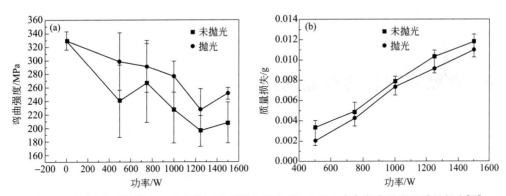

图 3-45 氩气中不同激光功率条件下未抛光与抛光 2D C/SiC 残余弯曲强度和质量损失[27]

C/SiC 在氩气环境下的烧蚀都是热物理、热化学和热震损伤综合作用的结果。在烧蚀中心处，C/SiC 的烧蚀主要以碳纤维升华、SiC 的热解以及碳纤维的热震断裂为主。在烧蚀中心与边缘过渡区，烧蚀主要以 SiC 的热解以及涂层开裂损伤为主。在烧蚀边缘区，SiC 涂层无明显损伤，但 SiC 颗粒会发生生长。

图 3-46[27]所示的是氩气环境中，抛光与未抛光 2D C/SiC 试样烧蚀深度和烧蚀宽度随功率的变化关系。由图 3-46(a) 可以看出，抛光后试样的烧蚀深度与未抛光试样相

比，无显著差异，且均随功率的提高呈线性增长，随激光功率提高，烧蚀深度从 $352\mu m$ 升至 $1257\mu m$。造成这一结果的主要原因是，烧蚀中心区的激光功率密度较高，材料表面温度瞬间超过 SiC 涂层的烧蚀阈值，从而导致其发生破坏，原始试样的表面外形差异将很快趋于一致而无法显著影响后续的烧蚀行为。由图 3-46（b）可知，随激光功率提高，烧蚀宽度从 $2664\mu m$ 升至 $3650\mu m$；与烧蚀深度的结果不同，抛光后试样的烧蚀宽度在所有功率条件下均小于未抛光试样，减小幅度平均约为 $100\ \mu m$。这是因为与烧蚀中心区相比，烧蚀坑边界处的激光能量密度要低得多，辐照过程中其表面温度需经历一段时间的积累才能超过 SiC 的烧蚀阈值，从而使得抛光试样在镜面反射率上的优势得以体现，导致该区域所吸收的激光能量降低，其最终的宏观结果表现为烧蚀宽度的下降。

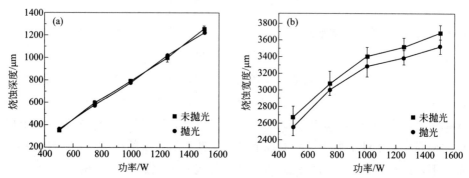

图 3-46　氩气中不同功率下抛光与未抛光 2D C/SiC 烧蚀深度（a）和烧蚀宽度（b）的变化[27]

　　综上所述，2D C/SiC 的原始表面粗糙度对于材料的激光烧蚀性能的影响程度与被照面某一位置的能量密度有关。以高斯光斑为例，距离光斑中心越远处，原始表面粗糙度对于材料激光烧蚀性能的影响越大，反之越小。

3.4　热处理对材料性能的影响

　　热处理是采用适当的方式对材料或工件进行加热、保温和冷却以获得预期的组织结构与性能的工艺方法。

　　近年来，热处理工艺在超高温结构复合材料中应用的重要性逐渐凸显。根据超高温结构复合材料各结构组元、微结构特征以及制备工艺特点，施加相应的热处理工艺，可以对复合材料性能会产生重要影响[29]。

　　这里，我们以 C/SiC 为例说明热处理对材料性能的影响规律及机制，利用二维平纹碳布及三维四向碳纤维编制体制备的 2D C/PyC/SiC 及 3D C/PyC/SiC 两个复合材料体系为研究对象，其中的 PyC 界面和 SiC 基体分别以丙烯和三氯甲基硅烷（MTS）为先驱体，采用等温化学气相渗透法（ICVI）进行制备。目前，C/SiC 采用的热处理方式主要有三种：

　　① 碳相热处理（T1），也就是在 SiC 沉积前对碳纤维预制体和 PyC 界面层进行热处

理的方式；

  ② 沉积 SiC 完成后的热处理（T2），即对 C/SiC 整体热处理；

  ③ T3 热处理，即采用 T1 和 T2 方式叠加的热处理。

3.4.1　热处理后材料力学性能演变行为及机制

3.4.1.1　T1 热处理后材料力学性能演变行为及机制

（1）演变行为

  图 3-47(a)、(b)[29]是 T1 热处理对 3D C/PyC/SiC 室温弯曲强度和平面应变断裂韧性 K_{IC} 的影响曲线。图中与温度坐标轴平行的虚线 T0 分别是未经热处理的 3D C/PyC/SiC 原始弯曲强度和 K_{IC}。

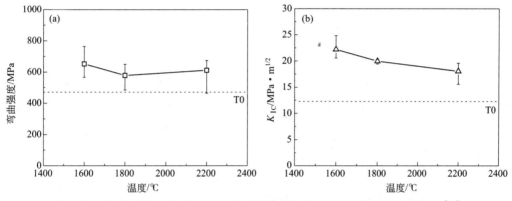

图 3-47　T1 热处理对 3D C/PyC/SiC 室温弯曲强度（a）和 K_{Ic}（b）的影响[29]

  T1 热处理使复合材料的弯曲强度和 K_{IC} 都显著提高。在 1600～2200℃ 范围内，热处理温度越低，效果越显著。1600℃ 的 T1 热处理后，材料弯曲强度和 K_{IC} 最高，分别达到了 651.6MPa 和 22.2MPa・$m^{1/2}$，与未经热处理的原始材料性能相比，分别提高了 38.6％和 80.5％。

  （2）演变机制

  T1 热处理可以使碳纤维和 PyC 以及 PyC 相外表面附近的碳层向平行于纤维轴向有序化演变，PyC 相表面会更加平滑，对降低 F/M 界面滑移阻力有一定贡献。碳纤维的微结构变化对碳纤维起到一定修补作用，可以提高纤维自身的强度。同时碳纤维和 PyC 的微结构变化使其热膨胀系数得到一定提高，从而可以部分缓解与 SiC 基体之间的热膨胀失配，降低纤维/基体之间的结合强度，对载荷传递和裂纹偏转作出一定贡献，提高纤维强度的发挥程度。热膨胀失配的缓解使基体裂纹数量和尺寸在一定程度上得到控制，基体开裂应力得到提高，对复合材料宏观强度和 K_{IC} 的提高有一定贡献。

3.4.1.2　T2 热处理后材料力学性能演变行为及机制

（1）演变行为

  图 3-48(a) 和 (b)[29]分别为经 T2 热处理的 3D C/PyC/SiC 室温弯曲强度和 K_{IC} 随

热处理温度变化的曲线，图中与温度坐标轴平行的虚线 T0 分别是未经热处理的 3D C/PyC/SiC 原始弯曲强度和 K_{IC}。

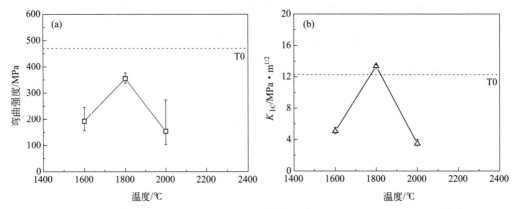

图 3-48　T2 热处理对 3D C/PyC/SiC 室温弯曲强度（a）和 K_{IC}（b）的影响[29]

　　T2 热处理是对 C/PyC/SiC 整体的热处理，因此，热处理效果可以在一定程度上反映复合材料高温服役后的性能，即对高温环境的抗力。T2 热处理使复合材料的力学性能显著降低，其中 1600℃和 2000℃处理后，材料的弯曲强度和 K_{IC} 分别降低到 200MPa 和 5MPa·$m^{1/2}$ 以下，降幅较大，超过 60%。而 1800℃处理后弯曲强度降低到 350MPa，降幅最小，约 24%，K_{IC} 则略有上升。

　　总之，1600℃和 2000℃的 T2 热处理对 3D C/PyC/SiC 的力学性能有极大损害，而 1800℃的 T2 热处理对力学性能损害相对较小。

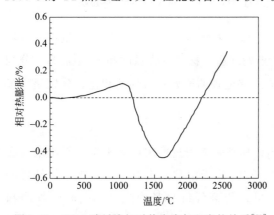

图 3-49　T300 碳纤维相对热膨胀与温度的关系[29]

（2）演变机制

　　图 3-49[29] 为 T300 碳纤维的相对热膨胀随温度变化的曲线。由图可知，1600℃是碳纤维收缩最大的温度点，在该温度下进行 T2 热处理，纤维在保温期间受到的拉应力增大，极易造成纤维的断裂损伤。在室温加载时，纤维承载能力下降，复合材料基本上随着基体开裂而断裂失效，表现为脆性断裂。

　　1800℃时碳纤维的收缩已经明显减小，在该温度下进行 T2 热处理，纤维在保温期间受到的拉应力没有 1600℃时的大，纤维断裂损伤少。再加上碳纤维本身热膨胀系数有所增大，室温下热膨胀失配略有缓解，大部分纤维还能有效承载，因此，强度损失较小，还具有非脆性断裂特征。

　　2000℃时，碳纤维的收缩已经很小，但由于 SiC 持续膨胀，使得两者热失配仍然较大，因此在该温度下进行 T2 热处理，也会造成少量纤维断裂。另外是由于 SiC 晶粒明显长大，使 SiC 基体内应力增大，会造成大量基体裂纹，从而使复合材料力学性能降低。总之，T2 热处理对 3D C/PyC/SiC 力学性能的影响是负面的，在 1600℃和 2000℃

热处理后，复合材料在室温下接近脆性断裂；1800℃热处理对复合材料室温性能的损失相对小些，说明复合材料在该温度下服役后仍有较高的性能保持率。

3.4.1.3　T3 热处理后材料力学性能演变行为及机制

（1）3D C/PyC/SiC 弯曲强度的演变行为

T3 热处理是 T1 热处理和 T2 热处理的叠加（T1＋T2）。因此，T3 热处理可以用来评价 T1 热处理对复合材料抗高温服役（T2 热处理）能力的改善程度。

图 3-50(a)、(b)[29] 分别是经 T3 热处理后 3D C/PyC/SiC 室温弯曲强度和 K_{IC} 的变化情况，图中与纵坐标轴垂直的标识为 T0 的虚线分别是未经过热处理的 3D C/PyC/SiC 原始弯曲强度和 K_{IC}。

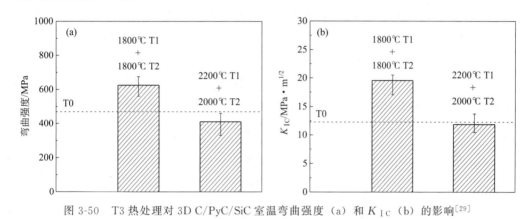

图 3-50　T3 热处理对 3D C/PyC/SiC 室温弯曲强度（a）和 K_{IC}（b）的影响[29]

由图 3-50 可以看出，T3 热处理对复合材料弯曲强度和 K_{IC} 的影响规律基本一致。经过 1800℃ 的 T3 热处理（1800℃ T1＋1800℃ T2）后，复合材料的弯曲强度和 K_{IC} 较原始材料都有显著提高，而经过 2200℃ 的 T1 热处理＋2000℃ 的 T2 热处理后，复合材料的弯曲强度比原始材料略有下降，K_{IC} 则与原始材料相当。这一结果表明，T3 热处理的效果并不是 T1 热处理和 T2 热处理效果的简单加和，而可以看作 T1 热处理改善了复合材料的高温服役（T2 热处理）抗力。

在 T3 热处理中，T1 热处理对复合材料性能的改善效应占主导地位。以弯曲强度为例，单独采用 1800℃ T1 热处理，C/PyC/SiC 的弯曲强度提高约为 24.4%；单独采用 T2 热处理，材料强度下降约 23.8%；但采用 T3 处理（1800℃ T1＋1800℃ T2）后，材料强度提高幅度比单独采用 T1 热处理还略高约 34.3%。可见，1800℃ T1 热处理提高了复合材料对高温服役（T2 热处理）的抗力。更高温度的热处理也有类似的结果。单独采用 2200℃ 的 T1 热处理，材料强度提高约为 31.4%；单独采用 2000℃ 的 T2 热处理，材料强度下降约 66.8%；但采用 2200℃ T1＋2000℃ T2 热处理，材料强度仅下降 11.5%。再次证实了 T1 热处理对材料性能改善的显著效应和主导地位。

（2）薄 PyC 界面层 2D C/PyC/SiC 拉伸性能的演变行为

热解碳（PyC）界面的厚度直接影响 F/M 界面的结合状态，对 C/SiC 的力学性能影响较大。对一种具有薄热解碳界面（40～50nm）的 2D C/SiC 进行 T3 热处理，处理温度分别为 1000℃、1100℃、1300℃、1500℃、1700℃、1900℃。发现随着热处理温度增加，拉伸性能和断裂韧性都显著增加，但材料模量会降低。采用 1900℃高温处理后，该材料拉伸强度和断裂韧性分别增加 42％和 252％，而模量会比室温时降低 48％。其应力-应变曲线如图 3-51 所示[30]。

（3）多种厚度 PyC 界面层 2D C/PyC/SiC 拉伸性能的演变行为

对三种不同 PyC 界面层厚度的 2D C/SiC 试样进行 T3 热处理，试样分别以 S1（界面层厚度 40nm）、S2（界面层厚度 100nm）、S3（界面层厚度 140nm）为编号。经测定，S1、S2 和 S3 的初始拉伸强度为 138.8MPa、238.2MPa 和 313.4MPa。热处理前后试样拉伸性能变化规律图 3-52[31,32]所示。试样 S1 经 1500℃热处理后，拉伸强度与初始强度相近，而经 1900℃热处理后其拉伸强度显著提高，提高幅度为 43.2％；对于试样 S2，经 1500℃热处理后拉伸强度变化不大，而经 1900℃热处理后拉伸强度略有下降，下降幅度为 7.4％；试样 S3 初始拉伸强度最高，经 1500℃和 1900℃热处理后其拉伸强度分别下降了 11.5％和 25.1％。由此可见：热处理对 2D C/SiC 的增强效果与材料的初始拉伸强度有关，初始拉伸强度较低的试样，随热处理温度增加，拉伸强度显著增加，初始拉伸强度较高的试样，随热处理温度增加，拉伸强度逐渐下降[31,32]。

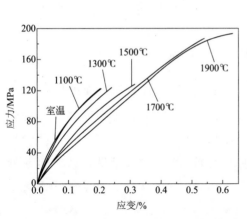

图 3-51 室温和经 1000℃、1100℃、1300℃、1500℃、1700℃、1900℃高温处理后 2D C/SiC 试样应力-应变曲线[30]

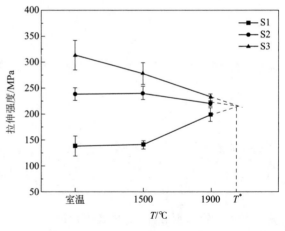

图 3-52 热处理前后拉伸强度变化[31,32]

热处理工艺对拉伸强度的影响规律与界面层厚度有关。界面层较薄，界面结合强度较高，初始拉伸强度较低，经过热处理后，界面结合强度减弱，而复合材料的拉伸强度增加；界面层厚度增加，界面层结合强度随之减弱，热处理后，界面结合进一步减弱，最终导致拉伸强度不再增加甚至下降。

研究结果说明，热处理可以使初始界面结合状态不同的 2D C/SiC 界面结合状态趋于一致，改善 C/SiC 的综合使用性能。随着热处理温度的继续增加，不同初始拉伸强度的试样热处理后的拉伸强度趋于某一定值，该值对应的温度 T^* 约为 2000℃，见图 3-52。C/SiC 热处理温度不能超过 T^*，可能的原因是，在温度 T^* 下，热应力被全部释放，超过该温度进行热处理可能会对 C/SiC 的力学性能造成不良影响。

图 3-53[32]所示的是 2D C/SiC 试样 S1、S2 和 S3 热处理前后拉伸断裂功变化规律。从图中可以看出，试样 S1 初始韧性最低，试样 S3 初始韧性最高，而试样 S2 初始韧性值居中。试样 S1 热处理后拉伸断裂功分别提高了 42.8% 和 274.0%；试样 S2 经热处理后拉伸断裂功提高幅度分别为 31.5% 和 32.0%；试样 S3 经热处理后拉伸断裂功下降，降低幅度分别为 14.8% 和 7.8%。

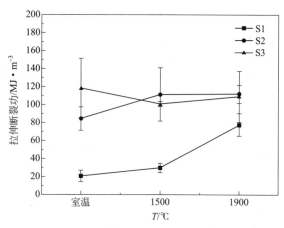

图 3-53　热处理前后拉伸断裂功变化[32]

经过热处理后，初始韧性较低的试样 S1 随着热处理温度增加而韧性显著提高，韧性较高的试样 S2 的韧性进一步提高，但提高幅度较低，韧性最高的试样 S3 经热处理后韧性开始下降。进一步说明热处理缓和了界面层对复合材料韧性的影响。

（4）C/SiC 强韧性演变机制

图 3-54 是具有 40~50nm 厚度 PyC 界面 2D C/SiC 试样的破坏断面。当热处理温度低于 1300℃时，试样断面的纤维拔出较短，材料脆性较大。说明在这个温度条件下热处理并不能显著改善原始试样的"强"界面结合状态。

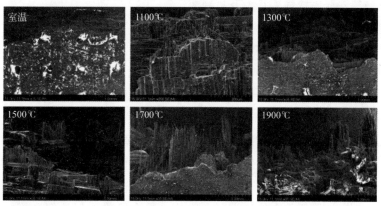

图 3-54　室温和经 1000℃、1100℃、1300℃、1500℃、1700℃、
1900℃高温处理后试样断裂断面形貌

当热处理温度高于 1500℃时，试样断口呈现出纤维束或纤维丝的有效拔出，材料属于正常的韧性断裂模式。表明在该温度下热处理可以有效"缓解"或"消除"纤维与基体之间的残余应力，有利于材料性能提高。

图 3-55 是经不同温度处理后，热解碳材料的 XRD 图谱变化情况。从 XRD 图中可以看到，随着处理温度提高，碳相（002）晶面衍射峰向大角度方向移动，说明此晶面间距逐渐缩小，碳相的石墨化程度逐渐增加，表明热处理可以提高热解碳（PyC）界面的石墨化度。这将有利于降低 2D C/SiC 的界面滑移阻力，缓解并降低纤维与基体之间的应力集中。T3 热处理的效果主要源于 T1 热处理对碳纤维和 PyC 界面相热膨胀系数的改善，使其与基体的热膨胀失配在各个温度段都相对较小。避免了高温下纤维与基体的"失配"，实现在室温下有效承载。因此，选择合理的 T3 处理温度可以改善 2D C/SiC 的强度和韧性。

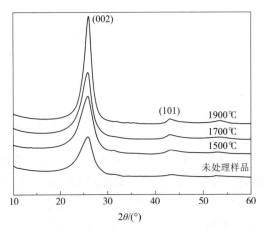

图 3-55　不同热处理温度与热解碳（PyC）的 XRD 图谱演化关系

3.4.2　热处理后材料热物理性能演变行为及机制

3.4.2.1　材料热膨胀系数演变行为及机制

（1）演变行为

研究表明，T1 处理可以提高 C/SiC 的力学性能，这与材料内碳相的结构变化有很大的关系。可以预测，碳相的结构发生改变后，复合材料的界面热应力状态也会发生变化，即会对 C/SiC 的热膨胀系数产生影响。

图 3-56[25]所示为经 T1 热处理的 3D C/SiC［表示为 3D C/PyC（HT）/SiC］和未经 T1 热处理的 3D C/SiC（表示为 3D C/PyC/SiC）的热膨胀系数演变规律。由一次测量曲线可以看到，从室温到 1100℃左右，3D C/PyC（HT）/SiC 的热膨胀系数随温度的升高而不断增大，在 1100～1250℃和 1250～1400℃之间分别以不同的速率逐渐降低。热膨胀系数增大的过程按增大速率大致可分为三个阶段，每个阶段近似地符合线性规律：①室温～500℃；②500～800℃；③800～1100℃。

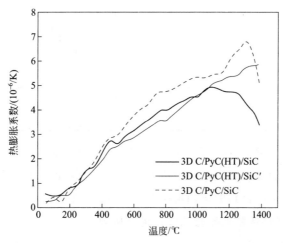

图 3-56　3D C/PyC(HT)/SiC 与 3D C/PyC/SiC 的热膨胀系数随温度的变化[25]

（2）演变机制

与 3D C/PyC/SiC 相比，3D C/PyC(HT)/SiC 的热膨胀系数发生了明显的降低，二者在低温区的变化规律相似，而在高温区则表现出明显的不同。表明 T1 热处理对 C/SiC 的热膨胀行为产生了决定性的影响。这种影响的产生与高温热处理后碳纤维的结构和性能发生变化有关。

研究表明，T1 热处理后，3D C/PyC(HT)/SiC 的热膨胀系数降低的原因如下：

① 碳纤维的轴向热膨胀系数因为石墨化程度的提高而降低：因为碳纤维沿轴向方向更接近于石墨的片层结构，而石墨在平行于片层方向上的热膨胀系数是很低的 $[(-1.4 \sim 1.2) \times 10^{-6}/K]$。这样，碳纤维与 SiC 基体间热失配的加剧导致复合材料在制备之后的冷却过程中热应力变大，从而使基体裂纹增多、宽度变大，最终导致复合材料热膨胀系数的降低。

② T1 热处理使得碳纤维就位强度和就位模量得到提高：发生相同形变量时，产生的应力会变大，即基体受到的约束应力变大，使基体的热膨胀得到进一步的限制，从而导致复合材料热膨胀系数降低。

通过曲线斜率的变化可以推断出 3D C/PyC(HT)/SiC 的界面热应力随温度的变化关系，归纳如表 3-7[25] 所示。

表 3-7　3D C/PyC(HT)/SiC 的热应力随温度的变化关系[25]

温度阶段及特征点	应力状态	
	纤维	基体
室温～500℃	压应力降低（弹性区）	拉应力降低（弹性区）
500～800℃	压应力降低（塑性区）	拉应力降低（塑性区）
室温～800℃	残余应力释放过程	
800℃	拉压应力转变点	
800～1100℃	拉应力变大	压应力变大

续表

温度阶段及特征点	应力状态	
	纤维	基体
1100℃	基体裂纹闭合	
1100～1250℃	拉应力变大	压应力变大
1250～1400℃	拉应力变大	压应力变大

热膨胀系数二次测量［3D C/PyC（HT）/SiC′］结果随温度的升高不断增大，1400℃高温下未再出现降低的现象，表明高温热处理后复合材料的热应力维持了上一次高温过程中的分布状态，不会使材料的结构再次发生改变。

3.4.2.2 热处理后材料热扩散系数演变行为及机制

（1）演变行为

图 3-57[25]所示为 T1 热处理对 3D C/SiC 热扩散系数的影响。可以看到，经 T1 热处理后，3D C/SiC 的热扩散系数随温度的升高单调降低，相对于未经热处理的复合材料有显著增加，但是增加的幅度不尽相同。1800℃热处理后热扩散系数增大最为显著，其次是 2200℃热处理，而 1600℃热处理的增大幅度最小，如图 3-58[25]所示。

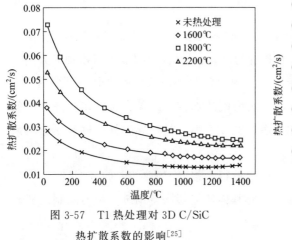

图 3-57　T1 热处理对 3D C/SiC
热扩散系数的影响[25]

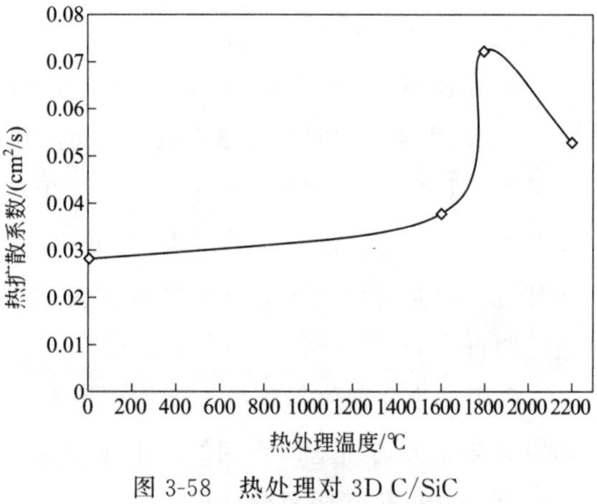

图 3-58　热处理对 3D C/SiC
热扩散系数（室温）的影响[25]

（2）演变机制

T1 处理对 C/SiC 性能的影响主要源于碳纤维和 PyC 界面相的结构改变，即 C/SiC 中碳相结构的变化，从而引起热扩散行为发生改变。为了判定该推论的正确性，对不同温度热处理后的 C/PyC 预制体进行研磨加工，并利用 X 射线衍射仪对其进行结构分析，所得结果如图 3-59[25]所示。可以看到，随着处理温度的升高，碳相的（002）峰逐渐锐化，说明经过不同温度热处理后的 C/PyC 预制体具有不同的石墨化程度。

如图 3-60[25]所示，随着热处理温度的升高，晶面间距 $d_{(002)}$ 逐渐缩小，说明碳相的石墨化程度逐渐增加，同时，晶粒尺寸随着热处理温度的升高而逐渐变大，这些都会引起复合材料热扩散性能的提高。

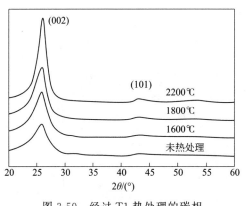
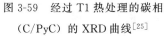

图 3-59　经过 T1 热处理的碳相
（C/PyC）的 XRD 曲线[25]

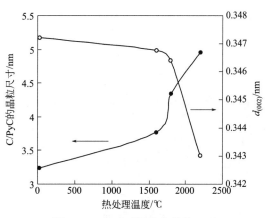

图 3-60　经过不同温度热处理后
C/PyC 的晶粒参数[25]

与未经过热处理的材料相比，经过热处理的 C/SiC 的热扩散性能明显提高，而且，单从碳相石墨化程度这个角度上讲，C/SiC 的热扩散系数应随前处理温度的升高而逐渐增大。但是，要解释热处理温度对 C/SiC 热扩散性能的影响，还要考虑不同石墨化程度界面相对复合材料界面结合强度的影响。界面相的石墨化程度不同，必然会导致界面结合强度发生变化。C/SiC 的界面结合强度主要取决于界面相的抗剪切强度。PyC 是由无数短程有序而长程无序的碳原子组成，其结构是杂乱无序的。当 PyC 经过高温热处理后，石墨化度和结构有序度均得到提高，片层结构逐渐明显，而层间抗剪切强度则逐渐降低。因此，当界面相的石墨化程度不断提高时，复合材料的界面结合强度是逐渐降低的。界面结合强度的降低缩短了界面相的声子平均自由程，从而导致界面相热传导能力的降低。此外，界面结合强度的降低也会使界面区易发生脱粘/滑移，从而降低界面区域的热传递效力。

从研究结果看，经过热处理，复合材料热扩散性能得到提高，说明碳相石墨化程度提高带来的正面影响占据了主导地位，而界面结合强度降低带来的负面影响在 2200℃ 处理之后才较为明显的表现出来。因此，2200℃ 热处理的 3D C/SiC 热扩散性能低于 1800℃。

3.4.2.3　热处理后材料热辐射性能演变行为及机制

在高温环境服役过程中，C/SiC 基本组元 SiC 相和碳相的晶体结构会发生改变，进而影响到材料热辐射性能。以 1600℃、1800℃、2000℃ 为典型温度条件对 C/SiC 进行热处理，探讨材料热辐射性能演化及趋势[33]。

（1）演变行为

图 3-61[33] 所示的分别是 C/SiC 经过 1600℃、1800℃、2000℃ 高温真空热处理 2h 后在 1000℃ 和 1300℃ 测试得到的光谱发射率随波长的变化关系。经过 1600℃ 和 1800℃ 热处理后，C/SiC 试样光谱发射率曲线有所升高，和原始试样有相似的变化规律。1600℃ 和 1800℃ 热处理试样光谱发射率之间的差异较小，两条光谱发射率曲线彼此接近，并在某些波长上重叠。当热处理温度升高到 2000℃ 时，C/SiC 试样光谱发射率在整个的测试波长范围内明显升高，高于其他试样。同时光谱发射率随波长的变化规律也不同于其他试样，在 6~10μm 范围内几乎保持不变。随着测试温度升高，四组材料光谱发射率随波

长的波动增加。

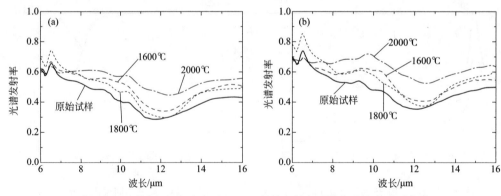

图 3-61　不同温度热处理后 C/SiC 光谱发射率随波长的变化关系[33]

(a) 1000℃测试；(b) 1300℃测试

图 3-62[33] 给出了 C/SiC 不同温度热处理后在 6～16μm 波长范围内总发射率随测试温度变化规律。从图中可以看到，当测试温度低于 1200℃时，1600℃、1800℃和 2000℃热处理后 C/SiC 试样总发射率都升高到相接近的数值，分别为 0.65、0.67 和 0.67。说明测试温度不高时，三个温度热处理引起的 C/SiC 微结构和物相改变对热辐射性能影响不大。当测试温度从 1200℃升高到 1400℃时，1600℃和 1800℃热处理试样的总发射率有一定程度的降低，分别降低到 0.62 和 0.63。继续升高测试温度，1600℃热处理试样的总发射率稳定在 0.62 左右，而 1800℃热处理试样的总发射率有所升高，二者总发射率都略高于原始试样。对于 2000℃热处理试样，总发射率在整个测试的温度范围内随温度的升高缓慢升高，从 0.61 逐渐升高到 0.76，增幅为 24.59%。

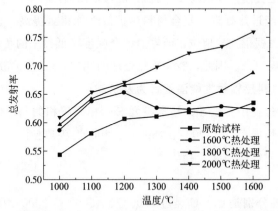

图 3-62　不同温度热处理后 C/SiC 总发射率随测试温度的变化关系[33]

(2) 演变机制

在热处理过程中，高温环境主要通过改变 C/SiC 的显微结构和物相晶体结构影响试样热辐射性能。图 3-63[33] 给出了三个温度热处理后 C/SiC 的 SEM 照片。在低倍放大图中可以看出，当热处理温度从 1600℃升高到 2000℃时，C/SiC 表面形貌没有发生明显改变。表面裸露的碳纤维和纤维束间的 SiC 基体在热处理过程中变化不大。但是在高倍放大图片中可以看到，热处理对碳纤维表面微结构造成了一定程度的损伤。在热处理开始阶段，吸附于碳纤维表面的杂质发生挥发，这种变化在一定程度上增加了表面电磁波的辐射，导致热处理 C/SiC 试样的热辐射性能在测试初期有一定幅度的升高。随着热处理过程继续进行，同时提高热处理温度，例如在 1800℃和 2000℃进行热处理，碳纤维表面原有的缺陷扩大，同时沉积在碳纤维表面的热解碳的石墨层出现剥离现象。但是碳纤维表面的这些变化，都位于纳米尺度上，与红外热辐射所处的波长相差一个数量级，对红外电磁波的影响十分有限。因此在热处理后期和较高温度下的热处理，碳纤维表面微结构的变化对热辐射性能的影响可以忽略不计。在微米尺度上，从图中可以看到，热处理温度的高低对表面形貌改变不大，表面形貌对试样热辐射性能有着相同的贡献。基于以上分析，可以认为在热处理初期，低于 1200℃温度条件下，C/SiC 试样表面杂质的挥发对热辐射性能的增加有一定贡献。在热处理后期，表面形貌演变对热辐射性能的影响可以忽略不计，不同温度热处理试样热辐射性能的差异主要由热处理过程中复合材料物相演变引起的。

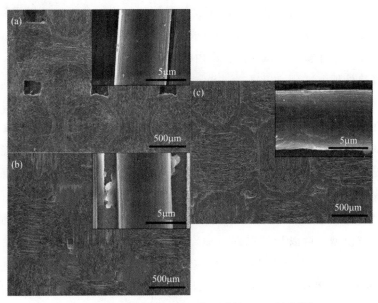

图 3-63　热处理后 C/SiC 表面形貌 SEM 照片[33]

(a) 1600℃；(b) 1800℃；(c) 2000℃

图 3-64[33]给出了热处理前后 C/SiC 的 XRD 衍射图。从衍射图中可以看到，随着热处理温度升高，碳相（002）晶面衍射峰的强度不断增强，同时衍射峰向大角度方向移动。碳相 XRD 衍射图的变化意味着碳相中石墨微晶结构的长大和石墨微晶（002）晶面间距减小。根据前文的分析，碳纤维和热解碳都是由石墨微晶组成的，其中碳纤维芯部是无序排列。经过高温热处理后，碳相中石墨微晶的石墨化度和结构有序度均得到提高，片层状石墨微晶长大。石墨化程度的提高，减少了石墨微晶边缘处碳原子悬挂键和自由移动载流子的数量，削弱了自由载流子在石墨微晶的带内跃迁和红外吸收，降低了碳相的热辐射能力。同时石墨化程度的提高也减少了自由电子与晶格的相互作用，减小了材料辐射出去的能量强度。除此之外，热处理造成的乱层石墨微晶尺寸增大，规整了

石墨微晶结构，强化了碳层内 C—C 键的晶格振动模式以及由杂质或缺陷引起的局域振动模式的减少，降低了 $6.5\sim13\mu m$ 内的光谱发射率。热处理引起的 C/SiC 中碳相石墨化程度的提高会削弱复合材料的热辐射性能。

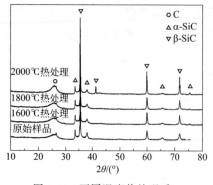

图 3-64　不同温度热处理后
C/SiC 的 XRD 衍射图[33]

此外，从图 3-64[33] 的 XRD 衍射图中还可以看到，在原始 C/SiC 中，α-SiC 和 β-SiC 这两种 SiC 相的衍射峰都被探测到，其中 β-SiC 衍射峰的强度要远高于 α-SiC，这说明原始 C/SiC 中的 SiC 相主要由 β-SiC 组成，α-SiC 的含量相对较少。经过 1600℃ 和 1800℃ 高温热处理后，两种 SiC 晶体的衍射峰在 XRD 上没有明显的变化，说明这两个温度下的热处理对 SiC 晶型的改变有限，表明由 SiC 晶型改变对 C/SiC 热辐射性能产生的影响很小。结合之前对试样表面形貌和碳相的分析，可以得到，C/SiC 经过 1600℃ 和 1800℃ 高温热处理后，物相组成和表面形貌的变化很微小，造成这两组热处理试样的红外发射率在整个测试温度范围内略高于原始试样。

继续升高热处理温度到 2000℃，α-SiC 和 β-SiC 的衍射峰都有所增强，表明试样中 β-SiC 晶体发生长大，并且有一部分 β-SiC 转变成 α-SiC，这两点变化都符合 SiC 的相热力学。由于在该热处理温度下，表面形貌的变化不大，并且碳相石墨化程度的升高在一定程度上削弱了复合材料的热辐射性能，因此 2000℃ 热处理试样热辐射性能的提高就可以认为主要是由 SiC 相的晶体结构改变引起的。由于原子在晶界区域排列混乱，使得晶界成为自由载流子和声子在传播过程中的主要障碍。β-SiC 晶体在热处理过程中长大，减小了晶界数量，有利于携带热能的自由载流子传播与运动，有利于整个试样热辐射性能的提高。根据洛伦兹模型，可以计算得到 α-SiC 和 β-SiC 在室温条件下的红外发射率曲线如图 3-65[33] 所示。α-SiC 在剩余射线带的发射率数值高于 β-SiC。同时也应该注意到，相比于 β-SiC，α-SiC 的剩余射线带向长波长方向移动。随着测试温度的升高，α-SiC 与 β-SiC 在红外发射率曲线上的这种差别会进一步加大。两种不同结构的 SiC 晶体在红外热辐射性能上的差别最终导致 C/SiC 在经过 2000℃ 热处理后，热辐射性能有比较明显的提升。

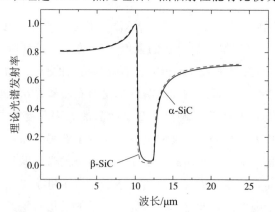

图 3-65　α-SiC 和 β-SiC 室温下理论光谱发射率随波长的变化规律[33]

综合考虑热处理前后 C/SiC 热辐射性能的变化可以发现，当测试温度低于 1200℃ 时，热处理过程中试样表面杂质和吸附物的挥发是 C/SiC 热辐射性能变化的主要原因。1600℃、1800℃和2000℃三个温度下热处理引起的碳纤维损伤和物相结构的改变对 C/SiC 热辐射性能影响有限。当测试温度高于 1200℃时，物相的改变，特别是 β-SiC 晶粒的长大和 α-SiC 含量的增多，是 C/SiC 热辐射性能增加的主要原因。随着热处理温度从 1600℃升高到 2000℃，物相结构改变明显，对 C/SiC 热辐射性能的提升作用增强。随着热处理温度升高，C/SiC 热辐射性能升高。

3.5　小结

综上，−100~1600℃温度范围内，C/SiC 复合材料的力学性能先降低、后升高、再降低，最低点出现在−40℃，最高点出现在 1300℃左右。研究表明，纤维与基体的热膨胀系数失配是复合材料力学性能变化的根本原因；1600℃以上，SiC 基体微结构和本征性能的变化对复合材料力学性能也有明显影响。另外，2000℃以下的热处理可以使初始界面结合状态不同的 2D C/SiC 复合材料界面结合状态趋于一致，力学性能趋于一致。

温度对 C/SiC 复合材料热膨胀系数、热扩散系数和热辐射系数的正面影响主要源于碳相石墨化度的提高，而界面结合强度降低带来的负面影响在 2200℃处理之后才较为明显的表现出来。

参考文献

［1］ 张立同，成来飞，栾新刚，等. 纤维增韧碳化硅陶瓷基复合材料——模拟、表征和设计［M］. 北京：化学工业出版社，2009.

［2］ Enya K，Yamada N，Imai T，et al. High-precision CTE measurement of hybrid C/SiC composite for cryogenic space telescopes［J］. Cryogenics，2012，52（1）：86-89.

［3］ Liu X，Cheng L，Zhang L，et al. Tensile properties and damage evolution in a 3D C/SiC composite at cryogenic temperatures［J］. Materials Science and Engineering：A，2011，528（25）：7524-7528.

［4］ Horiuchi T，Ooi T. Cryogenic properties of composite materials［J］. Cryogenics，1995，35（11）：677-679.

［5］ Sein E，Toulemont Y，Breysse J，et al. A new generation of large SiC telescopes for space applications：Optical Science and Technology［C］. The SPIE 49th Annual Meeting，International Society for Optics and Photonics，2004.

［6］ Hussain M，Nakahira A，Nishijima S，et al. Evaluation of mechanical behavior of CFRC transverse to the fiber direction at room and cryogenic temperature［J］. Composites Part A：Applied Science and Manufacturing，2000，31（2）：173-179.

［7］ Kalia S，Fu S. Polymers at cryogenic temperatures［M］. Springer，2013.

［8］ Kalia S. Cryogenic Processing：A study of materials at low temperatures［J］. Journal of Low Temperature Physics，2010，158（5-6）：934-945.

［9］ Hirabayashi M，Narasaki K，Tsunematsu S，et al. Thermal design and its on-orbit performance of the AKARI cryostat［J］. CRYOGENICS，2008，48（5-6）：189-197.

［10］ Kaneda H，Naitoh M，Imai T，et al. Cryogenic optical testing of an 800 mm lightweight C/SiC composite mirror mounted on a C/SiC optical bench ［J］. APPLIED OPTICS，2010，49 (20)：3941-3948.

［11］ Xue W，Ma T，Xie Z，et al. Research into mechanical properties of reaction-bonded SiC composites at cryogenic temperatures ［J］. Materials Letters，2011，65 (21-22)：3348-3350.

［12］ Glass D E. Ceramic matrix composite (CMC) thermal protection systems (TPS) and hot structures for hypersonic vehicles ［C］. 15th AIAA Space Planes and Hypersonic Systems and Technologies Conference，2008.

［13］ Zhang B，Wang S，Li W，et al. Mechanical behavior of C/SiC composites under simulated space environments ［J］. Materials Science and Engineering A—Structural Materials Properties Microstructure and Processing，2012，534：108-112.

［14］ 刘小冲. 碳化硅陶瓷基复合材料空间环境性能研究 ［D］. 西安：西北工业大学，2014.

［15］ Nam T H，Requena G，Degischer P. Thermal expansion behaviour of aluminum matrix composites with densely packed SiC particles ［J］. Composites Part A：Applied Science and Manufacturing，2008，39 (5)：856-865.

［16］ 聂景江，徐永东，万玉慧，等. 三维针刺碳纤维增强 SiC 复合材料在加载-卸载下的拉伸行为 ［J］. 硅酸盐学报，2009 (01)：76-82.

［17］ Liao XL，Li HJ，Xu WF，et al. Study on the thermal expansion properties of C/C composites ［J］. Journal Of Materials Science，2007，42 (10)：3435-3439.

［18］ Trinquecoste M，Carlier J L，Derr A，et al. High temperature thermal and mechanical properties of high tensile carbon single filaments ［J］. Carbon，1996，34 (7)：923-929.

［19］ Korb G，Koráb J，Groboth G. Thermal expansion behaviour of unidirectional carbon-fibre-reinforced copper-matrix composites ［J］. Composites Part A：Applied Science and Manufacturing，1998，29 (12)：1563-1567.

［20］ 吴守军. 3D SiC/SiC 复合材料热化学环境行为 ［D］. 西安：西北工业大学，2006.

［21］ 杨文彬. 铱-热解碳-碳化硅复合涂层体系质量研究 ［D］. 西安：西北工业大学，2005.

［22］ Enya K，Yamada N，Imai T，et al. High-precision CTE measurement of hybrid C/SiC composite for cryogenic space telescopes ［J］. Cryogenics，2012，52 (1)：86-89.

［23］ Xu Y，Cheng L，Zhang L，et al. Mechanical properties of 3D fiber reinforced C/SiC composites ［J］. Materials Science and Engineering：A，2001，300 (1)：196-202.

［24］ Xu Y，Cheng L，Zhang L，et al. High performance 3D textile Hi-Nicalon SiC/SiC composites by chemical vapor infiltration ［J］. Ceramics International，2001，27 (5)：565-570.

［25］ 张青. C/SiC 复合材料热物理性能与微结构损伤表征 ［D］. 西安：西北工业大学，2008.

［26］ Andersson S K，Thomas M E. Infrared properties of CVD β-SiC ［J］. Infrared Phys Techn，1998，39 (39)：223-234.

［27］ 宿孟. 碳/碳化硅复合材料激光烧蚀性能研究 ［D］. 西安：西北工业大学，2003.

［28］ 贾文鹏，陈静，林鑫，等. 激光快速成形过程中粉末与熔池交互作用的数值模拟 ［J］. 金属学报，2007，43 (5)：546-552

［29］ 董宁. 碳化硅陶瓷基复合材料的热解碳界面相优化研究 ［D］. 西安：西北工业大学，2007.

［30］ Mei H，Li H，Bai Q，et al. Increasing the strength and toughness of a carbon fiber/silicon carbide composite by heat treatment ［J］. Carbon，2013，54 (0)：42-47.

［31］ 王红琴. 2D C/SiC 强韧性表征及其影响因素 ［D］. 西安：西北工业大学，2010.

［32］ 王红琴，成来飞，梅辉，等. 热处理对 C/SiC 复合材料拉伸性能的影响 ［J］. 宇航材料工艺，2010，03：58-62.

［33］ 王芙愿. C/SiC 复合材料热辐射机制与性能研究 ［D］. 西安：西北工业大学，2015.

第 4 章

超高温结构复合材料
热化学环境行为

超高温结构复合材料的服役环境包括外流场环境和内流场环境两类，外流场以高温空气为主要氧化介质，内流场以高温燃气为主要氧化介质，均为多因素耦合环境。了解不同因素的作用机理和各因素之间的耦合关系对合理使用材料和改进材料至关重要。

本章主要介绍温度、介质和流速等单因素及因素耦合环境下超高温结构复合材料的热化学环境行为。考核的热化学环境主要包括超高温空气环境、超高温/准静态/水氧耦合环境、高温/低速/水氧耦合环境、高温/亚声速/水氧耦合环境等，并分别选用激光烧蚀、氧-乙炔焰烧蚀、甲烷风洞烧蚀和高温燃气风洞烧蚀试验方法模拟超高温结构复合材料在不同热化学环境中的烧蚀性能。所涉及的 C/C 为针刺 C/C，其基体制备方法为化学气相渗透（CVI）和液相浸渍/碳化混合制备法；所涉及的 2D C/SiC、2.5D C/SiC 和 3D C/SiC 的基体均采用 CVI 工艺沉积，三维针刺 C/SiC（3DN C/SiC）基体由反应熔体渗透法（RMI）和 CVI 法制备；上述材料在达到所需密度后，根据所需尺寸进行机械加工，随后采用 CVD 工艺沉积 2~3 层 SiC 涂层，每层厚度大约为 $50\mu m$。所涉及的超高温基体改性 C/SiC 均通过液相浸渍或浆料浸渍将超高温陶瓷引入半致密 CVI C/SiC 后再化学气相沉积（CVD）SiC 涂层而得到；超高温涂层改性 C/SiC 则通过在 CVI C/SiC 表面制备超高温陶瓷涂层而得到。

4.1 超高温空气对材料的影响

4.1.1 2D C/SiC 激光烧蚀后性能演变行为

4.1.1.1 2D C/SiC 烧蚀深度随功率的变化

图 4-1[1] 所示的是在两种气氛环境中，2D C/SiC 试样烧蚀深度随功率的变化关系。可以看出，无论是在空气还是氩气环境中，随着输出功率的增大，烧蚀深度都呈现出近似线性的增长。氩气环境中，在 500W、750W、1000W、1250W、1500W 功率条件下的平均烧蚀深度分别为 $353\mu m$、$594\mu m$、$791\mu m$、$999\mu m$、$1257\mu m$；空气环境中，相同功率条件下平均烧蚀深度则为 $269\mu m$、$554\mu m$、$756\mu m$、$961\mu m$、$1180\mu m$。一个颇为"反常"的现象是，空气环境中的烧蚀深度始终略小于氩气环境中的实验结果。两者在 500W、750W、1000W、1250W、1500W 功率条件下的平均烧蚀深度差分别为 $83\mu m$、$40\mu m$、$34\mu m$、$38\mu m$ 和 $76\mu m$。

氩气环境中，2D C/SiC 试样在中心区的主要烧蚀机理为 SiC 的分解气化和碳纤维的升华，反应方程式分别为 $SiC(s) \Longrightarrow Si(g) + C(s)$、$SiC(s) \Longrightarrow SiC(g)$ 以及 $C(s) \Longrightarrow C(g)$，其反应焓变分别为 21245J/g、19171J/g 和 59117J/g。可以看出，以上反应均为吸热过程，对烧蚀起阻碍作用。空气环境中，烧蚀中心区的主要烧蚀模式与氩气环境基本相同，但少量的 SiC 和碳纤维会发生氧化反应，反应方程式分别为 $SiC(s) + O_2(g) \Longrightarrow SiO(g) + CO(g)$、$C(s) + O_2(g) \Longrightarrow CO_2(g)$ 及 $C(s) + O_2(g) \Longrightarrow CO(g)$，其反应焓变分别为 $-4039J/g$、$-32806J/g$ 以及 $-9205J/g$。以上反应均为放热过程且产

物为气体，对烧蚀起促进作用。若以此为依据，则推出的结论应与实验结果正好相反，即空气环境中烧蚀深度大于氩气环境。故推测应存在其他因素影响了空气环境中 2D C/SiC 的烧蚀性能。

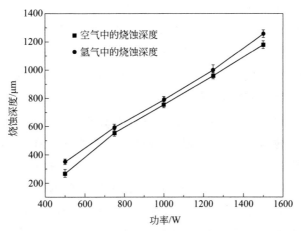

图 4-1　不同功率条件下的 2D C/SiC 烧蚀深度的变化[1]

一种可能的影响因素为激光等离子体的屏蔽效应。激光作用于靶表面时会导致材料烧蚀和气化。一般当激光功率密度较低，照射时间较短时，这种蒸气是一种中性的透明蒸气，基本上不吸收或只吸收很少部分的入射激光能量；当激光功率和照射时间超过某一阈值时，中性气体就会发生显著的原子激发和离化，生成对激光具有强吸收作用的含有大量带电粒子（离子和电子）的等离子云，阻碍激光与靶的能量耦合，该现象被称为等离子体屏蔽效应[2]。国内部分研究人员在归纳了国外的大量实验数据后，提出了连续激光等离子体激发的判据[3]：

$$K = \left(\frac{P}{\pi r_b^2}\right)^{2/3} t^{0.5} \lambda^{0.36} > (0.95 \sim 1.5) \times 10^2 \tag{4-1}$$

式中，P 为激光输出功率，W；r_b 为激光的有效作用半径，cm；t 为辐照时间，s；λ 为激光波长，μm。本实验中，激光辐照时间为 0.5s，光斑半径为 0.2cm，激光波长为 10.6μm，当功率分别为 500W、750W、1000W、1250W、1500W 时，K 值分别为 415、544、659、765、864，均大于等离子体激发上限值 1.5×10^2，即在激光辐照过程中存在等离子体屏蔽效应。根据前文的分析，在氩气环境中，激光辐照时的主要气态产物为 SiC、C 和 Si。而在空气环境中，烧蚀中心区的主要气态产物除了 SiC、C 和 Si 以外，还包含少量氧化生成的 SiO、CO 和 CO_2，这些高温气态产物在烧蚀中心区上方的空气中（包括 SiC、C 和 Si）会进一步氧化生成 SiO_2 和 CO_2，并放出大量的热能，导致蒸气温度进一步升高，从而促进等离子体的提前形成。相同功率条件下，氩气环境中等离子体形成的时间会晚于空气环境，辐照结束前等离子体屏蔽效应的持续时间比空气环境中要短，并最终导致空气环境中的烧蚀深度要略小于氩气环境中的实验结果。

4.1.1.2　2D C/SiC 烧蚀宽度随功率的变化

如图 4-2[1]所示，氩气环境中，2D C/SiC 试样在 500W、750W、1000W、1250W、

1500W 功率条件下的平均烧蚀宽度分别为 2664μm、3075μm、3405μm、3515μm、3650μm。根据微观形貌分析，在烧蚀坑的外缘处（烧蚀中心区与过渡区之间的边界）观察到了 SiC 分解生成的球状富碳物质，说明在烧蚀过程中该位置的温度曾达到 2500℃以上。将激光照射结束时（0.5s）2500℃ 等温线直径画入图中作为对比，结果表明，2500℃等温线直径的变化趋势与烧蚀宽度基本一致，但在低功率条件下偏差较大，高功率条件下偏差较小。通过分析，认为造成这一现象的主要原因是，在建立模型的时候出于简化的目的而没有考虑材料烧蚀过程中几何形貌的变化对温度场分布的影响。模拟计算时所设定的材料对 CO_2 连续激光的吸收率为 0.7，这一数据是在未经烧蚀的原始材料表面测得的。但实际的情况是，随着烧蚀过程的不断进行，材料表面的不平整度会显著增大从而导致吸收率的迅速上升。因此，在低功率条件下，激光照射结束时表面大部分区域的实际温度应高于模拟值。随着激光功率的提升，材料的烧蚀速率越来越快，烧蚀深度明显增大，烧蚀坑底部（光斑中心附近）所吸收的光能对于材料表面的升温贡献将越来越弱，即大部分的热量将沿着烧蚀坑底部残余的纤维做横向传输（纤维轴向导热系数远高于径向），导致烧蚀坑边界处在单位时间内吸收的热量有所降低，补偿了表面粗糙度升高所带来的正影响，并最终造成在高功率条件下模拟结果与实验结果较为吻合。

除此之外，图 4-2 还列举了氩气和空气环境中烧蚀宽度随功率的变化关系，并标出了激光照射结束时 1712℃ 的等温线。空气环境中，材料在 500W、750W、1000W、1250W、1500W 功率条件下的平均烧蚀宽度分别为 2799μm、3374μm、3567μm、3670μm、3755μm，其变化趋势与氩气环境中的基本相同，曲线介于 2500℃和 1712℃之间。但与烧蚀深度的结果不同，相同功率条件下，空气中的烧蚀宽度要略高于氩气环境中的实验结果。结合形貌分析，在烧蚀坑的外缘，由于烧蚀程度较轻，生成的高温气体含量应远小于烧蚀中心区，使得等离子体对激光的吸收效应不明显，且该区域内氧化反应的放热过程主要发生在 SiC 涂层表面，该过程对材料的烧蚀起促进作用，最终导致空气环境中的烧蚀宽度要略高于氩气环境中的实验结果。

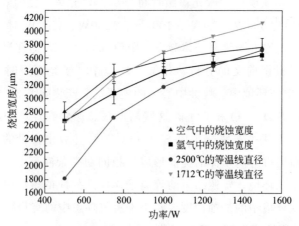

图 4-2　不同功率条件下 2D C/SiC 烧蚀宽度的变化[1]

4.1.1.3　2D C/SiC 表面粗糙度对烧蚀性能的影响

有关文献表明，除物理和化学特性外，材料表面的外形特征尤其是表面粗糙度对于其热辐射性能有重要影响[4]。为了研究表面粗糙度对于 2D C/SiC 激光烧蚀性能的影响，将部分试样做了抛光处理，并在相同的实验条件下进行了激光烧蚀实验。由于 C/SiC 试样的表面涂层仅为 $40\mu m$ 左右，使用机械加工手段对材料表面进行抛光会严重损伤甚至彻底剥离这些 SiC 涂层，不利于对比实验的顺利进行。因此，以手工方式，采用 W5 规格人造金刚石研磨膏，在磨抛机上对试样待照射面进行 $1\sim2h$ 的抛光处理，直至表面大部分区域呈现出银白色的光泽为止。采用激光共聚焦显微镜对试样表面进行 3D 扫描可以有效评估其粗糙度，如图 4-3[1] 所示（见文后彩插）。实际的检测结果显示，以美国标准粗糙度 Ra 为评判依据，抛光前后试样表面粗糙度可由 $10^{0}\mu m$ 数量级降至 $10^{-1}\mu m$ 数量级，部分检测结果见表 4-1[1]。抛光后，表面涂层厚度减小量最大不超过 $10\mu m$，如图 4-4[1] 所示，故此方法可最大限度地减小涂层减薄对于对比实验结果的影响。

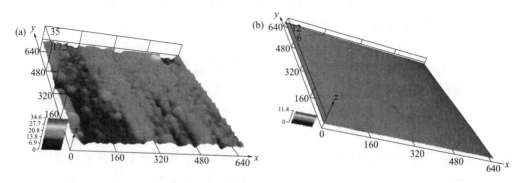

图 4-3　试样抛光前后的表面 3D 扫描图[1]

（a）抛光前；（b）抛光后

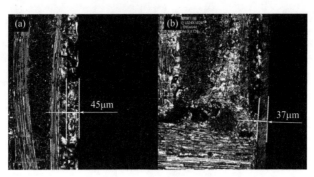

图 4-4　试样抛光前后的断面图[1]

（a）抛光前；（b）抛光后

表 4-1　试样抛光前后表面粗糙度(Ra)[1]

试样编号	抛光前 $Ra/\mu m$				抛光后 $Ra/\mu m$			
	值 1	值 2	值 3	平均	值 1	值 2	值 3	平均
11-1	1.078	1.086	1.107	1.090	0.073	0.084	0.136	0.098

试样编号	抛光前 $Ra/\mu m$				抛光后 $Ra/\mu m$			
	值1	值2	值3	平均	值1	值2	值3	平均
12-1	1.066	1.058	1.086	1.070	0.098	0.132	0.168	0.133
13-1	1.251	1.05	1.331	1.211	0.063	0.192	0.077	0.111
14-1	1.04	1.304	1.097	1.147	0.099	0.13	0.245	0.158
15-1	1.295	1.35	1.114	1.253	0.049	0.061	0.067	0.059
16-1	2.597	2.783	2.571	2.650	0.167	0.094	0.086	0.116
17-1	1.059	1.462	1.356	1.292	0.09	0.086	0.095	0.090
18-1	2.642	3.009	2.648	2.766	0.082	0.046	0.053	0.060
19-1	2.091	3.013	2.686	2.597	0.114	0.045	0.092	0.084
20-1	1.142	1.17	1.452	1.255	0.09	0.109	0.053	0.084

图 4-5[1]所示是空气环境中，抛光与未抛光 2D C/SiC 试样烧蚀深度随功率的变化关系。由图可以看出，抛光后试样的烧蚀深度与未抛光试样相比，无显著差异，且均随功率的提高呈线性增长。造成这一结果的主要原因是，烧蚀中心区的激光功率密度较高，材料表面温度瞬间超过 SiC 涂层的烧蚀阈值，从而导致其发生破坏，原始试样的表面外形差异将很快趋于一致而无法显著影响后续的烧蚀行为。图 4-6[1]所示是空气环境中，抛光与未抛光 2D C/SiC 试样烧蚀宽度随功率的变化关系。可以看出，抛光后试样的烧蚀宽度在所有功率条件下均小于未抛光试样，减小幅度平均约为 $100\mu m$。这是因为与烧蚀中心区相比，烧蚀坑边界处的激光能量密度要低得多，辐照过程中其表面温度需经历一段时间的积累才能超过 SiC 的烧蚀阈值，从而使得抛光试样在镜面反射率上的优势得以体现，导致该区域所吸收的激光能量降低，其最终的宏观结果表现为烧蚀宽度的下降。

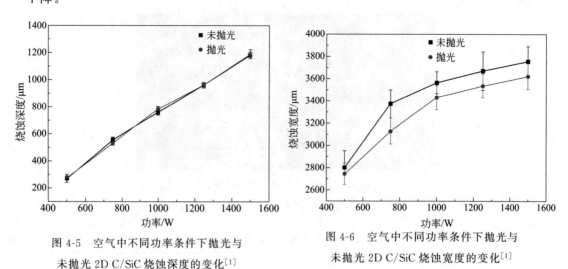

图 4-5　空气中不同功率条件下抛光与
未抛光 2D C/SiC 烧蚀深度的变化[1]

图 4-6　空气中不同功率条件下抛光与
未抛光 2D C/SiC 烧蚀宽度的变化[1]

此外，通过对烧蚀实验前后试样的质量进行测量可以发现与烧蚀宽度相一致的结果（图 4-7[1]），即抛光试样烧蚀后的质量损失要略小于未抛光试样。

综上所述，2D C/SiC 的原始表面粗糙度对于材料的激光烧蚀性能的影响程度与被照面某一位置的能量密度有关，以高斯光斑为例，距离光斑中心越远处，原始表面粗糙度对于材料激光烧蚀性能的影响越大，反之越小。

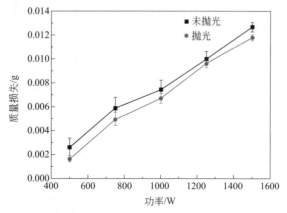

图 4-7　空气中不同功率条件下抛光与未抛光 2D C/SiC 试样烧蚀质量损失[1]

4.1.1.4　2D C/SiC 烧蚀后残余力学性能变化

弯曲试验是材料力学性能测试的基本方法之一，主要用于测定脆性和低塑性材料的弯曲强度和挠度，可分为三点弯曲和四点弯曲两种加载方式。本小节采用三点弯曲法测定了原始试样和烧蚀后试样的力学性能，评估了 2D C/SiC 在不同激光烧蚀实验条件下的损伤程度。为了保证测试条件的统一，采用如图 4-8 中的加载方式，试样被辐照面朝下放置，测试时其背面与压头相接触，烧蚀坑中心与压头中心位置重合。当载荷施加后，烧

图 4-8　三点弯曲强度测试示意图[1]

蚀区承受拉应力，最终测试结果可最大限度地体现结构损伤对于残余力学性能的影响。

图 4-9[1]给出了空气和氩气环境中，500～1500W 功率范围内，未抛光试样经激光烧蚀后的残余弯曲强度。经 500W、750W、1000W、1250W、1500W 激光照射后，在氩气环境中，未抛光试样的平均弯曲强度由原来的 335MPa 分别降低为 266MPa、222MPa、250MPa、232MPa、218MPa；空气环境中的结果则为 240MPa、267MPa、227MPa、196MPa、208MPa。试样的残余弯曲强度随着激光功率的上升未呈现出严格的单调下降趋势，且环境气氛的不同对其无显著影响。相同实验条件下不同试样的残余弯曲强度具有较大的差异，如以标准偏差来评估弯曲强度的稳定性，未烧蚀试样的偏差值为 5MPa，而烧蚀后的试样至少在 30MPa 以上，有的甚至高达 60MPa，其大小与输出功率无显著联系。实验结果表明，激光功率的高低并不是影响试样残余弯曲强度的唯一因素，需通过进一步的微观形貌分析和讨论，探究烧蚀后试样弯曲强度标准偏差显著增大的原因。

根据形貌分析以及共聚焦显微镜的测量结果，无论是在氩气还是空气环境中，经激

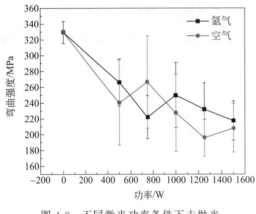

图 4-9 不同激光功率条件下未抛光
2D C/SiC 残余弯曲强度[1]

光烧蚀后材料表面均会形成明显的烧蚀坑。有关研究表明，当外界载荷一定时，以光斑中心为原点，最大拉应力位置应位于烧蚀坑边界与宽度方向的交点[5]。图 4-10[1]为在空气环境中 500W 功率条件下的烧蚀试样进行三点弯曲强度测试前后的 SEM 照片，图中 A、B 两点应为理论上的最大拉应力点。但实际的情况是，2D C/SiC 的断裂发生在 C、D 两处。其中，C 位置在弯曲试验前本身就存在裂纹，这些裂纹的形成源于材料表面受热不均而导致的微裂纹扩展。施加弯曲载荷后，这些裂

纹会引起拉应力的进一步集中[6]，载荷升高，较为脆弱的裂纹优先扩展，最终可能演变为整个复合材料的断裂源。原始裂纹本身的几何特征，以及其与理论应力最大处的相对位置均会对后续的断裂行为产生显著影响。对于在相同实验条件下的激光烧蚀试样，即使其烧蚀深度与宽度无明显差异，但这些裂纹的分布以及自身损伤程度却具有较大的随机性，最终可能导致残余弯曲强度出现较大偏差。

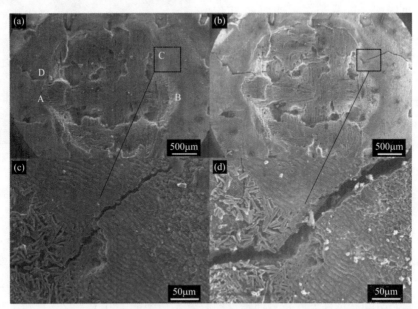

图 4-10 空气条件 500W 未抛光 2D C/SiC 烧蚀试样三点弯曲强度测试前后微观形貌[1]
(a)、(c) 加载前；(b)、(d) 加载后。其中 (c)、(d) 为 (a)、(b) 中方框部分的放大图

图 4-11[1]同时列举了未抛光试样和抛光试样经不同实验条件烧蚀后的残余弯曲强度。经 500W、750W、1000W、1250W、1500W 激光照射后，在氩气环境中，抛光试样的平均弯曲强度由原来的 335MPa 分别降低至 302MPa、285MPa、281MPa、280MPa、236MPa；空气环境的结果则为 298MPa、291MPa、276MPa、227MPa、251MPa。残余

弯曲强度随激光功率的变化趋势与未抛光试样相同，但差异性有所降低，标准偏差最大值仅为 40MPa，偏差大小仍与输出功率无显著联系。与未抛光试样相比，相同实验条件下抛光试样的残余弯曲强度有了明显的提高。氩气环境中，不同功率条件下，抛光试样的平均弯曲强度要比未抛光试样高出 8%～28%，空气环境中则为 9%～24%。以空气环境 500W 功率烧蚀条件下的抛光试样为例，对加载前后的微观形貌进行观察发现（图 4-12[1]），原先在烧蚀坑边缘产生的裂纹依旧有可能成为整个复合材料弯曲时的断裂源。根据前文的分析，相同实验条件下，抛光试样的烧蚀宽度略小于未抛光试样，但烧蚀深度无显著差异，两者的烧蚀机理无显著差异。根据以上数据还无法有效给出抛光试样残余弯曲强度明显上升这一结果的根本原因。但初步推测认为，抛光试样对激光的反射作用可能降低了表面涂层以及材料内部的结构损伤，例如表面微裂纹的扩展以及内部的纤维热震断裂，并最终提高了其残余弯曲强度。

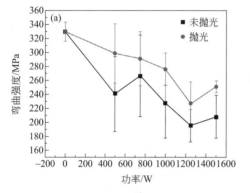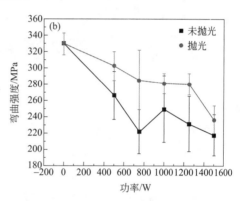

图 4-11 不同激光功率条件下未抛光与抛光 2D C/SiC 残余弯曲强度[1]

（a）氩气；（b）空气

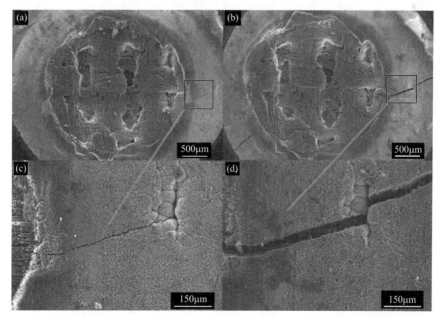

图 4-12 空气环境中 500W 功率条件下抛光烧蚀试样加载前后微观形貌[1]

（a）加载前；（b）加载后。其中（c）、（d）为（a）、（b）中方框部分的放大图

4.1.2　2D C/SiC 激光烧蚀后微结构演变行为

4.1.2.1　空气环境中 2D C/SiC 烧蚀后表面微观形貌特征

对输出功率为 500W，4mm 光斑直径，空气条件下烧蚀 0.5s 的 C/SiC 试样进行 SEM 观察，试样烧蚀区域的 1/4 全貌如图 4-13[1] 所示。为了便于与氩气环境下的烧蚀

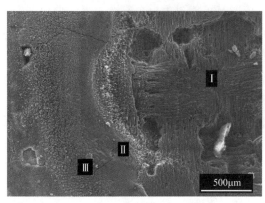

图 4-13　空气环境中 500W 功率
条件下烧蚀区的 1/4 全貌[1]

试验进行对照分析，根据其微观形貌特征，仍然将烧蚀表面划分成 3 个区域，即烧蚀中心区（Ⅰ区域）、烧蚀边缘区（Ⅲ区域），以及连接中心区与边缘区之间的过渡区（Ⅱ区域）。

（1）烧蚀中心区的微观形貌特征

在空气中激光烧蚀后的 2D C/SiC 试样，烧蚀中心区的形貌与氩气条件下的很接近。在原来 SiC 基体的位置，仍然可以发现富碳的层片状物质，如图 4-14（a）[1] 所示。EDS 能谱显示其在烧蚀过程

发生了轻微的氧化，但 C 含量仍然在 90% 以上，生成机理与氩气环境中基本相同，主要为 SiC 的热分解。当然，少量的 Si 和 O 可能是以非化学计量比的 $SiC_x O_y$ 形式存在的[7]。此外，如图 4-14（b）[1] 所示，碳纤维的形貌与氩气保护环境下的实验结果有所不同，在呈现出前端变尖变细的同时，可观察到纤维后端的表面上出现了许多缺口和微坑，如图中白色箭头标示处。通常，碳纤维在高温时的氧化形式可分为均匀氧化和非均匀氧化两种[8]。在氧气供给充足的情况下，纤维侧面会以相同的速率发生氧化反应，氧化后表面形貌比较平滑。当氧气含量不足时，氧化反应会优先在纤维表面的活性点发生，生成随机分布的坑洞或缺口。对于本实验的激光烧蚀过程，由于 SiC 的分解以及 SiC 和碳纤维的升华，在烧蚀中心区会生成大量的由 C、Si 和 SiC 组成的高温混合气体并导致 O_2 的剧烈消耗。因此，碳纤维的氧化过程受环境中氧气向中心区的扩散速率控制，属于氧气不足条件下的非均匀氧化。当功率超过 1000W 时，可观察到与氩气烧蚀条件下相同的，由热震导致的纤维断口，如图 4-14（c）[1] 所示。

（2）2D C/SiC 烧蚀过渡区的微观形貌特征

图 4-15[1] 所示的是空气环境中 500W 功率条件下过渡区的烧蚀形貌。从图中可以看出，在区域 1 位置，可观察到周期性的，彼此平行，间距为 $10\mu m$ 左右的波纹状结构，EDS 能谱分析显示其元素组成仅为 Si 和 O，说明该区域内的 SiC 涂层发生氧化生成了 SiO_2。现有的研究结果认为，这种波纹结构的产生与激光在材料表面形成的干涉有关[9,10]。由于材料表面存在缺陷和粉尘颗粒，当激光照射在其表面时会发生散射。入射光与散射光具有相同的波长，两者相互作用后在材料表面形成干涉，导致光强度的重新分布，在波峰与波峰的叠加处（同相点）温度较高，在波峰与波谷的叠加处（反向点）温度较低。当照射区温度高于材料的熔点时，由于液体的表面张力随着温度的升高而降

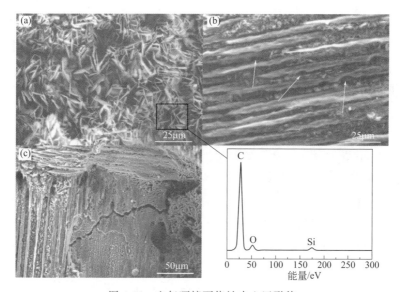

图 4-14　空气环境下烧蚀中心区形貌

（a）裸露的纤维；（b）层状结构；（c）纤维断裂[1]

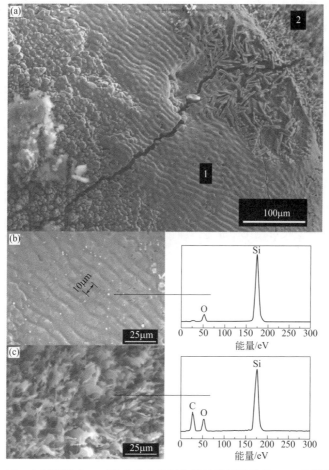

图 4-15　空气环境中 500W 功率条件下烧蚀过渡区形貌及 EDS 能谱分析

（a）过渡区；（b）区域 1 放大图及 EDS 能谱分析；（c）区域 2 放大图及 EDS 能谱分析[1]

低[11]，熔质会从同相点向反向点流动，导致材料表面熔质分布不均。激光照射结束后，干涉消失，材料表面迅速冷却，具有较高黏度的液态 SiO_2 在尚未充分扩散铺展的情况下发生凝固，形成固态的周期性波纹状结构。

研究表明，当激光照射材料表面时，干涉条纹的间距可表述为[11]：

$$s = \lambda / (1 \pm \sin\theta) \tag{4-2}$$

式中，λ 表示激光的波长；θ 表示激光束与样品表面法线方向的夹角。本实验中，$\lambda = 10.6\mu m$，$\theta \approx 0°$，波纹间距的计算结果为 $10.6\mu m$，与实验观测到的结果十分吻合，如图 4-15(b) 所示。

在区域 2 位置，如图 4-15(c) 所示，周期性波纹结构不再出现，材料表面的涂层受到明显的侵蚀，呈现出多孔的絮状形貌，EDS 能谱显示其成分中含 C、Si、O 三种元素。与区域 1 相比，此区域距离光斑中心更近，温度更高，SiC 可能发生了主动氧化反应生成气态的 SiO，从而导致涂层发生损伤。

除此之外，在过渡区内还观察到了沿涂层表面向边缘区扩展的裂纹 [图 4-15(a)]，其生成机理与氩气条件下类似，为材料表面受热不均而导致的微裂纹扩展。不同之处在于，这些微裂纹的扩展并没有导致表面涂层的剥落，这可能与被动氧化生成的 SiO_2 对裂纹的黏结作用有关[12]。

(3) 烧蚀边缘区的微观形貌特征

图 4-16[1] 所示的是空气环境中 500W 功率条件下，烧蚀边缘区的形貌。与原始形貌 [图 4-16(e)] 相比，可以观察到在涂层表面生成了尺寸大小不等的颗粒状物质 [图 4-16(a)]。EDS 能谱显示其元素成分包含 C、O、Si，故推测这些物质受到一定程度的被动氧化，表面为附着 SiO_2 的 SiC 颗粒，只是生成的 SiO_2 并没有发生熔化而形成与过渡区一样的波纹状结构。图 4-16(b)、图 4-16(c) 和图 4-16(d) 分别呈现了边缘区表面三个区域 SiC 氧化颗粒的微观形貌，其平均尺寸分别为 $10\mu m$、$4\mu m$、$1\mu m$ 左右，距离光斑中心越近，表面温度越高的位置，颗粒尺寸越大。现有的研究结果显示，原始的 CVI β-SiC 颗粒在高温下的生长可用 Brook 模型描述[13]，如式(4-3) 所示。

$$d^n - d_0^n = kt \tag{4-3}$$

式中，d 表示 t 时刻的颗粒平均尺寸；d_0 表示材料颗粒的原始尺寸；t 表示时间；n 表示生长指数，通常取 1~4。k 遵循 Arrhenius 公式：

$$k = k_0 \exp\left(-\frac{Q}{RT}\right) \tag{4-4}$$

式中，k_0 表示与原子迁移相关的比率常数；Q 表示表面活化能，为受温度影响的参量，但可近似为常数；R 表示摩尔气体常数（$8.314 \text{ J} \cdot \text{mol}^{-1} \cdot \text{K}^{-1}$）；$T$ 为材料温度。将式(4-4) 代入式(4-3) 可得

$$d^n - d_0^n = k_0 \exp\left(-\frac{Q}{RT}\right) \tag{4-5}$$

由上式可知，SiC 颗粒在高温下生长后的最终尺寸受温度影响很大，温度越高生长速率越快。所以，如图 4-16(a) 所示，SiC 颗粒呈现出沿温度梯度升高的方向颗粒尺寸

逐渐增大的情况。需要指出的是，与氩气环境中相比，空气环境中长大的 SiC 颗粒尺寸和数量均有明显的提升，且在 500W 功率条件下就可观察到这一现象（氩气环境中为1000W），说明 SiC 被动氧化的放热过程极大地促进了 SiC 颗粒的生长。

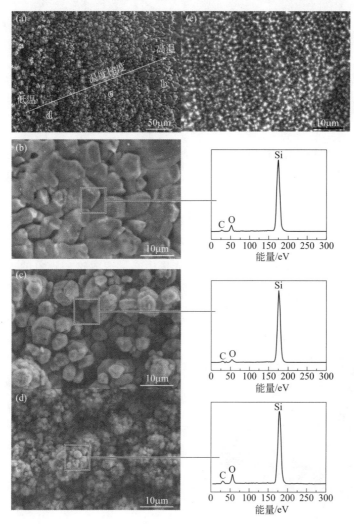

图 4-16　空气环境中 500W 功率条件下烧蚀边缘区形貌[1]

（a）边缘区；（b）区域 b 放大图及 EDS 能谱分析；

（c）区域 c 放大图及 EDS 能谱分析；（d）区域 d 放大图及 EDS 能谱分析；（e）原始形貌

4.1.2.2　空气环境中 2D C/SiC 抛光后烧蚀坑形貌特征

图 4-17[1] 所示的是经抛光处理的 2D C/SiC 试样，在输出功率为 500W，4mm 光斑直径条件下，分别在空气和氩气环境中烧蚀 0.5s 后的形貌图。可以看出，烧蚀表面依然出现了非常明显的烧蚀坑。经过进一步观察，发现表面各区域的烧蚀形貌与未抛光试样相比并无显著差别，其烧蚀破坏机理基本相同，故不再重复讨论。初步研究结果显示，仅以 SEM 照片为判据，无法断定抛光处理是否会对 2D C/SiC 激光烧蚀性能产生影响。故需对其烧蚀宽度、深度以及质量损失进行精确测量，并与未抛光试样的烧蚀结果进行对比（结果如 4.1.1.3 节所示）。

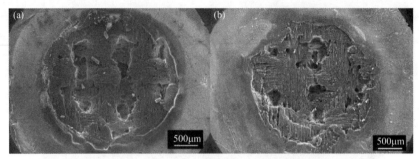

图 4-17 500W 功率条件下抛光试样烧蚀区全貌[1]

(a) 空气；(b) 氩气

采用激光共聚焦显微镜对试样表面进行 3D 扫描，可有效评估材料烧蚀后几何形貌变化。由于其测量精度极高（微米级），扫描后的 3D 图像可用于精确测量在不同气氛环境中，不同功率条件下激光烧蚀后材料表面烧蚀坑的深度和宽度，可作为评估材料烧蚀程度的有效依据。图 4-18 所示是 2D C/SiC 在空气环境中，相同辐照时间（0.5s），不同功率下激光烧蚀区的 3D 扫描云图（见文后彩插）。从图 4-18(a) 中可以看出，500W 功率条件下，烧蚀最为严重的位置并不是激光光斑中心。造成这一现象的主要原因与纤维

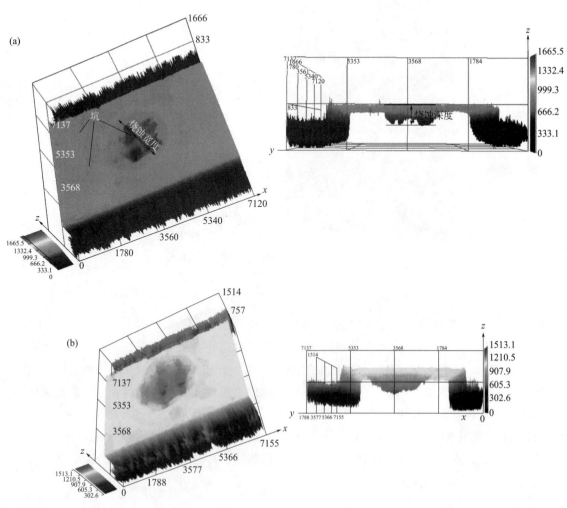

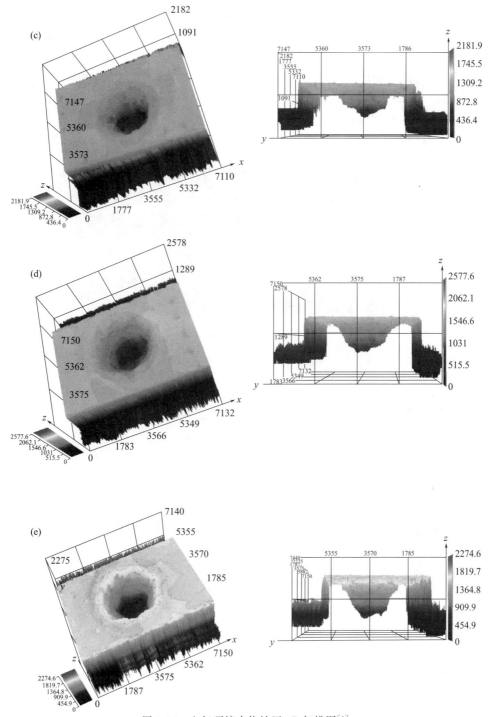

图 4-18　空气环境中烧蚀区 3D 扫描图[1]

(a) 500W；(b) 750W；(c) 1000W；(d) 1250W；(e) 1500W

预制体的结构以及 CVI 工艺过程有关。图 4-19[1] 所示的是 2D 纤维编织布的显微形貌，可以看出纤维与纤维的垂直交接处存在着尺寸为数百微米左右的孔隙，在后续的 CVI 致密化过程中，这些孔隙可以得到一定程度的封填，但仍然会在材料表面形成几十微米左右的小孔[14]。在激光辐照过程中，这些小孔对光能的吸收量要大于材料表面的其他位置。另一方面，小孔内物质主要成分是 CVI 过程中所沉积的 SiC 基体，从升华焓的角度来看，其耐烧蚀程度不如碳纤维。因此以上两种因素共同决定了烧蚀过程将首先发生在这些微孔处，且烧蚀程度较严重。这些小孔在烧蚀中会不断扩大，当激光功率足够高时，彼此间会发生汇聚。如图 4-18（b）～（e）所示，随着激光功率的上升，最深烧蚀位置越来越接近光斑中心。

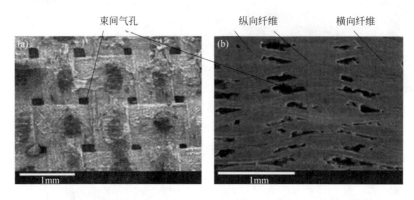

图 4-19　2D 纤维预制体的显微形貌图[1]
（a）垂直于纤维编织布；（b）平行于纤维编织布

4.2　超高温/准静态/水氧耦合环境对材料的影响

4.2.1　C/SiC 的氧-乙炔焰烧蚀性能演变行为及机制

4.2.1.1　CVI 2D C/SiC 和 2.5D C/SiC

对 C/SiC 进行显微分析发现，根据不同的宏观烧蚀形貌可将烧蚀表面划分为三个烧蚀区域：有明显烧蚀坑的烧蚀中心区；烧蚀不明显的烧蚀边缘区以及介于烧蚀中心区和烧蚀边缘区之间的烧蚀过渡区。

对于 C/SiC 的烧蚀中心区，烧蚀现象主要有：中心处出现较大的烧蚀坑（图 4-20[15]）；中心基体处含有较多气孔（图 4-21[15]）；大量纤维裸露在材料表面，呈现出"宏观钝化，微观尖化"现象，且纤维间未见 SiC 基体（图 4-22[15]）。

出现烧蚀坑的原因在于，烧蚀中心区的温度已超出基体的升华温度，与此同时，高速的燃气流剧烈冲刷材料表面。SiC 基体在升华的同时，材料本身也与氧化性气氛（氧气与乙炔的流量比为 1.35 : 1，因此火焰为氧化焰）反应[16]，其反应产物 SiO_2 又被高速气流带走，使得 SiC 基体不断暴露在氧化性的燃气流中。因此，SiC 基体的侵蚀速率随着温度的升高而加强，加速了 SiC 基体的升华和氧化。在材料的烧蚀中心区出现烧蚀坑，可以说是热物理和化学反应及燃气流机械冲刷综合作用的结果。

图 4-21 给出了 C/SiC 烧蚀中心区基体的显微形貌和能谱。由显微形貌可看出，C/SiC 的烧蚀中心区基体含有许多气孔。经能谱分析可知，基体主要含有 C、Si、O 三种

图 4-20　C/SiC 烧蚀中心区显微形貌[15]

(a) 2.5D C/SiC；(b) 2D C/SiC

元素。气孔的出现主要有两个原因：①在烧蚀过程中，由于 SiC 基体将与燃气中的氧化性气体发生反应生成 SiO_2，一部分 SiO_2 迅速被高速的燃气流冲刷走，剩余的 SiO_2 将以玻璃态的形式附着在试样的表面形成一薄层液膜。在烧蚀过程中有气态产物出现，气态产物在玻璃层下集聚形成气泡，当气泡的内压力大于玻璃层的表面张力时，就会冲破玻璃层而逸出，从而在玻璃层上留下气孔[17,18]。这些气孔导致了新的自由表面的暴露和气体扩散途径的形成，进而引起了试样表面和内部的进一步烧蚀。②在烧蚀后的冷却过程中，复合材料基体 SiC 也将与空气中的氧化性气体发生反应生成 SiO_2，而暴露在表面的碳纤维将会被空气氧化而生成 CO 和 CO_2，也会产生气孔。

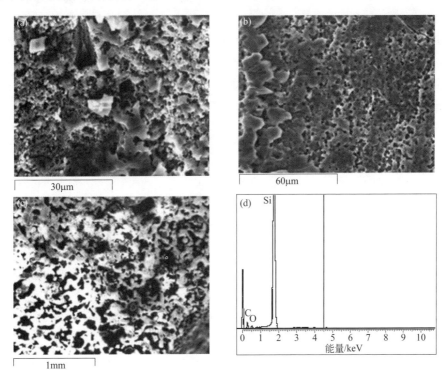

图 4-21　C/SiC 烧蚀中心区基体显微形貌和能谱[15]

(a) ～ (c) 基体形貌；(d) EDS 能谱

　　图 4-22 主要显示了烧蚀中心区纤维的形貌。纤维呈现出"宏观钝化，微观尖化"现象。这是由于在火焰中心处，材料表面的温度最高、压力最大，SiC 基体在高温下发生大量的升华。从碳纤维和 SiC 基体的升华潜热来看，碳纤维的升华潜热为 59750kJ/kg，SiC 基体的蒸发潜热为 19825kJ/kg，比碳纤维的升华潜热的 1/3 还要小。另一方面，SiC 基体的升华温度为 2700℃，而碳纤维的完全升华温度大约为 3100℃ 左右[19,20]。在材料的烧蚀中心，SiC 基体处于完全升华的状态，碳纤维则为升华和氧化的双重烧蚀机制。

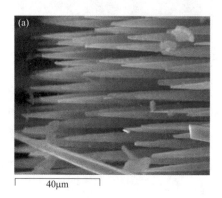

图 4-22　C/SiC 烧蚀中心区纤维的显微形貌[15]

(a) 2.5D C/SiC；(b) 2D C/SiC

　　因此 C/SiC 烧蚀中心区的氧-乙炔焰烧蚀过程如下：在以升华烧蚀为主的烧蚀中心，由于 SiC 和碳纤维烧蚀速率不同，SiC 基体的烧蚀速率大于碳纤维的烧蚀速率，从而使得碳纤维不断暴露在气流中；同时，暴露在气流中碳纤维与 SiC 基体的界面处将形成涡流，热量积聚在此处，这反过来又加快了材料的烧蚀。随着时间的推移，碳纤维前端暴露在气流中的时间也会加长，而碳纤维后端暴露在气流中的时间相对要短一些，这就使得碳纤维的前端和后端存在着烧蚀差异，从而导致碳纤维的前端变细和变尖而后端相对较粗，其烧蚀模型如图 4-23[22] 所示。

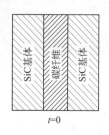
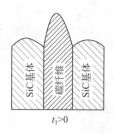
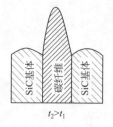

图 4-23　C/SiC 烧蚀中心区烧蚀模型[22]

　　对于烧蚀过渡区，基体主要呈现台阶状形貌 [图 4-24(b)、(c)[15]]。这是燃气流的冲刷作用所致，同时还可以看到此处纤维首先在有缺陷的地方开始氧化。与烧蚀中心区相比，此区域内的温度和压力都有所下降，烧蚀机制也由中心区的升华烧蚀转变为以热氧化和冲刷为主。图 4-24(a) 显示出在纤维和基体的表面附有球形颗粒，经能谱分析表明其主要含有元素 Si 和 O，可知此球形颗粒是 SiO_2。SiO_2 主要来自于两个方面：①此区域内 SiC 基体在高温氧化性气氛中的氧化；②烧蚀中心区氧化后的 SiO_2 被高速燃气流冲刷至此区域内。

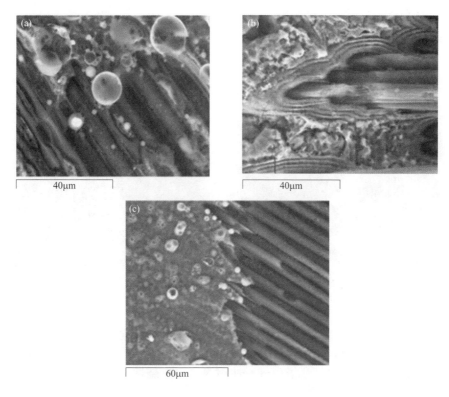

图 4-24　C/SiC 烧蚀过渡区显微形貌[15]

（a）2.5D C/SiC；（b）2.5D C/SiC；（c）2D C/SiC

对于烧蚀边缘区，边缘内侧的材料几乎没有发生烧蚀现象，也无被冲刷的痕迹。从图 4-25[15]中可以看到试样的表面有一层光滑的玻璃层，且有气泡附着在上面。光滑的玻璃层说明烧蚀后的产物已经被熔化或者具有比 SiC 更低的黏度，从而具有一定的流动性。

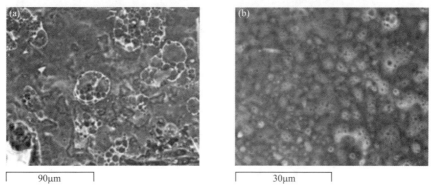

图 4-25　C/SiC 烧蚀边缘区内侧显微形貌[15]

（a）2.5D C/SiC；（b）2D C/SiC

图 4-26[15]给出了 C/SiC 烧蚀边缘区外侧的显微形貌，从图中可以看出，在此区域内只有部分基体发生了氧化。氧化后的产物层是不连续的，氧化产物主要存在于 SiC 团

聚体的三角交界处，呈米粒状。与材料的烧蚀中心区相比，烧蚀过渡区和烧蚀边缘区显然没有烧蚀中心区氧化严重。从烧蚀中心区到烧蚀边缘区存在温度梯度，烧蚀边缘区的温度比烧蚀中心区和烧蚀过渡区低且所承受的压力也要小，另外在此区域内烧蚀后生成的 SiO_2 以液膜的形式附着在材料的表面且不会被冲刷，从而阻止了燃气流对基体及碳纤维的氧化，使得复合材料在此区域内的烧蚀程度大大降低。

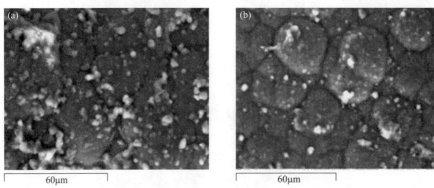

图 4-26　C/SiC 烧蚀边缘区外侧显微形貌[15]

(a) C 毡/SiC；(b) 2.5D C/SiC

综上分析，C/SiC 的烧蚀是热物理、热化学烧蚀和机械冲刷的综合作用的结果。在烧蚀中心区，C/SiC 的烧蚀以升华和机械冲刷为主，在烧蚀过渡区，C/SiC 以氧化烧蚀为主。

结合 XRD 物相分析（图 4-27[15]），在氧-乙炔焰流的烧蚀过程中，基体和纤维与燃气可能发生的化学反应可简写为下列方程式：

$$SiC(s) \longrightarrow SiC(g) \tag{4-6}$$

$$2SiC + 3O_2 \longrightarrow 2SiO_2 + 2CO \tag{4-7}$$

$$2SiC + H_2O \longrightarrow 2SiO_2 + H_2 + CO_2 \tag{4-8}$$

$$2C + O_2 \longrightarrow 2CO \tag{4-9}$$

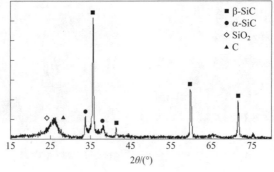

图 4-27　2.5D C/SiC 烧蚀组织的 XRD 图谱[15]

4.2.1.2　CVI 和 RMI 3DN C/SiC

对于 CVI 3DN C/SiC，在烧蚀中心区只有碳纤维骨架且纤维端部呈针状［图 4-28

(a) 和（b）[22]]。这是由于烧蚀中心区处于氧-乙炔焰中心，受燃气冲刷最为严重，温度也最高，约 3000℃，远高于 SiC 的熔点 2380℃ 和升华点 2700℃。SiC 处于充分升华状态，而升华点高达 3000℃ 的碳纤维则处于不完全升华状态。此外，SiC 的升华潜热为 19.83MJ/kg，远低于碳纤维的升华潜热 59.75MJ/kg。因此，SiC 基体的烧蚀比碳纤维的烧蚀要快、要严重 [图 4-28(c)]。SiC 基体瞬间失去对碳纤维的保护使得碳纤维迅速暴露在燃气中，其端部裸露时间最长、受燃气冲刷最久，随着烧蚀的进行逐渐锐化为针状 [图 4-28(b)]。此时，烧蚀由升华和冲刷过程控制。从烧蚀中心区基体的 EDS 分析结果可知，基体在烧蚀时发生了氧化 [图 4-28(d)]。

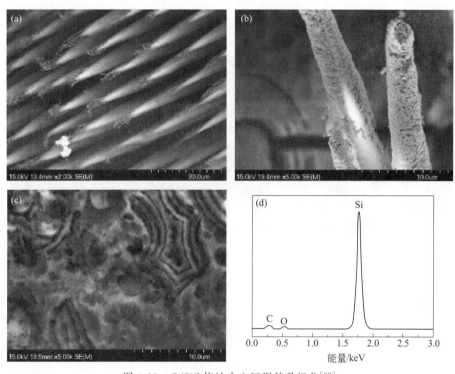

图 4-28　C/SiC 烧蚀中心区形貌及组分[22]

(a)、(b) 纤维微观形貌；(c) 基体形貌；(d) 基体 EDS 分析结果

在烧蚀过渡区，部分表面碳纤维也出现端部锐化现象，但纤维周围仍保留有较多 SiC 基体 [图 4-29(a)[22]]。这是由于在烧蚀过渡区，温度有所下降 [图 4-33(e)]，SiC 基体发生氧化并处于熔融态 [图 4-29(b)[22]]，使其在一定程度上能承受冲刷的影响。此时，该区的烧蚀比烧蚀中心区轻得多，烧蚀由氧化过程和冲刷过程控制。

在烧蚀边缘区，温度比过渡区还低 [图 4-33(e)]，SiC 涂层氧化后生成的 SiO_2 一部分被燃气气流冲刷带走，另一部分则附着在烧蚀表面保护内部材料（图 4-30[22]）。此时，该区的烧蚀由 SiC 的被动氧化过程控制。

对于 RMI 3DN C/SiC，由于其基体中含有残留硅，因此其烧蚀形貌虽然与 CVI 3DN C/SiC 类似，但烧蚀机理略有不同。为了确定 RMI 3DN C/SiC 在氧-乙炔焰流烧蚀后的物相变化，对烧蚀后的试样进行了 XRD 物相分析，分析结果如图 4-31[21] 所示。经

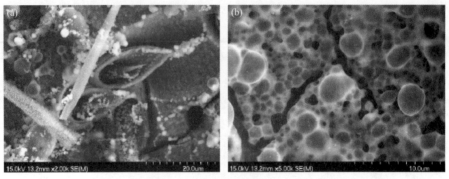

图 4-29　CVI 3DN C/SiC 烧蚀过渡区形貌及组分[22]

（a）纤维微观形貌；（b）基体形貌

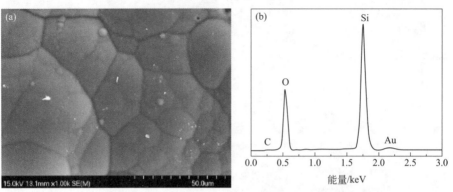

图 4-30　CVI 3DN C/SiC 烧蚀边缘区的形貌和组分[22]

（a）微观形貌；（b）EDS 分析结果

分析发现，对于 RMI 3DN C/SiC，试样烧蚀后烧蚀表面的烧蚀产物主要由 C、SiC、Si 和 SiO_2 四种物质组成。可见在复合材料的烧蚀过程中，C/SiC 的 Si、SiC 基体和碳纤维同燃气中的氧化性成分发生氧化反应生成了 SiO_2、CO_2 和 CO 气体。

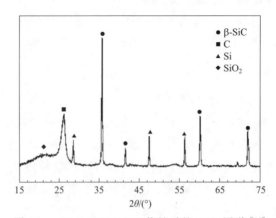

图 4-31　RMI 3DN C/SiC 烧蚀后的 XRD 图谱[21]

在氧-乙炔焰流烧蚀过程中，基体和纤维与燃气可能发生的化学反应可简写为下列方程式：

$$SiC(s) \longrightarrow SiC(g) \tag{4-10}$$

$$Si(s) \longrightarrow Si(l) \tag{4-11}$$

$$2SiC(s) + 3O_2(g) \longrightarrow 2SiO_2(l) + 2CO(g) \tag{4-12}$$

$$Si(l) + O_2(g) \longrightarrow SiO_2(l) \tag{4-13}$$

$$2C(s) + O_2(g) \longrightarrow 2CO(g) \tag{4-14}$$

$$2SiC(s) + SiO_2(g) \longrightarrow 3SiO(g) + CO(g) \tag{4-15}$$

而实际过程则是分步进行的，具体反应条件不同，中间产物也不相同。一般材料的烧蚀可分为三类：熔化或升华、氧化、机械冲蚀。上述三类烧蚀机制同时存在于 RMI 3DN C/SiC 的氧-乙炔烧蚀过程中。

① 热物理作用：即熔化或升华。根据氧-乙炔的烧蚀条件，火焰温度高达 3500℃，在如此高的温度下，热物理作用是十分明显的。在烧蚀中心处，Si 的熔化、挥发和 SiC 基体的升华是必然发生的。

② 氧化作用：即碳纤维和 Si、SiC 基体与燃气流中的氧化性气氛发生氧化反应。烧蚀中的氧化作用反映在烧蚀后，如试样表面生成灰白色 SiO₂ 等。氧化主要发生在两个阶段：一是烧蚀过程中，燃气流中的氧化性气氛与复合材料发生氧化反应；二是烧蚀结束后，试样从烧蚀高温冷却的过程中，试样与空气接触而发生氧化反应。

③ 机械冲蚀：高温高速气流冲刷试样表面时，在烧蚀中心会对表层材料产生强烈的冲刷作用；携带烧蚀产物的气流向四周高速扩散的过程中，也会在过渡区产生一定的剪切应力，造成材料的剪切剥蚀。这两方面都促进了复合材料的烧蚀。

4.2.2　涂层改性 CVI 3DN C/SiC 氧-乙炔焰烧蚀性能演变行为及机制

对 CVI 3DN C/SiC 进行 SiC-ZrC-SiC 多层涂层改性，具体制备工艺如下：首先在致密 3DN C/SiC 烧蚀试样上采用 CVD 工艺制备厚度分别为约 2μm、4μm、6μm 的 ZrC 涂层；然后采用 CVD 工艺沉积 SiC 80h；接着再分别采用 CVD 工艺沉积厚度约 2μm、4μm、6μm 的 ZrC 涂层；然后采用 CVD 工艺沉积 SiC 80h；最终制得交替涂层改性 3DN C/SiC 复合材料。其中，致密 3DN C/SiC 体积密度和开口气孔率分别为 1.96g/cm³ 和 20.7%，试样编号见表 4-2[22]。

表 4-2　涂层改性 CVI 3DN C/SiC [22]

复合材料	涂层保护	编号
C/SiC	致密化	I #
ZrC 的厚度	2μm	II #
	4μm	III #
	6μm	IV #

涂层改性 3DN C/SiC 在氧-乙炔焰中烧蚀后的 XRD 图谱如图 4-32[22] 所示。烧蚀后的主要物相为 C、SiC、SiO₂ 和 ZrC（图 4-32）。其中 C 相来自预制体中的碳纤维，SiC 相来自复合材料中的 SiC 基体，SiO₂ 来自 SiC 基体和 SiC 涂层烧蚀后的氧化产物，

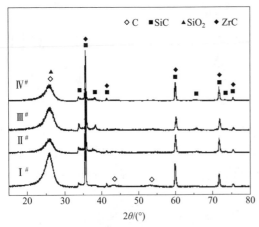

图 4-32 多层涂层改性 C/SiC 在
氧-乙炔焰中烧蚀后的 XRD 图谱[22]

ZrC 相来自保护涂层。

与原始的 CVI 3DN C/SiC 相同，涂层改性 3DN C/SiC 在氧-乙炔焰中烧蚀后，宏观烧蚀形貌也可划分为三个烧蚀区域：有明显烧蚀坑的烧蚀中心区（A 区）；烧蚀不明显的烧蚀边缘区（C 区）以及介于烧蚀中心区和烧蚀边缘区之间的烧蚀过渡区（B 区）（图 4-33，见文后彩插[22]）。

对于 II# 涂层保护的 3DN C/SiC，其烧蚀中心区（A 区）同样只有碳纤维骨架，纤维端部同样呈针状形貌 [图 4-34(a)[22]]。在烧蚀过程中，位于 A 区的 SiC-ZrC-SiC 多层涂层被破坏，SiC 基体发生了主动氧化 [图 4-34(b) 和（c)[22]]。在该区，烧蚀同样由升华和冲刷过程控制。在烧蚀过渡区（B 区），基本未发现端部锐化的碳纤维。

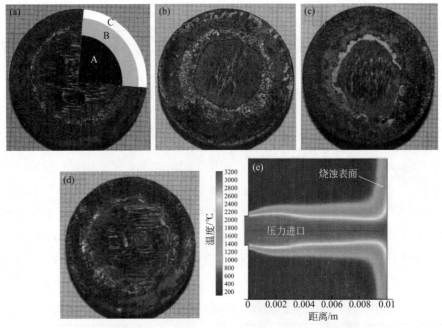

图 4-33 多层涂层改性 C/SiC 的宏观烧蚀形貌[22]
（a）I# 涂层；（b）II# 涂层；（c）III# 涂层；（d）IV# 涂层；（e）烧蚀表面温度分布

在靠近烧蚀中心的过渡区，SiC-ZrC-SiC 多层涂层同样被破坏，SiC 基体发生主动氧化并处于熔融态，EDS 谱中的 Zr 峰并不明显 [图 4-35(a) 和（b)[22]]。在靠近烧蚀边缘的过渡区，SiC 基体发生主动氧化后也处于熔融态，但液态特征较靠近烧蚀中心区域已有所减弱。在烧蚀表面，ZrO_2 和 SiO_2 形成混合层共同保护内部材料，在 SiO_2 表面出现了主动氧化才会有的鼓泡及气泡破裂现象，EDS 谱中出现非常明显的 Zr 峰 [图 4-35（c）和（d)[22]]。在该区域烧蚀已变得不太明显，此时，复合材料的烧蚀由 SiC 的主动氧化过程和冲刷过程控制。

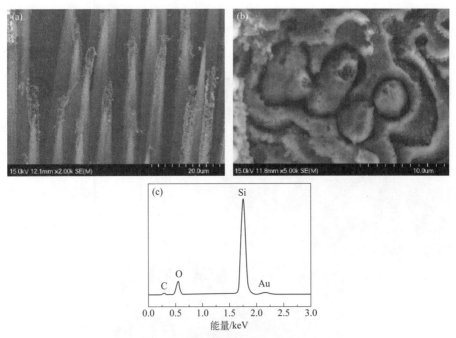

图 4-34　Ⅱ#涂层改性 C/SiC 烧蚀中心[22]

（a）纤维形貌；（b）基体形貌；（c）EDS 分析结果

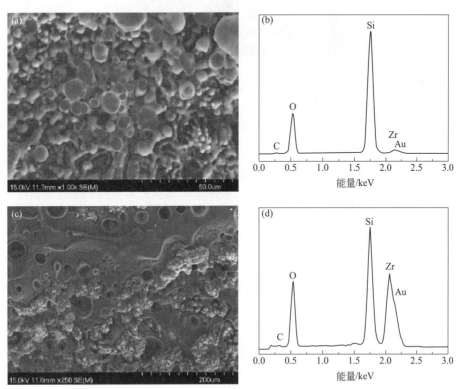

图 4-35　Ⅱ#涂层改性 C/SiC 烧蚀过渡区形貌及其组分[22]

（a）、（c）微观形貌；（b）、（d）EDS 分析结果

在烧蚀边缘区（C 区），温度明显下降，SiC 涂层氧化后生成的部分 SiO_2 覆盖在烧蚀表面 [图 4-36(a) 和 (b)[22]]。此外，由于热应力和高温燃气流侧向冲刷的影响，边缘区 SiC 涂层的局部在侧向压力的作用下出现较快的氧化和剥蚀，最终导致在该区表面留下明显孔洞 [图 4-36(c)[22]]。但是，在该区烧蚀仍以 SiC 的被动氧化过程为主。

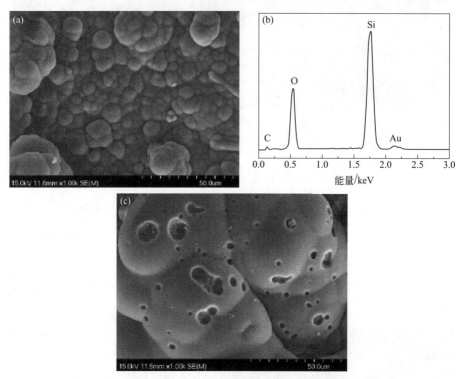

图 4-36　II# 涂层改性 C/SiC 烧蚀边缘区形貌及其组分[22]

(a)、(c) 微观形貌；(b) EDS 分析结果

对于 III# 和 IV# 涂层改性 C/SiC，因为生成了 $ZrO_2 + SiO_2$ 混合层保护内部材料，其抗烧蚀性较 C/SiC 有明显提高。但是随着 ZrC 层厚度的增加，尤其在氧-乙炔焰的超高温度热冲击下，在不同涂层内残余热应力持续增大，微裂纹宽度增加，使得材料更容易烧蚀。因而，材料的抗烧蚀性能随着 ZrC 层厚度的增加逐渐降低。其烧蚀形貌和烧蚀机理同前。

由图 4-37[22] 可知，涂层改性 3DN C/SiC 在氧-乙炔焰中烧蚀后的质量烧蚀率和线烧蚀率均明显比原始 3DN C/SiC 的质量烧蚀率和线烧蚀率低，而且二者均随 ZrC 涂层厚度的增加而增大。

4.2.3　C/C 与 C/SiC 氧-乙炔焰烧蚀性能对比

表 4-3[15] 给出了几种不同复合材料的线烧蚀率与气孔率之间的关系。由表 4-3 可知，复合材料的气孔率对材料的烧蚀性能具有明显影响。C/C 的气孔率是其他几种材料气孔率的 1/5～1/3。与其他四种材料的烧蚀率相比，C/C 的线烧蚀率下降了一个数量级。与 2D C/SiC 和 2.5D C/SiC 相比，C 毡/SiC 的线烧蚀率几乎是它们的两倍，而 C 毡/SiC 的气孔率比 2D C/SiC 和 2.5D C/SiC 的气孔率高 47%～66%。由于材料中气孔率的增大，

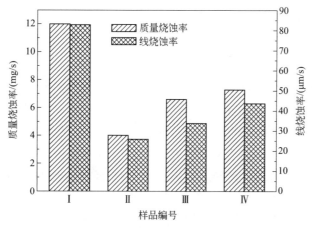

图 4-37　多层涂层保护 C/SiC 的质量烧蚀率和线烧蚀率[22]

增加了燃气流在材料中的通道，同时还使得材料的抗冲刷能力下降，在这两种因素的影响下，加快了材料的烧蚀。

表 4-3　复合材料线烧蚀率与气孔率的关系[15]

材料名称	气孔率/%	线烧蚀率/(10^{-2}mm/s)
C/C	6.85	0.37
C 毡/SiC	32.40	6.47
C 毡/SiC 渗 Si	24.64	1.85
2D C/SiC	21.95	3.12
2.5D C/SiC	19.48	3.28

① 在氧-乙炔焰驻点烧蚀条件下，C/C 的烧蚀性能优于其他四种材料的烧蚀性能。复合材料的线烧蚀率由低到高的顺序为：C/C＜C 毡/SiC 渗 Si＜2D C/SiC＜2.5D C/SiC＜C 毡/SiC。

② C/SiC 烧蚀机制是热物理、热化学烧蚀和机械冲刷的综合作用的结果。在烧蚀中心区，C/SiC 的烧蚀以升华和机械冲刷为主，此时，碳纤维比 SiC 基体耐烧蚀；在烧蚀过渡区，C/SiC 以氧化烧蚀为主，此时，SiC 基体比碳纤维耐烧蚀。

③ 密度和气孔率对材料的烧蚀性能具有较为明显的影响，密度的变异系数越大，材料线烧蚀率的变异系数也随之变大，随着材料密度的提高，其线烧蚀呈下降的趋势。同时，复合材料的线烧蚀率随着材料气孔率的增加而呈增大的趋势。

④ 在氧-乙炔焰驻点烧蚀条件下，C 毡/SiC 渗 Si 材料的烧蚀性能优于 C 毡/SiC 材料。C 毡/SiC 复合材料中渗 Si 可起到发汗冷却的作用，从而降低了复合材料的线烧蚀率。

结合图 4-38[15] 和图 4-39[15] 可以看出，在氧-乙炔焰的烧蚀环境下，C/C 的耐烧蚀性能优于 C/SiC 的耐烧蚀性能。对于 C/SiC，线烧蚀率由低到高的顺序是：C 毡/SiC 渗 Si＜2D C/SiC＜2.5D C/SiC＜C 毡/SiC。其中，2D C/SiC 和 2.5D C/SiC 的线烧蚀率相差不大，而 C 毡/SiC 渗 Si 材料的线烧蚀率几乎是 C 毡/SiC 材料的 4 倍。C 毡/SiC 渗 Si

材料线烧蚀率最低的原因在于：在氧-乙炔焰中心，其火焰温度高达3500℃左右，到达材料表面烧蚀中心的温度也可达3000℃左右，而SiC基体的升华温度为2700℃，Si的熔化温度为1410℃，气化温度为2680℃。由此可知，在材料的烧蚀中心区，升华烧蚀是材料的主要烧蚀机理。在C毡/SiC渗Si材料中，当燃气流过材料表面时，随着温度的升高，C毡/SiC渗Si材料表层骨架里的Si会发生熔化，并沿基体毛细管向表面扩散，产生发汗冷却。形成该现象的机制应该有两种：①Si熔化形成Si液膜，局部覆盖材料表面，抵制了烧蚀；②Si气化时吸收了热量并起到了热阻塞效应。在这两种机制的作用下，使得流到材料表面的热流减小，从而降低了材料的线烧蚀率。

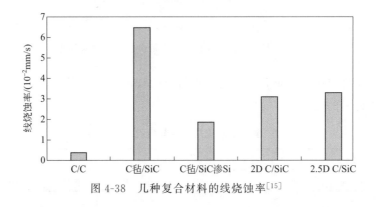

图4-38　几种复合材料的线烧蚀率[15]

C/SiC的质量烧蚀率由低到高的排序为：2.5D C/SiC＜2D C/SiC＜C毡/SiC＜C毡/SiC渗Si。与线烧蚀率相同，2D C/SiC和2.5D C/SiC的质量烧蚀率相差不大；然而，C毡/SiC渗Si材料的质量烧蚀率却是C/SiC中最大的。出现这种排序的原因主要在于：Si的渗入增大了材料的脆性，材料烧蚀后有碎裂现象出现，使材料的质量有所损失。

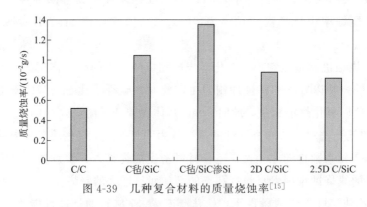

图4-39　几种复合材料的质量烧蚀率[15]

对于C/C，人们对其在各种环境下的烧蚀机理作了大量的研究[23]，C/C的烧蚀过程与很多因素有关，而且各种因素也并非是孤立的，相互之间存在复杂的影响。其烧蚀主要由热化学烧蚀和机械剥蚀两部分组成，前者指碳的表面在高温气流环境下发生的氧化和升华，后者指气流压力和剪切力作用下因基体和纤维的密度不同，造成烧蚀差异而引起的颗粒状剥落或因热应力破坏引起的片状剥落。

①热化学烧蚀。在较低温度下，碳首先氧化，氧化过程开始是化学反应速率控制，

氧化率由表面反应动力学条件决定，随着温度升高，氧化急剧增加，氧气供应不足，以致氧气向表面的扩散过程起控制作用。在更高的温度下，碳的升华反应逐渐显著，升华过程也是由速率控制过渡到扩散控制。

② 机械剥蚀。在热流分布均匀时，由于基体的密度比碳纤维的密度小，故基体烧蚀得较快。但是，材料处于流场中，露在外面得纤维长度受到剪切力和涡流分离阻力的制约，在剪切力和涡旋分离阻力的作用下，纤维开始粒状剥落。

4.3　高温/动态/水氧耦合环境对材料的影响

4.3.1　涂层改性 C/SiC 的甲烷风洞烧蚀性能演变行为及机制

4.3.1.1　SiC 涂层 C/SiC 的烧蚀性能演变行为及机制

将不同致密度的 C/SiC 在 1800℃ 甲烷风洞环境中烧蚀 30min，测量其质量烧蚀率，如表 4-4 所示。其中 C/SiC-Ⅱ、C/SiC-Ⅲ 分别为多孔 C/SiC 再 CVI SiC 致密化两次和三次（每次 CVI 时间为 80h）制备的 C/SiC。对于 C/SiC，孔隙率越大，质量烧蚀率也越大。

表 4-4　气孔率对 SiC 涂层 C/SiC 甲烷风洞环境烧蚀性能的影响[24]

样品	气孔率/%	密度/(g/cm³)	质量损失率/(10^{-5}g/min)
C/SiC-Ⅱ	13.9	2.04	3.00
C/SiC-Ⅲ	12.9	2.13	1.78

SiC 涂层 C/SiC 复合材料在 1800℃ 甲烷风洞中烧蚀 30min 后，SiC 涂层形貌变化不大。宏观形貌上，试样烧蚀后的表面仅出现少量液相物质 [图 4-40(c)[24]]，表层 SiC 残留少量的氧化产物 [图 4-40(d)][24]，氧化产物可能为晶态的 SiO_2。对烧蚀后断面形貌观察表明，纤维无明显氧化现象。

结合小角 XRD 与微区 XRD 分析氧化膜的物相结果如图 4-41[26] 所示。SiC 在 1800℃ 模拟再入环境中暴露 15min 后生成无定形 SiO_2；暴露 35min 后向晶体 SiO_2 转变。观测试样不同部位的成分发现：尚未剥落的最外层氧化膜较厚，暴露时间最长，属 SiO_2 方石英晶体；在最外层已剥落的次表面生成较薄的非晶 SiO_2 氧化膜。因此，SiC 涂层在模拟再入环境中首先氧化生成玻璃态 SiO_2，随着暴露时间增长，SiO_2 逐渐由无定形向方石英晶体转变；由于方石英存在高低温的可逆相变，故随着氧化膜厚度增加，最外层逐渐发生脆化剥落，新鲜表面不断暴露出来并被逐层氧化。

由于模拟再入环境中有大量水蒸气存在，发现疏松多孔的 SiO_2 膜有明显的挥发痕迹。这主要是由于 SiC 不但发生被动氧化生成 SiO_2，且生成的 SiO_2 膜在水分压较高的模拟再入环境中可继续反应生成气态 $Si-O_x-H_y$ 挥发掉。大量研究指出[27,28]，水蒸气对 SiC 氧化行为的影响主要有：SiC 与 H_2O 作用生成 SiO_2，SiO_2 进一步与 H_2O 作用生成挥发性的 $Si-O_x-H_y$，导致 SiO_2 疏松多孔，增大了 SiC 的氧化速率；同时 H_2O 促进

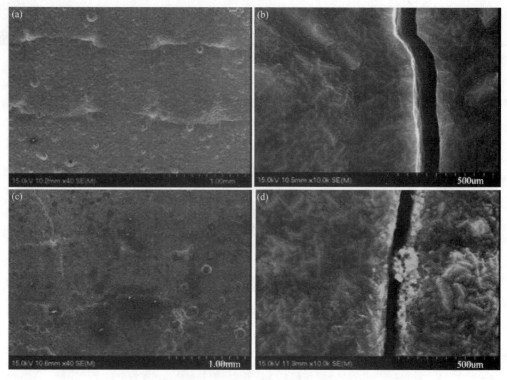

图 4-40　致密 C/SiC 在 1800℃甲烷风洞中烧蚀 30min 前后的表面形貌[24]

（a）、（b）烧蚀前；（c）、（d）烧蚀后

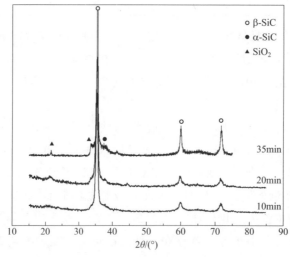

图 4-41　SiC 涂层在 1800℃模拟再入环境中氧化后的表面 XRD 图谱[26]

SiO_2 向方石英转变，这与本章的研究结果一致。

　　涂层在模拟再入环境中的氧化实际是有流速的高温、高氧分压、高水分压耦合环境中的氧化行为。如图 4-42[26]所示，SiC 的氧化过程可分为以下步骤：①氧化性气体首先通过气相传输扩散到气体/氧化层界面；②氧化性气体以扩散的形式在氧化层中传输；

③氧化性气体在 SiC-SiO$_2$ 界面与 SiC 发生反应；④气体反应产物由 SiC-SiO$_2$ 界面扩散到外部环境。

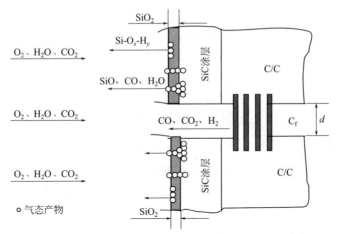

图 4-42　SiC 涂层在模拟再入环境中的氧化示意图[26]

首先，氧化性气体扩散到材料表面与 SiC 发生如下反应：

$$2SiC\ (s) + 3O_2\ (g) \Longrightarrow 2SiO_2\ (s) + 2CO\ (g) \qquad (4\text{-}16)$$

$$SiC\ (s) + 2O_2\ (g) \Longrightarrow SiO_2\ (s) + CO_2\ (g) \qquad (4\text{-}17)$$

$$SiC + 3H_2O\ (g) \Longrightarrow SiO_2\ (s) + 3H_2\ (g) + CO\ (g) \qquad (4\text{-}18)$$

$$SiC\ (s) + O_2\ (g) \Longrightarrow SiO\ (g) + CO\ (g) \qquad (4\text{-}19)$$

当氧气充足并扩散到 SiO$_2$-SiC 界面处时，进一步发生氧化反应：

$$SiC\ (s) + O_2\ (g) \Longrightarrow SiO\ (g) + CO\ (g) \qquad (4\text{-}20)$$

$$SiC\ (s) + 2SiO_2\ (s) \Longrightarrow 3SiO\ (g) + CO\ (g) \qquad (4\text{-}21)$$

在含有水蒸气的高温氧化气氛中表层产物 SiO$_2$ 发生挥发：

$$SiO_2 + H_2O\ (g) \Longrightarrow Si\text{-}O_x\text{-}H_y\ (g) \qquad (4\text{-}22)$$

Deal 和 Grove[29] 的研究指出，无论是在 H$_2$O/Ar 还是在 H$_2$O/O$_2$ 混合气体中，SiC 都以同样的速率氧化，H$_2$O 是主要的氧化性气体。Irene 和 Ghez[30] 进一步指出，H$_2$O 可以形成 SiOH 基团，打断 SiO$_2$ 网络。被破坏了的 SiO$_2$ 网络会使 H$_2$O 扩散加快，从而提高 SiC 的氧化速率。

因此，在模拟再入环境中，氧化膜的生成实际上是 SiC 不断产生 SiO$_2$ 膜，这层 SiO$_2$ 膜又与水蒸气反应以气态产物 Si-O$_x$-H$_y$ 形式挥发这两种机制的相互竞争。一方面水蒸气可直接与 SiC 反应生成 SiO，加速了 SiC 的氧化；另一方面水蒸气又与 SiO$_2$ 反应生成 Si-O$_x$-H$_y$，加速了氧化产物的消耗。因此，模拟再入环境中的高水分压不仅加速了 SiC 涂层的氧化，更加速了对生成 SiO$_2$ 保护膜的破坏。

4.3.1.2　ZrC/SiC 涂层改性 C/SiC 的烧蚀性能演变行为

由于 ZrC 层氧化生成的疏松多孔 ZrO$_2$ 层很容易被甲烷风洞的高速燃气流冲刷带走而失去对材料的保护作用，因此对 3DN C/SiC 进行了 ZrC/SiC 多层涂层改性。首先将致密 3DN C/SiC 三点弯曲试样和烧蚀试样分别 CVD 厚度约 $2\mu m$、$4\mu m$、$6\mu m$ 的 ZrC 涂层；然后 CVD SiC 80h；接着再分别 CVD 厚度约 $2\mu m$、$4\mu m$、$6\mu m$ 的 ZrC 涂层；然后 CVD-SiC 80h；最终制得 ZrC/SiC 交替涂层改性 3DN C/SiC。其中，致密 3DN C/SiC 体积密度和开气孔率分别为 $1.96\ g/cm^3$ 和 20.7%，试样编号见表 4-2。

ZrC/SiC 多层涂层改性 3DN C/SiC 经甲烷风洞 2000℃ 氧化 9min、15min 和 30min 后，测试其三点弯曲强度保持率（图 4-43[22]）。为了对比不同厚度涂层改性 C/SiC 的氧化后残余弯曲强度，对所有强度进行了归一化处理。在 2000℃ 时，甲烷风洞不能长时间工作，每次工作时间为 4.5~5min 左右，不同氧化时间分别对应 2 次、3 次和 6 次 2000℃ 至室温空冷热震（忽略热震对改性 C/SiC 残余强度的影响）。分析可知，多层交替涂层改性能提高 3DN C/SiC 在甲烷风洞环境中的抗氧化性能。在超高温氧化早期，抗氧化提高效果较为明显。随着氧化进行，3DN C/SiC 的抗氧化性虽也有提高，但提高程度明显减小。而且，在氧化过程中，ZrC 涂层越厚，抗氧化性提高程度越小。

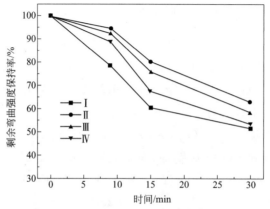

图 4-43　不同多层涂层改性 C/SiC 在甲烷风洞中 2000℃
氧化 0~30min 后的剩余弯曲强度保持率[22]

4.3.2　基体改性 C/SiC 的甲烷风洞烧蚀性能演变行为

4.3.2.1　2D C/SiC-ZrB$_2$ 的组成与结构

2D C/SiC-ZrB$_2$ 复合材料（2D C/SiC-ZrB$_2$）主要由 ZrB$_2$、Si、SiC 和 C 组成，其制备过程主要是：首先将 ZrB$_2$ 微粉与含 1.5%（质量分数）的聚醚酰亚胺（PEI）水溶液按体积比 1:4 混合后，放入球磨罐中球磨 12h，制得 ZrB$_2$ 浆料。按不同的热处理工艺进行致密化：

① 重复浸渍-裂解（900℃）1~5 次后，在 1400℃ 热处理；

② 重复浸渍-裂解（900℃）-热处理（1400℃）4 次。

最后在试样表面沉积 SiC 涂层，工艺条件与 CVI 沉积 SiC 基体时相同。另种热处理工艺制备的复合材料分别称为 C/SiC-ZrB$_2$-Ⅰ、C/SiC-ZrB$_2$-Ⅱ。

对于 C/SiC-ZrB$_2$-Ⅰ，将 ZrB$_2$ 水基浆料和树脂溶液依次进行单向加压能很好地将 ZrB$_2$ 微粉和树脂渗入到纤维束间的孔隙中。树脂固化后，材料内部 ZrB$_2$ 微粉分布均匀，但树脂分布不均，在靠近纤维束表层处存在较多的树脂。由于渗入 ZrB_2 微粉的多孔 C/SiC 干燥时，微粉产生少量收缩，随后单向加压渗入树脂时，较大的孔隙处渗入较多的树脂，因而树脂分布不均（图 4-42[24]）。对于 C/SiC-ZrB_2-Ⅱ，树脂碳较为致密地覆盖在纤维束间 ZrB_2 粉团的外表面，而且残留在试样表面的浆料外层也存在同样情况（图 4-45[24]）。这是由于干燥过程中，有机溶剂在毛细管力的作用下向外迁移，导致树脂向粉团表面迁移，裂解后黏度较大的树脂形成一层碳膜覆盖在微粉团的外表，其干燥机理与水分的干燥过程机理相似。这同时也是 C/SiC-ZrB_2-Ⅰ 固化后树脂分布不均的一个重要原因。

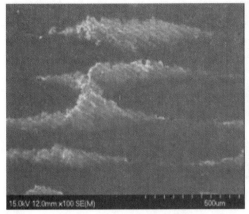 

图 4-44　C/SiC-ZrB_2-Ⅰ 固化后表面形貌[24]　　　图 4-45　C/SiC-ZrB_2-Ⅱ 固化后表面形貌[24]

4.3.2.2　2D C/SiC-ZrB_2 的烧蚀性能演变行为

将不同工艺制备的 2D C/SiC-ZrB_2 在 1800℃ 甲烷风洞环境中烧蚀 30min，测得其质量烧蚀率，如表 4-5 所示。可以看到，C/SiC-ZrB_2-Ⅱ 的质量烧蚀率很高。对于 C/SiC-ZrB_2-Ⅰ，在近表面处不同区域的纤维氧化程度不同。这是由于 C/SiC-ZrB_2-Ⅰ 的表面只沉积了一层 SiC 涂层，烧蚀过程中，涂层无缺陷处的纤维氧化不明显 [图 4-46（a）[24] 左边纤维]，涂层缺陷处的纤维则被消耗 [图 4-46（a）右边纤维]，在这两者间存在纤维氧化的过渡区 [图 4-46（b）[24]]。对于 C/SiC-ZrB_2-Ⅱ，由于渗 Si 前试样表面附着一层树脂，渗 Si 过程中生成不致密的 SiC，烧蚀过程中 SiC 不易被冲刷而残留在 C/SiC-ZrB_2-Ⅱ表层，而留在 C/SiC-ZrB_2-Ⅱ表层的 Si 由于熔点低于燃气温度，在 30min 的烧蚀过程中基本被冲刷，因而在试样表层出现明显烧蚀孔洞，并且在孔洞处纤维被消耗 [图 4-46（c）、（d）[24]]。

表 4-5　不同复合材料在甲烷风洞环境的烧蚀性能[24]

样品	气孔率/%	密度/(g/cm³)	质量损失率/(10^{-5}g/min)
C/SiC-ZrB_2-Ⅰ	7.5	2.30	21.33
C/SiC-ZrB_2-Ⅱ	6.2	2.20	290.00

图 4-46　C/SiC-ZrB₂-Ⅰ和 C/SiC-ZrB₂-Ⅱ在 1800℃甲烷风洞中烧蚀 30min 后的形貌[24]

(a)、(b) C/SiC-ZrB₂-Ⅰ；(c)、(d) C/SiC-ZrB₂-Ⅱ

4.3.3　涂层/基体改性 C/SiC 的甲烷风洞烧蚀性能演变行为及机制

4.3.3.1　多层涂层改性 2D C/ZrC-SiC

用 ZrC 和 ZrB₂ 对 C/SiC 复合材料改性，有望提高其抗氧化烧蚀温度。本节利用新型超支化液态聚碳硅烷（HBPCS）良好的流动性，用液相先驱体浸渍热解法（PIP 工艺）对预致密一定程度的 CVI C/SiC 进行改性。在 C/SiC 复合材料表面制备含 ZrC-ZrB₂-SiC 等组元的涂层体系，考察涂层复合材料在甲烷风洞环境的氧化烧蚀行为及其机理。

图 4-47[31]为不同涂层体系的横断面及表面微结构照片。从图 4-47(a)、(c) 可以看出，CVD ZrC 涂层致密连续，厚度约为 $8\mu m$。如前所述，在 PIP 过程中，先驱体陶瓷化由于体积收缩会形成大量裂纹 [图 4-47(a)]。在沉积 ZrC 过程中，ZrC 涂层首先充填至裂纹中，随后在其上形成连续致密的 ZrC 涂层 [图 4-47(a)]。ZrB₂-CVD SiC 混合涂层断面如图 4-47(e) 所示，ZrB₂ 粉体覆盖在复合材料表面，沉积 SiC 首先充填到 ZrB₂ 粉体颗粒之间的间隙，进而将粉体颗粒结合在一起，形成了 ZrB₂-SiC 混合涂层。随后，在该混合涂层上沉积一定厚度的纯 SiC 涂层。图 4-47(c) 为 SiC-CVD ZrC 混合涂层断面，即 SiC 粉体覆盖在复合材料表面后，沉积 ZrC 形成 ZrC-SiC 结合层和 ZrC 层，称为 SiC-CVD ZrC 混合涂层。

另外，由图 4-47(b) 和图 4-47(d) 可以看出，复合材料涂层存在少许裂纹。这主要是由于沉积过程中 ZrC 涂层和 SiC 陶瓷基体的热膨胀系数失配造成。而 CVD SiC 涂层则为连续致密层 [图 4-47(f)]。不同涂层体系的结构示意图见图 4-48[31]。

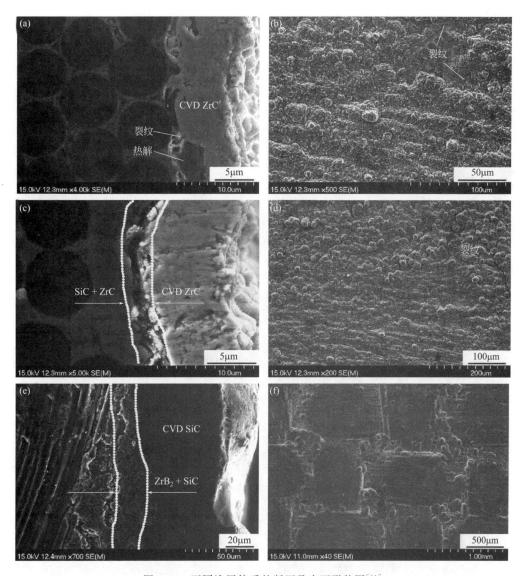

图 4-47　不同涂层体系的断面及表面形貌图[31]

（a）CVD ZrC 涂层断面；（b）CVD ZrC 涂层表面；（c）SiC-CVD ZrC 混合涂层断面；
（d）SiC-CVD ZrC 混合涂层表面；（e）ZrB$_2$-CVD SiC 混合涂层断面；（f）ZrB$_2$-CVD SiC 混合涂层表面

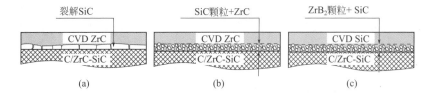

图 4-48　不同涂层体系示意图[31]

（a）CVD ZrC 涂层；（b）SiC-CVD ZrC 混合涂层；（c）ZrB$_2$-CVD SiC 混合涂层

将三种涂层的 C/ZrC-SiC 复合材料（C/ZrC-SiC）同时在甲烷风洞中 1800℃氧化 30min。氧化后试样表观形貌如图 4-49[31] 所示。由图可以看出，与未氧化试样［图 4-47(b)、(d)］相比，CVD ZrC 和 SiC-CVD ZrC 混合涂层复合材料表面破坏严重 [图 4-49（a）、（c）]，基体剥落严重，大量纤维裸露 [图 4-49（b）、（d）]。而 ZrB$_2$-CVD SiC 混合涂层表面形貌变化不大 [图 4-47（f）、（e）]。前两种复合材料质量损失率分别为 7.08% 和 6.50%，远高于 ZrB$_2$-CVD SiC 混合涂层复合材料的质量损失率（1.06%）。XRD（图 4-50[31]）分析表明，CVD ZrC 和 SiC-CVD ZrC 混合涂层复合材料表面氧化后产物 [图 4-49（b）、（d）] 主要为 SiO$_2$ 和 ZrO$_2$（白色相）或是其化合物。由此可推断出在甲烷风洞中 1800℃氧化反应如下：

$$SiC + 3/2O_2 \longrightarrow SiO_2 + CO \tag{4-23}$$

$$ZrC + 3/2O_2 \longrightarrow ZrO_2 + CO \tag{4-24}$$

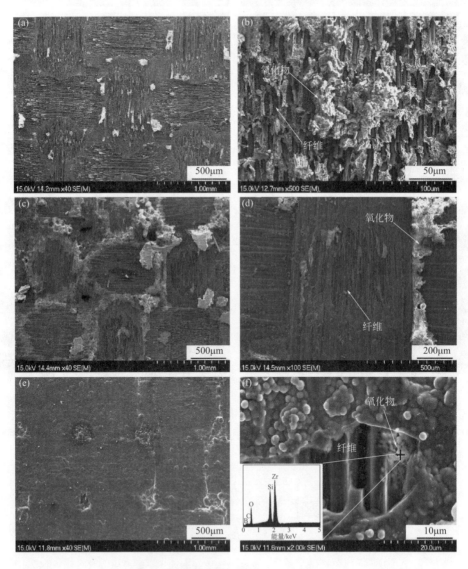

图 4-49　氧化实验后试样表面形貌[31]

（a）CVD ZrC 涂层（×40）；（b）CVD ZrC 涂层（×500）；（c）SiC-CVD ZrC 混合涂层（×40）；
（d）SiC-CVD ZrC 混合涂层（×100）；（e）ZrB$_2$-CVD SiC 混合涂层（×40）；（f）ZrB$_2$-CVD SiC 混合涂层（×2000）

即使沉积了 ZrC 涂层，CVD ZrC 涂层复合材料表面在甲烷燃烧气氛中氧化后还是出现了严重的破坏。在氧化过程中，ZrC 氧化形成 ZrO$_2$ 和 CO 气体，表现为线性（无保护作用）氧化反应动力学特征，从而导致整个复合材料在较短时间内快速氧化破坏。另外，甲烷燃烧生成的水蒸气会进一步加速复合材料的氧化。图 4-48（b）为 SiC-CVD ZrC 混合涂层复合材料结构示意图。与 CVD ZrC 涂层复合材料的氧化相类似，SiC-CVD ZrC 混合涂层复合材料表面的 ZrC 涂层在甲烷风洞中首先被快速氧化后进入混合涂层，结合 SiC 粉体的 ZrC 同样被迅速氧化。此时，SiC 粉体或者它的氧化产物 SiO$_2$ 在失去 ZrC 结合后被气流冲刷脱掉，从而失去对整个复合材料的保护作用。随后，氧化性气体通过复合材料的气孔或裂纹进入材料内部，氧化将在整个复合材料内进行，最终导致复合材料破坏，这也是 CVD ZrC 涂层复合材料和 SiC-CVD ZrC 混合涂层复合材料失重率较大的原因。另外，这两种涂层氧化产物的 XRD［图 4-50（a）、（b）］结果基本相同，同时具有相类似的氧化形貌［图 4-49（a）、（c）］和氧化失重，说明这两类涂层具有相似氧化机理。结果表明在失去最外层涂层保护后，SiC-CVD ZrC 混合涂层复合材料中 SiC 粉体和 CVD ZrC 复合材料涂层体系中的 HBPCS 转化 SiC 陶瓷均不能有效提高复合材料的抗氧化性能。

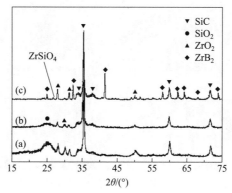

图 4-50　不同涂层体系复合材料氧化后的 XRD 图谱[31]

（a）CVD ZrC 涂层；（b）SiC-CVD ZrC 混合涂层；（c）ZrB$_2$-CVD SiC 混合涂层

　　ZrB$_2$-CVD SiC 混合涂层是决定复合材料氧化前后形貌和质量损失变化不大的关键因素。由图 4-50（c）的 XRD 图谱并结合能谱分析［图 4-49（f）］可知，ZrB$_2$-SiC 混合涂层复合材料氧化产物中出现了 ZrO$_2$ 和 ZrSiO$_4$，表明在甲烷风洞环境中，除了 SiC 的氧化反应［式(4-23)］外，还存在 ZrB$_2$ 的氧化反应：

$$ZrB_2 + 5/2O_2 \longrightarrow ZrO_2 + B_2O_3 \qquad (4-25)$$

　　前期结果表明，CVD SiC 涂层不可避免地存在缺陷，这些缺陷成为氧化性气氛进入材料内部的通道，由此导致 ZrB$_2$ 粉体甚至复合材料氧化。在氧化初期，随氧化温度升高，ZrB$_2$ 的氧化产物主要为 ZrO$_2$ 和液态 B$_2$O$_3$。低温下，液态 B$_2$O$_3$ 在挥发之前起到氧化保护作用。然而，B$_2$O$_3$ 在 1200℃ 以上将剧烈挥发，导致涂层体系中只留下多孔 ZrO$_2$。ZrB$_2$-CVD SiC 混合涂层复合材料氧化后的 XRD 图谱［图 4-50（c）］和 EDS 能谱［图 4-49（f）］分析证明，试样中仍存在部分 ZrB$_2$，表明在高温下（>1200℃），SiC 涂层可有效阻止复合材料及 ZrB_2 的氧化。甲烷风洞的高流速氧化性气体和水蒸气将加快复合材料表面和内部的氧化硅和氧化锆等氧化产物的形成。与前两种涂层体系的复合材料氧化不同，ZrB_2-CVD SiC 混合涂层复合材料表面的氧化通道可被氧化产物有效封填而阻止氧化气氛侵入 [图 4-49(f)]，保护了复合材料的基体及增强体。因此，其氧化后试样形貌变化不大，氧化后质量损失率也仅有 1.06%。

4.3.3.2 多层涂层改性 3D C/ZrB_2-SiC

采用浆料浸渗结合 PIP 工艺制备得到 3D C/ZrB_2-SiC。真空浸渗使 ZrB_2 水基浆料通过复合材料气孔或裂纹进入材料内部，优先充填在纤维束间和复合材料表面的较大孔隙中，导致复合材料表面至内部的通道减少，复合材料内部仍存在较多大尺寸孔洞 [图 4-51(a)]，HBPCS 裂解 SiC 陶瓷基体将 ZrB_2 粉体颗粒紧密结合在一起 [图 4-51(b)]。使后续液态 HBPCS 的 PIP 工艺困难，最终使复合材料从表面至内部存在一定密度梯度，导致大多数气孔以闭气孔的形式存在于复合材料中，测得 3D C/ZrB_2-SiC 密度和气孔率分别为 1.77g/cm^3 和 20%。

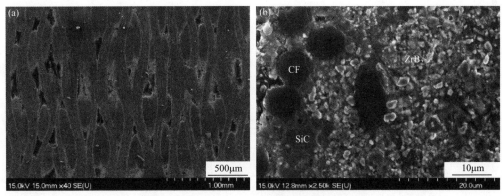

图 4-51　3D C/ZrB_2-SiC 复合材料的截面图[31]

(a) 低倍；(b) 高倍

ZrC-SiC 交替涂层体系由三部分涂层构成 (图 4-52)：①最底部的 CVD SiC 涂层；②中间较薄的 ZrC 涂层；③最外层的 CVD SiC 涂层。研究发现，CVD ZrC 涂层的厚度约为 $3\sim5\mu m$。

不同体系涂层的 C/ZrB_2-SiC 同时在氧-乙炔火焰条件下烧蚀 20s，火焰中心温度约为 3000℃。SiC-ZrC-SiC 多层涂层体系的复合材料不仅具有较低的烧蚀坑 (图 4-53[31])，而且具有较低的质量烧蚀率和线烧蚀率 (见表 4-6[31])。

表 4-6　不同涂层体系的 3D C/ZrB_2-SiC 的烧蚀性能[31]

样品	涂层结构	质量烧蚀率/(g/s)	线烧蚀率/(mm/s)
1#	ZrB_2 粉末+CVD SiC	0.0117±0.0005	0.071±0.002
2#	CVD SiC-ZrC-SiC	0.0096±0.0005	0.041±0.002
3#	CVD SiC	0.0126±0.0005	0.078±0.002

图 4-52　ZrC-SiC 多层涂层结构示意图[31]　　图 4-53　ZrC-SiC 多层涂层试样烧蚀后表面形貌[31]

　　SiC-ZrC-SiC 多层涂层复合材料烧蚀坑边缘产物主要包括 ZrO$_2$（白色相），SiO$_2$ 或者两者的化合物（图 4-54[31]）。表明在氧-乙炔烧蚀过程中，除了以上的 SiC 反应外，还存在如下反应：

$$ZrB_2(s) + O_2(g) \longrightarrow ZrO_2(l) + B_2O_3(g) \qquad (4-26)$$

$$ZrC(s) + O_2(g) \longrightarrow ZrO_2(l) + CO(g) \qquad (4-27)$$

图 4-54　ZrC-SiC 多层涂层试样烧蚀
后表面形貌及其 EDS 分析[31]

当氧-乙炔焰到达 SiC-ZrC-SiC 多层涂层复合材料中的 ZrC 涂层时，复合材料表面会形成有利于提高材料烧蚀性能的 ZrO$_2$ 层。虽然 ZrC 涂层的厚度仅有 3～5μm，但其氧化产物可有效阻止复合材料的烧蚀过程，在 SiC-ZrC-SiC 多层涂层复合材料的烧蚀坑边缘，其烧蚀温度分别约为 2300℃。由此可以推断出，SiC-ZrC-SiC 多层涂层可使复合材料的烧蚀温度提升到约 2200℃。

4.3.4　C/SiC 煤油燃气风洞烧蚀性能演变行为及机制

4.3.4.1　C/SiC 烧蚀性能演变行为

　　将长条形 C/SiC 试样置于高温燃气风洞喷管出口处进行氧化，距离燃气火焰中心 70mm 范围内的温度为 1250℃，喷管壁面附近的温度（即燃气火焰边缘处的温度）为 800～1000℃。其中，O$_2$ 和 H$_2$O(g) 的分压分别为 8288Pa 和 13678Pa。氧化后的力学性能测试分别在试样上距离火焰中心的五个不同位置上进行（图 4-55[32]）。

　　C/SiC 在发动机燃气火焰不同区域处的残余弯曲

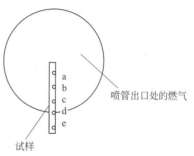

图 4-55　试样上距离火焰
中心的 5 个位置标示[32]

强度和断裂功如图 4-56[32]所示。其中，前五个横坐标点分别表示距离火焰中心的位置，而距离火焰中心 150mm 处的力学性能表示试样的室温力学性能。由图 4-56 可见，试样残余强度的变化趋势与断裂功的趋势一致。试样在距离火焰中心较近的位置具有与未氧化前相近的力学性能。随着与火焰中心之间距离的增加，试样的力学性能显著降低，试样在火焰边缘处的力学性能达到最低；而试样在火焰外的区域随着与火焰中心之间距离的增

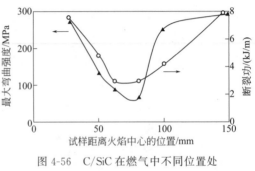

图 4-56   C/SiC 在燃气中不同位置处
的力学性能变化规律曲线[32]

加，力学性能开始上升。发动机喷管出口处的燃气火焰温度在靠近喷管中心的 80% 的区域内为 1250℃，而在靠近喷管壁面的 20% 的区域内火焰温度在 800~1000℃ 的范围内变化。这说明残余弯曲强度和断裂功的变化与氧化温度有关。

由图 4-57[32]和图 4-58(a)[32]可见，靠近火焰中心的位置处的断口表现出广泛的纤维拨出特点，而靠近火焰边缘处的断口较为平整，表现出脆性断裂的特征。这与图 4-56 的实验结果相吻合，说明碳纤维在火焰边缘处的氧化最为严重，而在火焰中心处的氧化较为轻微。

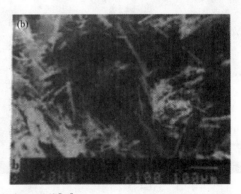

图 4-57   C/SiC 的断口形貌[32]

（a）靠近火焰中心的位置；（b）在火焰边缘的位置

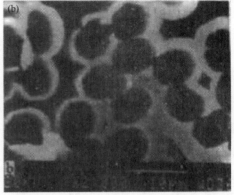

图 4-58   C/SiC 断口的局部区域形貌[32]

（a）靠近火焰中心的位置；（b）在火焰边缘的位置

由此表明温度对于 C/SiC 氧化失效的影响是极其关键的。由微结构观察可以发现，试样在燃气中的不同位置处具有不同的氧化失效特点。图 4-58[32] 表明在不同火焰区域处氧化的 C/SiC 试样的断口特点：在靠近火焰中心处的试样，材料内部的纤维氧化较少［图 4-58(a)］；但是在火焰边缘处的试样，材料内部大面积的碳纤维已经被氧化消耗［图 4-58(b)］。

4.3.4.2　C/SiC 烧蚀性能演变机制

已有的研究表明，基体裂纹和孔隙导致氧容易向碳相内部扩散。复合材料的氧化行为与这些基体裂纹的形态有关，还与基体孔隙的分布及含量有关。裂纹的宽度取决于温度及纤维与基体的热膨胀不匹配程度。因此，暴露于火焰不同区域中的 C/SiC 的不同氧化行为是由于基体微裂纹形态的改变导致的。裂纹宽度（e）作为温度的函数可以用线性的关系表示：

$$e(T)=e_0\left(1-\frac{T}{T_0}\right) \tag{4-28}$$

式中，e_0 是室温下的裂纹宽度；T 是测试温度；T_0 是裂纹开口宽度为零的温度。对于 2D C/SiC，T_0 约为 900℃。对于 3D C/SiC，微裂纹网络更为复杂，而且一些微裂纹碎片会阻碍裂纹的闭合，从而 T_0 可能高于 1000℃。在火焰边缘的区域，温度在 800～1000℃ 的范围内。在这个温度区间内，裂纹没有闭合。氧化性气体沿着裂纹深度方向扩散；在氧化后期，氧气在试样内部的扩散导致碳纤维被严重氧化。但是，在靠近火焰中心的区域，温度高达 1250℃，在这个温度下，裂纹已经开始愈合。因此，气体沿着裂纹的扩散变得越来越困难，这导致纤维的氧化程度降低。

试样的 a、b、c 处具有相同的氧化温度，但是力学性能却逐次降低。这是由于燃气中的氧化性气体可以由试样在低温处的微裂纹扩散进入复合材料内部，从而造成高温端的氧化。距离低温端越近，试样氧化越严重。另一方面，上述结果也并不意味着 C/SiC 可以有效地抵制高于 1250℃ 的燃气的氧化。它们只是表明，在所研究的条件下（尤其在相当短的时间内），C/SiC 在 1250℃ 的燃气中氧化后性能的降低并不明显。值得注意的是，燃气中的流速非常高。流速是一个非常重要的因素。Opila 和 Hann 已经揭示，当 H_2O/O_2 混合气体流过平坦的 SiC 基底时，H_2O 对基底造成氧化并且同时以气态 $Si(OH)_4$ 挥发的形式使 SiO_2 薄膜的厚度降低。这个反应造成基底以一定的速度衰退，衰退速度取决于燃气流速。衰退速度如下式所示：

$$k_1 \propto \frac{v^{1/2}p_{OX}^2}{p_t} \tag{4-29}$$

式中，k_1 是 SiC 表面的线性衰退速度；v 是燃气的流速；p_{OX} 是氧化剂的分压；p_t 是燃气的总压。Linus 的研究表明，在含有水蒸气 10% 的快速燃气中氧化 100～150h 后。SiC/BN/SiC 复合材料的强度损失了超过 60% 并且断裂应变损失了 90% 以上。因此，随着 SiC 厚度的降低，氧化剂有可能深入到复合材料内部。如果氧化时间足够长，那么，尽管裂纹 1250℃ 可以愈合，C/SiC 的力学性能也将大幅度降低。

综上所述，C/SiC 在 1250℃ 的高速燃气中较短时间氧化时，力学性能没有明显的降低；而在 800～1000℃的燃气中氧化后，力学性能大幅度降低。暴露于火焰不同区域中的 C/SiC 试样的不同氧化行为是由于基体微裂纹形态的改变导致的。在 1250℃，C/SiC 基体的裂纹已经开始愈合。因此，气体沿着裂纹的扩散非常困难，纤维不容易被氧化。在 800～1000℃的范围内，裂纹没有愈合，氧化性气体沿着裂纹深度方向扩散，对碳纤维造成严重的氧化[32]。

4.4 小结

超高温结构复合材料在高速气流中的烧蚀是热化学烧蚀、热物理烧蚀和机械剥蚀综合作用的结果。其中，温度是导致烧蚀的主要原因，氧化是第二因素，气流冲刷是第三因素。碳纤维的高导热性对超高温结构复合材料的表面温度影响很大，通过纤维预制体结构改变导热方向和导热系数可影响复合材料的烧蚀性能。基体、涂层及其氧化物的熔点和沸点（或升华温度）越高，则复合材料的抗烧蚀性能越好。

参考文献

[1] 宿孟. 碳/碳化硅复合材料激光烧蚀性能研究 [D]. 西安：西北工业大学，2013.

[2] 郑启光，辜建辉. 激光与物质相互作用 [M]. 武汉：华中理工大学出版社，1996：55-57.

[3] 郝达福. 激光等离子体点燃机理分析与阈值测试研究 [D]. 南京：南京理工大学，2006.

[4] 方荣川. 固体光谱学 [M]. 合肥：中国科学技术大学出版社，2001：16-18.

[5] 赵奉东，田宗漱. 偏心圆孔板弯曲时的三维应力集中 [J]. 机械强度，2001，23（1）：11-14.

[6] 赵伟，向阳开. 三点弯曲梁裂缝应力强度因子有限元分析 [J]. 重庆交通大学学报，2007，26：1-3

[7] Radtke C，Baumvol IJR，Morais J. Initial stages of SiC oxidation investigated by ion scattering and angle-resolved X-ray photoelectron spectroscopies [J]. Appl. Phusics Lett.，2001，78（23）：3601-3603.

[8] HeH，Zhou X. Ablative Control Mechanism in Solid Rocket Nozzle [J]. J. Prop. Technol.，1993，14（4）：36-41.

[9] Her TH. Femtosecond-Laser-Induced Periodic Self-Organized Nanostructures [J]. Compr. Nanosci. Technol.，2011，4：277-314.

[10] Sigman AE，Fauchet PM. Stimulated Wood's Anomalies on Laser-illuminated Surface [J]. IEEE J. Quantum Electron，1986，22（8）：1384-1403.

[11] Young JF，Sipe JE，Preston JS，et al. Laser Induced Periodic Surface Damage and Radiation Remnents [J]. Appl. Phys. Lett.，1982，41：261-264.

[12] 殷小伟. 3D C/SiC 复合材料的环境氧化行为 [D]. 西安：西北工业大学，2001.

[13] Brook RJ. Controlled Grain Growth [J]. Treatise Mater. Sci. Technol.，1976，9：331-364.

[14] Zhang YN，Zhang LT. Friction of a C/SiC Composite Bearing in Air and in Combustion Environments [J]. Int. J. Appl. Ceram. Technol.，2009，6（2）：171-181.

[15] 潘育松. 碳/碳化硅复合材料的环境烧蚀性能 [D]. 西安：西北工业大学，2004.

[16] 宋桂明，武英，白厚善. TiC 颗粒增强钨基复合材料的烧蚀性能 [J]. 中国有色金属学报，2000，10（3）：313-317.

[17] Auweter M，Hilfer G. Investigation of Oxidation Protected C/C Heat Shield Material in Different Plasma Wind

Tunnels［J］. Acta Astronautica，1999，45（2）：93～108.

［18］　Tacshi G，Hishashi H. High-Temperature Active/passive Oxidation and Bubble Formation of CVD SiC in O₂ and CO₂ Atmospheres［J］. J. Eur. Ceram. Soc.，2002，（22）：2749～2756.

［19］　艾尔沃德 GH，劳德利 TJV. 化学数据表［M］. 周宁怀 译. 北京：高等教育出版社，1985.

［20］　王克秀. 固体火箭发动机复合材料基础［M］. 北京：宇航出版社，1994：193～194.

［21］　聂景江. 三维针刺 C/SiC 复合材料的环境性能和结构演变［D］. 西安：西北工业大学，2009.

［22］　刘巧沐. 气相沉积碳化锆的制备工艺及应用基础［D］. 西安：西北工业大学，2011.

［23］　黄海明，杜善义，吴林志，等. C/C 复合材料烧蚀性能分析［J］. 复合材料学报，2001，18（3）：76～80.

［24］　童长青. C/SiC 复合材料基体改性工艺方法、结构与性能［D］. 西安：西北工业大学，2007.

［25］　刘持栋. C/C 在多因素热力耦合环境中的性能演变与损伤机制［D］. 西安：西北工业大学，2009.

［26］　张亚妮. 模拟再入大气环境中 C/SiC 复合材料的行为研究［D］. 西安：西北工业大学，2008.

［27］　Opila EJ，Hann RE. Paralinear oxidation of CVD SiC in water vapor［J］. J. Am. Ceram. Soc.，1997，80（1）：197-205.

［28］　Opila EJ，Smialek JL，Robinson RC，et al. SiC recession caused by SiO₂ scale volatility under combustion conditions：II，thermo dynamcis and gaseous diffusion model［J］. J. Am. Ceram. Soc.，1999，82（7）：1826-1834.

［29］　Deal BE，Grove AS. General relationship for the thermal oxidation of silicon［J］. J. Appl. Phys.，1965，36（12）：3770-78.

［30］　Irene EA，Ghez R. Silicon oxidation studies：The role of H₂O［J］. J. Electrochemical Soc.，1977，124（11）：1757-1761.

［31］　李厚补. 液态超支化聚碳硅烷的应用基础研究［D］. 西安：西北工业大学，2009.

［32］　殷小伟，成来飞，张立同，等. 3D C/SiC 复合材料在燃气中的氧化行为［J］. 兵器材料科学与工程，2000，23（5）：3-7.

第 5 章

超高温结构复合材料
热/力/介质耦合环境行为

超高温结构复合材料的服役环境通常都是极端的热/力/氧耦合环境，研究材料在上述环境中的性能演变行为和机制，对复合材料的损伤容限确定、复合材料的结构设计与性能改进都非常重要和必要。本章主要介绍 SiC 涂层 C/C（SiC-C/C）和 C/SiC 的热/力/介质耦合环境行为，包括高温/静态/水氧耦合、高温/低速/水氧耦合下材料疲劳、蠕变的演变规律，高温/亚声速/水氧耦合下材料的蠕变性能演变规律。其中，高温/低速/水氧耦合环境下材料的烧蚀行为使用甲烷风洞进行模拟，高温/亚声速/水氧耦合环境下材料的烧蚀行为采用煤油燃气风洞进行模拟。所涉及的 SiC-C/C 包括针刺 C/C 和 2D C/C 两种，其中针刺 C/C 的基体制备方法为 CVI 和液相浸渍/碳化混合制备法，2D C/C 的基体则采用 CVI 工艺沉积；所涉及的 C/SiC 包括 2D C/SiC 和 3D C/SiC，其基体均采用 CVI 工艺沉积。上述材料在达到所需密度后，根据所需尺寸进行机械加工。随后采用 CVD 工艺沉积 2～3 层 SiC 涂层，每层厚度大约为 $50\mu m$。

5.1　SiC-C/C 的疲劳性能

5.1.1　高温/静态/水氧耦合下 SiC-C/C 疲劳性能演变行为及机制

5.1.1.1　SiC-C/C 疲劳性能演变行为

针刺 C/C 和 2D C/C 在 1300℃、水氧耦合（81.2% Ar，12.8% O_2，6% H_2O）环境下的寿命-疲劳应力关系如图 5-1[1] 所示。由图可见，对于两种材料，疲劳氧化寿命的总体趋势均随着应力的增大而减小。在 90MPa 的疲劳应力下，疲劳氧化寿命也仅有 5×10^4 次循环左右。同时，随着应力的增大，两种复合材料的疲劳寿命显著降低。因此，可以断定材料承载能力的快速下降与高温氧化性环境及外加应力有密切关系。

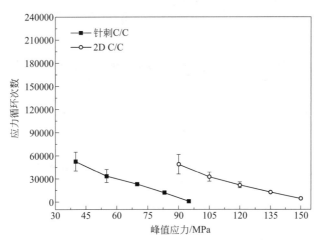

图 5-1　针刺 C/C 和 2D C/C 在水氧耦合环境下的寿命-疲劳应力关系[1]

当 C/C 在高温氧化性环境中受载时，应力将拉开已经存在的裂纹，进而导致环境中的氧化性气体向材料内部扩散。虽然材料在循环应力下受载，且应力的最小值 σ_{min} 接近于零，

图 5-2　近涂层区域的碳纤维氧化形貌[1]

但是在不断地循环加载过程中，材料物理损伤的积累使得材料发生了不可逆的轴向伸长。在这种情况下，即使在某一循环中的最小应力点，材料本身和 SiC 涂层的裂纹也不能闭合，外界氧化性气体可以不断地向内扩散。另外，由于外界环境在加载过程中的不断侵蚀，C/C 的主要承载组元——碳纤维受到氧化（见图 5-2[1]），使得材料的承载能力显著下降。承载纤维从复合材料外部逐渐向内的氧化消耗，引起材料实际承载面积的减小，从而在整个试验过程中材料所受的实际应力不断增大。一旦实际应力超过了 C/C 的最大拉伸强度，材料将发生破坏。

　　国内外学者在对纤维增韧陶瓷基复合材料的循环加载试验中亦发现了棘轮应变的增加和模量的衰减现象[2-5]。棘轮应变是每个加载-卸载循环内的平均应变，本章采用较为广泛使用的简便计算法，即：

$$\varepsilon_r = \frac{\varepsilon_{max} + \varepsilon_{min}}{2} \tag{5-1}$$

　　式中，ε_{max} 为一个循环周次中的最大轴向应变；ε_{min} 为一个循环周次中的最小轴向应变；ε_r 为棘轮应变。根据上式，可以根据试验数据做出棘轮应变与循环次数的关系曲线，如图 5-3[1] 所示。在不同应力下，材料的应变在试验初期均表现出了显著增加，随后逐渐趋于平稳状态，而在接近破坏阶段再次突增。

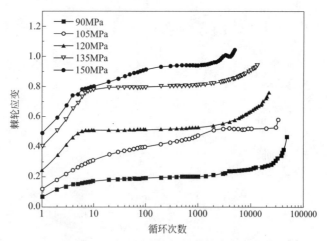

图 5-3　针刺 C/C 在不同应力下的棘轮应变变化曲线[1]

　　在割线模量定义的基础上，对在不同应力下疲劳的 C/C 试样进行了模量分析。图 5-4[1] 做出了针刺 C/C 在五种不同应力下的损伤因子变化曲线。所有曲线在最初阶段均表现出模量的快速降低，这一点与 C/C 的室温疲劳特性相同，原因都是由于循环加载初期材料内部损伤的快速积累。与室温疲劳的模量变化曲线所不同的是，在高温氧化性环境中，材料的疲劳氧化寿命大大降低。另外，通过与室温疲劳试验下材料断裂时的损伤因子比较，发现高温氧化环境下疲劳断裂时的损伤因子均大于室温数据。割线模量是材料内部总体损伤的宏观表征参数，损伤因子的增大说明在高温氧化性环境中材料受到了更多的损伤。

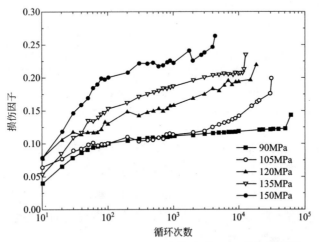

图 5-4 针刺 C/C 在不同应力下的损伤因子变化曲线[1]

选取两种不同的水氧气氛进行对比研究。两种气氛的组分如表 5-1[1] 所列，最主要的差异在于气氛 1 中水蒸气的含量远低于气氛 2。2D C/C 在两种气氛下的寿命对比曲线见图 5-5[1]。可以看到，C/C 在气氛 2 中的疲劳氧化寿命要显著低于在气氛 1 中的值。同时，材料在两种环境中的寿命的分散度随着应力的增大而逐渐缩小，并且在气氛 2 中寿命的分散度也略高于气氛 1。

表 5-1 两种氧化性环境的气体组分[1]

水氧气氛	气体组分(体积分数)/%		
	Ar	O_2	H_2O
气氛 1	81.2	12.8	6.0
气氛 2	47.8	17.3	34.9

当 C/C 中的碳相在氧化性气氛中时，发生的主要化学反应有：

$$2C + O_2 = 2CO \tag{5-2}$$

$$C + O_2 = CO_2 \tag{5-3}$$

$$C + H_2O = CO + H_2 \tag{5-4}$$

很明显，复合材料中的碳相通过与环境气氛中的氧气或者水蒸气反应生成气态物质，使得复合材料内部的基体与承载纤维不断消耗。

C/C 的寿命分散性比较大。首先，C/C 复合材料的碳基体与其表面的 SiC 涂层的热

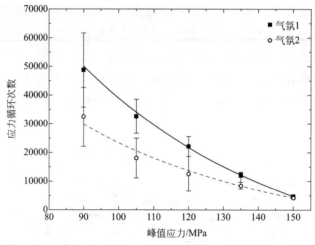

图 5-5　2D C/C 在两种氧化性气氛下的寿命-应力关系曲线[1]

物理相容性差，涂层裂纹分布及宽度不均匀，裂纹宽度受外加应力影响相对较小；而且由于涂层发生的剥落现象，导致寿命的可预测性更差，分散度较大。其次，C/C 的基体和界面都受到氧化，对于复合材料的裂纹偏转和均匀承载能力均有显著影响，材料的强度和韧性会受到不同程度的影响，这也是 C/C 寿命分散度大的原因之一。

5.1.1.2　SiC-C/C 疲劳性能演变机制

疲劳应力的大小直接影响材料的氧化程度。图 5-6[1]为 2D C/C 断口形貌，图片拍摄于靠近断口截面中心部位。由于试验中采用的最低应力为 90MPa，显著高于材料的比例极限（材料所承受的应力和应变保持线性变化的最大应力值，称为比例极限），根据研究结果可知，此应力足以拉开 C/C 表面涂层的微裂纹[6,7]。在高温氧化性气氛中，C/C 的基体裂纹亦被拉开，增强纤维的有效承载面积减少使材料的柔性增加，在这两者的作用下，材料表现出了明显的棘轮应变增加。疲劳应力越大，裂纹宽度越大，并且疲劳应力使得裂纹密度不断增加，因而纤维的氧化越加严重，材料寿命越短。从断口形貌可见，在疲劳应力为 90MPa 的情况下，靠近材料界面中心部位的氧化均比较轻微，纤维束内呈现出一种梯度氧化，即靠近束内芯部的纤维氧化较少，靠近纤维束缘部的氧化较为严重，是一种明显的扩散控制的氧化机制。随着应力增大到 120MPa 甚至 150MPa，这种梯度的氧化形貌越加显著，C/C 内部裂纹路径上的纤维发生"颈缩"效应，这主要是由于反应控制的氧化机制所导致的。在这种情况下，复合材料的承载能力急剧下降，材料寿命急剧降低。

值得注意的是，疲劳应力越大，寿命的分散性越小。由疲劳氧化寿命数据（见图 5-5）可知，在 90MPa 下，2D C/C 寿命的分散度比 150MPa 下的数据高出两个数量级。这主要是由于材料本身微裂纹的不均匀性所造成的。对于本章所涉及的复合材料，无论是涂层裂纹还是材料内部基体裂纹，其分布和宽度都不均一。在应力较小时，这种不均匀性引起了氧化气体分扩散速率的不均匀性，从而引起了寿命的分散。应力较大时，裂纹的分布和宽度在更大程度上受到应力的控制。因此，材料的寿命主要由应力控制，分散性

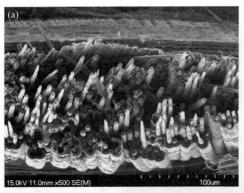
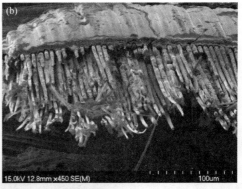
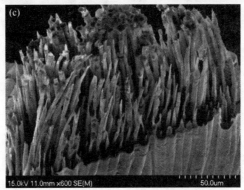

图 5-6　2D C/C 在氧化性环境中不同疲劳应力下的断口形貌

（a）90MPa；（b）120MPa；（c）150MPa

减小。

由式(5-2)～式(5-4) 可以看出，无论是碳与氧气或是与水蒸气反应，反应后的气体体积都是增大的，即反应后产生了更多摩尔的气体产物。这种反应的结果必然导致复合材料内部压力升高，气体产物要通过涂层裂纹扩散逸出，这一点可以通过对涂层表面的微结构特征观察加以证明。

图 5-7[1] 是 SiC 涂层在两种环境下试验后的表面形貌。可以看到，在气氛 1 中 SiC 涂层表面在冷却至室温后发生了结晶现象。XRD 分析表明表面的氧化膜是方石英（图 5-8[1]）。而在气氛 2 中，在 SiC 涂层的裂纹处发现了簇状生长的针状结晶物质。通过 XRD 分析，发现涂层表面生成了更多的方石英，并伴随有少量的鳞石英。显然，水蒸气含量的增加有利于方石英的析晶，并且有可能促进高温下非晶氧化硅析晶为鳞石英。

2D C/C 的热膨胀系数约为 $1 \times 10^{-6} \mathrm{K}^{-1}$[8]，而化学气相沉积 SiC 涂层的热膨胀系数约为 $6 \times 10^{-6} \mathrm{K}^{-1}$[9]。对于 C/C 来说，它与 SiC 之间较大的热膨胀系数差异使得 SiC 涂层不能很好与之结合。在试验中发现，随着循环加载的进行，C/C 表面不仅出现了更多的涂层裂纹，甚至出现了 SiC 涂层的剥落现象［见图 5-9(a)］。在图 5-9(b) 的形貌图中可见，裂纹密度越大的区域剥落现象越严重。涂层的剥落使得 C/C 失去保护，氧化性气氛的侵蚀引起材料快速失效。

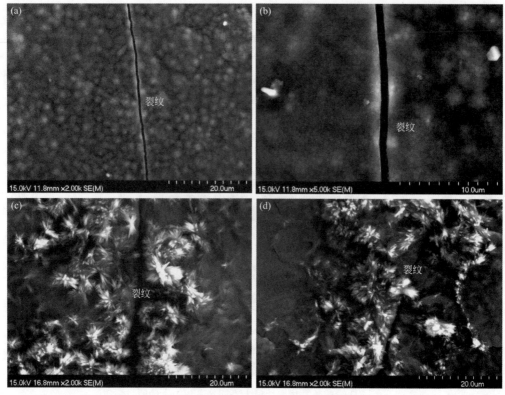

图 5-7 在不同气氛下试验后的 SiC 涂层形貌[1]

(a)、(b) 气氛 1；(c)、(d) 气氛 2

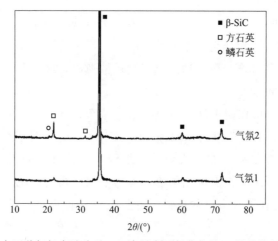

图 5-8 在两种气氛中试验后 SiC 涂层表面氧化物的 X 射线衍射分析[1]

5.1.1.3 SiC-C/C 疲劳性能演变预测

（1）疲劳性能演变模型的构建

① 应力氧化失效判据 为方便起见，设 SiC-C/C 垂直于加载方向的横截面为圆面，圆面半径为 R，如图 5-10[1]。材料经过时间 t 的应力氧化试验后，C/C 的氧化深度为 r，则复合材料的失效判据为：

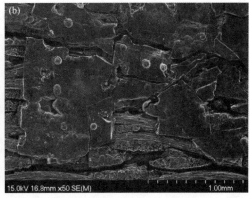

图 5-9　C/C 表面 SiC 涂层剥落的形貌[1]

（a）SiC 涂层部分脱落；（b）SiC 涂层完全脱落

$$\frac{S_0}{S_t} = \frac{\sigma_0}{K\sigma_{\max}} \tag{5-5}$$

式中，S_0 为原始试样截面积，$S_0 = \pi R^2$；S_t 为试验时间 t 后的有效承载面积，$S_t = \pi(R-r)^2$；$\sigma_{\max}$ 为最大循环应力；K 为应力集中系数，与裂纹的形状及尺寸有关。当此式成立时，C/C 处于失效的临界状态。

为方便分析，特作以下基本假设：

a. 根据 Mall 等人[11] 的研究，在加载频率不是特别高（几百赫兹）或者特别低（10^{-1} Hz 数量级以下）的条件下，认为频率不会对材料造成局部升温。

b. 认为材料在试验之前没有明显的制备缺陷。

c. 认为由于循环加载所导致的材料裂纹在试样标距段均匀分布，不存在主裂纹，材料失效时在随机某裂纹处发生破坏。

d. 认为增强纤维在复合材料内部均匀分布。

e. 在拉-拉疲劳应力作用下，认为不能在 SiC 涂层表面形成完整的 SiO_2 保护膜[12]。

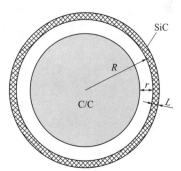

图 5-10　受到氧化损伤的
C/C 截面示意图[1]

② 碳相的质量消耗　当温度高于 1000℃时，碳相的氧化主要是由扩散控制。在不考虑外加应力的条件下，碳相的氧化过程主要包括以下四步：

a. 氧化性气氛扩散进入 SiC 裂纹；

b. 氧化性气氛与 SiC 裂纹内壁反应生成 SiO_2；

c. 碳基体、碳纤维与氧化性气氛发生反应生成 CO；

d. CO 通过 SiC 裂纹扩散至外界。

碳相的氧化反应主要有：

$$2C(s) + O_2(g) = 2CO(g) \tag{5-6}$$

$$C(s) + H_2O(g) = CO(g) + H_2(g) \tag{5-7}$$

然而，CO 气体在扩散通过裂纹时又会与 O_2 发生反应：

$$2CO(g) + O_2(g) \Longrightarrow 2CO_2 \tag{5-8}$$

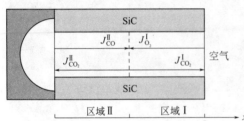

图 5-11　两阶段扩散控制氧化模型[1]

根据以上分析，建立两阶段扩散控制氧化模型，如图 5-11[1] 所示。另外，反应式 (5-6) 和式 (5-7) 在 $x=0$ 处发生，反应式 (5-8) 在 $x=x_f$ 处发生，并且 CO_2 在系统中对于 C 是氧化性气体。

每种气体的摩尔通量可以由下式来定义：

$$J_i = D_i^{\text{eff}} \left(\frac{\partial c_i}{\partial x} \right) + v_i^{\text{ave}} c_i \tag{5-9}$$

其中第一和第二项分别为扩散项和对流项。D_i^{eff} 是气体的有效扩散系数；c_i 是第 i 种气体的摩尔浓度；x 是到裂纹边缘的距离。平均摩尔速率 v_i^{eff} 可以由下式计算：

$$v_i^{\text{eff}} = \frac{\sum\limits_i c_i v_i}{\sum\limits_i c_i} = \frac{\sum\limits_i J_i}{c_T} \tag{5-10}$$

式中，c_T 为总浓度。将式 (5-10) 代入式 (5-9) 可得：

$$J_i = D_i^{\text{eff}} \left(\frac{\partial c_i}{\partial x} \right) + \frac{c_i}{c_T} \sum_i J_i \tag{5-11}$$

两阶段扩散控制氧化模型边界条件为：

$$
\begin{aligned}
&x=0: \quad c_{CO}=c_{CO}^0, \ c_{CO_2}=c_{CO_2}^0 \\
&x=x_f: \quad c_{CO_2}=c_{CO_2}^*, \ c_{O_2}=c_{CO}=0 \\
&x=L: \quad c_{O_2}=c_{O_2}^L, \ c_{CO_2}=0
\end{aligned}
\tag{5-12}
$$

其中，L 为裂纹总长度，本模型中认为 L 等于涂层厚度 h；$c_{CO_2}^*$ 为 x_f 处的 CO_2 通量。

在区域 I 中（见图 5-11），$J_{O_2}^1 = -J_{CO_2}^1$，因此式 (5-9) 中的对流项为零；O_2 和 CO_2 的摩尔通量可以由下式计算：

$$J_{O_2}^1 = -D_{O_2} \left(\frac{\partial c_{O_2}}{\partial x} \right) = -\frac{D_{O_2} c_{O_2}^L}{(L-x_f)} \tag{5-13a}$$

$$J_{CO_2}^1 = -D_{CO_2} \left(\frac{\partial c_{CO_2}}{\partial x} \right) = -\frac{D_{CO_2} c_{CO_2}^*}{(L-x_f)} \tag{5-13b}$$

为了计算碳相消耗，就需要计算出 $J_{CO_2}^1$。首先，需要确定 x_f 的值。在 $x=x_f$ 处，CO_2 的浓度为：

$$c_{CO_2}^* = \frac{D_{O_2} c_{O_2}^L}{D_{CO_2}} \tag{5-14}$$

根据反应式 (5-8) 可知，区域 II 中的 CO 和 CO_2 的通量满足如下关系：

$$J_{CO}^{II} = -2 J_{CO_2}^{II} \tag{5-15}$$

代入式 (5-11) 可得：

$$J_{CO_2}^{II} = -D_{CO_2} \left(\frac{\partial c_{CO_2}}{\partial x} \right) - \frac{J_{CO_2}^{II} c_{CO_2}}{c_T} \tag{5-16}$$

整理得：

$$J_{CO_2}^{II} dx = -D_{CO_2}\left(\frac{c_T}{c_T + c_{CO_2}}\right) dc_{CO_2} \tag{5-17}$$

由边界条件可积分得到：

$$J_{CO_2}^{II} = \frac{-D_{CO_2} c_T}{x_f} \ln\left(\frac{c_T + c_{CO_2}^*}{c_T + c_{CO_2}^0}\right) \tag{5-18}$$

联立式(5-14)和式(5-18)，并根据 $c_{CO_2}^* \gg c_{CO_2}^0$，可得：

$$J_{CO_2}^{II} = \frac{-D_{CO_2} c_T}{x_f} \ln\left(1 + \frac{D_{CO_2} c_{O_2}^L}{D_{CO_2} c_T}\right) \tag{5-19}$$

又由 CO 和 O_2 之间的摩尔通量关系：

$$J_{CO}^{II} = -2 J_{O_2}^{II} \tag{5-20}$$

联立式(5-15)和式(5-20)可得：

$$J_{CO}^{II} = J_{O_2}^{I} \tag{5-21}$$

将式(5-13a)、式(5-21)代入式(5-19)可得：

$$J_{CO_2}^{II} = \frac{-D_{O_2} c_{O_2}^L}{(L - x_f)} = \frac{-D_{CO_2} c_T}{x_f} \ln\left(1 + \frac{D_{O_2} c_{O_2}^L}{D_{CO_2} c_T}\right) \tag{5-22}$$

解 L/x_f，得：

$$\frac{L}{x_f} = 1 + \frac{D_{O_2} c_{O_2}^L}{D_{O_2} c_T}\left[\ln\left(1 + \frac{D_{O_2} c_{O_2}^L}{D_{CO_2} c_T}\right)\right]^{-1} \tag{5-23}$$

此外，还需要确定 O_2 和 CO_2 在惰性载气中的扩散率。根据 Chapman-Enskog 规律[13]可得气体在惰性载气（如 N_2、Ar）中的扩散率（cm^2/s）：

$$D_{i,Ar} = 0.00186 \times \left(\frac{1}{M_i} + \frac{1}{M_{Ar}}\right)^{\frac{1}{2}} T^{\frac{3}{2}}\left(\frac{1}{P\sigma_{i,Ar}^2 \Omega}\right) \tag{5-24}$$

式中，M_i 为第 i 种气体的摩尔质量，g/mol；T 为绝对温度，K；P 为压强，atm（1atm=101325Pa）；$\sigma_{i,Ar}$ 为系统中气体的平均分子直径，Å（1Å=0.1nm）；Ω 为碰撞积分，无量纲。$\sigma_{i,Ar}$ 和 Ω 可根据 Svehla[14] 和 Sherwood 等人[15] 的研究报告中查到，由此可以计算出在各温度下气体的扩散系数。由表 5-2[1] 可见，L/x_f 是温度的常数。

对于裂纹长度远大于裂纹宽度的狭长裂纹，必须考虑气体的 Knudsen 扩散。在 Knudsen 扩散情况下，分子-裂纹壁间的碰撞要比分子-分子间碰撞显著得多，则有效扩散率 D^{eff} 由寻常扩散系数 D^{ord} 和 Knudsen 扩散系数 D^K 联合计算。对于孔隙型缺陷来说，D^K 可以从手册查到[16]：

$$D_i^K = 9.7 \times 10^3 \times q\sqrt{\frac{T}{M_i}} \tag{5-25}$$

式中，q 为孔隙半径，cm。对于狭长裂纹内的 Knudsen 扩散，式(5-25)同样适用。则有效扩散系数可由下式计算：

$$\frac{1}{D^{eff}} = \frac{1}{D^{ord}} + \frac{1}{D^K} \tag{5-26}$$

表 5-2 O₂ 和 CO₂ 在载气 Ar 中的扩散率及区域 Ⅰ 和区域 Ⅱ 的边界位置[1]

温度/℃	D_{O_2}/(cm²/s)	D_{CO_2}/(cm²/s)	L/x_f
1000	2.34	1.84	2.11
1100	2.66	2.07	2.11
1200	2.99	2.34	2.11
1300	3.34	2.61	2.11

当扩散的平均自由程大于 10 倍的裂纹宽度时，Knudsen 扩散占据主导地位[17]。对于总压为 1atm 的空气系统，平均自由程约为 3.3×10^{-7} m。对于 SiC 涂层 C/C 来说，涂层裂纹宽度约为 10^{-5} m，远大于平均自由程，因此可以认为 $D^{eff}=D^{ord}$。需要注意的是，对于内部孔隙较大的 2D C/C，仍需考虑 Knudsen 扩散的影响。同样地，对于 SiC 涂层 C/SiC 系统来说，由于气体的扩散主要是在材料内部基体微裂纹间进行，Knudsen 扩散不可忽略。不仅如此，对于非氧化性基体复合材料（如 SiC、Si₃N₄、CAS 等），由于材料内部的多孔性结构，氧化性气体必须经过曲折的途径扩散才能达到碳纤维并造成氧化，在这种情况下裂纹长度 L 并不等于裂纹厚度 h。假设 L 是 h 的 k 倍，k 为曲折度，它是与材料本身属性相关的数值，则氧化性气体在材料内部的扩散系数可以修正为：

$$D=\frac{\varepsilon}{k}D^{eff} \tag{5-27}$$

式中，ε 为复合材料孔隙率。

至此，根据 L/x_f 的值和气体扩散系数可以计算碳相的消耗。根据式（5-13b）易得 CO_2 的摩尔通量为：

$$J_{CO_2}^1=\frac{D_{CO_2}c_{CO_2}^*}{(L-x_f)}=\frac{D_{O_2}c_{O_2}^L}{L\left[1-\frac{x_f}{L}\right]} \tag{5-28}$$

将 CO_2 的摩尔通量转化为碳相的质量消耗：

$$\frac{dW_C}{dt}=M_CJ_{CO_2}^1 wl=\frac{M_CD_{O_2}P_{O_2}wl}{R'TL\left[1-\frac{x_f}{L}\right]} \tag{5-29}$$

式中，W_C 为碳的质量消耗；M_C 为碳的摩尔质量，12g/mol；R' 为气体常数；W 为裂纹宽度；L 为裂纹长度。

根据图 5-11 所示的两阶段扩散控制氧化模型，可以建立半圆柱形氧化模型，如图 5-12[1] 所示。

由半圆柱形氧化孔洞的体积同样可以计算碳相的质量损耗：

$$\frac{dW_C}{dt}=\rho\frac{dV}{dt}=\rho\left[\frac{d\left(\frac{\pi r^2 l}{2}\right)}{dt}\right] \tag{5-30}$$

式中，r 为半圆柱的半径（即氧化深度）；ρ 为 C/C 的密度。联立式（5-29）和式（5-30）

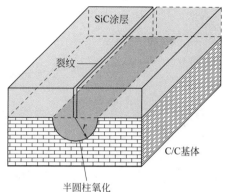

图 5-12　碳相氧化消耗的理想半圆柱形氧化模型[1]

可得：

$$\mathrm{d}\left(\frac{\pi r^2 l}{2}\right) = \frac{M_C D_{O_2} P_{O_2} wl}{\rho R' TL\left[1-\dfrac{x_f}{L}\right]}\mathrm{d}t \tag{5-31}$$

求解 r 得：

$$r = \sqrt{\frac{2M_C D_{O_2} P_{O_2} wt}{\pi \rho R' TL\left[1-\left(\dfrac{x_f}{L}\right)\right]}} \tag{5-32}$$

显然，若要计算氧化深度 r，还必须得到裂纹宽度 w。

③ 裂纹宽度的计算　在当前试验中，影响 w 的主要因素是试验温度 T 和外加应力 σ。令 w_T 为试验温度 T 下 SiC 涂层的裂纹宽度（无外加应力），Δw 为由于应力作用引起的裂纹宽度增大量。根据热力学测试数据，SiC 的热膨胀系数约为 $6.1 \times 10^{-6}\,\mathrm{K}^{-1}$。经过 CVD 工艺沉积 SiC 涂层后，SiC 在室温下受到拉应力并产生开裂。在高温下，SiC 裂纹会有一定程度的闭合。当材料不受外加应力作用时，在温度 T 下的涂层裂纹宽度可以由下式计算：

$$w_T = \Delta \alpha s(T_P - T) \tag{5-33}$$

式中，$\Delta \alpha$ 为 SiC 与 C/C 的热膨胀系数之差；s 为裂纹间距；T_P 为涂层制备温度。

当受到外加拉应力作用时，复合材料会沿应力方向伸长。若认为 SiC 涂层是理想脆性材料，当外加拉应力为 σ_{max} 时涂层上的裂纹宽度将在 w_T 的基础上增大：

$$\Delta w_t = s\frac{\sigma_{max}}{E_t} \tag{5-34}$$

式中，E_t 为试验时间 t 时的材料模量。复合材料受到循环应力作用时，由于应力作用导致材料内部的物理损伤，如基体开裂、纤维断裂以及界面脱黏等，这些损伤均会导致材料模量的衰减及横向裂纹密度的增加。

模量衰减与最大疲劳应力的试验数据如图 5-13[1]所示。试验最初的 100 次循环中模量衰减迅速，并且与材料本身的制备工艺及内部损伤密切相关，导致模量衰减的试验数据没有良好的可重复性。随着试验的继续进行，试验数据表现出了明显的对数线性关系。因此可用对数衰减模型来描述模量随循环数 N（或时间 t）的变化关系：

$$E_t / E_0 = A + B\lg t \tag{5-35}$$

式中，A 为线性对数曲线的截距；B 为斜率。

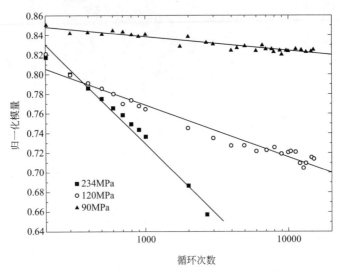

图 5-13　模量衰减与最大疲劳应力的关系[1]

A 值与材料本身属性相关，对于均一性较好的同批材料，A 值十分接近，它也可以根据实际试验进行测定。在本章研究中，A 值一般在 0.95 和 1.10 之间浮动。B 值反映了材料模量的衰减速率，它随着外加应力的增加而增大。

根据 Ogin 等人[18,19]对交叉编织叠层树脂基复合材料的研究，得出裂纹密度 D 的增加速率与最大疲劳应力成正比关系，与当前裂纹密度成反比关系，即：

$$\frac{\mathrm{d}D}{\mathrm{d}N} \propto \left(\frac{\sigma_{\max}^2}{D}\right)^n \tag{5-36}$$

式中，$\sigma_{\max}$ 为最大疲劳应力；N 为循环次数；n 为常数。根据试验结果，可以得到材料模量的近似表达式：

$$E_t = E_0(1-pD) \tag{5-37}$$

式中，p 为常数；E_0 为复合材料的初始模量；E_t 为在时刻 t 的材料模量。根据以上分析，即可联立得到材料模量与循环数的关系公式：

$$-\frac{1}{E_0}\frac{\mathrm{d}E_t}{\mathrm{d}N} = A\left[\frac{\sigma_{\max}^2}{E_0^2[1-(E_t/E_0)]}\right]^n \tag{5-38}$$

应用此公式时，需要首先根据试验数据确定 A 和 n 的值。对于 2D C/C 来说，A 和 n 分别为 1.07 和 2.38。

由以上分析可得，在最大循环应力为 $\sigma_{\max}$、试验时间为 t 的时刻，涂层裂纹宽度为：

$$w_{T,t} = w_T + \Delta w_t \tag{5-39}$$

根据式(5-5)、式（5-32）和式(5-39)，经迭代计算可以得到 SiC 涂层 C/C 高温氧化性环境中的疲劳寿命。

其次，我们根据建立的模型对 C/C 的疲劳性能进行了预测及验证。

根据上述分析，分别计算了在不同应力水平下针刺 C/C 和 2D C/C 的疲劳氧化寿命，并将试验数据（$Ar/O_2/H_2O$：81.2/12.8/6.0，1300℃，3Hz）与计算结果进行了对比。在归一化应力[12]概念的基础上对比了不同材料的寿命数据。计算归一化应力时取针刺 C/C 和 2D C/C 的拉伸强度分别为 154MPa 和 264MPa。

（2）针刺 C/C 与 2D C/C 的比较

针刺 C/C 与 2D C/C 的纤维和基体属于同类材料，基体制备工艺有很多相似之处，最大的区别在于预制体的结构。针刺 C/C 采用针刺碳毡作为增强体，虽然由于针刺孔缺陷导致材料强度较低，但是可以制备较为致密的 C/C，经阿基米德排水法测得的材料开气孔率约为 5%。2D C/C 的预制体结构决定了其较高的强度，同时具有较大的气孔率，开气孔率约为 11%。

由图 5-14 可见，在归一化应力大于 0.42 时，针刺 C/C 的寿命高于 2D C/C；归一化应力小于 0.42 时，2D C/C 的氧化寿命高于针刺 C/C。试验结果与计算结果表现出了较好的一致性。由于两种 C/C 在高温下的热膨胀系数十分接近，SiC 涂层裂纹在室温下的宽度差别较小。因此，两种材料在不同归一化应力下寿命的差异性主要是由编织结构的不同引起的。

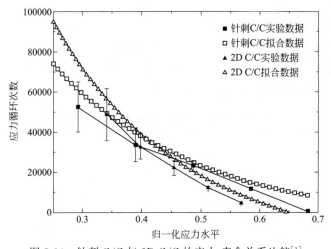

图 5-14　针刺 C/C 与 2D C/C 的应力-寿命关系比较[1]

对于理想的半圆柱形氧化模型，氧化孔洞的截面为半圆形。而对于有较大孔隙率的 2D C/C 来说，氧化性气体可以从编织缺陷扩散到材料内部，从而造成更加严重的氧化。对 2D C/C 进行寿命预测计算时，不再采用基本假设 b。在模型中引入了 Knudsen 扩散的影响，在理想的半圆柱形氧化模型的基础上稍作修改，具体如图 5-15[1]所示。对于平均孔隙直径为 q 的复合材料，其 Knudsen 扩散系数可以由下式计算：

$$D^K = \frac{4}{3}\left(\frac{8R'T}{\pi M_i}\right)\frac{q}{2} \tag{5-40}$$

需要注意的是，上式中的 D^K 是关于氧化性气体在半圆柱形孔洞内的扩散系数，而非通过涂层裂纹的扩散系数，不能简单地引入到式(5-26)中进行寿命计算。

在氧化孔穴中的气相扩散，可近似认为 $D^{eff}=D^K$。对于平均孔隙直径较大的 2D C/

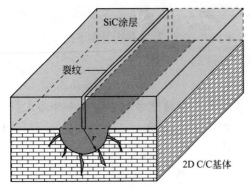

图 5-15　针对 2D C/C 的氧化模型[1]

C，氧化性气体在半圆柱形孔洞内扩散到材料内部的距离比针刺 C/C 要大，即 2D C/C 的有效氧化半径要大于针刺 C/C。显然，这种情况对材料寿命的影响在外加应力较大时更为显著。同时，考虑到 2D C/C 的强度明显高于针刺 C/C，可以预见的是，存在一个临界归一化应力 NS_c，使得在 NS_c 以上 2D C/C 的寿命大于针刺 C/C，在 NS_c 以下 2D C/C 的寿命小于针刺 C/C。计算结果证明了临界归一化应力的存在，并且得到 NS_c 的值约为 0.42。

另外，对于针刺 C/C，在归一化应力为 0.68 时的平均试验寿命仅为 587 次循环。根据模型计算的模量变化在起初较短的试验时间内与实际值出入较大，因此本模型应用于归一化应力很大的情况时与试验值有较大的偏差。

5.1.2　高温/低速/水氧耦合下 SiC-C/C 疲劳性能演变行为及机制

5.1.2.1　SiC-C/C 疲劳性能演变行为

表 5-3[1] 给出了 SiC 涂层 C/C 在甲烷燃气模拟的高温/低速/水氧耦合环境中的循环加载试验数据。需要说明的是，无论是在 1300℃ 还是 1800℃，一旦外加循环应力超过 100MPa，试样都迅速发生破坏，寿命一般不超过 20 次循环。

表 5-3　C/C 在燃气环境中的循环加载试验数据[1]

温度/℃	应力/MPa	频率/Hz	平均剩余强度/MPa	标记
1300	5～50	1	—	测试错误
	6～60		110.7	
	7～70		116.2	
	8～80		121.2	
	9～90		断裂①	约 100 次循环
	5～50	3	72.0	
	6～60		108.8	
	7～70		86.4	
	8～80		134.1	
	9～90		断裂①	第 93 次循环
1800	5～50	1	142.5	
	7～70		134.2	
	9～90		123.5	
	5～50	3	119.5	
	7～70		117.7	
	9～90		136.9	

① 应力大于 100MPa 后所有样品迅速失效。

　　由于燃气风洞试验设备的复杂性和特殊性，试验中无法进行红外热成像和电阻测试。根据室温疲劳和高温疲劳试验的经验，确定采用应力-应变迟滞回环及棘轮应变响应应来表征材料的实时损伤。图 5-16[1] 是在 1300℃ 下 7～70MPa 循环加载的应力-应变曲线。可见，每个应力-应变循环中的加载和卸载部分并不能重合，而是形成了明显的迟滞回环（滞弹性）效应。另外，随着循环次数的增加，可以明显观察到迟滞回环的宽度不断减小。

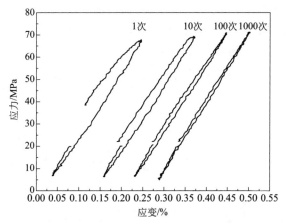

图 5-16　1300℃下 7～70MPa 应力下循环加载的应力-应变曲线[1]

　　对于纤维增韧复合材料来说，滞回现象是每个循环内能量耗散的表征，能量的耗散主要包含纤维/基体摩擦、基体开裂、纤维断裂等机械损伤，在高频试验中也包括少量因为上述机械损伤引起的热耗散。在常规的材料损伤表征方法均不易应用到本章所涉及的动态燃气环境试验的情况下，迟滞回环将是一种较为理想的表征参数。

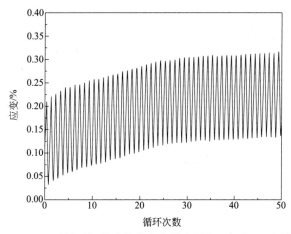

图 5-17　在 6～60MPa 下循环加载试样的应变增大现象（仅前 50 次循环的数据）[1]

　　高温/低速/水氧耦合环境中的循环加载试验，也观察到了棘轮应变的增大现象，见图 5-17[1]。同样的，根据棘轮应变的定义，可以做出针对每个试验整体的棘轮应变随循环次数的变化曲线。以最大循环应力为 70MPa 和 90MPa 的典型试验数据作对比，做出了 1300℃ 和 1800℃ 下的迟滞回环面积和棘轮应变与循环数的对应关系曲线（见图 5-18[1]）。

可见，在不同温度下，同在 7～70MPa 下循环加载时的滞回环面积和棘轮应变变化趋势大致相同，而在小于 70MPa 加载应力的试验中也发现了类似现象。这表明在这些应力水平下，试样的损伤程度相似。而当循环应力增大至 90MPa 时，1300℃ 下试验的试样大部分发生断裂（5 根试样中有 4 根发生了断裂），而 1800℃ 下的试验未发现有任何试样在试验时间内发生断裂。这种结果表明，随着应力的升高，在 1300℃ 下材料遭受到了更严重的损伤。而由于同在较高应力下的试样，在更高的温度下却没有失效，表明 1300℃ 下材料受到的主要损伤应是氧化腐蚀损伤。这一点与无应力氧化试验中的剩余强度结果有很好的一致性，同时说明了温度的升高有利于涂层裂纹的闭合，从而降低了材料受到的氧化。

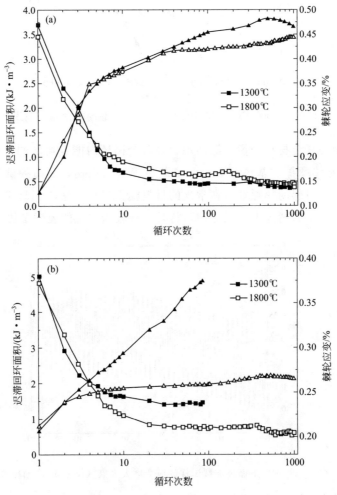

图 5-18　不同循环应力下针刺 C/C 迟滞回环面积（方块）和棘轮应变（三角）与循环数的关系[1]

(a) 70MPa；(b) 90MPa

从表 5-3 可知，对于 1300℃ 和 1800℃ 下循环加载的试样，试验后的剩余强度与外加应力（仅讨论外加应力小于 100MPa 的情况）并没有明显的相关性。取 C/C 和 SiC 的热膨胀系数分别为 $1\times10^{-6}K^{-1}$ 和 $6.1\times10^{-6}K^{-1}$，在 1300℃ 和 1800℃ 温度下，SiC 涂层裂纹打开所需要的外加应力分别应为 143.2MPa 和 208.1MPa（以初始弹性模量为计算基准），这均远大于试验所加应力。由此可知，这是由于 SiC 涂层在高于制备温度的条件下发生了闭合，在较低的外加应力下涂层裂纹并未完全打开，从而有效延缓了 C/C 的氧化。这与 C/C 在同条件下的无应力氧化结果是一致的。

需要注意的是，SiC 涂层裂纹并非均匀分布，裂纹宽度也并非均一，因此在外加应力足够大时，一些较大的裂纹可以被拉开；更为重要的是，较大的外加应力导致 C/C 的模量下降及更大的非线性轴向延长，这也是 SiC 裂纹不能闭合的原因。

此外，比较表 5-4 和表 5-3 可以发现，在相同温度下，未经循环加载试样的剩余强度比经受循环加载试样的剩余强度要低。由此可以得出，循环加载对 C/C 起到了强化作用。

5.1.2.2　SiC-C/C 疲劳性能演变机制

图 5-19 和图 5-20 分别是原始 C/C 的截面形貌和经过 7～70MPa 循环加载后试样的横截面微结构照片。在受到循环加载之前，C/C 的纤维和基体结合良好，界面无脱黏现象。而经过循环加载后，在试样未受到氧化损伤的中心区域，可清楚地看到基体开裂以及纤维/基体脱黏现象。

图 5-19　C/C 的原始纤维/基体界面形貌[1]

表 5-4　C/C 在燃气环境暴露后的单调拉伸结果[1]

温度	剩余强度	强度偏差	E/E_0
1300℃	87.6MPa	±8MPa	51.48%
1800℃	110.0MPa	±11MPa	88.50%

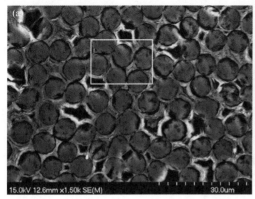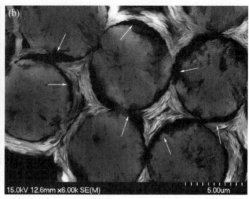

图 5-20　循环加载后 C/C 的纤维/基体界面形貌[1]

由于在试样中部区域几乎没有氧化发生，这些损伤都是在循环加载过程中所形成，削弱了纤维/基体的界面结合。对于大多数连续纤维增韧陶瓷基复合材料来说，弱界面结合能够保护纤维更少地受到基体开裂的影响。因此，虽然循环加载的试样受到近表面氧化，导致其强度比原始强度有所降低，但是循环加载过程削弱了纤维/基体界面结合，从而使得其强度比只遭受氧化试样的剩余强度要高。

图 5-21(a) 和（b）[1]分别是在 1300℃ 和 1800℃ 试验后的涂层形貌。可见两者试验后的形貌与原始的涂层形貌相同，均为菜花状。在燃气环境中试验后的涂层形貌与在静态/水氧耦合环境中试验后的涂层形貌（图 5-7）完全不同。

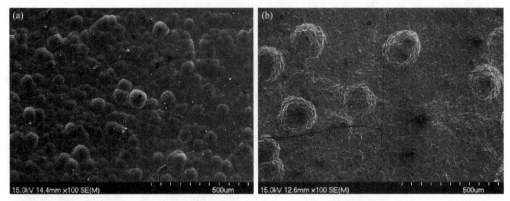

图 5-21　SiC 涂层在不同温度燃气环境中暴露后的形貌[1]

(a) 1300℃；(b) 1800℃

在本章所涉及的燃气环境中，SiC 涂层表面发生的化学反应主要有：

$$2SiC + 3O_2(g) \Longrightarrow 2SiO_2 + 2CO(g) \tag{5-41}$$

$$SiO_2 + 2H_2O(g) \Longrightarrow Si(OH)_4(g) \tag{5-42}$$

$$SiC + 3H_2O(g) \Longrightarrow SiO_2 + 3H_2(g) + CO(g) \tag{5-43}$$

其中反应（5-42）不仅产生 $Si(OH)_4$，而且同时伴有一系列的 $Si(OH)_n$ 气态产物。在氧化初期，SiO_2 氧化膜很薄，氧气通过比较容易，且供应充足。氧化膜的生长主要取决于在 SiC 表面上氧化反应的速率。另外，SiO_2 膜与水蒸气反应生成硅的氢氧化物并挥发出系统，同时 SiC 被氧化生成 SiO_2。而对于具有高速气流的燃气环境，Opila 等人[21]经过试验证明，$Si(OH)_4$ 的挥发速率与气体流速 v 的开方成正比：

$$J_{Si(OH)_4} \propto \frac{v^{1/2}P(H_2O)^2}{P_{total}^{1/2}} \tag{5-44}$$

式中，$P(H_2O)$ 和 P_{total} 分别为水蒸气的分压和系统总压。由此关系可知，在具有一定气体流速的含水环境中，气流速度越大，SiC 涂层表面的氧化层越薄。通过对 SiC 涂层截面的观察与分析（图 5-22[1]），得到在 1300℃ 和 1800℃ 试验后的氧化硅膜厚度均为 0.8μm 左右。如此薄的氧化层不足以对涂层的整体表面形貌产生影响。

试样的近表面氧化形貌如图 5-23[1]所示。接近 SiC 涂层的 C/C 基体受到明显的氧化，只能观察到残余的针状碳纤维，而内部材料受到的氧化较为轻微。遭受氧化侵蚀的纤维失去承载能力，被氧化的碳基体也不能继续偏转裂纹，从而导致材料的承载能力

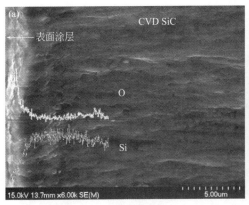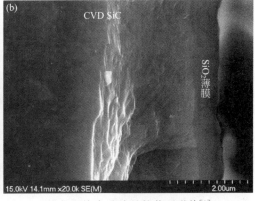

图 5-22　SiC 涂层在 1300℃（a）和 1800℃（b）燃气环境中试验后的截面形貌[1]

下降。

　　C/C 的层状氧化形貌如图 5-24[1] 所示。这种特殊的氧化形貌是由于碳纤维和碳基体不同的氧化速率所引起。无定形的树脂碳基体结构决定了其表面有更多的反应活性点，因此它比有一定结晶形态的碳更易于氧化[22]。

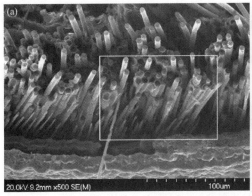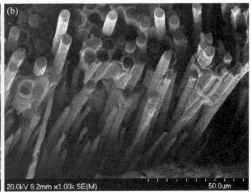

图 5-23　C/C 的近表面氧化形貌[1]

（a）放大 500 倍；（b）放大 1000 倍

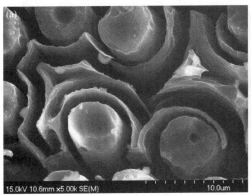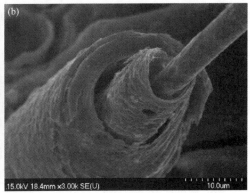

图 5-24　C/C 的氧化形貌

（a）C/C 的层状氧化形貌；（b）单根纤维的氧化形貌[1]

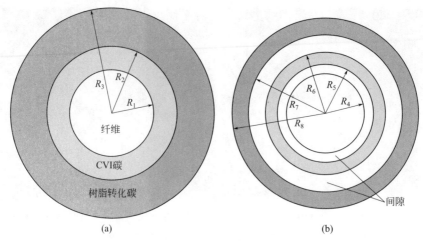

图 5-25　C/C 的径向氧化模型

(a) 氧化前；(b) 氧化后[1]

CVI 热解碳具有沿着纤维方向的晶体结构，因而活性面和缺陷点都比较少。而如 T-300 这类聚丙烯腈碳纤维，纤维表面是由沿纤维轴向排列的呈螺旋结构的细纤维组成的，螺旋伸展方向沿纤维轴向[23]，因而这种形态的碳纤维具有很低的反应活性。为了更简单的说明这种形貌的产生原因，建立了一个单纤维/基体单元，如图 5-25(a)[1]所示，氧化后的层状结构示意图如图 5-25(b) 所示。材料受到氧化后，碳纤维/CVI 碳和 CVI 碳/树脂碳的界面间出现环状孔隙。碳纤维、CVI 碳和树脂碳的径向氧化速率可以由下式计算：

$$v_f = \frac{R_1 - R_4}{t} \tag{5-45}$$

$$v_{CVI-C} = \frac{(R_2 - R_1) - (R_6 - R_5)}{t} \tag{5-46}$$

$$v_{PIP-C} = \frac{(R_3 - R_2) - (R_8 - R_7)}{t} \tag{5-47}$$

式中，t 是氧化时间。由于 90°纤维铺层的氧化，C/C 在受到拉伸应力时的横向压缩阻力变小。从这一点也可以证明，迟滞回环面积的快速减小和棘轮应变的持续增加不仅和循环应力有关，而且和外界腐蚀性气氛密切相关。

通过对试样拉伸断口的微观形貌观察，发现在靠近 SiC 涂层的断口处附着有大量球状物。对于在 1300℃试验后的试样，球状物的附着形貌如图 5-26(a)、(b)[1]所示。在越靠近涂层的区域，球状物的直径越大，可观察到的球状物直径从 $0.2\mu m$ 至 $3\mu m$ 不等。对于在 1800℃试验后的试样，靠近涂层约 $200\mu m$ 的区域被类似的球状物完全覆盖，如图 5-26(c)、(d) 所示。单个的球状物形貌如图 5-26(e) 所示，可见球状物表面并不光滑。通过对附着物的 EDS 分析发现，球状物含有为 Si 和 O 两种元素，说明球状物为 SiO_2。

氧化硅球的形成主要是由于涂层和 C/C 之间的空隙（包括氧化孔洞）中发生了 SiC 的主动氧化。氧化硅球在燃气环境中的形成机理示意图如图 5-27[1]所示。

在试验开始之前 [图 5-27(a)]，由于 SiC 和 C/C 的热膨胀系数失配，涂层表面在室

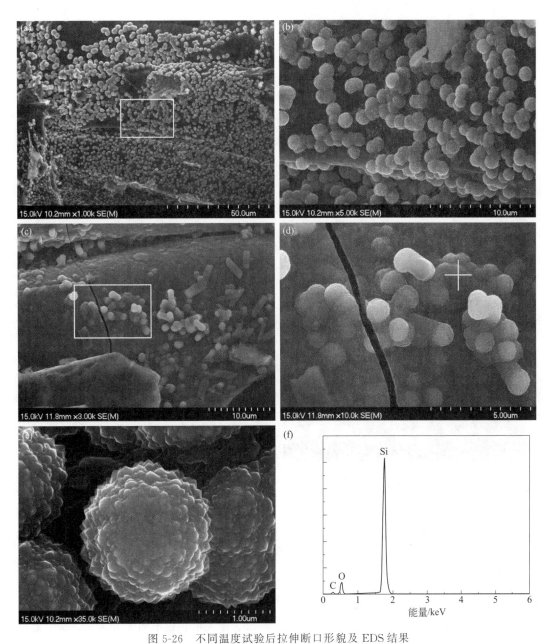

图 5-26　不同温度试验后拉伸断口形貌及 EDS 结果

（a）、（b）1300℃试验后拉伸断口的氧化硅球形貌；（c）、（d）1800℃试验后拉伸断口的氧化硅球形貌；

（e）单个氧化硅球放大图像；（f）EDS 分析结果[1]

温下会出现裂纹。当试样暴露于燃气环境中并受到外加应力时［图 5-27（b）］，一些宽度较大的裂纹不能完全闭合，但是由于燃气中含有高分压的氧气和水蒸气，虽然燃气流速较大，导致 SiC 表面被氧化生成的 SiO_2 膜不会太厚，但是 SiO_2 可以在一定程度上起到裂纹封填的作用（见图 5-28[1]）。

　　然而，即便是有 SiO_2 的封填，由于水蒸气的促进作用，仍然会有一定量的水蒸气和氧气经扩散透过 SiO_2 膜到达 C/C 并形成氧化孔洞。这样氧化性气体在 SiO_2 膜到 C/C 表面的区域内会形成浓度梯度，在 C/C 表面的浓度可认为是零。至此可以推断，在燃气环境下，靠近 C/C 表面的氧化剂浓度极低。在这种条件下，SiC 涂层与氧气的主动氧化便会发生如下反应：

$$SiC(s) + O_2(g) \longrightarrow SiO(g) + CO(g) \tag{5-48}$$

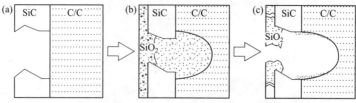

图 5-27　氧化硅球在燃气环境中的形成机理示意图

(a) 试验前；(b) 试验中；(c) 试验后[1]

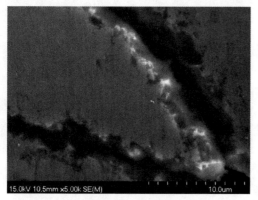

图 5-28　SiO_2 对涂层裂纹的
封填作用（涂层已抛光）[1]

根据 Jacobson[24] 和 Narushima 等人[25] 的研究结果，在 1300℃ 和 1800℃ 下能够发生 SiC 的主动氧化的最低氧气分压分别约为 10^{-6} Pa 和 10Pa。由此可以得知，在 1800℃ 下，在图 5-27(b) 中的氧化孔洞中气态 SiO 的量要比 1300℃ 的情况高得多。

当试验结束时，在自然热耗散的作用下试样温度快速降低，进而涂层裂纹宽度变宽、SiO_2 膜也发生开裂，如图 5-27(c) 所示。可以预见的是，一旦裂纹重新打开，空气中的氧气将立即与气态 SiO 发生反应生成纳米级的 SiO_2：

$$2SiO + O_2 \longrightarrow 2SiO_2（烟状） \tag{5-49}$$

根据 Turkdogan 等人[26] 的描述，气态 SiO 被氧化成 SiO_2 时会表现出"烟状"。而纳米级的 SiO_2 颗粒经形核长大的过程，最终附着于试样断口靠近涂层的区域。由于 1800℃ 时生成的 SiO 远多于 1300℃ 的情况，则断口处的 SiO_2 聚集形貌也不同于 1300℃，SiO_2 把近涂层区域完全覆盖。SiO_2 球的局部聚集量与在同位置生成的气态 SiO 的量成正比。

5.2　C/SiC 的蠕变性能

5.2.1　高温/静态/水氧耦合下 2D C/SiC 蠕变性能演变行为及机制

5.2.1.1　2D C/SiC 蠕变性能演变行为

表 5-5[6] 是 2D C/SiC 在不同蠕变应力和不同氧分压下的等效模拟试验结果，图 5-29[6] 给出了 2D C/SiC 在模拟燃气和模拟空气气氛中寿命随应力的变化。

表 5-5　2D C/SiC 在不同蠕变应力和不同氧分压下的等效模拟试验结果[6]

样品编号	气氛/%			温度/℃	应力①/MPa	尺寸/mm		寿命/min
	Ar	O₂	H₂O			宽度	厚度	
应力作用								
2DCSC5C1	77	8	15/54℃	1300	40(16%)	3.0	3.14	2160↑
2DCSC5C2	77	8	15/54℃	1300	60(25%)	2.96	3.12	1380
2DCSC5C3	77	8	15/54℃	1300	80(33%)	3.2	3.14	720
2DCSC5C4	77	8	15/54℃	1300	100(41%)	3.2	2.86	396
2DCSC5C5	77	8	15/54℃	1300	146(60%)	3.1	3.2	14
气氛作用								
2DCSC5A1	79	21	0	1300	50(20%)	3.2	3.14	720↑
2DCSC5A2	79	21	0	1300	71(30%)	3.04	3.12	81
2DCSC5A3	79	21	0	1300	97(40%)	3.12	2.86	78
2DCSC5A4	79	21	0	1300	122(50%)	3.06	2.8	22
2DCSC5A5	79	21	0	1300	146(62%)	3.17	3.1	10
氧分压作用								
2DCSC5O1	100	0	0	1300	71(30%)	2.9	3.14	3000↑
2DCSC5O2	92	8	0	1300	71(30%)	2.9	3.14	900
2DCSC5O3	85	15	0	1300	71(30%)	3.1	3.1	410
2DCSC5O4	79	21	0	1300	71(30%)	3.04	3.12	81
2DCSC5O5	0	100	0	1300	71(30%)	3.02	3.02	6

① 圆括号中数据为应力与极限拉伸强度 UTS 的比值，UTS=243MPa。

2D C/SiC 的应力氧化寿命随蠕变应力的增大而减小，通常使用著名的 Arrhennius 指数模型对应力影响下的寿命进行拟合。在模拟空气和模拟燃气两种气氛中，应力比与复合材料寿命之间满足：

$$\text{Life}_{scg} = 6646.65 e^{-0.06715(\sigma_A/\sigma_0)} \quad (5\text{-}50)$$

$$\text{Life}_{sa} = 37023.65 e^{-0.1971(\sigma_A/\sigma_0)} \quad (5\text{-}51)$$

式中，Life_{scg} 为模拟燃气中材料的寿命；Life_{sa} 为模拟空气中材料的寿命；σ_0 为复合材料的极限拉伸强度（UTS）。应力通过对基体裂纹宽度的影响改变 C/SiC 氧化损伤程

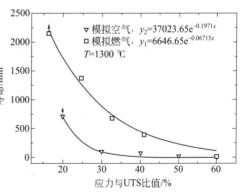

图 5-29　2D C/SiC 在两种气氛
中寿命随应力的变化[6]

度，从而引起力学性能的变化。因此，总是存在一个临界应力 σ_c，当应力高于这个临界应力时，复合材料基体裂纹被大大拉开，应力氧化寿命趋于一致，而且很低。氧分压越高，临界应力的值就越小。图 5-29[6] 中，在模拟空气气氛，蠕变应力超过 30%UTS 以后，应力氧化寿命基本不再变化，而且很低。图 5-29 还表明，同样应力条件下，氧化性气氛浓度越大，材料寿命越短。

图 5-30[6]给出了 2D C/SiC 的蠕变应变随时间的变化曲线。可以看出，两种气氛中的蠕变曲线类似于典型的金属蠕变曲线，具有明显的三阶段特征：相同的 40％UTS 蠕变应力下，蠕变曲线分为蠕变速率不断降低的第一阶段，蠕变速率基本保持恒定的第二阶段，以及断裂之前的蠕变加速阶段。与金属材料等传统材料的蠕变曲线不同的是，蠕变加速阶段并不明显，这意味着 2D C/SiC 在断裂之前，没有明显的征兆，应变突然升高发生瞬间断裂。由于水蒸气能加速碳相和 SiC 的氧化，所以高温水氧环境中复合材料的损伤对裂纹的尺寸变得更加敏感。

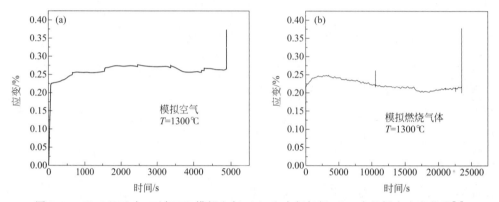

图 5-30　2D C/SiC 在 40％UTS 模拟空气（a）和水氧气氛（b）中的蠕变应变曲线[6]

5.2.1.2　2D C/SiC 蠕变性能演变机制

图 5-31[6]给出了 2D C/SiC 在 1300℃水氧耦合气氛中不同应力下蠕变后的纤维氧化微观形貌。可以看出，在 16％UTS 的低应力下，裂纹几乎不能被打开，加上高温下，SiC 生成氧化膜的封填作用，纤维没有发生明显的氧化，如图 5-31(a) 所示。应力高于基体开裂应力，纤维发生氧化。随着应力的增大，裂纹被打开的程度增加，纤维的氧化变得越来越严重。应力低于 33％ UTS，主要发生近表面氧化，如图 5-31(b) 和（c）所示；应力超过 41％UTS，裂纹被拉开很大，复合材料内部的氧化性气体浓度不存在明显的梯度，均匀氧化发生，处于中心的纤维均匀变细，外部的纤维大部分直接被氧化掉，如图 5-31(d)。应力高达 60％UTS 时，复合材料内部裂纹路径上的纤维发生"颈缩"效应，同时裂纹面两侧纤维与 PyC 界面层已经氧化变细，而复合材料外部纤维则被完全氧化，如图 5-31(e) 所示。

水蒸气对碳相氧化的加速使纤维径向和轴向的消退都变快，轴向消退的加快导致纤维在蠕变应力和耦合应力作用下都表现为针形氧化形貌，而且纤维束表现出明显的均匀氧化形貌。同时，水蒸气对 SiC 氧化的加速使氧化后期裂纹宽度太小，导致裂纹底部氧分压和水分压较低，致使碳纤维的氧化机理由反应控制转变为扩散控制，而 SiC 的氧化后结构疏松，强度大大降低，从而失去对纤维的保护和约束作用。上述两种行为使湿氧环境中 2D C/SiC 纤维的整束拔出非常显著，而且由于径向快速消退引起的纤维平齐断口也很明显。

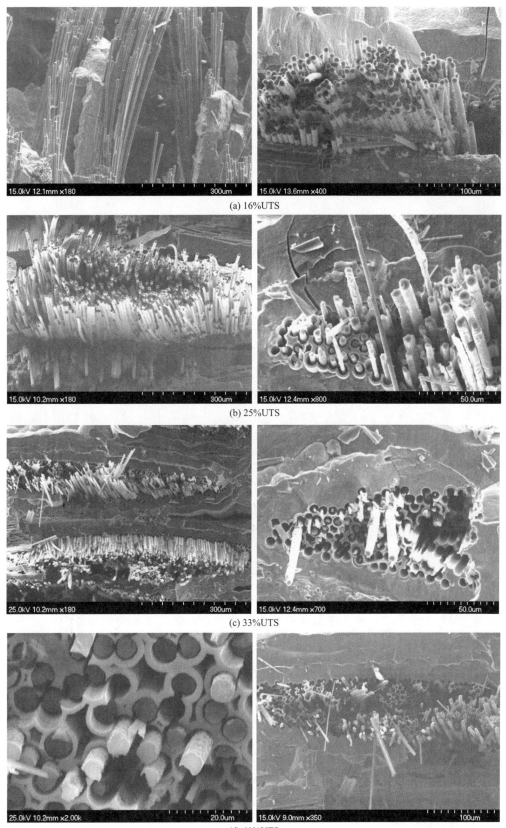

(a) 16%UTS

(b) 25%UTS

(c) 33%UTS

(d) 41%UTS

图 5-31

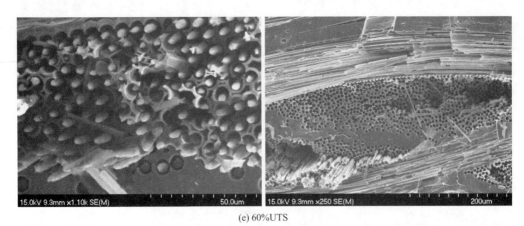

(e) 60%UTS

图 5-31   2D C/SiC 在不同应力下模拟燃气气氛中蠕变后的纤维氧化微观形貌[6]

5.2.1.3   2D C/SiC 蠕变性能演变预测

建立 C/SiC 在水氧耦合环境作用下的蠕变性能演变物理模型，需要综合考虑氧化损伤和应力损伤，以及应力对氧化的加速，可用下式表示，

$$\Delta\Omega = f(T, \sigma, \chi, t) \tag{5-52}$$

式中，$\Delta\Omega$ 为某一目标性能的变化；T 为温度；σ 为应力；χ 为各种氧化气氛的分压；t 为作用时间；f 为作用函数。

蠕变应力主要通过改变基体微裂纹的宽度来影响承载纤维的氧化行为。在裂纹愈合温度以下，拉伸应力使 SiC 微裂纹宽度增大。在裂纹愈合温度以上，拉伸应力足够大时，基体上的残余压应力会被抵消变成拉应力，已经愈合的微裂纹会发生再次张开，气相扩散通道由 SiC 涂层上的沉积缺陷变为微裂纹。由于微裂纹的面积较之涂层沉积缺陷大很多，在相同的热物理化学环境中，外应力下复合材料纤维的氧化速率要增加很多，复合材料的寿命也下降很多。在裂纹愈合温度以上，当拉伸应力不足以抵消热膨胀导致的基体压应力时，微裂纹不会重新张开，气相扩散的通道不会发生变化，应力氧化寿命不会发生很大的变化。

本模型仅考虑氧气通过微裂纹的扩散，微裂纹的开度是影响复合材料氧化行为的重要因素之一。将 C/SiC 的复杂微结构视为由 SiC 基体和 SiC 涂层包围的均匀分布的碳纤维，复合材料的氧化仅仅是由于氧气通过微裂纹扩散产生，几何模型如图 5-32[6] 所示。图中 e 为裂纹的宽度；$2L$ 为两裂纹面间的距离，即裂纹间距；裂纹密度 $\theta = 1/(2L)$；ζ_0 为 SiC 涂层的厚度，也是氧化开始时，氧气扩散所经过的初始长度；ζ_t 为氧气扩散到复合材料最内部的碳相反应界面处所经过的最长气相扩散通道的长度，即为复合材料等效结构的截面宽度。ζ_t 并非试样的实际宽度，而是试样实际宽度的若干倍。

复合材料的氧化过程可以如下描述：首先，氧气通过深度为 ζ_0 的裂纹，扩散进入复合材料内部，并进一步和碳纤维发生反应。随着氧化时间的推移，氧化反应向复合材料的内部推进。在本节的建模过程中，假设反应层的厚度为 0，即碳纤维沿着裂纹面顺次由外向内氧化，当外一层的碳纤维被完全氧化后，里面一层的碳纤维开始氧化。图 5-33[6] 为 2D C/SiC 微氧化过程的示意图。

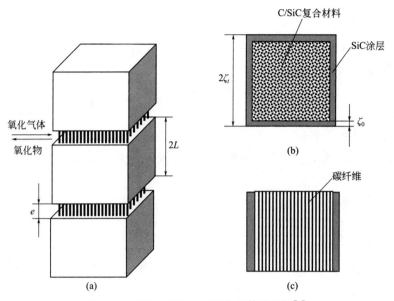

图 5-32 C/SiC 在氧化过程中的等效结构[6]

（a）复合材料；（b）沿裂纹面的横截面；（c）两裂纹面间沿复合材料纵向的截面

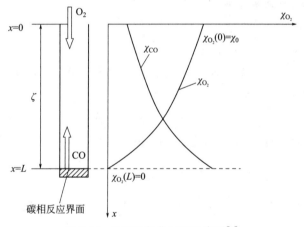

图 5-33 C/SiC 氧化过程示意图[6]

建模时需作如下假设：

a. 氧化过程为准稳态；

b. 反应气体仅靠扩散向内部的碳相界面上传质；

c. 边界层对气体扩散的影响不考虑；

d. 认为 C-O_2 反应是一级反应，CO 是主要的气相氧化产物；

e. SiC 与 O_2 的反应对 O_2 的浓度梯度不产生影响。

在 x 轴方向上取一微元 dx，根据质量守恒定律，流入微元体的质量等于微元体内吸收量与流出微元体的质量之和。由于不考虑 SiC 的氧化对氧气浓度梯度的影响，在微元体内的氧气吸收量为 0，可建立如下质量平衡方程：

$$\frac{\mathrm{d}N_{O_2}}{\mathrm{d}x}=0 \tag{5-53}$$

式中，N_{O_2} 为 O_2 相对于静止坐标的向内扩散摩尔通量，$mol/(m^2 \cdot s)$。在 CO-O_2 的二元扩散系中，N_{O_2} 可表示为：

$$N_{O_2}=-D\frac{c\partial\chi_{O_2}(z)}{\partial z}+(N_{O_2}+N_{CO})\chi_{O_2} \tag{5-54}$$

式中，N_{CO} 为向外扩散 CO 的摩尔通量，$mol/(m^2 \cdot s)$；c 为环境中气体的总摩尔浓度，mol/m^3；χ_{O_2} 为氧气的摩尔分数，即氧分压；D 为扩散系数，m^2/s；z 为扩散距离，m。

由 C-O_2 反应方程式可知：$N_{CO}=-2N_{O_2}$，将其代入上式中并整理，得：

$$N_{O_2}=-\frac{Dc}{(1+\chi_{O_2})}\frac{\partial\chi_{O_2}}{\partial x} \tag{5-55}$$

将式（5-55）代入式（5-53）中，可以得到一个关于 O_2 的摩尔分数 χ_{O_2} 和 x 的二阶微分方程：

$$\frac{\mathrm{d}}{\mathrm{d}x}\left[\frac{Dc}{(1+\chi_{O_2})}\frac{\partial\chi_{O_2}}{\partial x}\right]=0 \tag{5-56}$$

上述微分方程的边界条件为：

① 在 $x=0$ 处：

$$\chi_{O_2}=\chi_0 \tag{5-57}$$

② $x=L$ 处，扩散到碳相表面的 O_2 被碳相所消耗，单位时间内 O_2 的变化量与碳相所消耗的 O_2 的速率相等，即：

$$N_{O_2}=cK\chi_{O_2} \tag{5-58}$$

式中，反应速率常数 K 可表示成 Arrhenius 形式：

$$K=k_0\exp\left(\frac{-E_r}{RT}\right) \tag{5-59}$$

式中，k_0 为常数，m/s；E_r 为反应活化能，J/mol；c 可用理想气态方程表示：

$$c=\frac{P}{RT} \tag{5-60}$$

式中，P 为环境总压，Pa；R 为气体常数，$J/(mol \cdot K)$；T 为绝对温度，K。

对方程（5-56）两端对 x 积分，得：

$$\ln(1+\chi_{O_2})=C_1x+C_2 \tag{5-61}$$

式中，C_1、C_2 为常数。根据上述边界条件，可以求出：

$$C_1=\frac{1}{L}\left[\ln\left(1+\frac{N_{O_2}}{cK}\right)-\ln(1+\chi_0)\right] \tag{5-62}$$

$$C_2=\ln(1+\chi_0) \tag{5-63}$$

代入式（5-61）中可得，沿 x 轴方向上得氧气的浓度梯度：

$$1+\chi_{O_2}=\left(1+\frac{N_{O_2}}{cK}\right)^{\frac{x}{\xi}}(1+\chi_0)^{1-\frac{x}{\xi}} \tag{5-64}$$

变换后，得：

$$N_{O_2} = \frac{Dc}{\zeta}\left[\ln(1+\chi_0) - \ln\left(1+\frac{N_{O_2}}{cK}\right)\right] \tag{5-65}$$

上式为 N_{O_2} 作为 K、D 和氧气浓度 χ 函数的一个超越方程。当 $\dfrac{N_{O_2}}{cK}$ 很大时，$\ln\,(1+$

$\dfrac{N_{O_2}}{cK}$) 可展开为泰勒级数，并且只保留第一项，即有：

$$N_{O_2} = \frac{Dc/\zeta}{(1+\overline{D}/K\zeta)}\ln(1+\chi_0) \tag{5-66}$$

该式即为所得的反应和扩散联合过程的速率，无量纲数 $\overline{D}/K\zeta$ 描述了碳氧反应速率对总的氧化过程（扩散-反应）的影响，其中 $\overline{D}$ 是扩散控制机制有效的扩散系数，K 是反应控制机制的速率常数。

对于扩散控制的过程来说，由于扩散速率相对于化学反应速率非常小，可认为碳相的氧化反应是瞬时完成的，反应界面处氧气的浓度为 0，氧气的浓度梯度可简化为：

$$1+\chi = (1+\chi_0)^{1-\frac{x}{\zeta}} \tag{5-67}$$

氧气的扩散通量相应的变为：

$$N_{O_2} = \frac{Dc}{\zeta}\ln(1+\chi_0) \tag{5-68}$$

式中，N_{O_2} 为单位时间内单位扩散面积上通过的氧气的摩尔量，该物理量也可以理解为单位反应界面上氧气的反应速率。氧气的反应速率与碳相的消耗速率的关系可通过反应方程式确定，即 $N_C = 2N_{O_2}$，有：

$$N_C = \frac{2Dc}{\zeta}\ln(1+\chi_0) \tag{5-69}$$

上式即为在扩散控制的温度区间，通过涂层缺陷或微裂纹的碳相消耗速率的表达式。从中可以看出，N_C 不但与温度有关（体现在 D 上[27]），而且与氧气气相扩散通道的长度 ζ 有关。

在 dt 时间内，设氧化层向纤维束内部推进的距离为 $d\zeta$，则 dt 时间内，碳相消耗后复合材料的质量变化为：

$$\Delta W = S\rho_C d\zeta \tag{5-70}$$

复合材料的质量变化还可以表示为：

$$\Delta W = N_C SM dt \tag{5-71}$$

式中，ρ_C 为碳纤维的密度，g/m^3；M 为碳的摩尔质量，g/mol；S 为面积，m^2。

联立式(5-70) 和式(5-71) 得：

$$\frac{d\zeta}{dt} = N_C\frac{M}{\rho_C} \tag{5-72}$$

解得：

$$\zeta^2 = at+b \tag{5-73}$$

上式的边界条件为：在 $t=0$ 时，

$$\zeta = \zeta_0 \tag{5-74}$$

将式(5-69)代入式(5-72)并积分得：

$$\zeta^2 = \left[\frac{4DcM}{\rho_C}\ln(1+\chi_0)\right]t + \zeta_0^2 \tag{5-75}$$

该式即为氧气的气相扩散通道的长度 ζ 与氧化时间 t 之间的关系式。将 $c = \dfrac{P}{RT}$ 代入得：

$$\zeta^2 = \left[\frac{4DPM}{\rho_C RT}\ln(1+\chi_0)\right]t + \zeta_0^2 \tag{5-76}$$

当考虑具有分子尺度的 Knudsen 扩散与宏观尺度的 Fick 扩散的混合扩散时，有效扩散系数可用如下关系式表示：

$$D^{-1} = D_F^{-1} + D_K^{-1} \tag{5-77}$$

有效扩散系数 D 与 Fick 扩散系数 D_F 和 Knudsen 扩散系数 D_K 均有关，并且它由 D_F 和 D_K 两者中较小值决定。此时式(5-76)中抛物线速率常数部分可以发展成以下形式：

$$\zeta^2 = \left[4D\frac{P}{N_C RT}\ln\frac{(1+\chi_0)(D_K/D_F)+1}{D_K/D_F+1}\right]t + \zeta_0^2 \tag{5-78}$$

式中，N_C 为碳的摩尔密度，$\mathrm{mol/m^3}$，$N_C = \rho_C/M$。

由于 C/SiC 是一个复杂的多孔材料，因而 ζ 并不是沿着试样横截面厚度方向上的直线距离，而是非常复杂的曲线距离，是试样厚度的若干倍，多孔材料中孔隙的尺寸和类型极大地影响着气相扩散。在氧化过程中，氧化性气体必须通过曲折的途径到达碳相反应界面上。虽然气相扩散路径的长度不确定，但一定比从试样外部到反应界面上的直线距离要远，假设其为直线距离的 λ 倍，λ 为曲折度。考虑到试样的曲折度和孔隙率，则氧气在复合材料中的扩散系数可修正为：

$$D_{eff} = \frac{D}{\lambda\beta} \tag{5-79}$$

式中，λ 修正比直线距离长的扩散路径；β 修正固体中的孔洞和表面所构成的角度。

则式(5-78)转变为：

$$\zeta^2 = \left[4\frac{D}{\lambda\beta}\frac{P}{N_C RT}\ln\frac{(1+\chi_0)(D_K/D_F)+1}{D_K/D_F+1}\right]\cdot t + \zeta_0^2 \tag{5-80}$$

在垂直应力方向的任意平面内，应力由所有有效纤维（即与应力方向平行的纤维）均匀承担，如图 5-34(a)。当部分纤维被氧化消耗，所有应力由剩余的有效纤维均匀承担，如图 5-34(b)。当纤维进一步被氧化，复合材料横截面上外侧的纤维发生"颈缩"效应断裂，载荷转移到内部剩余的纤维上，如图 5-34(c)。假设试验在恒定应力 σ_A 下进行，那么随着时间的推移，2D C/SiC 试样横截面上有效纤维承载面积从图 5-34(a)的 A_0 到图 5-34(c)的 $A(t)$ 不断氧化减小，其中

$$A_0 = (2a)^2 \tag{5-81}$$

$$A(t) = (2a - 2\zeta)^2 \tag{5-82}$$

随着有效纤维承载面积的减小，剩下的纤维必然承担更高的应力 $\sigma(t)$，即

$$\sigma(t) = \frac{\sigma_A A_0}{A(t)} \tag{5-83}$$

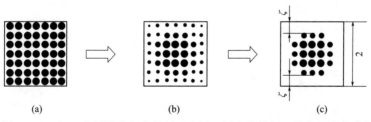

图 5-34　C/SiC 中纤维的氧化情况示意图（图中的黑色区域为纤维束）[6]

随着复合材料横截面上纤维的氧化，复合材料的柔性增加，模量减少[28]。模量的下降与氧化失效的纤维数量以及包裹它们的基体体积分数有关，模量可以简单地表示为：

$$E(t) = \frac{A(t)}{A_0} [E_f V_f + E_m (1 - V_f - p)] \tag{5-84}$$

式中，p 为复合材料的孔隙率。

在蠕变氧化试验过程中，恒应力为 σ_A 的初始加载情况下产生的弹性应变为：

$$\varepsilon^e(0) = \frac{\sigma(0)}{E(0)} = \frac{\sigma_A}{[E_f V_f + E_m (1 - V_f - p)]} \tag{5-85}$$

初始加载较高时，还会产生不可逆应变，该应变可以表示为：

$$\varepsilon_0^{in} = \frac{\Delta l^{in}}{l} = \frac{n \cdot e_0}{l} = e_0 \theta \tag{5-86}$$

式中，n 为横向裂纹的数量；l 为应变标距长度；Δl^{in} 为不可逆长度变化；θ 为涂层表面裂纹密度；e_0 为裂纹宽度，与初始加载的应力大小有关。

在高温应力氧化过程中，应变是最为重要的损伤过程演变参量。联立式（5-81）～式（5-83），可以获得 C/SiC 在高温应力氧化过程中的蠕变：

$$\varepsilon(t) = \frac{\sigma_A}{[E_f V_f + E_m (1 - V_f - p)] \left\{ 1 - \left\{ \left[4 \frac{D}{\lambda \beta} \frac{P}{N_C RT} \ln \frac{(1 + \chi_0)(D_K / D_F) + 1}{D_K / D_F + 1} \right] \cdot t + \xi_0^2 \right\}^{0.5} / (a \cos\varphi V_f) \right\}^4} + e_0 \theta \tag{5-87}$$

式中，$\cos\varphi$ 为编织系数，2D 和 3D C/SiC 的编织系数分别为 0.5 和 $\cos 20°$。假定其他参数一定的情况下，该模型即是高温氧化性气氛中蠕变随时间演变的关系模型。其中，裂纹宽度主要通过影响式中的扩散系数来影响碳相的氧化速率。

我们根据上述模型对 C/SiC 的蠕变性能进行预测及验证。利用表 5-6 提供的参数、数据和复合材料损伤过程模型（5-87），可以计算出 2D C/SiC 在某一特定环境中的蠕变应变随应力和氧分压变化的分布图，如图 5-35 所示。模型预测的应变曲线随着应力和氧分压的升高不断向低寿命方向移动，而且这些应变曲线呈现典型的三阶段特征。应力和氧分压越大，应变曲线增加越快，失效得越早。

表 5-6　计算所使用的参数与值[6]

参数		符号	值	单位
材料	基体杨氏模量	E_m	350	GPa
	基体体积分数	V_m	0.6	
	基体的热膨胀系数	α_m	4.6	$10^{-6}\mathrm{K}^{-1}$
	纤维杨氏模量	E_f	230	GPa
	纤维体积分数	V_f	0.4	
	纤维的热膨胀系数	α_f	0.5	$10^{-6}\mathrm{K}^{-1}$
	纤维直径	d	7	$\mu\mathrm{m}$
	方形样品横截面的边长	a	0.003	m
	编织角度	$\cos\varphi$	0.5	°
	气孔率	p	11	%
环境	施加应力	σ_A	变量	MPa
	氧化物分压	χ	变量	%
	总压	P	101325	Pa
	碳的摩尔密度	N_C	150000	$\mathrm{mol/m^3}$
	气体常数	R	8.31441	$\mathrm{J/(mol \cdot K)}$
	温度	T	变量	K
	裂纹温度	T_0	1127	K
微机械	裂纹密度	θ	7000	$\mathrm{m^{-1}}$
	裂纹开口位移	e	变量	m
	界面滑移阻力	τ	3	MPa
	曲折度系数	$\lambda\beta$	10	

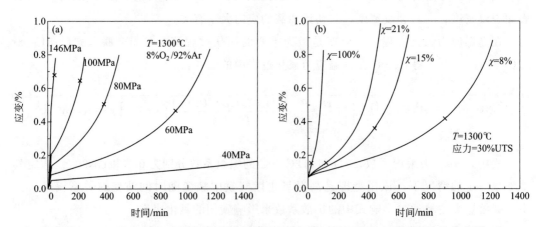

图 5-35　2D C/SiC 在 1300℃下不同应力和不同氧分压下蠕变应变的预测结果分布[6]
(a) 不同应力值；(b) 不同氧分压值

根据式(5-83)可以知道，随着试样横截面上有效纤维承载面积的减少，剩余纤维所承受的实际应力将会不断增加。图 5-36 是 2D C/SiC 在 30％UTS 应力和不同温度下蠕变时应力随时间的分布及其断裂时间的预测结果。可以看见,临界温度 900℃ 时,复合材料应力增加最快,迅速达到材料的极限拉伸强度后发生断裂。低温 600℃ 时,碳相的氧化活化能较低,加上只有 8% 的低氧分压,复合材料纤维氧化过程缓慢,应力增加也较慢。高温 1400℃ 时,尽管碳相的氧化活化能较高,但裂纹的愈合和封填使纤维氧化过程受到抑制,应力增加同样较慢。假设这些不断增加的应力达到极限拉伸强度时,复合材料即发生断裂,那么通过在图 5-36 上取应力等于 σ_{UTS} 所获得的断裂时间,可以得出复合材料断裂时间与温度的关系,如图 5-36(b) 所示。很明显,尽管断裂时间的预测结果与前面试验所获得的结果在数值上存在差异,但随温度的变化趋势和规律是一致。

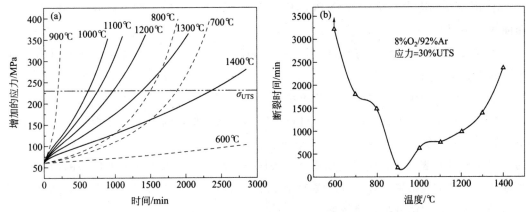

图 5-36　2D C/SiC 30%UTS 蠕变应力不同温度下的预测数据[6]

(a) 应力随时间的分布;(b) 断裂时间预测结果

式(5-87) 建立的 C/SiC 环境损伤过程模型可以计算不同温度、不同应力和不同氧分压下,宏观力学响应的过程演变曲线,并对环境控制性参数与复合材料之间复杂的作用机制作出量化的分析和预测。

C/SiC 环境损伤过程模型不仅可以获得复合材料环境损伤的过程演变信息,还可以预测复合材料的失效时间即寿命。只要找到一个合适的失效判据,就可以利用模型 (5-87) 计算出相应条件下的寿命。如图 5-34 所示,随着氧化的不断进行,剩余的有效纤维承载面积缩小,应力集中到剩余的纤维上,当剩余的有效纤维所承受的应力 $\sigma(t)$ 达到复合材料的极限拉伸强度 σ_{UTS} 时,试样发生断裂失效。因此,只要求出此时的氧化时间,就可以求出复合材料的寿命。失效判据表示如下:

$$R_{\text{c}} = \frac{A(t)}{A_0} = \frac{\sigma_A}{\sigma_{\text{UTS}}} \tag{5-88}$$

式中,R_{c} 为临界面积比。

将失效判据代入式(5-78),可以求出 C/SiC 的寿命公式:

$$t_{\text{life}} = \frac{\left[\left(1 - \sqrt{\dfrac{\sigma_A}{\sigma_{\text{UTS}}}}\right)(a\cos\varphi V_{\text{f}} - \zeta_0)\right]^2 - \zeta_0^2}{4\dfrac{D}{\lambda\beta}\dfrac{P}{N_{\text{C}}RT}\ln\dfrac{(1+\chi_0)(D_k/D)+1}{D_k/D+1}} \tag{5-89}$$

式中，t_{life} 为 C/SiC 试样的寿命；σ_A 为外加拉伸应力，MPa；σ_{UTS} 为试样的极限拉伸强度，MPa；a 为等效宽度，m；ζ_0 为涂层的厚度，m；$\lambda\beta$ 为复合材料的曲折度系数；D 为氧气在复合材料中的气相扩散系数，m^2/s；P 为气体总压，Pa；N_C 为碳的摩尔密度，mol/m^3；R 为气体常数，$J/mol·K$；T 为温度，K；χ_0 为环境中氧气的摩尔分数。

通过寿命预测模型可以求出在不同应力、温度和氧分压下，复合材料的寿命以及变化趋势。下面通过两个例子说明复合材料的寿命在不同温度、不同氧分压和不同应力下的变化规律：

① 固定蠕变应力，设为 100MPa，利用模型计算不同氧分压和不同温度下的寿命分布曲线，见图 5-37(a)；

② 固定温度和氧分压，分别设为 $T=1300℃$，$\chi=8\%$，利用模型计算不同应力水平下的寿命分布曲线，见图 5-37(b)。图 5-37(a) 表明，在温度一定的情况下，复合材料的寿命随着氧分压的增大呈类指数减小，变化规律与试验获得的规律一致。当氧分压一定时，随着氧化温度的升高，复合材料的寿命逐渐增加，因为无论是否处于应力状态下，高温总是能够获得更窄的氧化通道宽度。这个预测结果与试验结果趋势也是一致的。图 5-37(b) 表明，相同温度和氧分压条件下，复合材料的寿命随着应力的增加呈类指数减小，与试验结果趋势一致。将 1300℃ 下模拟燃气气氛中获得的寿命试验结果与预测曲线对比，发现两者吻合得较好。

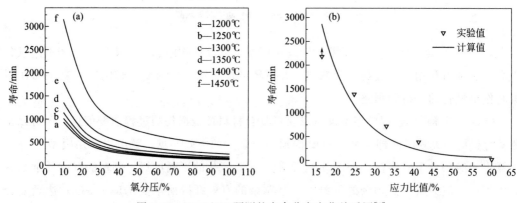

图 5-37　2D C/SiC 预测的寿命分布变化关系图[6]

(a) 不同氧分压；(b) 不同应力

5.2.2　高温/低速/水氧耦合下 2D C/SiC 蠕变性能演变行为及机制

本节采用甲烷风洞试验模拟复合材料在高温/低速/水氧耦合下蠕变行为，高温燃气包含水蒸气 H_2O、氧气 O_2、二氧化碳 CO_2 和少量氮气 N_2，流速 20m/s。氧气的质量分数一直控制在富氧 20%（氧分压 17kPa），1800℃时 H_2O 分压和 O_2 分压分别为 55kPa 和 16kPa，CO_2 分压约 29kPa，N_2 几乎为零。表 5-7[29] 列出了在甲烷风洞典型温度下的高温燃气组成。

表 5-7　动态燃气环境的燃气组成与分压[29]

温度	动态燃气环境的燃气分压/%				总压强
	O_2	H_2O	CO_2	N_2	
1300℃	17	35	17	31	100kPa
1500℃	17	45	22	16	100kPa
1800℃	16	55	29	0	100kPa

5.2.2.1　2D C/SiC 蠕变性能演变行为

（1）温度影响

在高温/低速/水氧耦合环境下，分别以 1300℃、1500℃和 1800℃对 2D C/SiC 施加 200 MPa 蠕变应力（约是 2D C/SiC 甲烷风洞初始高温拉伸强度的 80%），试样的蠕变寿命如表 5-8[29]所示。

表 5-8　2D C/SiC 在甲烷风洞中 200MPa 下的蠕变寿命[29]

蠕变应力/MPa	温度/℃	暴露时间/s	寿命/min	剩余强度/MPa
200	1300	430	<10	全部断裂
		490		
		550		
	1500	580	<10	断裂
		860	>10	225
		820	>10	229
	1800	580	<10	断裂
		860	>10	228
		820	>10	233

由于试样在制备过程中本身微结构的差异，不是所有试样可以保持 10min，但保持时间都接近 10min 且大于 1300℃的时间，认为平均寿命约 10min。对甲烷风洞中可承受 200MPa 应力氧化约 10min 仍未断裂的试样进行拉伸测试，结果发现：1500℃和 1800℃时的残余强度分别为 227MPa 和 231MPa，与初始高温强度相比下降约 20MPa，高温强度保持率约 91%~93%。1300℃时的寿命小于 10min，而 1500℃和 1800℃时的寿命接近或稍大于 10min。

试样在恒应力、恒温下可保持不断裂的时间取决于所施加的载荷、温度、气氛。温度对 C/SiC 应力氧化行为的影响主要是对基体裂纹愈合作用的影响：在制备温度以上进行测试时，由于纤维与基体热膨胀系数的差异，基体处于压应力状态，此压应力对基体中的裂纹愈合有一定作用。温度越高，基体压应力越大，外加应力对基体开裂的影响也就越小，残余强度也就较大。因此，如表 5-8 所示，在更高温度下应力氧化寿命较长，试样经过应力氧化后的残余强度较大。

（2）应力影响

图 5-38[29]显示了不同恒应力对 2D C/SiC 应力氧化行为的影响。在甲烷风洞 1500℃

下暴露 10min 后，剩余强度随应力的增长而降低，质量损失率随应力的升高而升高。在低于 80MPa 的应力水平下，剩余强度和质量损失率的变化幅度较小；而在 120MPa 以上的应力水平下，剩余强度和质量损失率都以较大的幅度变化。由图 5-38 可以看出，在 0、40MPa 和 80MPa 保持 10min 后试样没有出现强度衰减，剩余强度大于初始强度。而在 120MPa、160MPa 和 200MPa 保持 10min 后剩余强度出现显著衰减。这主要是由于所施加的应力水平决定复合材料裂纹的形成与扩展情况，从而进一步决定燃气环境对预先开裂试样的损伤程度。

由图 5-38 得出，在甲烷风洞 1500℃ 下，当施加的应力水平依次为初始高温强度的 0、16%、32%、48%、64% 和 80% 时，剩余强度的保持率依次为 110%、108%、106%、96%、94% 和 91%。低于 80MPa 的恒应力不会导致强度衰减，对质量损失率无太大影响；而在 120～200MPa 范围内的恒应力导致复合材料的强度快速衰减和质量损失率的快速增长。

应力对 C/SiC 剩余强度的影响与应力对基体裂纹的影响密切相关，即复合材料的应力氧化行为机理的变化及其对剩余强度的影响很大程度上取决于基体开裂应力的大小。强度的下降和质量损失率的快速增长主要与试样开裂带来的氧化损伤有关。当外加应力大于基体开裂应力时，氧化气氛快速扩散并到达纤维造成损伤甚至烧蚀消耗，材料因为氧化作用导致失效较快，寿命较短，剩余强度较小；当外加应力小于基体开裂应力时，基体不易开裂，氧化气氛的扩散路径有限，很难快速到达纤维，因此氧化质量损失率增长的慢，对材料的损伤小，因此材料在低应力下氧化后的残余强度较大。

由图 5-39[29] 可以看出，在恒定应力下，复合材料的质量损失率随着暴露时间的增长而增大；复合材料的质量损失率随试样热气流迎风面氧化腐蚀面积的增长而快速增长；随着应力水平从 80MPa 上升到 200MPa，材料的质量损失率显著增大；应力越高，质量损失率的增长速度越快，说明应力越高材料的氧化速率越快。在 80MPa 恒应力下，质量损失率的增长没有超过 0.1%。试样在 1500℃ 下暴露 15min 以后，在 80MPa、120MPa 和 200MPa 下的质量损失率最大值分别为 0.1%、0.23% 和 0.4%。因此，在甲烷风洞中，施加的应力与暴露时间都会显著影响材料的氧化质量损失率。

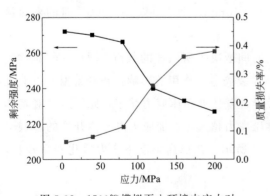

图 5-38　1500℃模拟再入环境中应力对
2D C/SiC 剩余强度和质量损失率的影响[29]

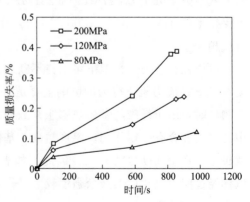

图 5-39　2D C/SiC 在 1500℃甲烷风洞中不同
应力水平下质量损失率随暴露时间的变化[29]

5.2.2.2　2D C/SiC 蠕变性能演变机制

图 5-40[29]给出了 2D C/SiC 在甲烷风洞中应力氧化试验后的典型断口形貌。发现氧化沿着热气流的方向从近表面向中心逐渐对纤维造成烧蚀损伤［图 5-40(a) 和（b）］。纤维的氧化是具有选择性的，近表面的纤维氧化速率更快。另外，由氧化引起的复合材料强度下降也与图 5-40(c) 所示的在断裂表面附近对纤维造成类似凹槽形状的局部损伤有关，纤维容易快速断裂，使得承载能力被迅速削弱。

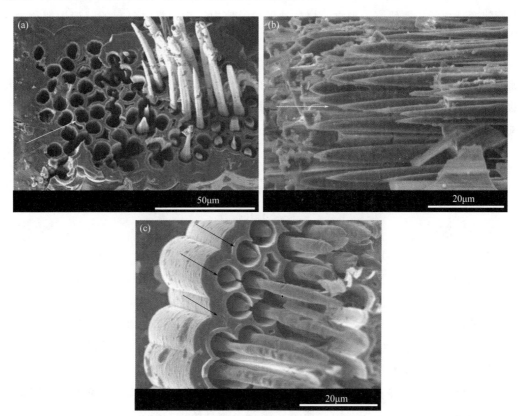

图 5-40　2D C/SiC 在 1800℃模拟再入环境中的断口形貌（箭头所示为气流方向）[29]

2D C/SiC 在高温/低速/水氧耦合环境中的蠕变寿命取决于应力大小、温度、暴露时间、气氛氧化等几个因素的共同作用。应力水平决定试样中基体的开裂程度，通过控制裂纹扩展来影响气氛扩散与氧化。随着应力水平的提高，复合材料的剩余强度下降，质量损失率随试样热气流迎风面氧化腐蚀面积的增长而快速增加。相同应力下，温度和暴露时间影响试样的应力氧化寿命。温度通过对基体热应力的作用来影响基体裂纹愈合。在制备温度以上，基体中产生的压应力对基体裂纹愈合有作用，温度越高基体压应力越大，外加应力对基体开裂的影响就越小，残余强度也就较大。相同应力下，暴露时间越长质量损失率越高。当燃气温度控制在 1500℃保持 10min 时，高于 80MPa 的恒定应力通过加快裂纹开裂和纤维氧化加速了材料失效，导致剩余强度显著下降，质量损失率快速上升；而在低于 80MPa 的恒定应力下复合材料表现出强度不衰减的良好趋势。这主要是因为不同的应力水平对基体开裂的影响不同。当施外加应力大于基体开裂应力时，氧化气容易快速扩散，试样易发生氧化失效，寿命和剩余强度都降低；而当施加应力小于基体开裂应力时，气氛对材料的损伤较小，材料的寿命和剩余强度较高。

5.2.3 高温/亚声速/水氧耦合下 2D C/SiC 蠕变性能演变行为及机制

本小节主要介绍 2D C/SiC 在高温风洞模拟的高温/亚声速/水氧耦合环境中的蠕变性能演变规律，主要研究了温度、燃气速度以及应力三个因素对材料的蠕变性能和寿命的影响。

首先介绍燃气速度加速系数（简称加速系数，multiplication factor [30]，用 F 表示）。加速系数可以用在相同环境因素水平下，等效模拟系统获得的性能与风洞模拟系统获得的性能来确定。如果用 P_{ES} 表示材料在等效模拟环境中的性能，用 P_{WS} 表示材料在燃气风洞环境中的性能，则

$$F = \frac{P_{ES}}{P_{WS}} \tag{5-90}$$

加速系数也可以由材料在相同环境因素水平下的寿命来获得：

$$F = \frac{Life_{ES}}{Life_{WS}} \tag{5-91}$$

在温度、应力、环境气体组分等其他环境参数相同的情况下，不同的燃气速度可以获得不同的加速系数。试验研究表明，并非所有情况下燃气速度的增加都能够加速材料的损伤演变过程。在温度足够低的情况下，燃气速度的增加会减缓材料的损伤演变，获得较高的试验寿命。特别地，当加速系数 $F > 1$ 时，燃气速度的增加加速材料的损伤演化；当加速系数 $F = 1$ 时，燃气速度的增加不影响材料的损伤演化；当加速系数 $F < 1$ 时，燃气速度的增加减缓材料的损伤演化。

由于航空发动机热端部件服役环境所涉及的影响因素是多方面的，而且各种因素之间既相互促进，又相互制约，因此通过实验获得所有环境参数对加速系数的影响规律，并建立物理模型显然是很困难的。本小节主要讨论温度、应力和燃气速度等重要环境参数对加速系数的影响，进而分析不同因素条件下材料的寿命。

5.2.3.1 2D C/SiC 蠕变性能演变行为

（1）温度对加速系数的影响

表 5-9[6] 给出了 2D C/SiC 在高温风洞环境中，相同应力条件下，燃气温度和速度对性能的影响，表中燃气温度从 700℃ 到 1400℃，燃气速度从 184m/s 到 341m/s，应力为 30%UTS。表 5-9 还给出了不同燃气速度和燃气出口温度下所计算的燃气组分及其含量。可以看到：燃气速度的增加，并没有引起燃气组分太大的变化。要提高燃气出口速度，就必须增加空气流量，但为了同时保证出口温度不至于下降，就必须增加燃油的消耗，同时增加燃油和空气流量的结果使得最终燃气组分的含量没有太大变化。燃气温度的增加，可以明显降低燃气中氧气的含量，同时增加水蒸气的含量，说明温度的提高，使得空气和燃油的燃烧更加充分，消耗了大量的氧气并产生水蒸气。

表 5-9　2D C/SiC 在风洞环境中蠕变试验结果[6]

样品标号	气流量/(kg/s)	速度/(m/s)	温度/℃	应力①/MPa	燃气组分/%				寿命/min	寿命平均值±标准差/min
					O_2	N_2	H_2O	CO_2		
1									709	
2									618	
3	0.320	184	700	71(30%)	15.56	79.26	3.074	5.097	666	669.8±93.6
4									492	
5									864	
6	0.529	285	700	71(30%)	15.5	75.96	5.47	3.07	850↑	—
7									261	
8	0.330	229	900	71(30%)	13.69	77.27	4.51	4.51	226	262.3±25.1
9									300	
10									253	
11	0.4133	285	900	71(30%)	13.89	75.85	6.16	4.1	163	219.0±31.3
12									241	
13	0.4998	341	900	71(30%)	13.23	76.12	6.02	4.63	388	—
14									277	
15	0.330	285	1200	71(30%)	11.86	75.12	7.66	5.36	153	221.3±45.6
16									234	
17									40	
18	0.4007	341	1200	71(30%)	10.6	74.94	8.28	6.18	106↑	120.3±63.1
19									215	
20									452	
21	0.2882	285	1400	71(30%)	9.49	74.67	8.99	6.85	111	281.5±170.5
22									137	
23	0.3356	341	1400	71(30%)	10.2	74.81	8.56	6.43	285	176.7±72.2
24									108	

① 圆括号中数据为应力与 UTS 的比值，UTS＝243MPa。

为了在其他参数一致的情况下，研究燃气温度对加速系数的影响，选择表 5-9 中燃气速度均为 285m/s，温度分别为 700℃、900℃、1200℃和 1400℃时，与燃气组分相同的等效环境气氛进行等效模拟试验。选择以 285m/s 为各个温度点的燃气基准速度，是因为在这个速度下，700℃和 1400℃所对应的燃气流量分别为：182mm 水柱和 60mm 水柱压差。如果基准速度选择太高或太低，对应的燃气流量偏大或过小，引起不必要的浪费或无法进行风洞试验。图 5-41[6]给出了气氛组分与含量一致、30％UTS 应力下等效模拟与风洞试验中 2D C/SiC 的寿命-温度曲线。两种寿命-温度曲线的共同特点是：

① 2D C/SiC 在两种环境中的寿命均在 900℃ 出现最低值，这一温度称为寿命变化的临界温度，用 T_c 表示。在临界温度，两种环境中的寿命相当，都在 200min 左右。寿命随温度变化主要与在不同温度下材料基体裂纹的开度以及该温度下碳氧反应的活化能有关。温度很低时，尽管基体存在裂纹，但是扩散到材料内部的氧化性气体与碳相发生反应的活化能很低，性能下降缓慢。当温度上升到一个比较合适的临界点 T_c 时，即 900℃，基体裂纹没有完全闭合，涂层和基体 SiC 无法生成大量的无定形氧化硅封填裂纹，氧化性环境气体仍然可以透过这些张开的裂纹进入到材料内部，而碳氧反应的活化能随着温度的上升也增高，大量的承载碳纤维被氧化，性能迅速下降。当温度继续升高时，裂纹闭合，同时 SiC 基体和涂层能够形成致密的无定形氧化硅封填裂纹，材料氧化被抑制，寿命随着温度增加而增加。因此 T_c 是上述两种机制，即反应控制向扩散机制转变的临界温度。

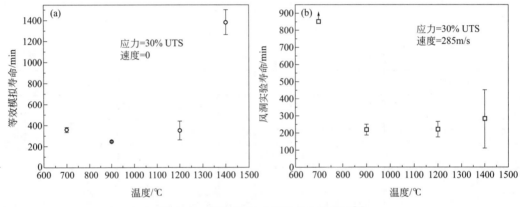

图 5-41　温度对 2D C/SiC 寿命的影响[6]

(a) 等效模拟；(b) 风洞试验

② $T<900℃$ 时，裂纹宽度较大，碳氧反应速度随温度增加而增加，两种环境中的寿命均随着温度的升高不断减小；$T>900℃$ 时，碳氧反应由反应控制转变为扩散控制，两种环境中的寿命均随着温度的升高不断增加。但是在两个温度区间，两种环境中的寿命减小和增加的幅度不同。

③ 2D C/SiC 在两种环境中的寿命数据的误差棒宽度随温度升高而增大，即分散程度随着温度的升高而增大。表明寿命增加的同时，可靠性不断下降。通常 2D C/SiC 基体裂纹在 900℃ 以上开始闭合，承载的碳纤维氧化过程被抑制，从而可以获得更高的寿命。但随着温度的不断升高，复合材料中制备缺陷，如表面开气孔、针刺孔等对氧化的作用不断显现出来，由于这些制备缺陷具有很大的随机性，获得的寿命也具有很大的波动性。

利用式(5-91)可以获得每个温度对应的加速系数。如图 5-42(a) 所示，加速系数随温度的变化关系是一条不断上升的非线性曲线。从工程计算的角度来说，非线性关系对于理论建模和因素分析不方便。因此采用对数变换的方法将这种非线性关系变转变为线性关系，这样直线不仅容易拟合，而且方便外推。

图 5-42(b) 是进行自然对数处理后的加速系数与温度之间的关系。可以看到，加速系数的自然对数 $\ln F$ 与温度 T 之间满足如下线性关系：

$$\ln F = 0.00315T - 2.9895 \tag{5-92}$$

图 5-42(b) 中，零线以下，$\ln F$ 为负值，表示燃气速度减缓损伤演变；零线以上，$\ln F$ 为正值，表示燃气速度加速损伤演变；零线表示两种环境中性能演变的速度相同。

当温度为 900℃ 时加速系数大致为 1，表明当温度达到临界温度 T_c 时，两种环境中的性能演变速度相同，具有近似的对等性，风洞环境中 285 m/s 燃气速度的存在并不影响复合材料的寿命。

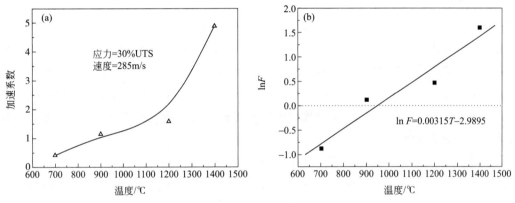

图 5-42　加速系数与温度之间的关系[6]

(a) 原始；(b) 自然对数变换

(2) 燃气速度对加速系数的影响

假设等效模拟环境中静态气氛速度为 0 的前提下，近似认为当风洞环境中燃气速度为零时，加速系数为 1。图 5-43(a)[6] 给出了燃气速度对加速系数的影响规律。同样，为了工程计算和理论建模方便，图 5-43(b) 对加速系数进行了自然对数变换。图 5-43(b) 中，零线以下，$\ln F$ 为负值，表示燃气速度减速损伤演变；零线以上，$\ln F$ 为正值，表示燃气速度加速损伤演变；零线表示两种环境之间性能演变速度相同，具有对等关系。

经过自然对数变换以后，从低温 700℃ 到高温 1400℃，随着燃气速度的增加，加速系数的自然对数 $\ln F$ 与燃气速度基本呈线性关系：

$$\ln F = -0.0031v - 0.0164 \qquad T = 700℃ \tag{5-93}$$
$$\ln F = 0 \qquad T = 900℃ \tag{5-94}$$
$$\ln F = 0.00205v - 0.01762 \qquad T = 1200℃ \tag{5-95}$$
$$\ln F = 0.0059v - 0.0122 \qquad T = 1400℃ \tag{5-96}$$

线性化极大地简化了分析与处理数据的难度。可以看到：700℃ 时，燃气速度越大，

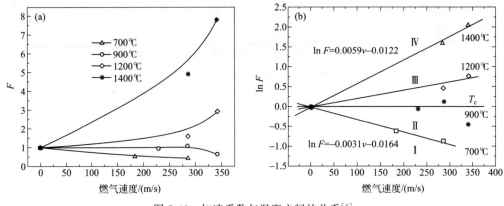

图 5-43　加速系数与温度之间的关系[6]

(a) 原始；(b) 自然对数变换

加速系数越小。低温下，碳相反应的活化能低，反应很慢。一方面，高压燃气降低氧化气体的扩散系数；另一方面，低温下裂纹宽度较大，高速低氧含量的气体在裂纹口上形成边界层，阻止气相扩散，抑制碳氧反应。900℃时，燃气速度不影响加速系数。在此温度下，裂纹宽度愈合到临界位置，没有大量的氧化硅生成，两种环境中试样的表面状态几乎相同，因而随着燃气速度增加，仍然获得近似的寿命。高于 900℃时，加速系数随燃气速度增加而增加。

　　根据图 5-43(b) 中的直线关系可以在Ⅰ、Ⅱ、Ⅲ和Ⅳ四个区域得到不同速度下的 $\ln F$ 与温度的曲线分布，如图 5-44(a)[6]。将曲线分布线性处理后即得到图 5-44(b) 中所示的直线簇。直线簇的交点正好在临界温度 T_c 附近。这些曲线分布和直线簇是温度和燃气速度对加速系数影响的综合体现。可以看到：当燃气速度为 0 时，无论温度如何变化，两种环境之间总是对等关系。燃气一旦具有一定的速度，随着温度的升高，加速系数总是增大，且增大速率 a 随燃气速度的增加而增加。另一方面，温度为 T_c 时，无论速度如何变化，两种环境之间也总是对等关系。温度低于 T_c，随着速度的增加，加速系数减小；温度高于 T_c，随着速度的增加，加速系数增大。两种环境中，环境性能演变的区别在于试样表面状态的差别，这种差别其实质就是裂纹的封填与否，以及封填的程度如何，这与第 4 章关于氧化通道特征尺度对 C/SiC 环境氧化行为的影响具有类似性。在临界温度 T_c 以下，两种环境中复合材料的表面形态基本相同，静态气氛比动态气氛对碳相的氧化更严重，造成力学性能更快下降；在临界温度 T_c 以上，两种环境中复合材料的表面形态差别较大，动态气氛通过加速 SiC 的氧化消耗，加速材料中碳相的氧化，速度越大，加速系数也越大。

　　因此，燃气速度是一把双刃剑，临界温度 T_c 以上，随着速度的增加，加速系数增加，加速的损伤演化；临界温度 T_c 以下，随着速度的增加，加速系数减小，减缓损伤演化。图 5-44 也表明：高温高速燃气下，材料损伤最快，寿命最低，加速系数最高，速度加速损伤的效果最显著 [图 5-44(b) 右上区域]；低温高速燃气下，材料损伤最慢，寿命最高，加速系数最低，速度减缓损伤的效果最显著 [图 5-44(b) 左下区域]。

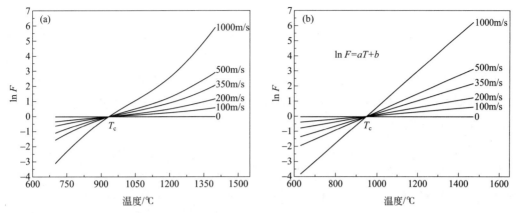

图 5-44　不同燃气速度下加速系数随温度的分布[6]

(a) 原始；(b) 线性拟合

图 5-45[6] 给出了风洞环境中的 2D C/SiC 的寿命分布。其中，图 5-45(a) 是相同燃气流量条件下材料寿命随温度的变化，图 5-45(b) 是将表 5-9 中全部风洞环境的寿命数据进行整理后的散点分布图。风洞的试验参数控制极为复杂。不同温度下，要保证燃气速度相同，需要调节空气流量 Q。相同空气流量条件下，不同的燃气温度对应的速度也不一样，且随着温度的升高速度增大。固定空气流量，研究温度和速度同时提高对寿命的影响，如图 5-45(a) 所示。可以看到，当空气流量 $Q=79$，蠕变应力为 30%UTS 时，2D C/SiC 的寿命随着温度和速度的同时增加呈现类指数减小规律。与图 5-41(b) 相比，存在明显的差别。图 5-41(b) 是固定燃气速度条件下，单一因素温度对寿命的影响，进气量 Q 与燃气温度和速度不同，并不是环境控制性变量参数，它的大小可以从燃气速度 v 和温度 T 上得到体现。图 5-45(a)[6] 说明，燃气温度越高，速度越大，对性能下降越快，寿命越低，加速系数就越大，这与图 5-48 的分析结果一致。同样，从图 5-45(b) 中寿命的散点分布可以看到，高温高速下材料寿命主要集中在该图的右下位置，具有较低的寿命。尽管相同速度下，在 1400℃ 能够获得比在 1200℃ 更高的寿命，但是相同的等效环境条件下，前者寿命比后者高很多，因此，高温高速下风洞环境对损伤演变的加速作用依然明显。

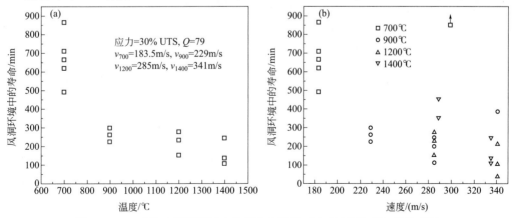

图 5-45　2D C/SiC 风洞环境中的寿命与温度 (a) 和速度 (b) 的关系[6]

（3）应力对加速系数的影响

表 5-10[6] 是 2D C/SiC 在高温风洞模拟的高温/亚声速/水氧耦合环境中不同蠕变应力下的试验结果。图 5-46[6] 给出了在高温静态模拟环境和风洞环境中，2D C/SiC 的寿命随应力的变化曲线对比。很明显，两种环境中的寿命-应力曲线具有相似的类指数变化规律，即随着应力比的不断提高，寿命呈指数规律减小。这与大多数材料寿命与应力水平的关系一致。所不同的是，等效模拟环境中的寿命基本上都高于风洞环境中的寿命。在低应力情况下（$\sigma = 16\%$ UTS），等效模拟环境中静态气氛能够使 SiC 在 1300℃时生成大量的氧化膜，封填裂纹，从而使复合材料具有很高的寿命，一般超过 36h。高温风洞环境中，高温高速燃气作用加速了 SiC 的氧化消耗，从而使复合材料在低应力下性能快速衰减，寿命一般不会超过 10h。在高应力情况下（$\sigma = 60\%$ UTS），C/SiC 涂层和基体裂纹被拉开很大，即便是在等效模拟系统中，静态气氛大量氧化 SiC 生成的氧化硅也无法封填裂纹，两种环境中碳相氧化机制相同。并且 1300℃高温下，碳相一旦暴露就立即氧化，因此在高应力条件下，两种环境中寿命基本一致，加速系数接近 1。

表 5-10　2D C/SiC 在不同蠕变应力下的高温风洞试验结果[6]

样品标记	气氛/%				温度/℃	应力①/MPa	尺寸/mm		寿命/min
	N_2	CO_2	O_2	H_2O			宽度	厚度	
2DCSC5C1	72	5	8	15	1300	40（16%）	3.0	3.14	559
2DCSC5C2	72	5	8	15	1300	60（25%）	2.96	3.12	245
2DCSC5C3	72	5	8	15	1300	80（33%）	3.2	3.14	120
2DCSC5C4	72	5	8	15	1300	100（41%）	3.2	2.86	91
2DCSC5C5	72	5	8	15	1300	146（60%）	3.1	3.2	12

① 圆括号中的数据是应力与 UTS 的比值，UTS=243MPa。

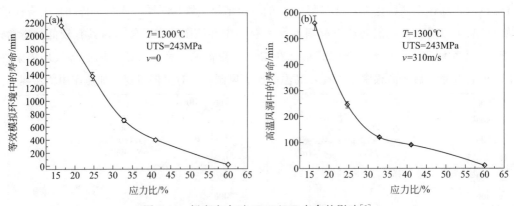

图 5-46　蠕变应力对 2D C/SiC 寿命的影响[6]

（a）高温静态模拟；（b）高温风洞

利用公式(5-91) 可以获得如图 5-47(a) 所示的加速系数-应力比关系曲线。很明显，图 5-47(a) 所表示的加速系数在整个试验应力范围内都大于 1，说明速度具有明显加速材料损伤的作用。加速系数与应力比的关系曲线具有一定的抛物线特征，其最大值出现在约 30％UTS 的应力水平位置。当应力水平低于 30％UTS 时，加速系数随着应力的增加而增加；当应力水平高于 30％UTS 时，加速系数随着应力的增加而减少。

为了更方便地处理加速系数-应力比曲线的这一特征，同样利用线性化处理的办法来分析应力对加速系数的分段作用机制。将图 5-47(a) 的曲线直接对应力比求一阶导数后得到如图 5-47(b) 所示的两段直线关系，这两段直线的方程表示如下：

$$\mathrm{d}F = -0.0168\sigma + 0.5036 \qquad\qquad \sigma \leqslant 40\%\mathrm{UTS} \qquad\qquad (5\text{-}97)$$

$$\mathrm{d}F = -0.17 \qquad\qquad\qquad\qquad \sigma > 40\%\mathrm{UTS} \qquad\qquad (5\text{-}98)$$

$\mathrm{d}F$ 表示加速系数的变化速率。必须注意到，当应力比为 30％UTS 时，$\mathrm{d}F = 0$，加速系数达到最大值，约为 6。这一特征应力被定义为临界应力 σ_c。显然方程式(5-97) 和 (5-98) 所示的两段直线将加速系数-应力比关系分成了抛物线作用区域和直线作用区域。如果再进行细分，可以将应力对加速系数的作用机制大致分为如图 5-47(b) 所示的 Ⅰ、Ⅱ、Ⅲ 和 Ⅳ 四个区域，分别叫做低应力区 Ⅰ、中应力区 Ⅱ、高应力区 Ⅲ 和超高应力区 Ⅳ。

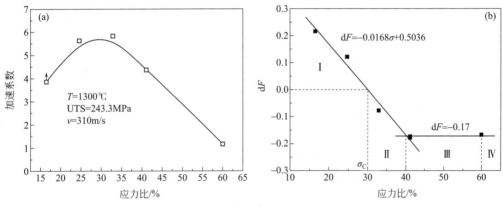

图 5-47　加速系数与应力的关系

(a) 原始；(b) 一阶微分变换[6]

在低应力区 Ⅰ （$\sigma < \sigma_c = 30\%\mathrm{UTS}$），等效模拟环境中 C/SiC 表面 SiC 在 1300℃下被迅速氧化可以生成氧化硅 SiO_2 膜。随着应力的增大，裂纹逐渐张开，应力在达到临界应力之前，氧化膜足以封填这些被拉开的裂纹，复合材料性能下降缓慢，寿命较高；相比之下，风洞环境中 SiC 表面生成的氧化硅没有封填作用。随着低应力的增加，复合材料寿命下降很快。在低应力区，风洞环境和等效环境之间具有不断增加的加速系数 [图 5-47(a)]，但加速系数的增加速度不断降低，最后降低到 0，如图 5-47(b)。

在中应力区 Ⅱ （40％UTS$>\sigma>\sigma_c=30\%\mathrm{UTS}$），应力达到临界应力，裂纹开度也增加到一个临界值。等效环境中静态氧化气氛在 SiC 表面生成的氧化膜无法封填张开的裂纹，也就是说，氧化膜的保护作用随着应力达到 30％UTS 而逐渐丧失。但部分封填的涂层和基体裂纹宽度仍然远远小于在风洞环境中的裂纹宽度，等效环境中寿命仍然比风洞环境中高，两种环境之间的材料损伤加速关系明显。随着应力在该区域的不断上升，等效模拟环境中裂纹的封填效果越来越差，损伤加快，加速系数不断下降，而且加速系数的下降速度不断增加。

在高应力区Ⅲ（60％ UTS＞σ＞40％ UTS），随着应力的增加，加速系数直线下降
[图 5-47(a)]，且速度保持恒定 dF＝－0.17。表明等效模拟环境中，部分张开的基体裂
纹开度受到外应力作用增加后，损伤加快，寿命迅速下降，且与风洞环境中寿命的下降
规律和幅度保持一定比例，两者之间的加速系数随着应力的增加线性减小，逐渐向 1 靠
近，如图 5-47(a)。表明随着高应力水平的不断增加，等效环境和风洞环境之间的加速
关系不断弱化，当应力足够高时，材料基体裂纹被大大拉开，两种环境之间的加速系数
为 1，出现对等关系。

在超高应力区Ⅳ（σ＞60％ UTS），裂纹被拉开很大，材料在等效模拟环境中生成的
大量氧化膜已经完全失去保护作用，两种环境中气体对碳相的氧化机制相同，碳相一旦
暴露就会立即氧化。两种环境中寿命基本一致，而且一般几分钟至十几分钟材料就会发
生失效，加速系数接近 1。

5.2.3.2　2D C/SiC 蠕变性能演变机制

当温度低于900℃时，加速系数小于1，表明具有相同裂纹开度的复合材料在低温下
碳氧反应受到燃气速度的抑制，从而获得比在静态模拟燃气环境中更高的寿命。如
图 5-48(a) 和 (b) 所示，当温度低于 900℃时，2D C/SiC 的表面状态几乎完全一样，
即 30％ UTS 的应力促使裂纹张开一样宽度，低温下都没有生成致密氧化膜，但燃气速
度的存在使得风洞环境中复合材料表面环境压力比等效环境中更高，高的环境压力降低
有害气体的扩散系数，从而抑制碳氧反应。另外，碳氧反应产物均为气态物质，这些气
态产物的向外扩散受到通道口向内高压环境气体的阻碍，导致压力升高，同样抑制碳氧
反应，上述两个方面的原因使得风洞环境中复合材料的寿命较长。低温下，复合材料中
碳相仍以碳纤维表面和 PyC 界面的氧化为主，如图 5-48(c) 和 (d)[6]。等效环境中表面
和内部的气氛压力均为常压，气态产物向外扩散相对容易，反应速度快，因而复合材料
在等效环境中的寿命较短。因此，在较低的温度下，环境气体速度可以减缓对 2D C/SiC
的氧化损伤作用。但随着温度的升高，碳相反应的加剧和氧化气态产物压力的提高，这
种减速作用逐渐减小，900℃时完全消失，随后出现加速关系。900℃时风洞环境中复合
材料断口和纤维氧化形貌与等效环境中差别不大 [如图 5-48(d)]。

当温度大于900℃时，涂层和基体裂纹开始闭合，燃气速度对损伤演变过程的加速
作用逐渐显露出来。图 5-42(a) 表明，超过 1200℃以后，随着温度的升高，燃气速度的
存在明显加速了材料性能的下降。在 1400℃时，两种环境之间的加速系数已经达到 5。
也就是说，同样的 2D C/SiC，如果在风洞环境中的寿命为 4h，那么它在等效环境中的
寿命可以达到或超过 20h。如此之大的性能损伤加速关系与高温下 SiC 的氧化过程有关。
2D C/SiC 在 1400℃等效模拟环境中的寿命都高于 20h，这是由于静态气氛中 SiC 涂层和
基体与氧化性气体发生氧化反应生成了无定形 SiO_2 膜和高温 α-方石英（如图 5-49[6]），
并在复合材料表面均匀覆盖，封填高温下本来就已经发生愈合的涂层和基体裂纹，使碳
纤维和 PyC 界面层免遭氧化从而获得较高的寿命，甚至长时间暴露后材料的强度根本不
下降。但在高温氧化环境中，具有保护作用的 SiO_2 可以和水发生反应生成气态产物而被

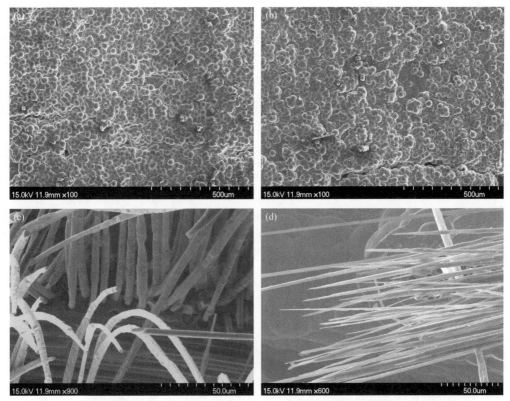

图 5-48　2D C/SiC 在不同温度燃气风洞下失效后的表面涂层和纤维氧化 SEM 形貌

(a)、(c) 700℃；(b)、(d) 900℃

消耗掉，同时形成的 Si—OH 基团可以破坏 SiO_2 的三维网络结构，加速 O_2 在氧化膜中的扩散。因此，高温下水有助于 2D C/SiC 的抗氧化，但仅限于一定时间之内。

表 5-9 中，2D C/SiC 在相同气氛条件风洞环境中的寿命一般不高于 8h。显然，高速燃气加快了 SiC 在水的作用下气态氧化产物的扩散，从而促进了 SiC 的主动氧化消耗。燃气速度越快，边界层越薄，气态氧化产物被带走得越多，SiC 的氧化速度就越快。而静态等效环境中，边界层相对较厚，气体在边界层中的扩散困难，SiC 以被动氧化为主。图 5-49[6] 的 XRD 对比分析也表明：1400℃燃气风洞环境中失效后复合材料表面主要为 SiC 的低温稳定相 β-SiC，而且随着燃气速度的增加，在 β-SiC 主衍射峰附近还发现少量

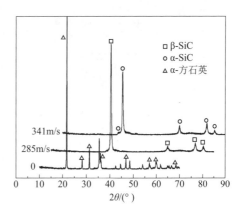

图 5-49　2D C/SiC 在 1400℃ 风洞环境和等效模拟环境中失效后的涂层表面 XRD 图谱比较[6]

的 α-SiC 存在，但在 1400℃ 静态等效环境中失效后，复合材料表面却覆盖了一层高温相 α-方石英。1400℃ 高温风洞环境中，复合材料表面氧化后仍然呈现原始的 CVD SiC 菜花状

形貌,因此,SiC 在燃气中的氧化对涂层缺陷没有封填作用。试样断裂之前,通过缺陷扩散进入的氧化性气体与内部碳相发生反应,气态产物压力聚集升高,在裂纹封填处上形成气泡,如图 5-50(a)[6];试样断裂后,高温下生成的气态氧化硅扩散进入基体和涂层裂纹内部,在裂纹面上冷凝形成非晶 SiO₂ 封填裂纹。在复合材料的背风面覆盖着类似静态等效气氛环境中形成的厚厚氧化膜,可以封填裂纹,碳相氧化后的气态产物向外扩散在氧化物上同样形成气泡,如图 5-50(b)。通过比较不难发现,在燃气风洞环境中,试样在迎风面碳相的氧化较为严重,如图 5-50(c),而在背风面的碳相氧化相对较弱,断裂后出现长长的纤维拔出,如图 5-50(d)。因此,两种环境中,试样表面及其氧化物的存在状态具有重大差异。对于静态环境,风洞环境燃气速度的存在,通过促进 SiC 主动氧化消耗而具有明显的损伤加速作用。900℃以上,尽管风洞环境中试样表面失去具有保护作用的氧化膜,但随着温度的升高,不仅裂纹和部分缺陷愈合,而且温度升高本身可以缓解残余热应力来提高强度,因而风洞环境中试样的寿命仍然随温度升高呈现上升趋势〔图 5-41(b)〕。

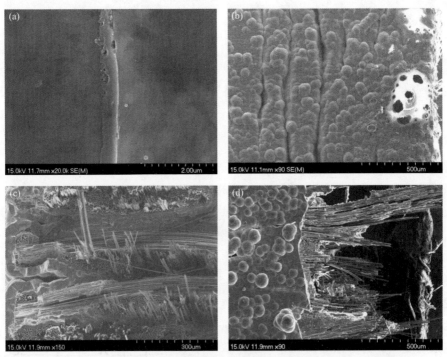

图 5-50　2D C/SiC 在 1400℃燃气风洞环境中裂纹密封及断裂 SEM 形貌[6]

高温下,环境中试样表面状态之间的差异决定了不同的寿命。随燃气速度的增加,试样表面状态之间的这种差异越来越大。速度越高,边界层越薄,气态氧化产物生成越快,SiC 氧化消耗越快,氧化性气体向内扩散越快,承载碳纤维氧化越严重,加速系数越高。图 5-51[6]是 2D C/SiC 在 1400℃不同燃气速度风洞环境中失效后的表面和断面形貌。速度为 285m/s 时,涂层氧化消耗少,剩余涂层较厚〔图 5-51(a)〕;速度为 341m/s 时,涂层氧化消耗多,剩余涂层较薄〔图 5-51(b)〕。

图 5-51　2D C/SiC 在 1400℃不同燃气速度下失效后的表面和断面形貌[6]

(a) 285m/s；(b) 341m/s

综上所述，2D C/SiC 在高温/亚声速/水氧耦合环境中的蠕变寿命取决于温度、燃气速度以及应力等几个因素的共同作用。2D C/SiC 在选取的两种环境中的寿命均在 900℃出现最低值，这一温度称为寿命变化的临界温度。当温度低于 900℃时，加速系数小于 1，表明具有相同裂纹开度的复合材料在低温下碳氧反应受到燃气速度的抑制，从而获得比在静态模拟燃气环境中更高的寿命。当温度大于 900℃，涂层和基体裂纹开始闭合，燃气速度对损伤演变过程的加速作用变得明显。燃气速度是一把双刃剑，临界温度 T_c 以上，随着燃气速度的增加，加速系数增加，加速的损伤演化；临界温度 T_c 以下，随着燃气速度的增加，加速系数减小，减缓损伤演化。随着应力比的不断提高，2D C/SiC 的寿命呈指数规律减小。加速系数与应力比的关系曲线具有一定的抛物线特征，其最大值出现在约 30%UTS 的应力水平位置。当应力水平低于 30%UTS 时，加速系数随着应力的增加而增加；当应力水平高于 30%UTS 时，加速系数随着应力的增加而减少。

5.2.4　高温/亚声速/水氧耦合下 3D C/SiC 蠕变性能演变行为及机制

5.2.4.1　3D C/SiC 蠕变性能演变行为

根据制备工艺参数不同，制备了两种不同的 3D C/SiC。界面层厚度较小的 3D C/SiC 简称 3DCSC-A，界面层厚度较大的 3D C/SiC 简称 3DCSC-B，两种 3D C/SiC 的具体性能数据如表 5-11[12]所示。

3DCSC-A 的界面层厚度小于 50nm［图 5-52(a)[12]］，试样拉伸断口平齐［图 5-52 (b)］，且其弯曲断裂过程具有典型的脆断特征（图 5-53[12]）。

表 5-11　3DCSC-A 和 3DCSC-B 的主要性能指标[12]

材料	密度/(g/cm³)	泊松比	弯曲强度/MPa	拉伸强度/MPa
3DCSC-A	2.0	0.47	283	154
3DCSC-B			743	386

图 5-52　3DCSC-A 的形貌[12]

(a) 界面 TEM 照片；(b) 断口 SEM 照片

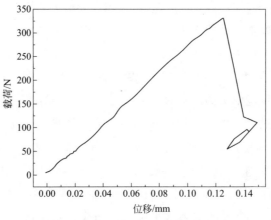

图 5-53　3DCSC-A 原始试样室温三点弯曲位移-载荷曲线[12]

3DCSC-B 的界面层厚度接近 200nm［图 5-54(a)[12]］，试样拉伸断口具有明显的纤维拔出现象［图 5-54(b)[12]］，而且其弯曲断裂过程具有类似金属的韧性行为（图 5-55[12]）。这说明 3DCSC-B 具有比较合适的界面层厚度，能很好地偏转裂纹。

图 5-56[12] 显示了 3DCSC-A 在燃气/应力耦合环境中氧化时的伸长情况。由图 5-56 可知，3DCSC-A 在 1300℃燃气中的应力氧化进程与应力大小有密切关系，并且存在一个临界应力或临界归一化应力（归一化应力指应力与断裂强度的比值），该临界应力大小介于 60MPa 和 80MPa 之间，对应的临界归一化应力介于 0.35 和 0.47 之间。

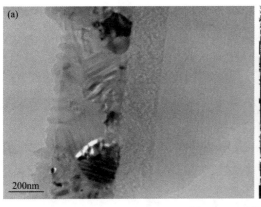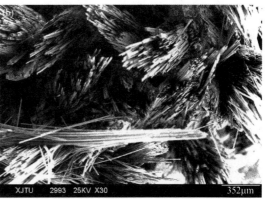

图 5-54　3DCSC-B 的形貌[12]

（a）界面 TEM 照片；（b）断口 SEM 照片

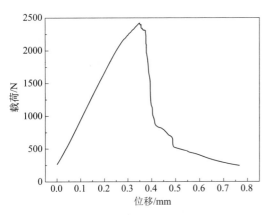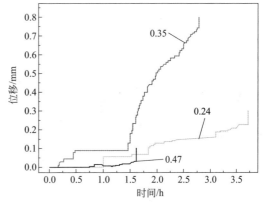

图 5-55　3DCSC-B 原始试样
室温三点弯曲位移-载荷曲线[12]

图 5-56　归一化应力对 3DCSC-A 燃气/应力
耦合环境氧化伸长的影响[12]

复合材料长度变化曲线的段数 N 可以用下式估算：

$$N = 1/\sigma_{nps} \tag{5-99}$$

式中，σ_{nps} 为归一化应力。归一化应力为 0.24 时，N 为 4.17；归一化应力为 0.35 时，N 为 2.85。N 的整数部分代表氧化过程中出现的具有完全承载能力的承载区域总个数，小数部分代表最后承载区域的承载能力。

由于 N 代表承载区域的数量，因此必须满足如下条件：

$$N \cdot A_i = A_0 \tag{5-100}$$

式中，A_i 为具有完全承载能力的承载区域面积；A_0 为垂直于外应力方向的承载截面的总面积。联立公式（5-99）和（5-100）可得：

$$A_i = \sigma_{nps} \cdot A_0 \tag{5-101}$$

由于归一化应力代表外加应力占复合材料原始断裂强度的比例，式（5-101）说明具有完全承载能力的承载区域面积占承载截面总面积的比例与外应力占复合材料原始断裂强度的比例是一致的。

图 5-57[12] 显示了高温燃气/亚声速/水氧耦合环境中不同蠕变应力下温度对 3DCSC-

B 拉伸强度下降速率的影响。由图可见，归一化应力为 0.4 和 0.6 时，3D C/SiC 的拉伸强度下降速率随温度的变化趋势相同，这说明归一化应力为 0.4 时复合材料的氧化由碳相反应控制。结合其非线性的长度变化曲线，可以断定归一化应力 0.4 就是损伤机理转变的临界归一化应力，此时复合材料的氧化由碳相氧化与气体 Fick 扩散混合机理控制。

另外，由图 5-57 可知，归一化应力为 0.25 和 0.3 时，3DCSC-B 复合材料拉伸强度下降速率随温度的变化规律相同，说明归一化应力为 0.25 时复合材料的氧化由气体扩散机理控制。比较图 5-58[12]可表明，只有归一化应力为 0.25 时复合材料的长度变化受温度的影响最显著，温度越高则复合材料的寿命越长、伸长量越大。这说明归一化应力为 0.25 时，复合材料的氧化对裂纹的宽度非常敏感，当温度升高引起基体热膨胀导致裂纹宽度减小后，复合材料的氧化速度明显降低。当归一化应力为 0.6 时，1300℃燃气/应力耦合环境中复合材料长度线性增大，迅速断裂，如图 5-58(b)[12]所示。

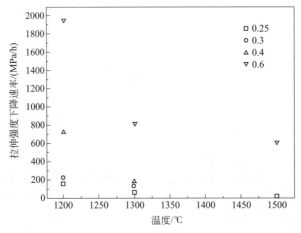

图 5-57　不同归一化应力下温度对 3DCSC-B 拉伸强度下降速率的影响[12]

当归一化应力降到 0.15 时，复合材料的寿命大幅度提高，如图 5-59[12]所示，复合材料在累积 31.8h 的燃气/应力耦合环境氧化过程中，大约 20h 都处于长度保持状态，最后经超过 10h 的缓慢伸长才断裂。四次试验中，复合材料都遵循先快后慢的长度变化规律，说明氧化并没有影响复合材料内部的结构和性能。

温度和应力对复合材料损伤机理的影响还体现在复合材料拉伸强度下降速率及其分散度的改变上。如图 5-60 所示，归一化应力为临界值 0.4 时，复合材料的拉伸强度下降速率分散度最大，这是因为机理转变过程中复合材料损伤演变的随机性比较大，而碳相反应机理的持续时间是随机性的最大诱因。由于碳相反应机理控制下复合材料的氧化损伤速度远高于气体扩散机理控制下的损伤速度，反应机理持续时间的微小差异将对复合材料的拉伸强度下降速率及其分散度产生显著的影响。

在气体扩散机理控制条件下，复合材料的氧化损伤速度主要取决于扩散通道的宽度、深度和曲折度。扩散通道的曲折度取决于复合材料制备过程中形成的孔洞、缺陷和微裂纹等因素，这些因素的微小差异在燃气/应力耦合环境氧化作用下会被放大，成为影响复合材料拉伸强度下降速率分散度的重要因素[34]。应力和温度则主要通过改变扩

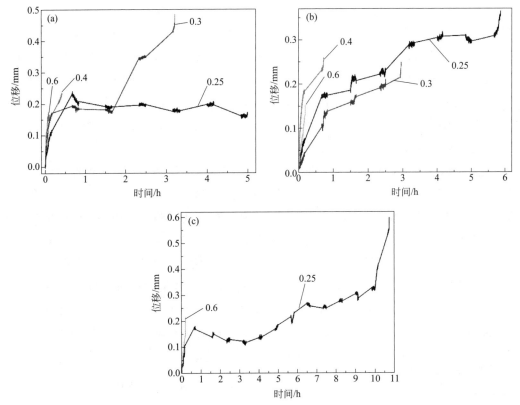

图 5-58　归一化应力和温度对 3DCSC-B 燃气/应力耦合环境氧化伸长的影响[12]

(a) 1200℃；(b) 1300℃；(c) 1500℃

散通道的宽度和深度来影响拉伸强度下降速率及其分散度。

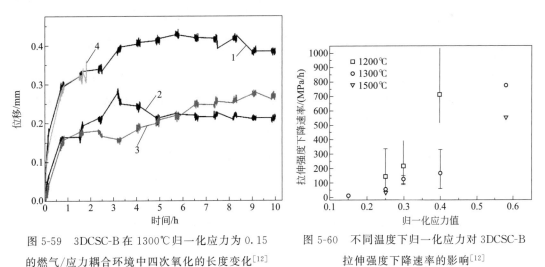

图 5-59　3DCSC-B 在 1300℃归一化应力为 0.15
的燃气/应力耦合环境中四次氧化的长度变化[12]

图 5-60　不同温度下归一化应力对 3DCSC-B
拉伸强度下降速率的影响[12]

　　由于碳纤维的纵向热膨胀系数大于 SiC 基体的热膨胀系数，温度升高会提高界面的纵向压应力从而增大界面的滑移摩擦力，从而导致复合材料的拉伸强度下降速率随温度的升高而降低。

复合材料某个（或某些）截面内包含较多的纤维损伤、基体孔洞与裂纹等随机的原材料缺陷和制备缺陷时，这些缺陷在燃气/应力耦合环境氧化过程中会成为最容易受氧化性气氛攻击的活化点，使这个（或这些）截面成为最弱承载截面。拉伸强度下降速率可以反映复合材料最弱承载截面在燃气/应力耦合环境氧化过程中承载能力的下降情况。从性能预测的角度看，采用拉伸强度下降速率可以包含随机因素对材料性能的影响，可提高预测可靠性。但从性能评价角度看，由于缺陷降低了复合材料的性能，采用拉伸强度下降速率可能会低估材料的性能。

由于测试过程中，最大受力点与最弱承载截面重合的概率很小，采用弯曲强度的下降速率评价复合材料性能可有效减少缺陷对性能的影响。由图 5-61[12] 可知，复合材料的弯曲强度下降速率具有与拉伸强度下降速率相同的变化趋势，采用弯曲强度下降速率同样可以有效评估复合材料的承载能力下降情况。两种速率在数值上的较大差异是由于复合材料的原始弯曲强度和原始拉伸强度本身有较大不同，通过比较归一化强度下降速率（强度下降速率与原始强度的比值）之间的差值，可以消除两种强度差异带来的影响。如图 5-62[12] 所示，复合材料的归一化弯曲强度下降速率与归一化拉伸强度下降速率非常接近，证明两种强度下降速率对复合材料承载能力下降的评价具有一致性。

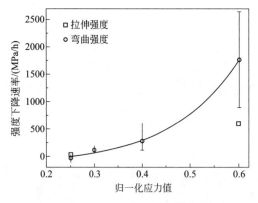
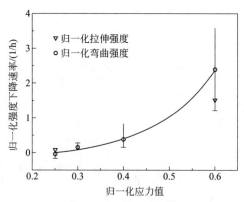

图 5-61　3DCSC-B 在 1500℃燃气/应力　　　　图 5-62　3DCSC-B 在 1500℃燃气/应力
耦合环境氧化后的强度下降速率[12]　　　　　耦合环境氧化后的归一化强度下降速率[12]

1500℃弯曲强度下降速率曲线的一个显著特点是归一化应力小于 0.4 时其误差棒较小而且大小差不多；归一化应力大于 0.4 时其误差棒大小随应力增大而增大，说明弯曲强度的分散性随应力增大而增大。由于弯曲强度的大小只取决于复合材料最大受力截面的性能，最大受力截面氧化严重则弯曲强度较低，最大受力截面氧化轻微则弯曲强度较高，弯曲强度下降速率的分散性可说明复合材料内部平行于受力方向的碳相氧化均匀性。

1500℃弯曲强度下降速率曲线的另一个特点是归一化应力为 0.25 时强度下降速率为负值，也就是说复合材料的弯曲强度提高了。这说明 3DCSC-B 本身的抗氧化性能比最弱截面处的抗氧化性能高，因而采用拉伸强度下降速率评价复合材料性能有低估材料性能的可能。

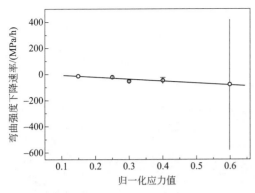

图 5-63　3DCSC-B 在 1700℃燃气/应力
耦合环境氧化后的弯曲强度下降速率[12]

弯曲强度提高的现象在 1700℃燃气/应力耦合环境氧化过程中也普遍存在，且承受的应力越大则提高幅度越大，如图 5-63[12]所示。根据弯曲强度下降速率的分散性，可断定归一化应力不高于 0.4 时复合材料的氧化都是由气体扩散机理控制，说明 1700℃下复合材料基体承受很大的轴向压应力，外加应力不足以克服该热应力使裂纹张开。归一化应力为 0.6 时，复合材料弯曲强度下降速率分散性很大，说明该应力下 3DCSC-B 的氧化由碳相反应控制。

5.2.4.2　3D C/SiC 蠕变性能演变机制

相关研究表明[31]，当归一化应力低于临界归一化应力时，复合材料的氧化由氧气和水蒸气通过裂纹的气体扩散控制；当归一化应力高于临界归一化应力时，复合材料的氧化由碳相的反应控制。

无应力状态下，复合材料在 1300℃燃气中的氧化主要集中在表面涂层上，纤维的少量氧化主要由气体通过缺陷扩散引起[32,33]。然而，外加拉应力使复合材料涂层和基体中的裂纹张开，为氧气和水蒸气向复合材料内部的扩散提供了通道，使氧化机理发生转变，与无应力时的低温氧化机理类似。

对于 3DCSC-A 复合材料，应力小于临近应力时，复合材料氧化由气体扩散机理控制，复合材料不仅整个截面上的氧化是非均匀的、分区域的，如图 5-64[12]所示，重要的是承载区域（区域Ⅱ）的纤维氧化也是非均匀的。由于承载区的纤维自外向内非均匀氧化，外围纤维的氧化对应力分布的影响较慢，复合材料长度变化很小，直到承载区域的剩余纤维不足以承担外应力，纤维发生突然断裂促使承载区域发生转变，导致复合材料长度的突变，随后失效承载区的纤维因端头氧化消退形成均匀氧化形貌（区域Ⅰ），而未承载区

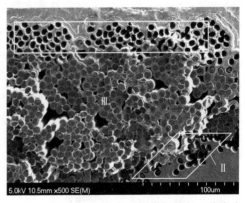

图 5-64　3DCSC-A 在 1300℃燃气和归一化应力
0.24 耦合环境中氧化后的断口形貌[12]

域则因未受氧化而保持原始形貌（区域Ⅲ）。新承载区的纤维重复上述氧化过程从而导致复合材料长度呈现阶梯形变化。

对于 3DCSC-A 复合材料，当应力大于临近应力时，氧化由碳相反应机理控制，虽然复合材料整个截面上的氧化是非均匀的、分区域的，如图 5-65(a)[12]所示，但是每个区域内的形貌都是均匀的，包括承载区域（区域Ⅱ），如图 5-65(b) 所示。氧化过程中，承载区域的纤维均匀氧化，整个区域的承载能力不断下降，导致复合材料长度不断增

大，并促使裂纹扩展使更多纤维进入承载区域。因此，先承载纤维的断裂不会导致复合材料的长度突变，氧化过程中复合材料的长度是以近似线性的方式持续增大。后继承载纤维因氧化较少（区域Ⅱ），先承载纤维因端头氧化而消退形成空洞（区域Ⅰ），而未暴露纤维则保持原始形貌（区域Ⅲ）。

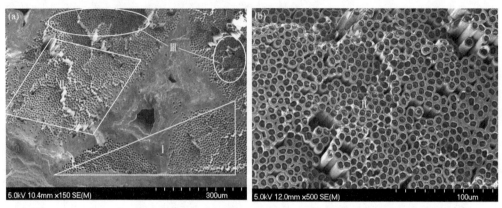

图 5-65 3DCSC-A 在 1300℃ 燃气和归一化应力 0.47 耦合环境中氧化后的断口形貌[12]

（a）断口分区氧化；（b）局部均匀氧化

对于 3DCSC-A 复合材料，当归一化应力为 0.6 时，试样断口表现为均匀氧化形貌，如图 5-66[12] 所示，说明氧化由碳相反应机理控制。当归一化应力为 0.3 时，复合材料长度变化呈阶梯形变化，复合材料的断口不论是整体上 ［图 5-67（a）[12]］ 还是局部 ［图 5-67（b）］ 都表现为非均匀氧化形貌，而且具有明显的分区氧化特征，说明此时复合材料的氧化是由气体通过裂纹的扩散控制的。图中区域Ⅰ为已承载区域，纤维氧化很严重；区域Ⅱ为承载区域，纤维发生一定程度的氧化；区域Ⅲ为未承载区域，纤维几乎没有氧化迹象。当归一化应力为 0.4 时，虽然复合材料长度变化曲线第一段的变化速率接近碳相反应机理控制下的长度变化速率，曲线第二段的变化速率更接近气体扩散机理控制下的长度变化速率，说明复合材料外围纤维的氧化由反应机理控制，试样断口表现为均匀氧化形貌，如图 5-68[12] 区域Ⅰ所示。随着裂纹向复合材料内部的扩展，内部纤维的氧化转变为气体扩散机理控制，试样断口形貌成为非均匀氧化形貌，如图 5-68 区域Ⅱ所示。因此，可断定归一化应力 0.4 很接近氧化机理转变临界归一化应力。

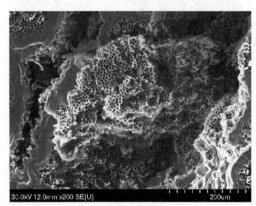

图 5-66 3DCSC-B 在归一化应力 0.6
和 1300℃ 燃气耦合环境中的均匀氧化形貌[12]

当归一化应力为 0.25 时，复合材料的长度变化只在最初阶段呈现明显的阶梯形，这说明复合材料外围纤维的氧化由气体扩散机理控制，试样断口具有明显的分区特征和非均匀氧化形貌，如图 5-69（a）[12] 所示。但气体扩散速率因裂纹深度的增加而迅速下

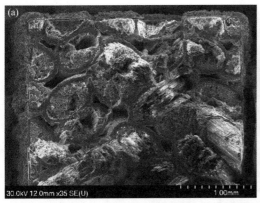 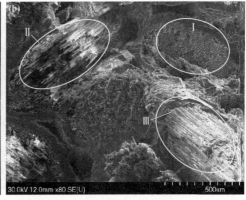

图 5-67　3DCSC-B 在归一化应力 0.3 和 1300℃燃气耦合环境中的非均匀氧化形貌[12]

(a) 整体形貌；(b) 局部形貌

降，内部纤维所受氧化很少，而且主要集中在承载区域的外围，导致纤维以束和簇的形式整体拔除，如图 5-69（b）所示。

当归一化应力为 0.15 时，如图 5-70(a)所示，复合材料整体氧化很严重，只有很少的纤维没有被氧化，试样断口形貌是明显的非均匀氧化［如图 5-70(b)[12]所示］，而且非均匀氧化形貌在仅 20μm 的裂纹深度上也能观察到，如图 5-70(c) 所示。这些现象说明，归一化应力为 0.15 时复合材料寿命很长是由于裂纹宽度太小，裂纹内氧浓度的梯度很大，纤维氧化很慢所致。试样长度长时

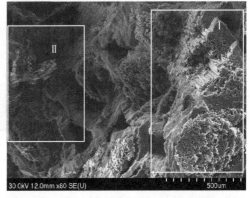

图 5-68　3DCSC-B 在归一化应力 0.4 和 1300℃
燃气耦合环境中的氧化形貌[12]

间保持的原因一方面是由于氧化很慢，另一方面是由于应力较小，所需承载区域的面积很小，区域转换时对复合材料整体伸长的影响较小。

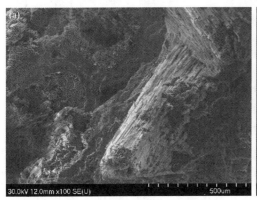 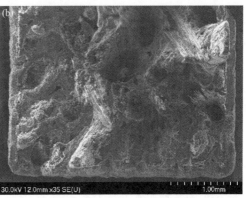

图 5-69　3D C/SiC 在归一化应力 0.25 和 1300℃燃气耦合环境中的氧化形貌[12]

(a) 非均匀氧化；(b) 纤维束的拔出

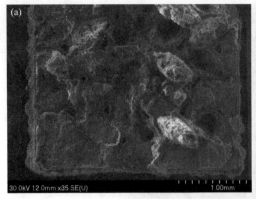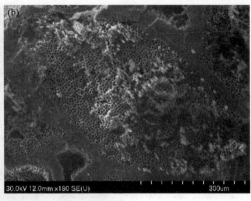

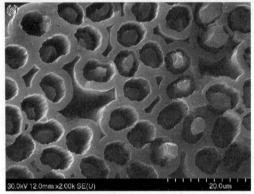

图 5-70　3DCSC-B 在归一化应力 0.15 和 1300℃燃气耦合环境中的氧化形貌[12]

除了微结构之外，还可以通过弯曲强度下降速率的分散性帮助判断复合材料在燃气/应力耦合环境氧化的控制机理。当氧化由气体扩散机理控制时，裂纹处垂直于纤维方向的氧化较少，而平行于纤维方向的氧化较多，此时复合材料弯曲强度下降速率的分散性较小，而且不同应力下的分散性比较接近；当氧化由碳相反应机理控制时，裂纹处垂直于纤维方向的氧化较多，而平行于纤维方向的氧化较少，此时复合材料弯曲强度下降速率的分散性较大，而且分散性随应力增大而增大。

综上所述，3DCSC-B 与 3DCSC-A 的临界归一化应力范围一致，归一化应力小于0.4 时，复合材料的氧化由气体扩散机理控制；归一化应力大于 0.4 时，复合材料的氧化由碳相氧化机理控制。

5.2.4.3　3D C/SiC 蠕变性能演变预测

由于复合材料具有很高的损伤容限，有限的应力只能产生有限的损伤。承受外加载荷时复合材料并不是由垂直于载荷的整个截面来均分载荷，而是由一部分截面来承载绝大部分载荷，这部分截面定义为"承载区域"，如图 5-71[12]的区域Ⅲ；与此对应的，分担剩余载荷的截面定义为"未承载区域"，如图 5-71 的区域Ⅳ，该区域基本上保持着复合材料的原始状态；因应力或氧化损伤而失去承载能力的截面定义为"已承载区域"，如图 5-71 的区域Ⅰ和Ⅱ。复合材料失效时，已承载区域的数量取决于归一化应力。应力氧化过程中，承载区域因纤维氧化而承载能力下降，应力从承载区域向未承载区域转移，当绝大部分应力都转移到未承载区域后，原先的未承载区域成为承载区域，原先的承载区域成为已承载区域。

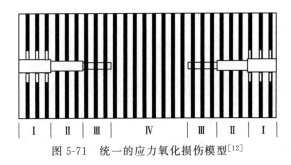

图 5-71　统一的应力氧化损伤模型[12]

损伤几何模型可简化如图 5-72[12] 所示，图中 e 为裂纹的宽度，d 为裂纹的深度，l 为裂纹的长度。本节仅考虑氧气通过微裂纹的扩散，即假设复合材料的氧化仅仅是由于氧气扩散通过微裂纹产生的。

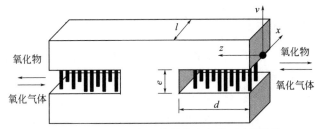

图 5-72　C/SiC 承载区域的应力氧化示意图[12]

应力氧化过程中，相同的应力导致相同的复合材料损伤，也就是说每一个承载区域内的裂纹宽度是相同的，因而最接近承载区域的已承载区域内，其裂纹宽度为承载区域内裂纹宽度的两倍。由于裂纹宽度与外加应力具有一一对应的关系，即使归一化应力为 0.25，已承载区域裂纹宽度对应的当量归一化应力也高达 0.5，此时已承载区域内碳相的氧化由反应控制，氧气的浓度是均匀的。假设气流以层流方式通过已承载区域，且碳相氧化不改变气流中心的氧气浓度，则承载区域边缘处（$z=0$ 处）的氧气浓度与气流中的氧气浓度相同。

当外界无气流流动或气流沿试样表面流动时，仅存在扩散传质，氧气摩尔通量的计算假设和计算过程与 5.2.1.3 节相同，此处不再赘述，只给出最终结果，如下式所示：

$$N_{O_2} = \frac{Dc}{\zeta} \ln(1+\chi_0) + \frac{\rho_g \upsilon_z}{M_g} \chi_\zeta \tag{5-102}$$

当外界气流垂直试样表面流动时，气流在裂纹中存在对流传质，气流流过裂纹时会在壁面上形成速度边界层，如图 5-73[12] 所示。由于裂纹上下壁上的速度边界层是对称的，只须考虑单个裂纹壁上的速度边界层，该速度边界层与气流沿无限长平面流动的速度边界层相似。但是在封闭流道里，速度边界层不能充分发展到气体流速 v_∞，而是在裂纹中心（即 $y=e/2$ 处）被截断，流速变成 v_x。

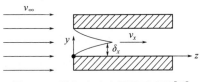

图 5-73　燃气流速边界示意图[12]

假设气体是不可压缩的定常流且边界层内为平板层流边界层，设边界层内的速度分布符合线性关系，则边界层厚度和边界层内的速度分布可表示为[35]：

$$\frac{\upsilon_z}{\upsilon_\infty} = \frac{y}{\delta_z} \tag{5-103}$$

$$\delta_z = 5.0 \sqrt{\frac{\mu z}{\rho_g \upsilon_\infty}} \tag{5-104}$$

式中，υ_z 为裂纹中的气体流速，m/s；υ_∞ 为气体流速，m/s；δ_z 为距离裂纹开口 z 处的速度边界层厚度，m；μ 为气体的黏度，Pa·s；ρ_g 为气体的密度，kg/m³。当 $z = \zeta$ 时，裂纹中心处的速度为：

$$\upsilon_z = \frac{e}{10} \sqrt{\frac{\rho_g \upsilon_\infty^3}{\mu}} \zeta^{-1/2} \tag{5-105}$$

气体流过平板时，同时还产生浓度边界层，该边界层的厚度为[36]：

$$\frac{\delta_D}{\delta_z} = 4.53 \, Re_z^{-1/2} Sc^{-1/3} = 4.53 \left(\frac{\mu}{\upsilon_\infty z \rho_g} \right)^{1/2} \left(\frac{D \rho_g}{\mu} \right)^{1/3} \tag{5-106}$$

式中，δ_D 为距离裂纹开口 z 处的浓度边界层厚度，m；Re 为雷诺数；Sc 为施密特数；D 为气体扩散系数，m²/s。将式(5-104)代入上式得：

$$\delta_D = 22.65 \frac{\mu^{2/3} D^{1/3}}{\upsilon_\infty \rho_g^{2/3}} \tag{5-107}$$

假设浓度边界层内的浓度分布也符合线性关系，则浓度边界层内的浓度分布可表示为：

$$\frac{\chi_z}{\chi_0} = \frac{y}{\delta_D} \tag{5-108}$$

式中，χ_z 为距离裂纹开口 z 处的氧气摩尔分数。当 $z = \zeta$ 时，裂纹中心处的氧气摩尔分数为：

$$\chi_\zeta = \frac{\upsilon_\infty \rho_g^{2/3} e \chi_0}{45.3 \mu^{2/3} D^{1/3}} \tag{5-109}$$

将式(5-105)和式(5-109)代入式(5-102)得：

$$N_{O_2} = \frac{e^2 \chi_0 \rho_g^{13/6} \upsilon_\infty^{5/2}}{453 M_g \mu^{7/6} D^{1/3}} \zeta^{-1/2} \tag{5-110}$$

式中，物理量 N_{O_2} 表示单位时间内单位传质面积上通过的氧气的摩尔量，该物理量也可以理解为单位反应界面上氧气的反应速率。氧气的反应速率与碳相的消耗速率的关系可通过反应方程式确定，即 $N_C = 2N_{O_2}$，因而有：

$$N_C = \frac{e^2 \chi_0 \rho_g^{13/6} \upsilon_\infty^{5/2}}{226.5 M_g \mu^{7/6} D^{1/3}} \zeta^{-1/2} \tag{5-111}$$

上式即为应力氧化由扩散控制时，碳相消耗速率的表达式。从中可以看出，N_C 不但与温度有关（体现在 D 上），而且与氧气气相扩散通道的长度 ζ 和宽度 e，以及气体流速 υ_∞ 有关。

设在 dt 时间内氧化层向纤维束内部推进的距离为 $d\zeta$，则材料的质量变化为：

$$\Delta W = S V_f \rho d\zeta \tag{5-112}$$

式中，ρ 为碳相的密度，g/m^3；V_f 为复合材料的纤维体积分数；S 为裂纹截面积，m^2。材料的质量变化还可以表示为：

$$\Delta W = N_C S M dt \tag{5-113}$$

式中，N_C 为碳相消耗速率，$mol/(m^2 \cdot s)$；M 为碳的摩尔质量，g/mol。

联立式(5-102)、式(5-112) 和式(5-113) 得：

$$\frac{d\zeta}{dt} = \left[\frac{2Dc}{\zeta} \ln(1+\chi_0) + \frac{e^2 \chi_0 \rho_g^{13/6} v_\infty^{5/2}}{226.5 M_g \mu^{7/6} D^{1/3}} \zeta^{-1/2} \right] \frac{M}{V_f \rho} \tag{5-114}$$

对于风洞模拟的高温/亚声速/水氧耦合环境，$v_\infty > 200 m/s$，可忽略扩散传质相关项。将式(5-114) 简化、积分并代入边界条件 $t=0$，$\zeta=0$，解得：

$$\zeta^{\frac{3}{2}} = \frac{3e^2 \chi_0 \rho_g^{13/6} v_\infty^{5/2}}{453 M_g \mu^{7/6} D^{1/3}} \frac{M}{V_f \rho} t \tag{5-115}$$

由于高速气流引起的对流传质具有方向性，复合材料的氧化是从迎风面开始向背风面单向发展，而不是从复合材料表面向内部双向发展，因此失效判据需修正如下：

$$\zeta = (1-\sigma_{nps}) \sigma_{ns} k_t h V_f^{1/3} \tag{5-116}$$

在气体流速较高的风洞模拟环境，3D C/SiC 的寿命预测公式如下：

$$t_{life} = \frac{453 M_g \mu^{7/6} D^{1/3} (1-\sigma_{nps})^{3/2} \sigma_{nps}^{1/2}}{3e^2 \chi_0 \rho_g^{13/6} v_\infty^{5/2}} \times \frac{\rho (k_t h V_f)^{3/2}}{M} \tag{5-117}$$

式中，v_∞ 为气体流速，m/s；μ 为气体的黏度，$Pa \cdot s$；ρ_g 为气体的密度，kg/m^3；M_g 为气体的摩尔质量，g/mol；e 为裂纹宽度。

式(5-117) 的前一部分是环境相关项，说明风洞模拟环境中复合材料的寿命与燃气的流速、氧分压、组分以及复合材料所受应力都有关系；后一部分是材料相关项，说明复合材料的寿命还与材料的纤维特性、预制体结构和试样尺寸有关。其中裂纹宽度 e 是与温度、应力、总压及氧分压等都有关系的综合量，说明复合材料的寿命还与环境温度和总压有关。

利用公式(5-117) 预测 C/SiC 复合材料在风洞环境中的寿命时，需注意如下问题：

① 裂纹宽度为 0 时，公式不适用。当裂纹宽度为 0 时，氧气无法进入复合材料内部，氧化只发生在材料表面，材料的损伤由纯应力引起，不属于应力氧化范畴，因此本公式不适用。

② 由于忽略了 SiC 氧化对氧气浓度和裂纹宽度的影响，应用本公式估计的 C/SiC 复合材料寿命可能比实际寿命低。

③ 由于忽略了边界层对氧气浓度的影响，应用本公式估计的 C/SiC 复合材料寿命可能比实际寿命低。

本节将利用公式(5-117) 预测原始强度 386MPa 的 3D C/SiC 在燃气和蠕变应力耦合条件下的寿命。利用该公式时，必须先确定复合材料的曲折度 k_t 和燃气的分子量。当预测复合材料在蠕变应力下的寿命时，曲折度可以取为1，而燃气的分子量可利用如下混合法则推算[37]：

$$M_g = \chi_{O_2}M_{O_2} + \chi_{CO_2}M_{CO_2} + \chi_{N_2}M_{N_2} + \chi_{H_2O}M_{H_2O} \qquad (5-118)$$

式中，M 为分子量；χ 为物种在燃气中的摩尔分数；下标为物种名称。预测所需参数见表 5-12。

表 5-12　3D C/SiC 复合材料的风洞模拟环境寿命预测所用参数[12]

P_f	密度/(g/cm³)	M/(g/mol)	h/mm	ρ_g/(kg/m³)	M_g/(g/mol)	v_∞/(m/s)	χ_{O_2}
0.4	1.76~1.8	12	3.2	2	28.67	310	0.083

由图 5-74[12]，利用公式(5-117) 能较好地预测 3D C/SiC 在风洞环境中的寿命，预测寿命随温度和应力的变化规律完全符合试验规律。由表 5-13 的预测结果和试验结果对比可知，预测值与试验值基本在相同数量级上，但预测值稍高于试验值。这可能有如下原因：①忽略分子扩散项导致低估了复合材料的损伤；②寿命预测所使用的参数不准确；③试验结果存在较大的分散性。

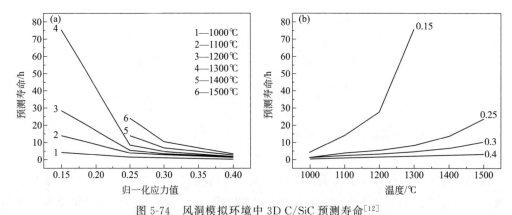

图 5-74　风洞模拟环境中 3D C/SiC 预测寿命[12]

(a) 预测寿命随应力变化曲线；(b) 预测寿命随温度变化曲线

表 5-13　3D C/SiC 的风洞模拟环境寿命预测结果[12]

强度/MPa	归一化应力值	温度/℃	寿命/h 预测值	寿命/h 测试值
400	0.25	1200	5.7	3.3
		1300	8.6	5.4
		1500	24.1	10.7
	0.3	1200	3.4	1.8
		1300	4.7	2.3
	0.4	1200	1.5	0.4
		1300	1.9	2.3

5.3　小结

SiC-C/C 和 SiC-C/SiC 复合材料在热/力/介质耦合环境中的氧化行为主要由归一化应力控制，应力小于临界归一化应力时氧化由扩散机理控制，应力高于临界归一化应力时氧化由反应机理控制。气体流速对氧化行为的影响与氧化机理有关，低温下有抑制氧化作用，高温下有促进氧化的作用。不同于 2D C/SiC，3D C/SiC 具有明显的分区承载分区氧化行为。

参考文献

[1]　刘持栋. C/C 在多因素热力耦合环境中的性能演变与损伤机制 [D]. 西安：西北工业大学，2009.

[2]　Kotil T，Holmes JW，Comninou M. Origin of hysteresis observed during fatigue of ceramic-matrix composites [J]. Journal of the American Ceramic Society，1990，73 (7)：1879-1883.

[3]　Yang B，Mall S. Cohesive-shear-lag model for cycling stress-strain behavior of unidirectional ceramic matrix composites [J]. International Journal of Damage Mechanics，2003，12 (1)：45-64.

[4]　Dalmaz A，Reynaud P，Rouby D，et al. Cyclic Fatigue Behaviour at Room Temperature and at High Temperature under Inert Atmosphere of a C/SiC Multilayer Composite [J]. Key Engineering Materials，1999，164-165：325-328.

[5]　侯向辉，李贺军，王灿，等. 热解碳基碳/碳复合材料的内耗特征与机制 [J]. 复合材料学报，2001，18 (1)：89-92.

[6]　梅辉. 2D C/SiC 在复杂耦合环境中的损伤演变和失效机制 [D]. 西安：西北工业大学，2007.

[7]　Lamouroux F，Naslain R，Jouin JM. Kinetics and mechanisms of oxidation of 2D woven C/SiC composites：Ⅱ，Theoretical approach [J]. Journal of the American Ceramic Society，1994，77 (8)：2058-2068.

[8]　Ullmann T. Oxidation protection of C/SiC composites [R]. In Proceedings of 8th International Symposium on Materials in a Space Environment，Archachon，Frankreich，2000.

[9]　Touloukian YS. Thermal expansion nonmetallic solids：Thermalphysical properties of matter [M]. New York，USA：IFI/Plenum，1977：13.

[10]　Cawley JD，Eckel AJ，Parthasarathy TA. Oxidation of carbon in fiber-reinforced ceramic matrix composites [J]. Ceramic Engineering and Science Proceedings，1994，15 (5)：967-976.

[11]　Mall S，Engesser JM，Effects of frequency on fatigue behavior of CVI C/SiC at elevated temperature [J]. Composites Science and Technology，2006，66 (7)：863-874.

[12]　栾新刚. 3D C/SiC 在复杂耦合环境中的损伤机理与寿命预测 [D]. 西安：西北工业大学，2007.

[13]　Geiger GH，Poirier DR. Transport phenomena in metallurgy. Massachusetts，USA：Addison-Wesley Publications，1973.

[14]　Svehla RA. Estimated viscosities and thermal conductivities of gases at high temperatures [R]. In NASA Report，1962：TR-R-132.

[15]　Sherwood TK，Pigford RL，Wilke CR. Mass transfer [M]. New York，USA：McGraw-Hill Publications，1975.

[16]　Geankoplis CJ. Mass transport phenomena [M]. Columbus，Ohio，USA：Ohio State University Bookstore，1984.

[17]　Margrave JL. Characterization of high temperature vapors [M]. New York，USA：Wiley Publications，1967.

[18]　Ogin SL，Smith PA，Beaumont PWR. Matrix cracking and stiffness reduction during the fatigue of a (0/90) s

GFRP laminate [J]. Composites Science and Technology，1985. 22 (1)：23-31.

[19] Ogin SL，Smith PA，Beaumont PWR. Stress intensity factor approach to the fatigue growth of transverse ply cracks [J]. Composites Science and Technology，1985，24 (1)：47-59.

[20] Lewis MH，Ward GL. Advanced engineering ceramics [J]. Metals and Materials (Institute of Metals)，1991，7 (6)：355-361.

[21] Opila EJ，Smialek JL，Robinson RC，et al. SiC recession caused by SiO_2 scale volatility under combustion conditions：II. Thermodynamics and gaseous-diffusion model [J]. Journal of the American Ceramic Society，1999，82 (7)：1826-1834.

[22] McKee DW. Oxidation behavior and protection of carbon/carbon composites [J]. Carbon，1987，25 (4)：551-557.

[23] Edie DD. Effect of processing on the structure and properties of carbon fibers [J]. Carbon，1998，36：345-362.

[24] Jacobson NS. Corrosion of silicon-based ceramics in combustion environments [J]. Journal of the American Ceramic Society，1993，76：13-28.

[25] Narushima T，Goto T，Yokoyama Y，et al. Active-to-passive transition and bubble formation for high-temperature oxidation of chemically vapor-deposited silicon carbide in $CO-CO_2$ atmosphere [J]. Journal of the American Ceramic Society，1994，77：1079-1082.

[26] Turkdogan ET，Grieveson P，Darken LS. Enhancement of diffusion-limited rates of vaporization of metals [J]. Journal of Physical Chemistry，1963，67：1647-1654.

[27] Eckel AJ，Cawley JD，Parthasarathy TA. Oxidation kinetics of a continuous carbon phase in a nonreactive matrix [J]. Journal of the American ceramic society，1995，78 (4)：972-980.

[28] Mei H，Cheng LF，Zhang LT，et al.，Effect of temperature gradients and stress levels on damage of C/SiC composites in oxidizing atmosphere [J]. Materials Science and Engineering：A，2006，430 (1)：314-319.

[29] 张亚妮. 模拟再入大气环境中 C/SiC 复合材料的行为研究 [D]. 西安：西北工业大学. 2008.

[30] Mei H，Cheng LF，Luan XG，et al. Simulated environments testing system for advanced ceramic matrix composites [J]. Int. J. Appl. Ceram. Technol.，2006，3 (3)：252-257.

[31] Luan X，Cheng L，Xu Y，et al. Stressed oxidation behaviors of SiC matrix composites in combustion environments [J]. Materials Letters，2007，61 (19-20)：4114-4116.

[32] Yin XW，Cheng LF，Zhang LT，et al. Oxidation Behavior of 3D C/SiC Composites in Two Oxidizing Environments [J]. Compos. Sci. Technol.，2001，61：977-980

[33] Cheng LF，Zhang LT，Yin XW，et al. Oxidation behavior of Three-Dimensional Si3D C/SiC composites in air and Combustion Environment [J]. Composites Part A，2000，31 (9)：1015-1020

[34] 成来飞，徐永东，张立同等. 3DC/SiC 复合材料在复杂环境试验中性能演变的两重性 [J]. 稀有金属材料与工程，2006，35 (4)：521-527.

[35] 刘再新，刘福长，鲍国华. 空气动力学 [M]. 北京：航空工业出版社，1993.

[36] 陈晋南. 传递过程原理 [M]. 北京：化工工业出版社，2004.

[37] 袁一，戎顺熙，石炎福译，等. 传递现象 [M]. 北京：化学工业出版社，1990.

第 6 章

超高温结构复合材料
空间环境辐照行为

随着人类对宇宙空间环境认识的不断深入，空间粒子辐照引起的材料化学键断裂、机械性能衰减、光学及热物理性能恶化等现象引起了材料研究者们的极大关注。材料空间环境的辐照行为直接影响空间载荷平台功能的实现[1]。因此，研究超高温结构复合材料空间环境的辐照性能具有重要的科学意义。

地球周围宇宙空间辐照粒子主要有低轨道的原子氧（AO，atomic oxygen）中性气体、太阳风质子、极光高速电子、太阳风暴质子、磁场捕获质子、捕获电子等。AO 能量约为 5～8eV，其对各类材料的冲击、剥蚀、氧化作用显著[2]。能量小于 1MeV 的质子和电子的通量相对集中，其引发的"能量沉积"会使材料性能退化甚至功能失效[3]。

针对上述环境，本章采用高能原子氧地面模拟设备、高通量 AO 地面模拟设备和 RHM 空间综合环境模拟试验设备模拟空间粒子辐照环境，介绍了 CVI 法制备的 C/C、C/SiC-C、TaC-C/C、C/C-ZrC 和 C/SiC 等复合材料在模拟服役过程中的性能演变行为及机制。

6.1 原子氧对材料的影响

原子氧（AO）是地球近地轨道（low earth orbit，LEO）环境中对航天器影响最为严重的环境因素之一。AO 是氧分子在太阳光辐射分解作用下形成的，是地球近地轨道中含量最高的中性粒子。AO 以 7～8km/s 的相对速度与航天器碰撞，对航天器材料具有强烈的"高温"与"氧化"作用。

6.1.1 C/C 性能及微结构演变行为

C/C 的 AO 试验条件如下：原子氧能量 5～8eV，通量密度 1.53×10^{16} 个/(cm^2 · s)，辐照时间 5～20h；真空度 0.3Pa。

（1）质量损耗

如图 6-1 所示，随着 AO 辐照时间增加，C/C 质量损耗明显，损耗程度与辐照时间近似呈线性递增。表明 AO 对 C/C 具有持续的氧化侵蚀作用。同时，从图中可以观察

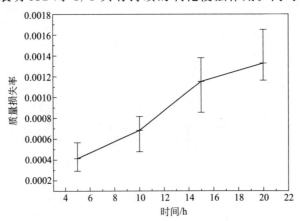

图 6-1　C/C 质量损失率随 AO 辐照时间变化

到，随着辐照时间的增加，同组材料试样的离散程度有增加的趋势。

（2）力学性能

C/C 在 AO 辐照后弯曲强度呈上升趋势，如图 6-2 所示。同时试样强度的离散程度变大。AO 对 C/C 的氧化侵蚀作用停留于表面，未对材料内部构成损伤。而高速轰击材料表面的 AO 还具有机械作用，通过应力传递能量，使内部结构各组元间的结合趋于合理，从而使材料能更好地承载和传递应力，试样强度得到提高。离散程度增大，是由于表面侵蚀过于严重，出现了能影响整体强度的缺陷，而这种缺陷的出现跟试样表面形貌结构有关，带有一定的随机性，最终导致辐照后期试样强度更加离散。

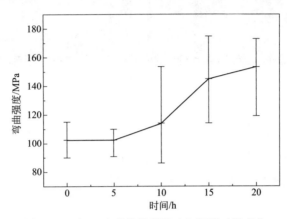

图 6-2 C/C 三点弯曲强度随 AO 辐照时间变化

（3）热物理性能

AO 辐照对 C/C 的热膨胀系数没有明显影响，如图 6-3 所示。辐照损伤的部分只集中在较薄的表面层，在这个表面层以下的内部结构没有变化。高动能、高活性 AO 作用在 C/C 上时没有长距离迁移能力，只能在所轰击区域被反应掉。

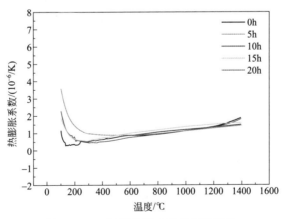

图 6-3 AO 辐照前后 C/C 热膨胀系数

（4）显微结构变化

辐照前的 C/C 试样表面主要呈现出两类结构。一类结构致密、表面相对平整，受 AO 侵蚀程度较弱，包括纤维束、纤维（热解碳包裹）、裸露纤维、裸露界面，这类属于强组元；另一类就是缺陷区，包括孔隙、试样加工后的碎片、破损结构，这类属于弱组元。辐照后 C/C 试样表面热解碳大量流失，表面孔隙扩大且数目增多，纤维预制体轮廓暴露出来，如图 6-4 所示。被 AO 氧化侵蚀后弱组元呈蜂窝状形貌或者直接被作用至消失。

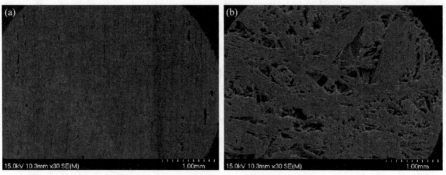

图 6-4　辐照前后 C/C 表面形貌变化

(a) 原始试样；(b) AO 处理后试样

C/C 在 AO 高速轰击后，不同于环境氧化形成的相对均匀连续的侵蚀形貌，而是形成宏观上离散分布的坑状形貌，微观上则是深孔状蜂窝形貌 [图 6-4(b)]。说明 AO 与 C/C 表面发生作用时还有一定程度的机械冲击效应。大部分侵蚀都发生在弱组元，强组元受侵蚀较少。

6.1.2　C/C-SiC 性能及微结构演变行为

C/C-SiC 的 AO 试验条件如下：原子氧能量 5.3eV，通量密度 1.53×10^{16} 个/(cm^2 · s)，辐照时间 0～10h；真空度 0.3Pa。

(1) AO 剥蚀率

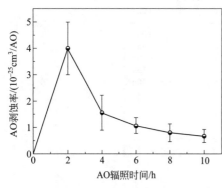

图 6-5　C/C-SiC 的 AO 剥蚀率
随辐照时间变化曲线

图 6-5 是 C/C-SiC 的 AO 剥蚀率随辐照时间变化曲线。反应初期，C/C-SiC 的 AO 剥蚀率约为 4.1×10^{-25} cm^3/AO。随着 AO 作用时间增加，AO 剥蚀率数值急剧下降并保持在较低水平，AO-10h 时（AO 辐照 10h 的简写，下同），AO 剥蚀率降低至 1.2×10^{-25} cm^3/AO。反应初期 AO 剥蚀率较高是因为 C/C-SiC 表面存在未完全转变的碳相或残留的 Si。随着 AO 作用时间增加，残余的碳和表面易剥蚀的颗粒物被 AO 剥蚀后，C/C-SiC 的剥蚀率逐渐稳定并保持在较低水平，其数值比 CVD SiC 的 AO 剥蚀率高一个数量级。10h 后，其 AO 剥蚀率是 7.4×10^{-26} cm^3/AO。

(2) 力学性能

AO 辐照时间与 C/C-SiC 试样弯曲强度的关系如图 6-6 所示。空白 C/C-SiC 材料的平均弯曲强度约为 110MPa，随 AO 处理时间增加，C/C-SiC 试样的弯曲强度缓慢下降，离散性增加，当 AO-10h 处理后，试样的平均弯曲强度为 94MPa，强度下降约 15%。

（3）显微结构变化

图 6-7 是 AO 作用前后 C/C-SiC 的微观形貌。空白 C/C-SiC 试样表面微观形貌如图 6-7(a) 所示，表面 SiC 基体包裹着碳纤维，局部位置有许多明显的基体裂纹存在，这是由于熔体渗透过程中 Si 相与 C 相不均匀反应所引起。经 AO-10h 处理后，SiC 基体表面发现有明显

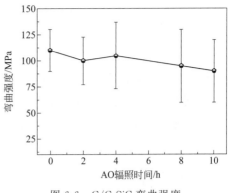

图 6-6　C/C-SiC 弯曲强度
和 AO 辐照时间的关系

的小凹坑存在，未熔体渗透处理前层叠状包裹的热解碳基体也显示了出来。同时在纤维断口边沿有少量"毛絮状"微结构出现，这是 AO 粒子"轰击"的结果。

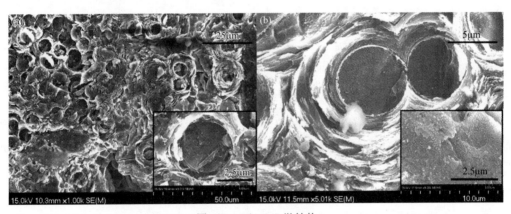

图 6-7　C/C-SiC 微结构

（a）空白试样；（b）AO-10h 处理

6.1.3　C/SiC 性能及微结构演变行为

C/SiC 的 AO 试验条件如下：原子氧能量 5～8eV，通量密度 1.53×10^{16} 个/(cm^2·s)，辐照时间 0～10h；真空度 0.3Pa。

C/SiC 复合材料由化学气相渗透工艺（CVI）制备。首先，按一定的编织方式制备碳纤维预制体；之后，利用 CVI 工艺在预制体表面制备热解碳界面，当沉积达到需用厚度后，将预制体在 1800℃真空下热处理；随后，通过 CVI 工艺在界面上生长 SiC 基体，经过多次沉积使 C/SiC 密度达到 2.0g/cm^3 以上；最后，在机械加工为所需尺寸的试样后，采用与沉积 SiC 基体相同的工艺，在加工好的试样表面沉积 2～3 层 SiC 涂层（CVD SiC 涂层），最终的 SiC 涂层厚度约为 50～100μm。

（1）AO 剥蚀率

图 6-8 是 C/SiC 复合材料（C/SiC）的 AO 剥蚀率随时间变化情况。C/SiC 的 AO 剥蚀

率变化范围在 10^{-26} 数量级。在 AO 作用初期，AO 剥蚀率较高，然后逐渐变小。在 AO-10h 时，C/SiC 的 AO 剥蚀率约为 $8.3 \times 10^{-26}\,cm^3/AO$。表明 CVD SiC 属于耐 AO 剥蚀材料。

（2）力学性能

C/SiC 试样弯曲强度与 AO 辐照时间的关系如图 6-9 所示。C/SiC 的弯曲强度随 AO 作用时间增长随机波动，分散性有一定程度增加。因为 AO 粒子对 C/SiC 的影响仅限于表面薄层范围，对 C/SiC 本体的影响较小。即 SiC 基体和 SiC 涂层能够较好地"阻挡" AO 粒子的入侵。

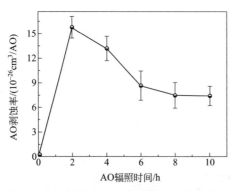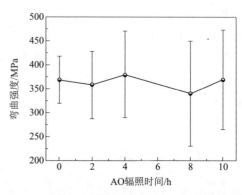

图 6-8　C/SiC 的 AO 剥蚀率随时间变化曲线　图 6-9　C/SiC 弯曲强度和 AO 辐照时间的关系

（3）显微结构变化

图 6-10(a) 是采用 CVI 工艺制备的 C/SiC 空白试样。经 AO-10h 处理后，试样的表面形貌变化不大。只是基体裂纹边沿和"菜花状"SiC 晶体顶端位置颜色变化较大，说明上述位置 AO 粒子轰击比较严重。整体上看 AO 粒子对 CVI C/SiC 的微观形貌影响较小，如图 6-10(b)。

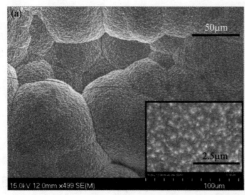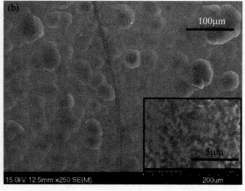

图 6-10　C/SiC 微结构

(a) 空白试样；(b) AO-10h 处理

6.1.4　SiC/SiC 性能及微结构演变行为

SiC/SiC 的 AO 试验条件如下：原子氧能量 5～8eV，通量密度 $16 \times 10^{14} \sim 3 \times 10^{16}$ 个/

$(cm^2 \cdot s)$，辐照时间 0～10h；真空度 0.3Pa。

（1）AO 剥蚀率

图 6-11 是 SiC/SiC 的 AO 剥蚀率随时间变化曲线。AO 与 SiC/SiC 作用初期（≤2h），剥蚀率是 $1.58 \times 10^{-25} \, cm^3/AO$，低于 C/C-SiC 的 AO 剥蚀率，但略高于 C/SiC 的 AO 剥蚀率。随 AO 作用时间继续增加，10h 后 AO 剥蚀率达到 $6.4 \times 10^{-26} \, cm^3/AO$。数据表明 SiC/SiC 属于耐 AO 剥蚀材料。

（2）力学性能

SiC/SiC 试样弯曲强度随 AO 辐照时间变化曲线如图 6-12 所示。SiC/SiC 原始试样的弯曲强度为 (469 ± 25)MPa。在 AO 作用过程中，SiC/SiC 试样弯曲强度在 (450 ± 24)MPa 和 (473 ± 32)MPa 之间波动。从强度曲线及其误差范围来看，SiC/SiC 试样的强度变化并不大，说明 AO 粒子对该材料的影响有限。

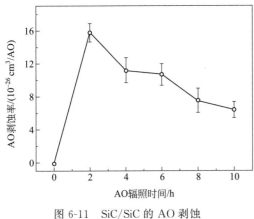

图 6-11　SiC/SiC 的 AO 剥蚀率随辐照时间的变化

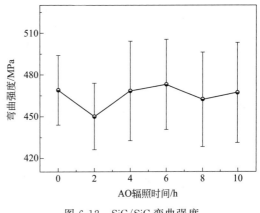

图 6-12　SiC/SiC 弯曲强度和 AO 辐照时间的关系

（3）显微结构变化

图 6-13 是经 AO 粒子作用前后 SiC/SiC 表面形貌变化。图 6-13(a) 是原始 SiC/SiC 试样的表面形貌，图 6-13(b) 与 (c) 是原始表面形貌的放大图像。可以看到空白 SiC/SiC 试样表面均匀分布着 SiC 晶体颗粒。图 6-13(d) ～ (f) 是 SiC/SiC 试样经 AO-10h 处理后的表面形貌。发现经 AO 粒子氧化后，试样表面的 SiC 晶体形貌发生了显著变化，如图 6-13(e) 和 (f) 所示。

6.1.5　TaC 涂层改性 C/C 性能及微结构演变行为

TaC 涂层改性 C/C 材料（TaC-C/C）的 AO 试验条件如下：能量为 5.3eV，通量密度为 1.53×10^{16} 个 $/cm^2 \cdot s^{-1}$，辐照时间分别为 0h 和 10h；真空度 $< 1 \times 10^{-3}$Pa。

（1）力学性能

图 6-14 是 TaC-C/C 的 AO 辐照前后弯曲强度对比。经过 10h AO 辐照，材料的弯曲强度提高了 19.6%。这一阶段的辐照对材料产生的效应以应力消除为主，数据离散性稳定，辐照并未对材料有实质性的损伤。

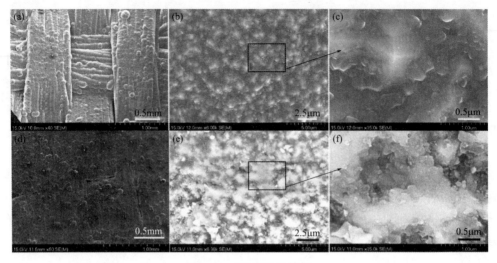

图 6-13　SiC/SiC 微结构

（a）SiC/SiC 空白试样；（b）空白试样（放大 6K 倍）；（c）空白试样（放大 35K 倍）；

（d）AO-10h SiC/SiC 试样；（e）AO-10h SiC/SiC 试样（放大 6K 倍）；（f）AO-10h SiC/SiC 试样（放大 35K 倍）

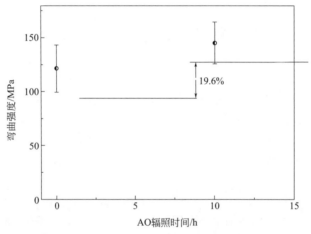

图 6-14　TaC-C/C AO 辐照前后弯曲强度对比

（2）元素含量及组分变化

图 6-15 为 TaC-C/C 辐照前后 EDS 分析结果，表 6-1 为辐照前后试样表面元素含量变化情况。可以看出，碳含量明显下降，O 和 Ta 在辐照后含量提升幅度很大，除了试样表面的残余碳被消耗导致其他元素含量升高的因素外，必然有 Ta 元素的氧化物出现。

表 6-1　辐照前后试样表面元素含量变化

元素	辐照前		辐照后	
	质量分数/%	摩尔分数/%	质量分数/%	摩尔分数/%
C	61.83	88.98	33.38	73.48
O	7.49	8.09	11.14	18.41
Ta	30.68	2.93	55.49	8.11

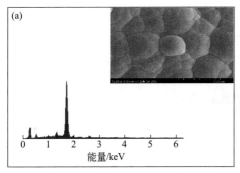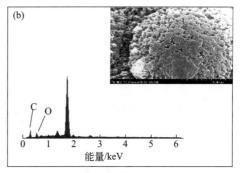

图 6-15　TaC-C/C AO 辐照前（a）及辐照后（b）EDS 分析

　　此外，以 AO 10h 辐照后的 TaC-C/C 为研究样本，采用 XPS 对其表面进行精细扫描，C 1s 的扫描图谱如图 6-16 所示。在 283.87eV 处的结合能峰是 TaC 中的 C 1s 峰，较无定形碳的结合峰向右偏移，而图中仅有一个峰，说明试样表面 C 都以 TaC 的形式存在。那么说明经过 10h AO 辐照后试样表面的残余碳都被消耗。图 6-17 为 TaC-C/C AO 辐照后的 XPS 分析，AO 处理后，从图像可以看出 Ta $4f_{5/2}$ 与 Ta $4f_{7/2}$ 结合峰，分别位于 25.7eV 与 27.7eV 位置，这与 $TaC_{0.95}$ 与 Ta_2O_5 薄膜形态位置吻合。因此可以认为：AO 氧化处理 TaC 涂层材料过程中，随着 AO 通量的增加，TaC 会在 AO 的化学作用下逐步形成钽氧化物。图中 Ta 在试样表面以 $TaC_{0.95}$ 和 Ta_2O_5 薄膜的形式存在，说明在辐照过程中，试样表面被氧化生成 Ta_2O_5 膜，其反应过程还需进一步计算详解。

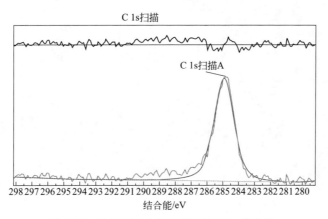

图 6-16　TaC-C/C AO 辐照后的 C 1s 结合峰

（3）微结构变化

　　图 6-18 为 TaC-C/C 的 AO 辐照前后微结构变化。可以看出，AO 辐照前试样表面平整光滑，TaC 晶粒清晰可见，表面裂纹边缘清楚，界限明确，如图 6-18（a）所示。经过 10h AO 辐照后，可以看出 TaC 晶粒顶端以及涂层覆盖部分平坦的高处出现形貌平滑、晶界消失等现象，通过上述的成分研究表明，这是由于在试样表面 AO 与 Ta 间相互作用生成 Ta_2O_5 薄膜，如图 6-18（a）～（c）所示。如图 6-18（b）所示，试样表面裂纹在 AO 辐照后变模糊，裂纹闭合，这种行为可以闭合表面缺陷抵御 AO 进一步进入材料内部进行损伤。由图 6-18（c）可以看出，材料低陷处以及缺陷处，机械性损伤痕迹突

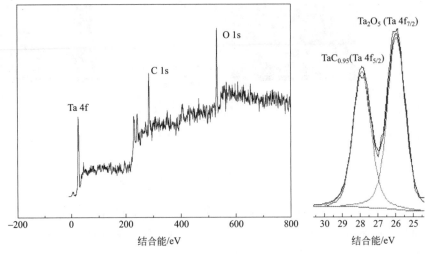

图 6-17　TaC-C/C 10h AO 辐照后 XPS 分析

出，说明当表面氧化后，在该区域 AO 二次碰撞概率较平坦处增加，导致出现 AO 机械性损伤痕迹。图 6-18(d) 可以看出，二次 AO 粒子沿着碰撞面的法线方向剥蚀材料，图 6-18(d) 中本来闭合的裂纹在二次碰撞作用下形成平行的桥接晶柱。因此 AO 对 TaC 涂层损伤表现为化学损伤和机械性损伤两方面。

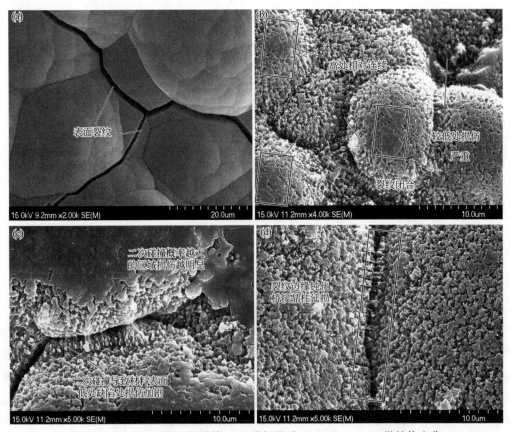

图 6-18　TaC-C/C AO 辐照前 (a) 及辐照后 (b)、(c)、(d) 微结构变化

6.1.6　CVD SiC 涂层性能演变行为及机制

CVD SiC 涂层的 AO 试验条件如下：原子氧能量 5.3eV，通量密度 1.53×10^{16} 个/$(cm^2\cdot s)$，真空度 0.3Pa。

6.1.6.1　原子氧与 CVD SiC 材料作用机制

通常情况下，若材料表面发生了化学反应，必然会引起表面元素种类或元素含量发生变化。采用 XPS 手段对 AO 处理前后 CVD SiC 表面元素含量进行测定，分析结果如表 6-2 所示。原始 CVD SiC 试样表面的 Si/C 比值约为 1，接近 SiC 的理想化学计量比。随着 AO 通量增加至 1.26×10^{21} 个/cm^2，Si/C 比值由原来的 1 变成了 0.36，说明随着 AO 通量的增加，SiC 表面的 Si 含量明显会减少。即 AO 粒子可以"优先剥蚀"SiC 材料表面硅原子。也就是说 AO 与 CVD SiC 作用过程中，试样表面的硅原子会被优先"选择性"地氧化消耗而失去。

表 6-2　CVD SiC 表面元素含量随 AO 通量变化

参数	数据			
AO 辐照通量/(10^{21}个/cm^2)	0	1.26	1.68	2.48
Si/C 比例	约 1.00	0.36	0.31	0

当 AO 通量增加到 1.68×10^{21} 个/cm^2 时，Si/C 值变为 0.31；当 AO 通量达到 1 年时（$F=2.48\times10^{21}$ 个/cm^2），Si/C 值减少至 0，也就是说 1 年累计通量的 AO 粒子可以使 CVD SiC 试样表面的硅原子完全消失。说明在 AO 处理过程中，CVD SiC 表面 Si 含量单调减少，经 1 年 AO 粒子通量处理后，CVD SiC 试样表面的硅原子被消耗殆尽。

为了揭示 CVD SiC 材料中 Si 被选择性"消耗"的详细过程，研究者采用不同通量 AO 来处理 CVD SiC 试样，开展系统的元素分析。

图 6-19 是 AO 处理前后 CVD SiC 试样的 XPS 扫描全谱。图中出现了 4 个主结合能峰：O 1s、C 1s、Si 2s、Si 2p。其中 O 1s 峰是由试样表面吸附的污染氧造成的。图 6-19①是空白 CVD SiC 试样的 XPS 图谱，主要有上述 4 个主结合能峰。图 6-19②是 AO 处理 4h 后的 XPS 图谱，可以看到 Si 2s 和 Si 2p 结合能峰的强度明显降低，表明经 AO-4h 处理后试样表面的 Si 含量会明显降低。试样经 AO-40h 处理后，Si 2s 和 Si 2p 峰变的几乎观察不到，如图 6-19③所示。显然 AO 轰击 40h 后，使得试样表面的 Si 完全消失，只留下 C 1s结合能峰，即试样表面只"剩"下因 Si 的失去而相对"富集"的 C。

通常，地球近地轨道中 AO 质点的静态平均温度约为 1100K。而地球近地轨道飞行器与 AO 粒子以 7～8km/s 的相对速度碰撞，其冲击能量可达 5～8eV，该能量等价于 5×10^4K 的高温[4]。G. Yushin 等[5]的研究表明，在真空环境中，高温可以激发 SiC 材料分解成固态 C 和气态 Si 物质。显然地球近地轨道环境中的高能 AO 可以激发 SiC 材料发生类似的化学变化。首先 AO 轰击引发的高温可激发 SiC 材料生成气态 Si［式(6-1)］，然后 AO 粒子会优先和挥发出的气态 Si 发生反应，生成 SiO 气体［如式(6-2) 所示］。即 AO 能够优先与 SiC 材料表面的 Si 发生反应。

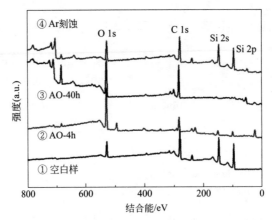

图 6-19　经 AO 处理后的 SiC 表面 XPS 图谱

$$SiC(s) \xrightarrow{\text{真空和高温}} Si(g)\uparrow + C(s) \tag{6-1}$$

$$Si(g) + O(g) \xrightarrow{\text{真空和高温}} SiO(g)\uparrow \tag{6-2}$$

即，AO 与 CVD SiC 作用的第一个阶段包括如下两项内容：

① AO 粒子对 CVD SiC 材料表面的"Si"具有"优先剥蚀"作用，生成气态 SiO；

② AO 通量达到一定程度，CVD SiC 表面的 Si 会被消耗完，试样表面留下 C 层。

研究不同 AO 通量条件下 CVD SiC 表面形成的 C 层，有助于揭示 AO 与 CVD SiC 材料作用的下一个阶段。

选取经不同通量 AO 粒子处理后的 CVD SiC 为研究样本，对其表面采用 XPS 精细扫描，C 1s 的扫描图谱如图 6-20 所示。

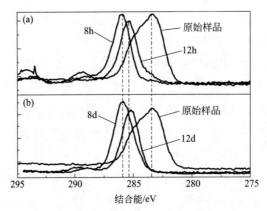

图 6-20　CVD SiC 表面 C 1s 峰 XPS 图谱

(a) 8h 和 12h AO 处理；(b) 8d 和 12d AO 处理

在 283.0eV 处的结合能峰是 β-SiC 中的 C 1s 峰，波峰的半峰宽较大，如图 6-20(a) 所示。经 AO-8h 处理后，C 1s 峰的位置移动至 286.5eV 位置，半峰宽明显变窄，说明 C 的化学结合状态发生了变化。相关文献表明 286.5eV 处的 C 1s 峰是无定形碳（a-C，amorphous carbon）的特征峰[6]。也就是说 β-SiC 结构中 C-Si 结构的 C 经 AO-8h 处理后转变成了无定形碳。AO-12h 后，C 1s 峰转移到了 285.3eV 位置，与类金刚石碳

（diamond like carbon，DLC）中的 sp^3 杂化 C 1s 峰位置相当[7]。显然无定形碳再经过 4h 的 AO 处理变成了具有类金刚石结构的碳膜。

图 6-20（b）是 AO 处理 8d 和 12d 后的 XPS 图谱。从图像可以看出，AO 处理 8d 后的 C 1s 峰与处理 8h 后的相当，结合能峰都在 286.5eV 位置。而 AO 处理 12d 的 C 1s 峰也平移到了 285.3eV 位置，与处理 12h 后的 C 1s 图谱一致。即 AO 作用 8h 和 8d 后，SiC 表面的 C 具有相同的化学结构，都形成了无定形碳；而 12h 和 12d 处理后的试样，在其表面都形成了类金刚石碳膜。所以可以认为：AO 氧化处理 SiC 材料过程中，随着 AO 通量的增加，无定形碳和类金刚石碳膜会交替出现在 CVD SiC 材料的表面。

根据上述结果，本研究提出了 AO 作用下 CVD SiC 表面的碳相转化机制，转化过程如图 6-21 所示。众所周知，CVD 工艺制备的 β-SiC 晶体是标准的闪锌矿晶体结构，属于等轴晶系。晶体结构中碳原子呈立方密堆积，硅原子填充在碳原子构成的四面体空隙中。C、Si 的配位数均为 4，如图 6-21（a）所示。从晶体结构角度看，β-SiC 与金刚石的晶体结构极其类似[8]，如果将 β-SiC 晶体结构中的硅原子用碳原子代替，就会形成更加对称的金刚石晶体结构，其具体结构如图 6-21（d）所示。

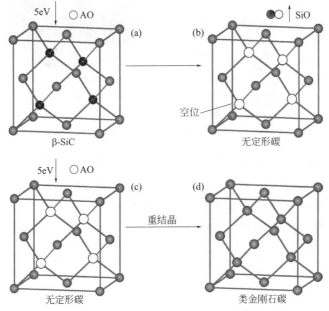

图 6-21　AO 作用下 SiC 表面 C 的转化过程

在 AO 粒子对 SiC 材料"轰击"过程中，由于表面硅原子首先会被"消耗"掉，所以晶格中硅原子位置会形成"空位"，使得试样表层形成无定形碳结构，晶体结构演化过程如图 6-21（a）→（b）所示。当相当于 5×10^4 K 高温的 AO 粒子继续轰击试样表面，伴随着无定形碳层的逐渐消耗，能量的沉积将会使得未消耗掉的无定形碳原子"重构"再结晶，部分无定形碳原子会"填补"在硅原子留下的"空位"中，形成类金刚石碳薄膜结构，如图 6-21（c）→（d）过程所示。

J. Li 等[9]的研究也证实：金刚石材料具有较好的抗 AO 特性。正是由于在 SiC 表面生成了类金刚石碳薄膜，才使得 SiC 的 AO 剥蚀率能够维持在较低的水平。

6.1.6.2 原子氧与 CVD SiC 材料碰撞输运过程模拟

为理解 AO 粒子与 CVD SiC 材料相互作用过程，采用 SRIM2008（The Stopping and Range of Ions in Matter）程序 TRIM 模块来模拟 AO 粒子与 SiC 靶材的碰撞、入射以及在 SiC 内部停止的过程。模拟过程共计算了 2.0×10^5 个 AO 粒子垂直入射 CVD SiC 后的入射轨迹及停留位置。模拟计算的假设条件如下：

① 假设 AO 粒子与 SiC 材料中的任何原子均不发生化学反应；

② AO 粒子能量设定为 8eV，粒子通量 2.0×10^5 个/cm^2；

③ β-SiC 密度设定为 $3.2 \mathrm{g/cm^3}$。

模型示意图及模拟结果如图 6-22 所示。

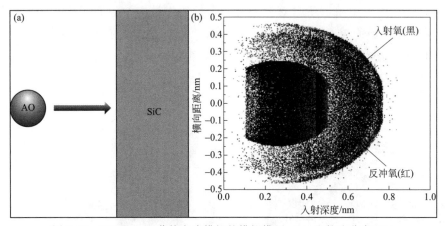

图 6-22　SRIM 2008 蒙特卡洛模拟的模拟模型（a）和轨迹分布（b）

图 6-22(a) 是蒙特卡洛模拟计算的几何模型。AO 入射方向垂直于 SiC 靶材表面，所有 AO 粒子从同一个作用点入射。图 6-22(b) 是模拟计算结果。AO 粒子在 SiC 内的轨迹分布呈现为两个半球形，其中黑色粒子为入射 AO 粒子的停留位置，红色粒子为其反冲粒子停留位置（见文后彩插）。模拟结果显示单个 AO 粒子在 SiC 内最远"射程"约为 0.8nm。

综上所述，可得出以下推论：

① 单 AO 粒子轰击 SiC 表面，一次可入射到 SiC 表面下 0.8nm 深度；

② 若 AO 可以与 SiC 靶材快速发生化学反应，即可以在 CVD SiC 表面形成 0.8nm 左右的碳层。

6.1.6.3 原子氧与 CVD SiC 相互作用模型

$$\text{SiC} \xrightarrow{\text{AO}} \text{无定形碳} \xrightarrow{\text{AO}} \text{类金刚石碳} \xrightarrow{\text{AO}} \text{下层-SiC} \tag{6-3}$$

AO 与 CVD SiC 的作用过程可概括为式(6-3)。AO 作用初期，激发 SiC 中的 Si 形成气态 SiO 产物，在 CVD SiC 材料表面生成无定形碳。随着 AO 通量持续增加，更多能量沉积在试样表面，无定形碳逐渐转变成类金刚石碳，同时其本身也逐渐被 AO 剥蚀。当 AO 作用（射程）范围逐渐达到下层 SiC 晶体时，该材料与 AO 的相互作用又开始另一个周期循环。

　　AO 与 CVD SiC 作用模型如图 6-23 所示。单个 AO 粒子在 SiC 表面一次入射可达 0.8nm 深度，由于 SiO 的生成会在试样表面"剩余"一定厚度的无定形碳层。无定形碳层的厚度会随着其自身被氧化而不断消耗减薄，使得 AO 的"射程"可达到下层 SiC，即生成的 C 界面会逐渐由 I 位置不断下移，逐渐达到界面 II 位置。先前生成的无定形碳在被 AO 消耗的同时，也会逐渐因 AO 能量沉积而"重结晶"生成类金刚石碳，直到类金刚石碳层自身被消耗完，而后又"重新"开始一个新的循环。所以 CVD SiC 材料 AO 效应的本质是：AO 粒子持续"碳化"SiC 材料表面，"由表及里"逐渐消耗 SiC 材料。

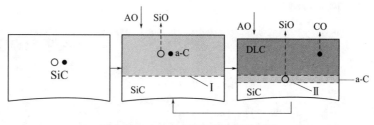

图 6-23　AO 与 CVD SiC 作用模型

6.2　带电粒子对材料的影响

6.2.1　电子辐照对材料的影响

　　采用电子对超高温结构复合材料试样进行辐照处理，研究其相关性能。研究材料包括 C/C、C/C-SiC 以及 C/C-B。辐照试验条件如下：能量 100keV；通量密度 4.0×10^{10} 个/cm^2·s；辐照时间分别为 5h、10h、15h、20h；真空度 $\leqslant 10^{-3}$Pa。相关性能主要从材料的质量损耗、微结构演变行为、热物理性能演变行为及其力学性能演变行为四方面介绍。

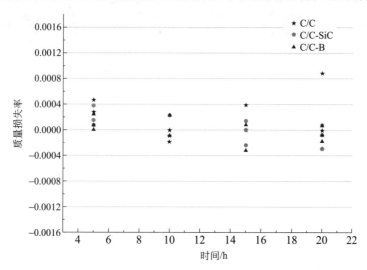

图 6-24　C/C、C/C-SiC 以及 C/C-B 质量损失率随电子辐照时间变化

C/C、C/C-SiC 以及 C/C-B 经不同时间电子辐照后的质量损失率变化如图 6-24 所示。由图可见，三种材料的质量变化并不明显，质量损失率都在 0 点位置附近，并且没有随辐照时间单调增加的趋势，呈现一种随机浮动状态，说明电子辐照本身未对三种材料产生明显的质量损耗。

6.2.1.1　C/C 性能及微结构演变行为

5h 电子辐照后，C/C 表面小碎片、弱结合层被剥离掉，表面显得更加"干净"，见图 6-25。说明电子辐照具有一定机械剥蚀作用。结合之前质量损失率分析的结果，即电子辐照对材料质量没有明显的损耗，而且随着辐照时间的增加质量损失率也没有明显增加的趋势，电子辐照的机械剥蚀能力有限。

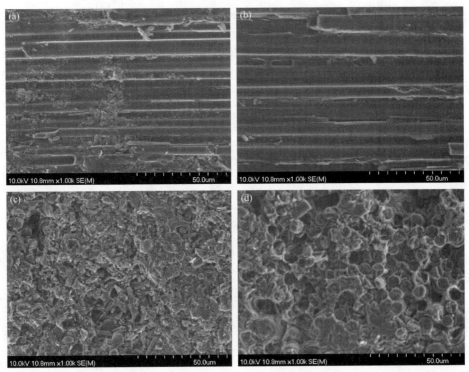

图 6-25　C/C 电子辐照前后试样表面形貌

（a）、（c）电子辐照前表面形貌；（b）、（d）电子辐照 5h 后 C/C 表面形貌

如图 6-26 所示，电子辐照后，C/C 的热膨胀系数（CTE）出现不同程度的增加，辐照时间小于 15h 时热膨胀系数变化不明显，辐照 20h 后的试样热膨胀系数变化相对明显。

如图 6-27 所示，电子辐照 5h 后，C/C 的热扩散系数明显降低，这是因为在辐照前期，高能电子束清理了大量依附在表面以及开口孔隙内的碎片颗粒，使得表面物质不再那么紧凑，针孔状孔隙增多，热传递的物质通道减少，从而导致整体导热性能降低。而随着辐照时间的增加，表面会或多或少的重新产生一定量的碎片颗粒，这使得表面的碎片颗粒增多。这些碎片颗粒部分填充了开口孔隙，提高了导热效率，所以电子辐照 5h 之后，随着辐照时间的增加，试样的热扩散系数明显增加。

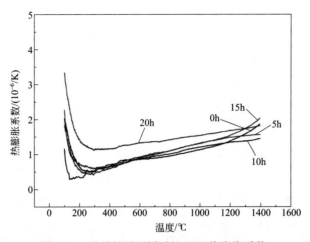

图 6-26　电子辐照不同时间 C/C 热膨胀系数

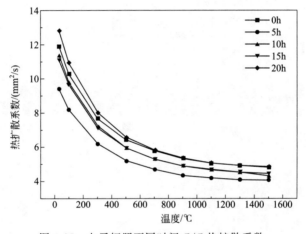

图 6-27　电子辐照不同时间 C/C 热扩散系数

如图 6-28 所示，C/C 在电子辐照 0～15h 后弯曲强度反而呈上升趋势，之后弯曲强度开始下降，而试样强度的离散程度随着辐照时间的增加，一直呈增大趋势。

高速轰击材料表面的电子束具有一定的机械作用，通过应力传递能量，使内部结构各组元间的结合处于更合适的状态，在外加压力作用下，能更好地承载和传递应力，整体表现出来就是试样强度的提高。这种作用可能类似于金属或者陶瓷制备过程中的退火环节，通过消除高温制备

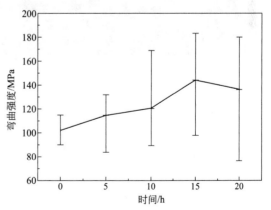

图 6-28　C/C 弯曲强度随电子辐照时间变化

过程中残留的内应力，使材料具备更优异的力学性能。但是高能电子束持续地轰击终究会对材料构成损伤，而局部结构持续的破坏能够影响材料承载时的表现，辐照后期

（15～20h）材料强度整体下降也印证了这一点。上述两种对立的因素使得某些试样强度提高的同时，部分试样的强度降低，导致材料性能离散度变大。

6.2.1.2 C/C-SiC 性能及微结构演变行为

如图 6-29 所示，C/C-SiC 经电子辐照前后微结构变化不明显。在继续放大观察倍数时发现，材料表面暴露出来的强组元有很多裂纹，同时也发现很多部位当处于悬空状态时有沿壁断裂的痕迹（见图 6-30）。即电子高速持续冲击材料表面，由于强组元结构致密强度高，无法直接将其剥离，但通过动能的传递使其内部微裂纹扩展，或者在某些特定区域（如架空结构）使其应力集中，进而破坏材料结构。

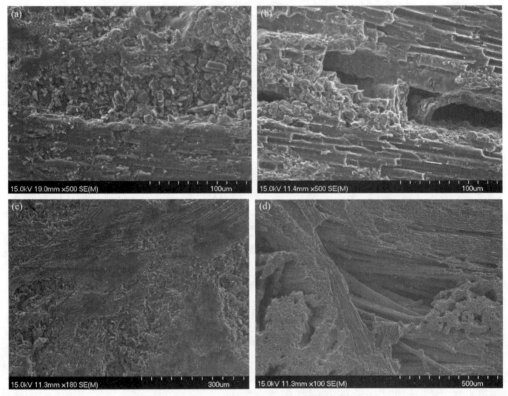

图 6-29　C/C-SiC 电子辐照前后表面形貌对比

(a)、(c) 辐照前表面形貌；(b)、(d) 电子辐照 20h 后表面形貌

电子辐照后 C/C-SiC 的热膨胀系数有明显变化，如图 6-31 所示。说明 SiC 颗粒作为新增物相，使得 C/C-SiC 具有更多的界面，拥有孔隙、缺陷的概率也增加，在受到粒子轰击后，微结构更容易发生变化，最终导致 C/C-SiC 的热膨胀系数产生变化。可以认为，C/C-SiC 更容易受电子辐照作用而发生结构性能变化。

电子辐照后 C/C-SiC 的热扩散系数也没有表现出明显的规律性，同时热扩散系数曲线差异很小，见图 6-32，考虑到试验误差以及试样离散性等因素，可以认为电子辐照后 C/C-SiC 的导热性能没有发生改变。这可能是因为，C/C-SiC 拥有更多的强组元，保护材料内部不受到致命的破损，从而整体结构物质及物质组成不发生质的改变，使其在辐照后导热性能保持稳定。另一方面，C/C-SiC 的致密程度是三类材料中最高的（为 1.8g/cm³，C/C 和

图 6-30　C/C-SiC 电子辐照 20h 后表面形貌

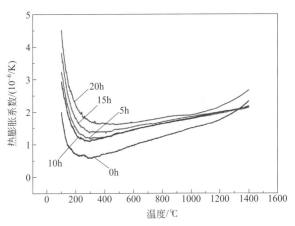

图 6-31　电子辐照不同时间 C/C-SiC 热膨胀系数变化

C/C-B 为 1.6g/cm³），这决定了辐照侵蚀对其整体的致密结构影响更小，有利于依赖结构致密程度的导热性能保持稳定。

　　电子辐照后，与 C/C 类似，C/C-SiC 的三点弯强度也呈增加的趋势，离散程度也比辐照前有明显增大，见图 6-33。出现这种结果的原因和之前分析的 C/C 类似，电子辐照后，电子的机械冲击使其内部应力结构发生一定变化，导致各组元作为一个整体具有更好的强度，而且对于 C/C-SiC，其热膨胀系数也发生了明显的变化，从另一个角度说明其内部结构的确发生了一定程度的改变。

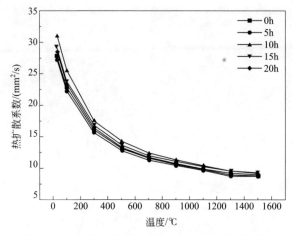

图 6-32　电子辐照不同时间 C/C-SiC 热扩散系数

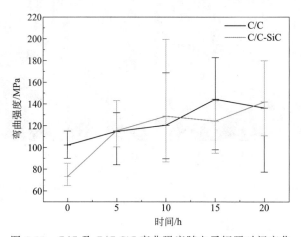

图 6-33　C/C 及 C/C-SiC 弯曲强度随电子辐照时间变化

6.2.1.3　C/C-B 性能及微结构演变行为

经电子辐照后，C/C-B 部分区域基体有明显流失的痕迹，如图 6-34 所示。内部纤维束骨架结构暴露出来，属于机械剥离性侵蚀。C/C-B 较 C/C 具有次强的热解碳基体，所以相对更容易被电子剥离。与 C/C 一样，C/C-B 随辐照时间增加，质量并没有明显损耗，说明电子对 C/C-B 的剥离作用仍然十分有限，仅停留在表面微尺寸区域。

如图 6-35 所示（见文后彩插），C/C-B 的热膨胀系数随着电子辐照时间的增加，出现单调减小的趋势，这种变化在 800～1200℃ 范围内的热膨胀系数表现比较明显。C/C-B 作为 C/C 的硼酸改性材料，热解碳基体呈多层薄片状，这些层状热解碳属于次强组元，电子辐照可以对其进行剥离。这使得试样表面较为均匀的变化，最终体现在热膨胀性能较均匀的变化。

如图 6-36 所示，C/C-B 的原始强度要高于 C/C，但随着辐照时间的增加，弯曲强度呈降低趋势，同时在辐照后期离散程度也有增大的趋势。C/C-B 的热解碳基体具有多层结构。这种多层的结合紧密的基体更有利于分散和传递应力，所以使得 C/C-B 原始强度高于 C/C。而随着高能电子束的作用，C/C-B 的多层状热解碳基体属于次强组元，能够

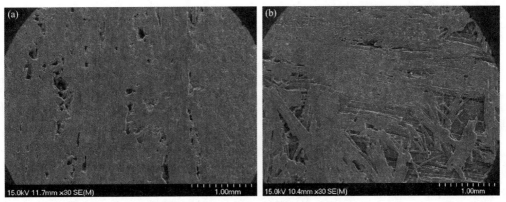

图 6-34　C/C-B 电子辐照前后表面形貌对比

（a）辐照前；（b）辐照后

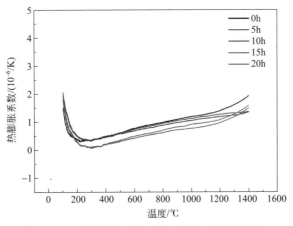

图 6-35　电子辐照不同时间 C/C-B 热膨胀系数

被直接破坏，导致电子辐照后材料弯曲强度整体趋于降低。至于离散度的增加，源于电子辐照致使材料损伤不均匀，即部分试样在辐照过程中由于表面结构以及粒子入射角度等因素致使出现了严重的缺陷，而另一部分试样却没有出现。从另一个角度说明，辐照时间的增加，放大了试样结构性能的离散性。

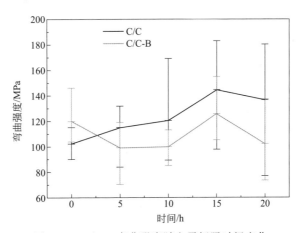

图 6-36　C/C-B 弯曲强度随电子辐照时间变化

6.2.2 质子辐照对材料的影响

采用质子对超高温结构复合材料试样进行辐照处理，研究其相关性能。研究材料包括 C/C、C/C-SiC 以及 C/C-B。辐照试验条件如下：能量 80keV，束流 $0.7\mu A$，辐照时间分别为 5h、10h、15h、20h；真空度$\leqslant 10^{-3}$Pa。相关性能主要从材料的质量损耗、微结构演变行为、热物理性能演变行为及其力学性能演变行为四方面介绍。

如图 6-37 所示，与电子辐照类似，C/C、C/C-SiC、C/C-B 三种材料在质子辐照后质量损失率均未随辐照时间的增加而发生明显变化，四个辐照时间点的质量损失率基本处于同一水平，没有出现增大或者减小的趋势。但是与电子辐照不同的是，图中容易看出，三种材料一共 36 个试样样本的质量损失率基本都在 0 点以上，说明质子辐照后试样的质量确实发生了变化。若以质量损失率表征材料的损伤程度，则可以得出质子辐照比电子辐照具有更强的破坏能力。

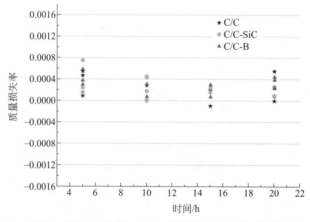

图 6-37　C/C、C/C-SiC 以及 C/C-B 质量损失率随质子辐照时间变化

6.2.2.1 C/C 性能及微结构演变行为

质子辐照 10h 后，C/C 表面出现大量因纤维消失而裸露的界面沟槽，也有大量因热解碳基体消失而裸露的纤维，如图 6-38(a)、（b）所示。同时大量的破碎颗粒依附于材料表面。结果类似于电子辐照 20h 后的情况，但是质子辐照后的碎片颗粒更小更多，纤维丝脱离的痕迹更明显。说明质子辐照具有与电子辐照类似但是更强的机械剥蚀作用。如图 6-38(c)、（d）所示，界面处于"空位"（无纤维）状态，其表面残留着大量细小颗粒，周边也存在大量破碎颗粒。包裹住纤维丝的热解碳有明显被逐步破碎的痕迹，见图 6-38(e)、（f）。说明高能质子束轰击 C/C 材料表面，能够对之前归为强组元的部分（纤维丝、致密热解碳）进行直接破坏，同时进一步印证了高能粒子辐照机械剥蚀作用的确存在。但是试样在质子辐照后质量并未随时间变化而明显增加，这是因为机械剥蚀更多地表现在对结构的影响上，而对物质损耗十分有限。图 6-38(g)、（h）中可以看出质子辐照对材料表面结构及其组元的破坏能力，首先将组元从整体结构中分离，形成小碎片颗粒，然后再进一步破损瓦解，形成细小颗粒。

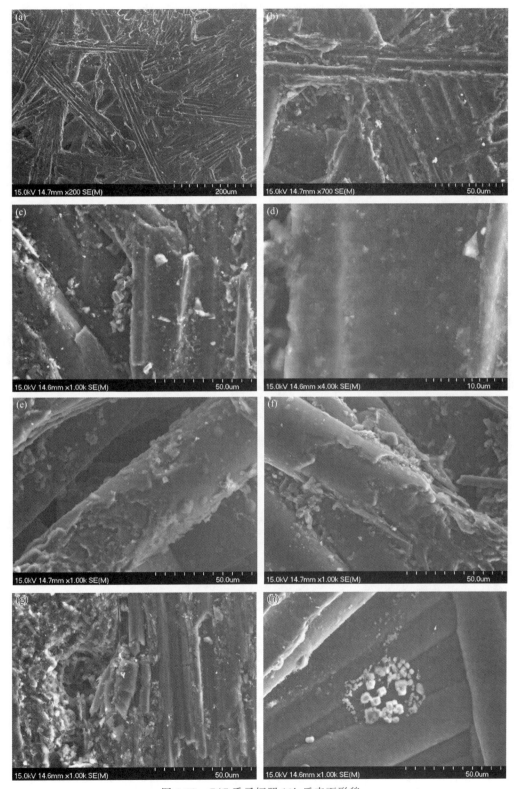

图 6-38　C/C 质子辐照 10h 后表面形貌

如图 6-39 所示，质子辐照后的 C/C 试样热膨胀系数曲线发生了不同程度的变化，在 600℃后这种差异变得更加明显。在接近 1400℃的位置热膨胀系数都有减小的趋势，而原始的 C/C 试样则反而有上扬的趋势。这一结果也反映了质子辐照具有较强的辐照损伤能力。

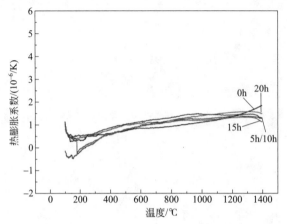

图 6-39　质子辐照不同时间 C/C 热膨胀系数

质子辐照 5h 后，C/C 的热扩散系数变化不大，如图 6-40 所示。之后的其他三个时间点都发生了明显变化。热扩散系数结果表明 5h、10h、15h、20h 试样之间有显著差异，表明每个辐照阶段的 C/C 材料都具有不同程度的损伤，即质子辐照对 C/C 的损伤也是持续而有效的。

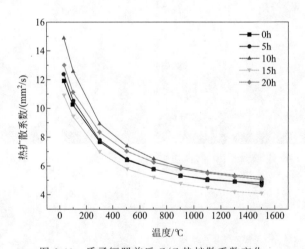

图 6-40　质子辐照前后 C/C 热扩散系数变化

随着质子辐照时间的增加，C/C 试样的弯曲强度有增加的趋势，图 6-41 所示，同时离散程度也有所增加。离散度的增加导致材料性能的可预测性（可控性，稳定性）变差。质子辐照可以释放材料内部的热应力，提高试样性能；也可能使材料表面出现致命的缺陷，从而使整个试样力学性能急剧降低。

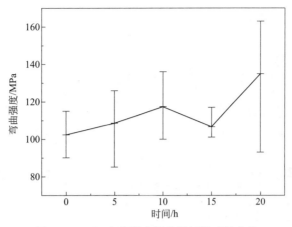

图 6-41　C/C 弯曲强度随质子辐照时间变化

6.2.2.2　C/C-SiC 性能及微结构演变行为

　　质子辐照后 C/C-SiC 材料表面结构也存在明显被破坏的痕迹,如图 6-42 所示。SiC 颗粒通过裂纹的形成和扩展逐步被剥离,开口孔隙处可以观察到大量破碎的纤维段,而热解碳基体被直接破坏和瓦解成多孔结构,并逐层剥离。说明质子辐照对于 C/C-SiC 也具有较强的机械破坏能力,对热解碳可以直接进行侵蚀,对于更致密的纤维和 SiC 组元能够通过施加应力使结构破坏。

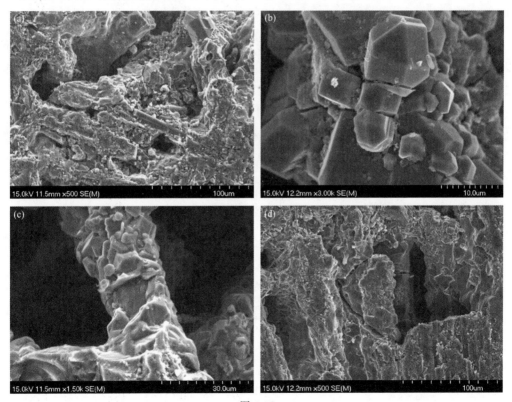

图 6-42

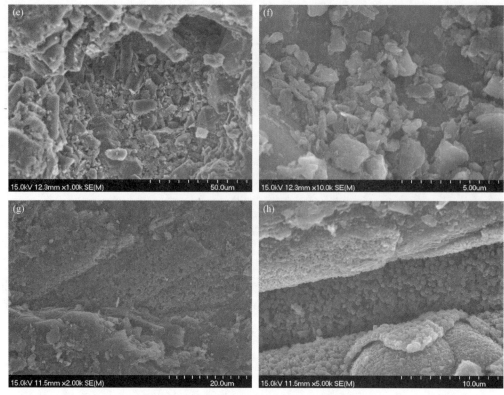

图 6-42　C/C-SiC 质子辐照 20h 后表面形貌

与 C/C 一样，质子辐照后 C/C-SiC 热膨胀系数发生了明显变化。SiC 颗粒的引入使得 C/C-SiC 的相组成更具多元化，也使其具有更多的相界，从而更容易因为高能质子束流的轰击而发生结构改变。这种结构改变可能只是微变，但是对宏观热物理性能产生了较大影响。如图 6-43 所示，质子辐照后 C/C-SiC 的热膨胀系数明显增加，而且 5h、10h、15h 的试样比较接近，20h 的试样较其他试样热膨胀系数增长较大。说明质子辐照 5~15h 的 C/C-SiC 结构发生了质的改变。其具体作用机制如同之前分析，对表面是进行直接破碎，对内部是通过能量和应力传递诱导微结构发生改变。

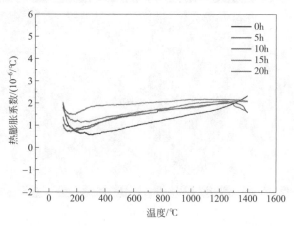

图 6-43　质子辐照不同时间 C/C-SiC 热膨胀系数

　　质子辐照后 C/C-SiC 的热扩散系数也没有表现出明显的规律性，同时热扩散系数曲线差异很小，见图 6-44。可以认为 C/C-SiC 在质子辐照后热扩散系数并没有发生改变。说明 C/C-SiC 导热性能十分稳定，对一定程度的微结构改变并不敏感。同时也说明，无论是 AO 辐照还是质子辐照，其侵蚀或者损伤的只是 C/C-SiC 表面，对内部微结构的改变十分有限，这不同于 C/C 和 C/C-B 的情况。进一步说明 SiC 组元作为增强物质引入而起到的抗辐照效应是有效的。

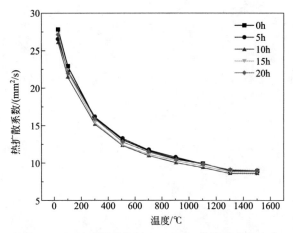

图 6-44　质子辐照不同时间 C/C-SiC 热扩散系数变化

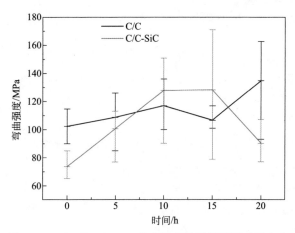

图 6-45　C/C 及 C/C-SiC 弯曲强度随质子辐照时间变化

　　与 C/C 类似，C/C-SiC 经辐照后的弯曲强度也出现了一定程度的增加，同时伴随着离散程度的增大，然后在 20h 处出现了急剧下降的情况，如图 6-45 所示。

6.2.2.3　C/C-B 性能及微结构演变行为

　　低倍 SEM 观察，质子辐照 10h 后的 C/C-B 表面损伤情况没有 C/C 那么严重，如图 6-46(a)、(b) 所示，质子辐照后的 C/C-B 仍然保持较为紧凑的表面结构。说明 C/C-B 具有更好的抗质子辐照的能力。如图 6-46(c)、(d) 热解碳基体起到了缓冲层的作用，使整体结构不发生直接破损。同时还发现开口孔隙在质子辐照后有明显扩展的趋势〔见图 6-46(e)~(h)〕，而且有大量碎片颗粒存在其中，说明质子辐照容易沿着 C/C-B 的开口孔隙进行结构破坏，这与开口孔隙边界本身就较为松散的结构有关。

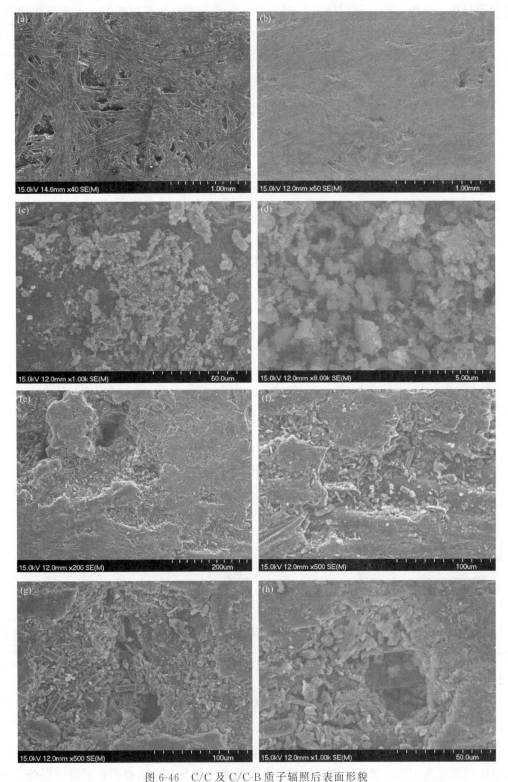

图 6-46 C/C 及 C/C-B 质子辐照后表面形貌

（a）质子辐照 10h 后 C/C 表面形貌；（b）～（h）质子辐照 10h 后 C/C-B 表面形貌

如图 6-47 所示，质子辐照时间增加到 20h 后，C/C-B 表面破损十分严重，无论是强组元还是弱组元，都不同程度地受到破坏而形成碎片颗粒。孔隙周边被瓦解的范围进一步扩大 [图 6-47(c)、(d)]，之前结构紧凑的致密区域也被严重破损 [图 6-47(e)、(f)]。说明在高能质子束持续轰击过程中，C/C-B 表面较为酥松的热解碳基体也无法形成有效的缓冲层，必须通过整体结构的破损才能消耗能量，最终导致整个表面层的瓦解。

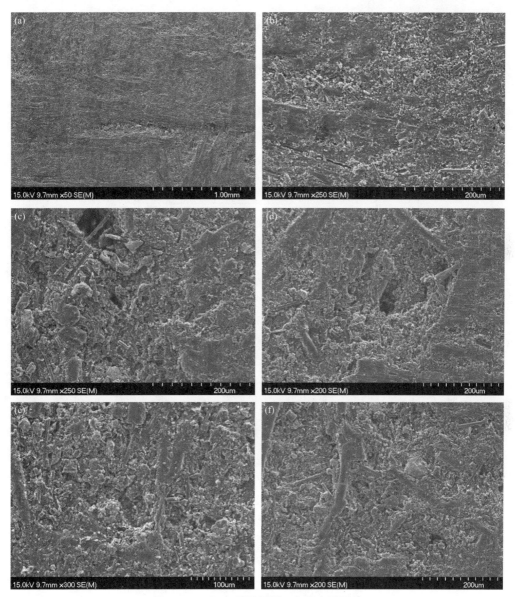

图 6-47　C/C-B 质子辐照 20h 后表面形貌

如图 6-48 所示，质子辐照后，C/C-B 的热膨胀曲线形状发生明显变化，都在低温下潜，中、高温上升，接近 1400℃时都有一定的下降趋势。说明与 C/C 类似，C/C-B 整体结构在辐照后也发生了较大的变化。与 C/C 不同的是，C/C-B 在不同辐照时间的试样热膨胀曲线相差比较明显，5h 与 10h 比较接近，15h 和 20h 比较接近。从材料角度分析，

C/C-B 比 C/C 更容易受到质子辐照的影响，这可能与其不甚致密的热解碳基体有关，在高能质子流轰击材料表面的过程中，伴随的能量和应力传递使其 C/C-B 内部结构更容易发生变化，这些变化也许比较微小，但是各个部分的累积叠加足以最终改变整个试样的宏观性能。另外显微结构分析中，10h 和 20h 存在很大的差异也说明了质子辐照对于 C/C-B 有持续地损伤作用。

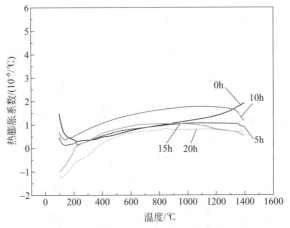

图 6-48　质子辐照前后 C/C-B 热膨胀系数

如图 6-49 所示，C/C-B 在质子辐照后的强度变化规律与 C/C 与 C/C-SiC 类似。但是其强度在 5h 后就开始出现降低的趋势。质子辐照导致 C/C-B 表面出现致命缺陷的概率增大，从而使整体强度呈现下降趋势，15h 的所有试样弯曲强度都达到极低，20h 也出现了低于 80MPa 的试样，进一步印证了这一趋势。

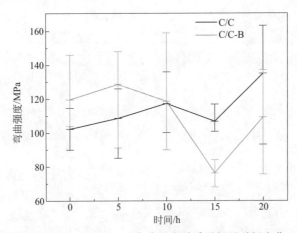

图 6-49　C/C 及 C/C-B 弯曲强度随质子辐照时间变化

6.2.3　质子/电子耦合辐照对材料的影响

研究了 100keV 质子（P）和 100keV 电子（E）耦合辐照对材料性能的影响。

6.2.3.1　C/C 性能演变行为

C/C 材料质子/电子耦合（PE）辐照试验条件如下：质子束流密度 5.0×10^{11}（p/

e)；电子束流密度 5.0×10^{11}（p/e）；辐照时间分别为 PE-10h（即质子/电子耦合辐照 10h 处理，下同）、PE-15h、PE-20h、PE-25h、PE-30h；真空度 0.3Pa。

　　图 6-50 为 C/C 经 PE 耦合辐照后，试样的室温弯曲强度变化。可以看出，随着总通量的增加，试样弯曲强度几乎没有变化，同时其离散程度也基本保持不变。与图 6-28、图 6-41 相比，PE 耦合辐照并未产生单辐照源改善材料强度的热处理效应。因此推测，PE 耦合作用对材料强度的损伤在一定程度上抵消了其对材料强度产生的提高作用。

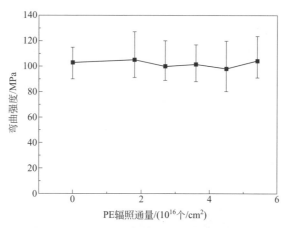

图 6-50　C/C 在 PE 耦合辐照后弯曲强度变化

　　图 6-51 为 PE 耦合辐照环境下损伤后的 C/C 表面形貌，从图中可以看出，材料表面

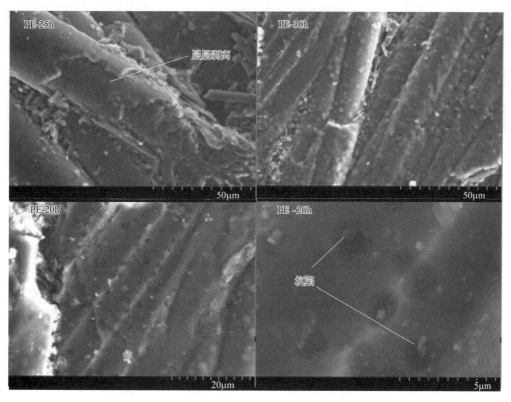

图 6-51　C/C 在 PE 耦合辐照不同时间（PE-X 表示）后表面形貌

出现大量较浅的坑陷，这类坑陷是由于高能质子作用在较软的热解碳上所形成的。另外还能观察到热解碳层被高能质子层层剥离的形貌。在 PE 耦合环境下，电子对材料的作用很难观察到。但是更为"干净"的表面形貌说明电子在材料损伤过程中扮演了"清道夫"的作用。

图 6-52 为 PE 耦合辐照不同时间后 C/C 的热膨胀系数变化。结合图 6-52 以及图 6-39，可以看出 PE 耦合辐照前后没有明显变化，也没有一定规律可循，而且随着辐照时间的增加，热膨胀系数也没有要发生变化的趋势。这说明 PE 耦合辐照对 C/C 的作用是停留在表面微尺度区域，对于材料内部没有实质性的影响，材料整体依旧保持辐照前的热物理性质。进一步说明 PE 耦合辐照对于 C/C 不仅质量损耗作用有限，而且结构破坏作用也十分有限。

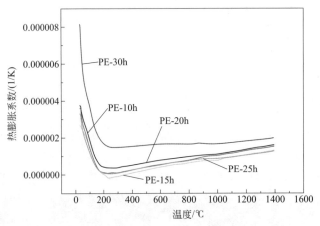

图 6-52　C/C 在 PE 耦合辐照不同时间后热膨胀系数变化

图 6-53 为 C/C 在 PE 耦合辐照条件下，材料阻尼比随辐照通量增加而变化的曲线。从图中可以看出，整体上阻尼性能由高到低排列顺序为：PE-10h＞PE-0＞PE-15h＞PE-20h＞PE-30h＞PE-25h。可以看出 PE 耦合辐照后，随着 AO 通量增加，材料阻尼比没有明显规律，数据具有一定的离散性。

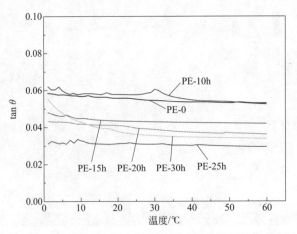

图 6-53　C/C 在 PE 耦合辐照不同时间后阻尼性能变化

高能 PE 耦合辐照对于 C/C 具有一定的机械剥蚀作用，这种作用抵消了热处理作用对试样强度的改善。PE 耦合辐照在结构损伤以及试样强度上的作用程度十分有限。结构损伤仅停留在材料表面，很难向纵深方向推进。等通量条件下 PE 耦合辐照相较单一质子或电子辐照对材料的损伤作用更大。

PE 耦合辐照对材料阻尼影响规律不明显，需要更多实验数据考证。

6.2.3.2　TaC-C/C 性能演变行为

TaC 涂层改性 C/C 复合材料（TaC-C/C）是由 1600℃预石墨化二维穿刺预制体经 CVI 沉积 C 增密至 $1.9g/cm^3$ 后，再经 2100℃最终石墨化和 CVD 沉积 TaC 涂层制备而成。图 6-54 是 TaC-C/C 的 PE 辐照前后弯曲强度对比。经过 10h PE 辐照，材料的弯曲强度提高了 18.9%。这一阶段的辐照对材料产生的效应以应力消除为主，数据离散性稳定，辐照并未对材料有实质性的损伤。

图 6-55 为 TaC-C/C PE 辐照 10h 后表面形貌，可以看出材料的表面形貌在宏观上并未出现大的改变。PE 对材料损伤能力有限。

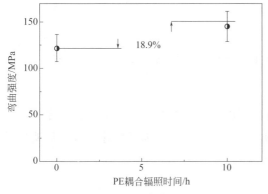

图 6-54　TaC-C/C PE 辐照前后弯曲强度对比

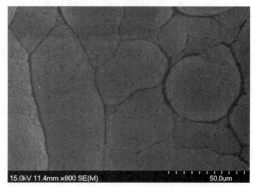

图 6-55　TaC-C/C PE 辐照 10h 后表面形貌（一）

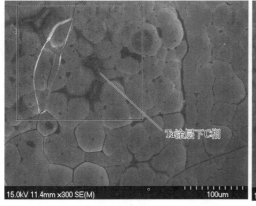

图 6-56　TaC-C/C 的 PE 辐照 10h 后表面形貌（二）

图 6-56 可以看出，PE 对试样表面产生了一些较为轻微的机械性剥落，破坏了 TaC 涂层的连续性和完整性。

通过图 6-57 可以看出，AO 与 TaC 涂层相互作用过程为：AO 化学作用首先消耗材料表面残余 C，然后高能 AO 与 TaC 接触在局部产生 1100K 以上高温形成化学作用，进而导致生成薄膜形态的 Ta_2O_5，该过程伴随的体积膨胀可以愈合表面缺陷，进而在 AO 的机械作用以及二次碰撞作用下形成机械性损伤形貌。PE 与 TaC 涂层相互作用较为简单，即 PE 的机械损伤作用剥落残余 C，在局部 TaC 结合较弱区域形成轻微机械性损伤。

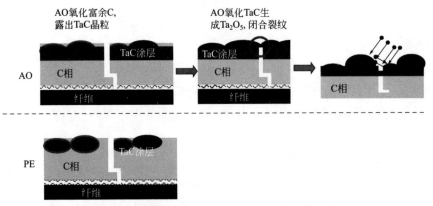

图 6-57　TaC-C/C 的 AO 与 PE 辐照损伤机制示意图

6.2.3.3　C/SiC 弯曲性能演变行为

质子辐照、PE 耦合辐照对 2D C/SiC 弯曲强度的影响如图 6-58 所示。随质子辐照时间的增加，2D C/SiC 弯曲强度缓慢增加。质子辐照 6h 后弯曲强度增速变缓，说明质子对 C/SiC 的作用趋于稳定。

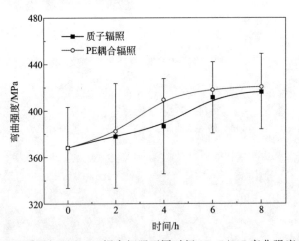

图 6-58　质子辐照和 PE 耦合辐照不同时间 2D C/SiC 弯曲强度变化

PE 耦合辐照比质子辐照对 2D C/SiC 弯曲强度的影响显著。随着辐照时间的增加，强度值增长迅速，增加幅度明显高于质子辐照。这是由于电子辐照对材料的加热效应有利于材料内部残余热应力的再分布，所以材料性能提高幅度较大。

6.2.3.4　SiC/SiC 弯曲性能演变行为

质子辐照、PE 耦合辐照对 2D SiC/SiC 试样弯曲强度的影响如图 6-59 所示。随质子作用时间增加，2D SiC/SiC 试样强度呈增加趋势。同样，PE 耦合辐照对材料性能的影响大于质子辐照。

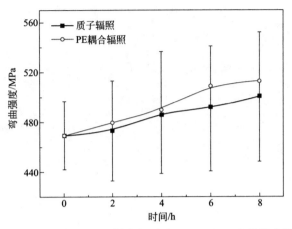

图 6-59　质子辐照及 PE 耦合辐照对 2D SiC/SiC 弯曲强度影响

6.3　原子氧/分子氧耦合对材料的影响

超高温结构复合材料通常用于空天运载工具的热防护系统（thermal protection system，TPS），服役环境中复合材料往往会"遭遇"多种氧化介质共同作用。比如，发射过程中，热防护材料先受分子氧（MO，molecular oxygen）氧化，然后是 AO 氧化；再入过程中，先被 AO 氧化，而后被 MO 氧化。研究不同次序的 MO 和 AO 叠加氧化过程及机制，对于拓展超高温结构复合材料的工程应用具有重要的科学意义。

6.3.1　原子氧/分子氧耦合对 C/SiC 的影响

6.3.1.1　C/SiC 的 MO 氧化

MO 氧化条件：在 1500℃温度条件下，采用模拟空气作为氧化介质对 C/SiC 试样进行氧化。模拟空气体积组成包含 O_2（21%）、N_2（78%）和 H_2O（1%）。

（1）微结构变化

经 MO-10h（MO 氧化 10h 的简写，下同）后，C/SiC 试样表面形貌、表面原子结合状态等信息如图 6-60 所示。在图 6-60(a) 中，"菜花"状 SiC 晶体表面轮廓与原始试样相比变得较为"模糊"，说明经 MO 氧化后 C/SiC 表面结构发生了变化。试样氧化后的横截面形貌如图 6-60(b) 所示，试样表面被一层连续薄膜状物质包裹。XRD 测试分析表明：经 MO 氧化后，C/SiC 试样表面有 α-SiO_2 晶体生成 [图 6-60(c)]，证明图 6-60(b) 中薄膜状物质是 MO 氧化生成的 SiO_2 晶体。氧化生成的 SiO_2 均匀包覆在试样表面，这也是经 MO 氧化后 [图 6-60(a)] 试样轮廓变得较为"模糊"的直接原因。图 6-60(d)

是氧化 10h 后 C/SiC 试样 XPS 能谱信息，发现 Si/C 摩尔比由原始试样的 0.93 增加到 1.12，说明 SiO_2 的生成有助于 Si 相对含量的增加。氧化后试样表面的 O 1s 峰相对强度明显增强，表明试样表面的 O 摩尔含量明显增加，显然这是 MO 氧化生成的 SiO_2 所致。而 C 1s 峰的相对强度明显降低，表明 C/SiC 试样表面 C 有显著消耗。

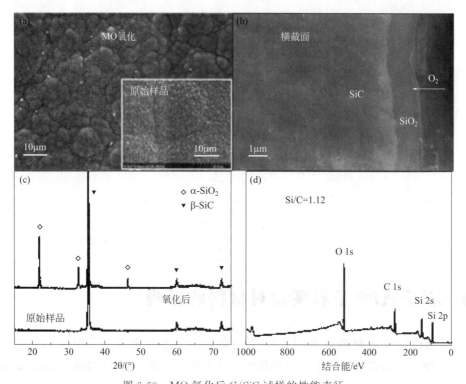

图 6-60 MO 氧化后 C/SiC 试样的性能表征

(a) 表面形貌；(b) 横截面形貌；(c) XRD 图谱信息；(d) XPS 图谱信息

研究表明，经 MO 氧化后，C/SiC 表面有 α-SiO_2 薄膜生成，同时 C 被氧化"消耗"。该过程的反应方程式如式(6-4) 和式(6-5) 所示。

$$\beta\text{-SiC}+O_2 \xrightarrow{1500℃} \alpha\text{-SiO}_2 + C \qquad (6\text{-}4)$$

$$C+O_2 \xrightarrow{1500℃} CO_2 \uparrow \qquad (6\text{-}5)$$

MO 氧化前后 C/SiC 的截面形貌如图 6-61 所示。从原始 C/SiC 截面形貌可以看出，碳纤维均匀分布在 SiC 基体内部 [图 6-61(a)]。MO 氧化 10h 后，C/SiC 内部近表面位置处的碳纤维被氧化情况严重，原来与 SiC 基体紧密结合的碳纤维直径变细，明显与基体分离，部分位置的碳纤维被氧化呈现出孔洞状形貌，如图 6-61(b) 所示。

(2) 氧化后质量变化

图 6-62 是 MO 氧化过程中 C/SiC 试样质量变化情况。氧化时间≤1h 情况下，C/SiC 质量呈增加趋势，单位体积质量变化约为 $4.5mg/cm^3$。这是由于在 MO 氧化初期 C/SiC 表面会被快速氧化生成 α-SiO_2，从而引起试样增重。而随着 MO 氧化时间逐渐增加（＞1h），C/SiC 质量呈现出减少趋势。这是因为 O_2 气氛会逐渐"扩散"至 C/SiC 内部

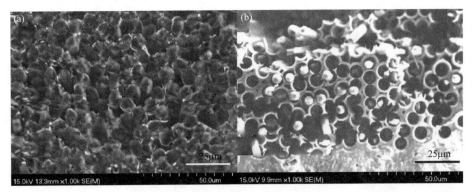

图 6-61　C/SiC 截面形貌

（a）原始试样；（b）MO-10h

并氧化"消耗"内部的 C 相，随着氧化时间增加，该效应引发的质量减少会"抵消"C/SiC表面 SiO$_2$生成所引起的质量增加效应，最终使得 C/SiC 试样表现出质量减少。经 MO 氧化 20h 后，C/SiC 试样质量变化达到-41.63mg/cm^3。

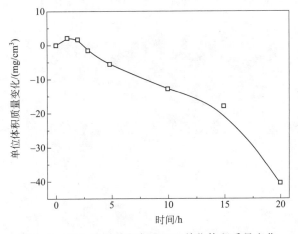

图 6-62　MO 氧化过程中 C/SiC 单位体积质量变化

（3）C/SiC 材料 MO 氧化机理

C/SiC 的 MO 氧化机制如图 6-63 所示。第一阶段，MO 氧化气氛与 C/SiC 快速反应，在 C/SiC 表面生成 α-SiO$_2$，该阶段 C/SiC 材料呈现质量增加。第二阶段，MO 氧化气氛通过 SiC 基体裂纹扩散至碳纤维材料区域，碳纤维被氧化消耗，该阶段 C/SiC 试样呈现质量降低趋势。在 MO 氧化第二阶段，C/SiC 内部碳纤维被氧化侵蚀得十分严重。

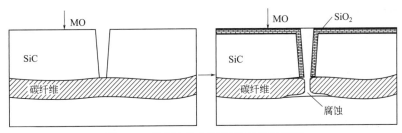

图 6-63　C/SiC 的 MO 氧化过程示意图

6.3.1.2　C/SiC 的（MO＋AO）氧化

（MO＋AO）氧化即先进行 MO 氧化，再进行 AO 氧化。MO 氧化条件参见前文。AO 氧化过程中，AO 粒子能量 5～8eV，粒子通量为 2.0×10^{16} 个/cm^2·s，试验温度为室温。

（1）微结构变化

图 6-64 中的 SEM 图片展示了（MO＋AO）氧化各阶段 C/SiC 表面形貌演化情况。图 6-64(a) 是空白 C/SiC 试样表面微观形貌。MO-10h 后，C/SiC 试样的微观形貌如图 6-64(b) 所示，发现试样表面生成有 SiO$_2$ 层。MO-10h/AO-5h（即先 MO 氧化 10h，再 AO 氧化 5h，下同）处理后，C/SiC 试样微观形貌如图 6-64(c) 所示，可以看到 C/SiC 试样局部表面有点状突起物和若干条裂纹出现，显然是高能 AO 粒子冲击试样表面的 SiO$_2$ 壳所致，或者是 AO 粒子与试样表面碰撞引发局部热应力集中所致。

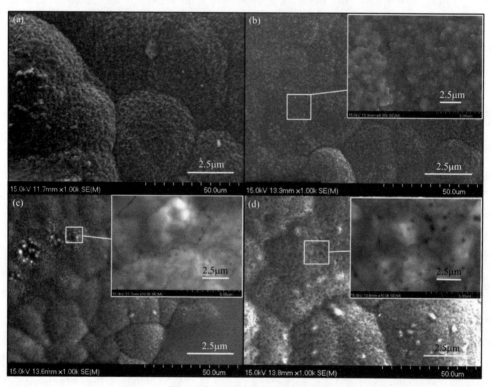

图 6-64　C/SiC 试样表面形貌

(a) 原始样品；(b) MO-10h；(c) MO-10h/AO-5h；(d) MO-10h/AO-10h

经 MO-10h/AO-10h［一个完整的（MO＋AO）氧化过程］处理后，试样表面的局部裂纹已经扩展到整个试样表面，如图 6-64(d) 所示，在裂纹周围出现了众多黑色斑点。

上述 SEM 观测说明：（MO＋AO）氧化模式下，MO 阶段的 SiO$_2$ 产物会"遭受"下阶段（AO 氧化阶段）AO 粒子的"轰击"作用，引发表面局部裂纹产生及扩展。随着作用时间增加，以及材料表面对 AO 粒子"漫反射"效应的持续，该裂纹最终"均匀"扩展至试样的整个表面。研究表明，（MO＋AO）氧化模式对 C/SiC 材料的表面形貌影响严重。

为了研究（MO＋AO）氧化模式对 C/SiC 内部的影响，将图 6-65(a) 所示主缺陷裂缝位置解剖，观测其截面形貌，如图 6-65(b) 所示。发现临近试样表面处的碳纤维材料氧化严重，纤维的氧化形貌与单因素 MO 氧化后形成的纤维形貌（见图 6-61）略有不同，部分纤维端头形成"铅笔尖"状的氧化形态。

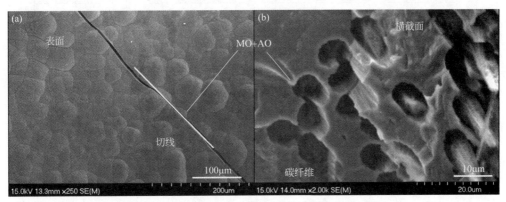

图 6-65　经（MO＋AO）氧化后 C/SiC 截面形貌

（2）氧化后质量变化

C/SiC 在（MO＋AO）氧化模式下单位体积质量变化曲线如图 6-66 所示。其中图 6-66(Ⅰ) 是 MO 氧化阶段曲线，图 6-66(Ⅱ) 是 AO 氧化阶段的曲线。曲线整体呈现质量降低趋势，经 AO-10h 后，累计质量变化达到 -18.57mg/cm^3。此阶段 C/SiC 质量减小主要源于 AO 粒子对材料表面的冲击、剥蚀作用，以及对表面裂纹位置处碳纤维的氧化作用。

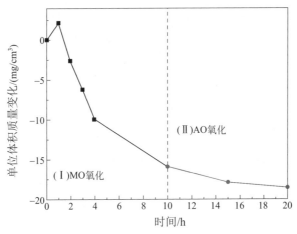

图 6-66　（MO＋AO）氧化模式对 C/SiC 试样质量的影响

（3）C/SiC 的（MO＋AO）氧化机理

根据上述内容，提出 C/SiC 的（MO＋AO）氧化机理如下。第一阶段，在 MO 作用下，C/SiC 表面形成一定厚度的 $\alpha\text{-SiO}_2$ 薄膜，同时 MO 气氛会通过 C/SiC 表面的缺陷通道对材料内部的碳纤维氧化侵蚀，形成图 6-67（a）所示的氧化形貌。在 AO 氧化阶段，AO 粒子轰击 SiO_2 薄膜，由于剥蚀和热应力作用在 C/SiC 表面形成众多小裂纹。同时，AO 粒子能通过主缺陷通道对材料内部的碳纤维撞击并剥蚀，形成图 6-67（b）所示的"铅笔尖"状纤维形貌。

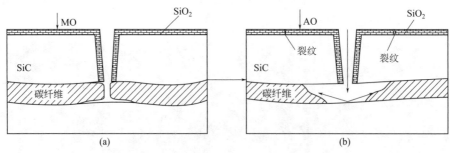

图 6-67　C/SiC 的（MO+AO）氧化模式机理

6.3.1.3　C/SiC 的（AO+MO）氧化

（AO+MO）氧化即先进行 AO 氧化，再进行 MO 氧化。

（1）微结构变化

（AO+MO）氧化过程对 C/SiC 微观形貌的影响如图 6-68 所示。经 AO-10h 氧化后试样的形貌如图 6-68（a）所示，AO 粒子冲击形成的"灼烧"状斑点出现在"菜花状"SiC 晶体的顶端。经 AO-10h/MO-5h 氧化后，发现（试样表面）SiC 晶体颗粒呈现出破碎状外观或具有贯穿状裂纹，如图 6-68（b）所示。证明后续的 MO-5h 氧化对 C/SiC 产生了显著影响。

经 AO-10h/MO-10h［一个完整的（AO+MO）氧化过程］氧化后，图 6-68（b）中所示的（晶体表面裂纹）趋势更加明显，甚至某些 SiC 晶体颗粒会被氧化腐蚀出明显的孔洞，如图 6-68（c）所示，同时 C/SiC 表面有明显的裂纹出现。

微观形貌分析表明：与（MO+AO）氧化模式相比，（AO+MO）氧化模式对 C/SiC 的损伤更加明显。

图 6-69 是 C/SiC 经（AO+MO）模式氧化后的截面形貌。可以看出试样破坏位置下方的碳纤维被氧化的十分严重。研究表明，氧化性气氛对碳纤维的氧化过程可以分为两个步骤。第一个步骤：AO 对 C/SiC 作用时有个轰击作用点（bombing point，BP），AO 首先对轰击作用点的碳纤维进行氧化。第二个步骤：以轰击作用点为中心，沿 SiC 基体"管道"从左右两个方向对材料内的碳纤维氧化侵蚀，形成如图 6-69（b）所示的 SiC 管道，即轰击作用中心处的碳纤维被氧化剥蚀掉，而 SiC 管道两端还残留有碳纤维材料。

（2）氧化质量变化

图 6-70 是（AO+MO）模式下氧化时间对 C/SiC 试样质量的影响。图 6-70（Ⅰ）是 C/SiC 试样在 AO-10h 氧化阶段的氧化质量变化曲线，在这个阶段试样质量变化不明显。图 6-70（Ⅱ）是试样再经 MO-10h 叠加氧化后的氧化质量变化曲线。研究发现，经（AO+

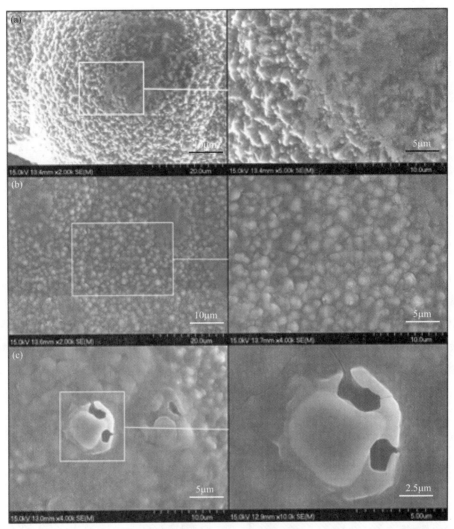

图 6-68　C/SiC 试样表面形貌

（a）AO-10h；（b）AO-10h/MO-5h；（c）AO-10h/MO-10h

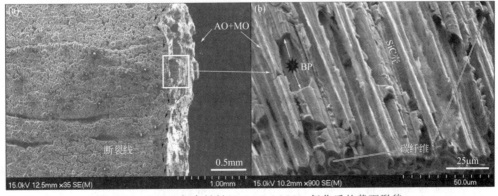

图 6-69　C/SiC 复合材料经（AO＋MO）氧化后的截面形貌

MO）氧化处理 20h 后，C/SiC 试样的氧化质量变化可达 -23.34mg/cm^3，即（AO＋MO）模式氧化所引起的质量减少要比（MO＋AO）模式的大 25.69%。

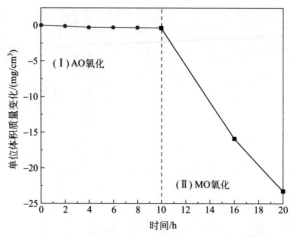

图 6-70　(AO＋MO) 模式氧化时间对 C/SiC 试样质量的影响

（3）C/SiC 的（AO＋MO）氧化机理

图 6-71(a) 是（AO＋MO）模式下 AO 氧化阶段氧化机理示意图。经 AO-10h 后，SiC 基体表面和主缺陷内表面会形成一定厚度的碳膜。同时，在主缺陷下方一定深度位置的碳纤维也会被 AO 氧化侵蚀。在 MO 氧化阶段，如图 6-71(b) 所示，在 MO 氧化作用下，C/SiC 试样表面生成的碳层被快速消耗，该阶段中 C/SiC 质量减少明显。同时，主缺陷内表面的碳层也被快速氧化，即该过程可以"扩大"主缺陷形成的氧化通道，加速了 C/SiC 内部碳纤维的氧化，最终形成图 6-69 中所记录的氧化形貌。

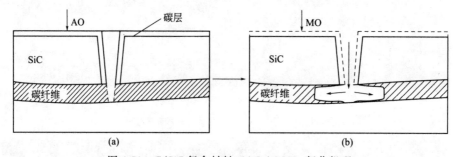

图 6-71　C/SiC 复合材料（AO＋MO）氧化机理

6.3.1.4　不同模式氧化后 C/SiC 力学性能变化对比

图 6-72 所示的是 MO、(MO＋AO) 和（AO＋MO）三种氧化模式对 C/SiC 弯曲强度的影响。空白 C/SiC 试样的平均弯曲强度是（368.40±34)MPa。经 MO-20h 氧化后，C/SiC 试样的平均弯曲强度迅速衰减，降低到（203.54±25)MPa，降低了约 44.83%。(MO＋AO)-20h 氧化后，平均弯曲强度也明显降低，降低到（314.22±30)MPa，降低幅度为 14.71%。(AO＋MO）氧化模式对 C/SiC 的影响明显大于 (MO＋AO) 氧化模式，其平均弯曲强度降低到（273.41±30)MPa，降低幅度约为 25.78%。

综上所述，氧化时间一定的条件下，上述三种氧化模式对 C/SiC 弯曲强度影响的顺序是：MO＞(AO＋MO) ＞ (MO＋AO)。

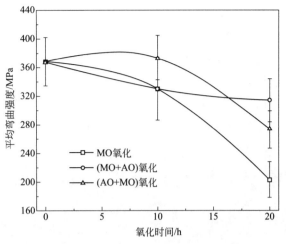

图 6-72　经 MO、(MO＋AO) 和 (AO＋MO) 氧化模式氧化的 C/SiC 平均弯曲强度变化

6.3.2　原子氧/分子氧耦合对 SiC/SiC 的影响

6.3.2.1　SiC/SiC 的 MO 氧化

（1）微结构变化

图 6-73 所示的是 MO 氧化前后 SiC/SiC 试样表面成分变化情况。图 6-73(a) 是原始 SiC/SiC 的表面形貌，主要由菜花状 β-SiC 相组成。经 MO-20h 氧化后，SiC/SiC 试样形

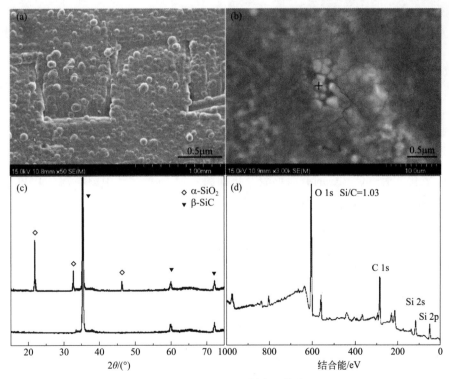

图 6-73　SiC/SiC 试样表面信息

（a）原始试样表面形貌；（b）MO 氧化后试样表面形貌；（c）氧化后 XRD 图谱；（d）氧化后 XPS 能谱

貌发生了显著变化 [图 6-73(b)]，"菜花状"的 SiC 晶体几近消失，表面显示有大颗粒状物质生成。图 6-73(c) 是氧化后试样表面的 XRD 扫描图谱，证实生成物为 α-SiO$_2$。而且图 6-73(b) 显示有明显裂纹出现在 SiC/SiC 材料表面。这些裂纹是因为 α-SiO$_2$ 生成所引起的材料体积收缩造成的。图 6-73(d) 描述的是试样表面的 XPS 能谱：经 MO 氧化后，Si/C＝1.03，略高于原始试样的硅碳原子比 0.93，说明 SiC/SiC 表面氧化生成 SiO$_2$ 的同时，也有碳原子的消耗，即氧化生成了 CO 或 CO$_2$ 气体。

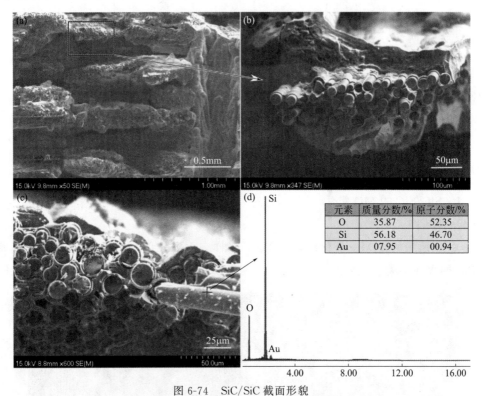

元素	质量分数/%	原子分数/%
O	35.87	52.35
Si	56.18	46.70
Au	07.95	00.94

图 6-74　SiC/SiC 截面形貌

(a) 原始试样（放大 50 倍）；(b) 原始试样（放大 347 倍）；
(c) MO 氧化后试样（放大 600 倍）；(d) MO 氧化后试样的 EDS 能谱信息

MO 氧化前后 SiC/SiC 的截面形貌变化如图 6-74 所示。其中图 6-74(a) 和 (b) 中所示的是 SiC/SiC 原始试样破坏后的状况，发现试样截面上的 SiC 纤维拔出长度较短，并且 SiC 基体内部有一些孔隙存在。经 MO 氧化后，SiC/SiC 试样的截面形貌如图 6-74(c) 所示，SiC 纤维拔出长度依然较短，所不同的是在 SiC 纤维表面有颗粒状物质出现，EDS 能谱分析发现该物质由 Si 和 O 组成。据此推断：MO 氧化过程中，氧化性气氛能够渗透到 SiC 纤维所在位置并氧化 SiC 纤维，在其表面生成 SiO$_2$ 等氧化物质。

（2）氧化后质量变化

图 6-75 是 SiC/SiC 试样经 MO 氧化后的单位体积质量变化曲线。在 MO 氧化最初阶段（≤2h），SiC/SiC 试样质量减少，这主要是由于复合材料的碳界面层被氧化所致。MO 氧化 2 h 后，SiC/SiC 试样质量变化达到 -2.5mg/cm^3。随着氧化时间持续增加（＞2h），SiC/SiC 表面和内部 SiC 纤维局部有 SiO$_2$ 物质生成，SiC/SiC 试样表现出质量

增加。当 MO 氧化时间位于 2～6h 区间时，SiC/SiC 试样质量增加显著。MO 氧化时间继续增加（＞6h），试样的质量增加趋势放缓，抛物线状的曲线变得较为平坦。经 20h MO 氧化，SiC/SiC 的质量变化可以达到 $1.5mg/cm^3$。

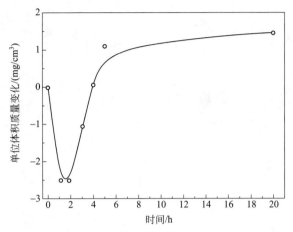

图 6-75　SiC/SiC 复合材料单位体积质量变化随 MO 氧化时间变化曲线

（3）SiC/SiC 的 MO 氧化机理

综上所述，分析 SiC/SiC 的 MO 氧化机制如图 6-76 所示。MO 氧化初期（≤2h），高温（1500℃）引发纤维表面碳界面层材料发生强烈的分解反应，试样整体表现出质量减少。随着 MO 氧化时间继续增加（＞2h），SiC/SiC 试样表面和 SiC 纤维表面会逐渐生成 SiO_2，试样表现出质量增加。随着 SiO_2 逐渐"覆盖"试样表面，SiC/SiC 试样质量增加程度随氧化时间增加而逐渐降低。

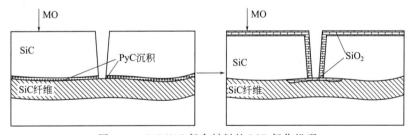

图 6-76　SiC/SiC 复合材料的 MO 氧化机理

6.3.2.2　SiC/SiC 的（MO＋AO）氧化

（1）微结构变化

图 6-77 中显示的是经（MO＋AO）模式氧化前后 SiC/SiC 的形貌变化。原始 SiC/SiC 表面形貌如图 6-77(a) 所示，与前文 C/SiC 相似，SiC/SiC 试样表面也是"菜花"状的 SiC 晶体。经（MO＋AO）模式氧化后，SiC/SiC 试样表面颜色发生明显改变，如图 6-77(b) 所示，表面晶体被灼烧的痕迹明显。与单因素 MO 氧化相比，经（MO＋AO）氧化后，SiC/SiC 表面有明显 AO 轰击、剥蚀的痕迹，放大后的形貌特征如图 6-77(c) 和（d）。

（2）氧化后质量变化

图 6-78 所示的是 SiC/SiC 在（MO＋AO）氧化过程中质量变化情况。其中 MO 氧

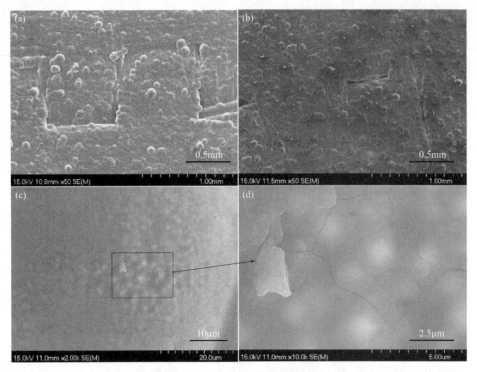

图 6-77　（MO＋AO）氧化前后 SiC/SiC 试样表面形貌

（a）原始试样；（b）（MO＋AO）氧化形貌（放大 50 倍）；

（c）（MO＋AO）氧化形貌（放大 2000 倍）；（d）（MO＋AO）氧化形貌（放大 10000 倍）

化阶段质量变化曲线如图 6-78（Ⅰ）所示，质量表现出先减后增的特征，前文已经作了详细阐述。而在 AO 氧化阶段，试样质量趋于减少，并且质量减少程度逐渐增加，如图 6-78（Ⅱ）。该过程质量减少主要是由于 AO 粒子轰击 SiC/SiC 表面所致。

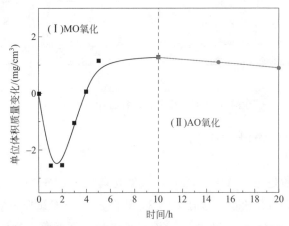

图 6-78　SiC/SiC 材料单位体积质量随（MO＋AO）氧化时间变化

（3）SiC/SiC 的（MO＋AO）氧化机理

根据上述内容，提出 SiC/SiC 的（MO＋AO）氧化机理如下。在 MO 氧化过程中，高温和氧化性气氛促使 SiC/SiC 表面和缺陷位置处的 SiC 纤维表面生成 SiO_2 产物，如

图 6-79(a) 所示。在 AO 氧化阶段，AO 粒子会剥蚀 SiC/SiC 试样表面，材料质量出现降低趋势，见图 6-79(b)。

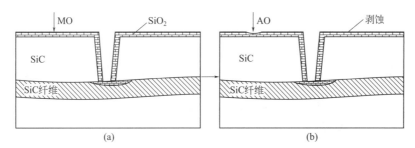

图 6-79 SiC/SiC 复合材料的（MO＋AO）氧化机理

6.3.2.3 SiC/SiC 的（AO＋MO）氧化

（1）微结构变化

SiC/SiC 试样经（AO＋MO）模式氧化后的形貌如图 6-80 所示。经（AO＋MO）模式氧化后，SiC/SiC 试样表面局部变得更加"粗糙"（与原始试样表面相比），而且表面有液膜状龟裂裂纹和反应气体通过液膜时形成的气孔，如图 6-80(a) 和（b）所示。SiC/SiC 经（AO＋MO）模式氧化后的断口形貌如图 6-80(c) 所示。试样断裂位置下方的 SiC 纤维表面存在一些点状凹坑，应当是氧化介质扩散至纤维表面对纤维氧化剥蚀所致。

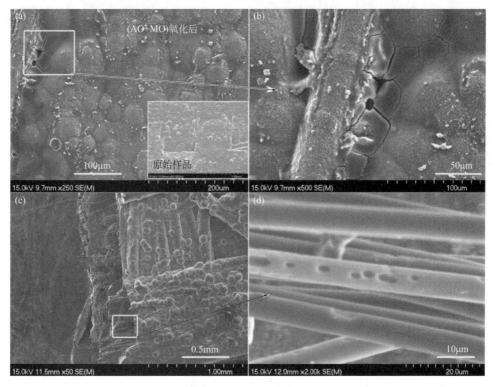

图 6-80 SiC/SiC 微结构

（a）（AO＋MO）氧化后和空白试样表面形貌；（b）（AO＋MO）氧化后试样表面形貌局部放大（放大 500 倍）；

（c）破坏后试样横截面形貌；（d）破坏后试样横截面形貌局部放大（放大 2000 倍）

（2）氧化后质量变化

（AO+MO）氧化模式及其子过程对 SiC/SiC 试样质量变化的影响如图 6-81 所示。无论是在 AO 氧化阶段（Ⅰ）还是在 MO 氧化阶段（Ⅱ），SiC/SiC 试样质量都呈现减少趋势。经 20h 氧化后，试样质量变化达到约 -10mg/cm^3。该质量变化要小于 C/SiC 的（AO+MO）模式（$-23.34\ \text{mg/cm}^3$）。

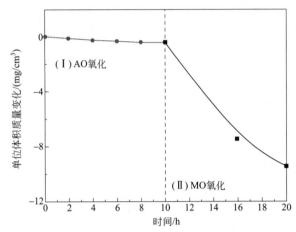

图 6-81　（AO+MO）氧化时间对 SiC/SiC 试样质量变化的影响

（3）SiC/SiC 的（AO+MO）氧化机理

综上所述，提出 SiC/SiC 的（AO+MO）氧化模型，如图 6-82 所示。第一阶段的 AO 氧化在试样表面生成了一定厚度的碳层，如图 6-82(a) 所示。该碳层在后续的 MO 氧化阶段会被快速氧化而"消耗"。这种 SiC 材料先被 AO "碳化"再被 MO 氧化的作用机制，加速了氧化气氛对 SiC/SiC 的侵蚀，甚至可以在材料内部的 SiC 相表面生成"凹坑"状的剥蚀痕迹，如图 6-82(b) 所示。

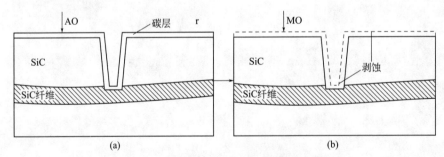

图 6-82　SiC/SiC 的（AO+MO）氧化机理示意图

6.3.2.4　不同模式氧化后 SiC/SiC 的力学性能变化对比

图 6-83 描述了 MO、（MO+AO）和（AO+MO）这三种氧化模式对 SiC/SiC 弯曲强度的影响。空白 SiC/SiC 试样的弯曲强度为（469.00±25）MPa。经 MO-20h 氧化后，其弯曲强度迅速衰减，降低到（240.36±19）MPa，降低幅度约为 48.75%。经（MO+AO）-20h 氧化后，试样弯曲强度也明显降低，降低到（370.22±24）MPa，降低幅度为 21.06%。（AO+MO）-20h 氧化后，SiC/SiC 的弯曲强度降低到（196.38±42）MPa，降低

幅度约为 63.88%，显然（AO＋MO）氧化模式对 SiC/SiC 弯曲强度的影响最为显著。

综上所述，上述三种氧化模式对 SiC/SiC 弯曲强度的影响由大到小是：（AO＋MO）＞MO＞（MO＋AO）。

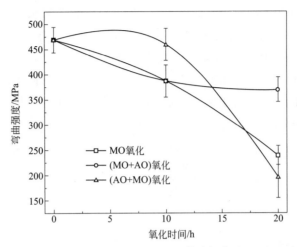

图 6-83　经 MO、（MO＋AO）和（AO＋MO）模式氧化后 SiC/SiC 弯曲强度对比

6.4　原子氧/带电粒子耦合对材料的影响

6.4.1　原子氧/带电粒子耦合对 C/C 的影响

C/C 辐照环境模拟实验所采用的辐照源为 AO 源（AO）、质子源（P）、质子/电子耦合辐照源（PE）三种。为了分析多种辐照源对材料性能的叠加作用，该方案将辐照环境分为以下四种：

① 先质子辐照后进行 AO 辐照（P＋AO）。

② 先 AO 辐照后进行质子辐照（AO＋P）。

③ 先 AO 辐照后进行质子/电子耦合辐照（AO＋PE）。

④ 先质子/电子耦合辐照后进行 AO 辐照（PE＋AO）。

C/C 制备条件如下：二维穿刺预制体，1600℃ 预石墨化后于 CVI 炉中进行 CVI 增密至 1.6g/cm³，以丙烯为主要碳源气，900℃ 沉积 300h，最后进行 2100℃ 最终石墨化处理。

6.4.1.1　C/C 的（P＋AO）氧化

C/C 的（P＋AO）氧化试验条件如下：AO 通量密度 1.53×10^{16} 个/cm² · s；质子束流密度 5.0×10^{11}（p/e）；辐照时间和条件分别为 P-5h/AO-5h、P-5h/AO-10h、P-5h/AO-15h、P-10h/AO-5h、P-10h/AO-10h、P-10h/AO-15h、P-15h/AO-5h、P-15h/AO-10h、P-15h/AO-15h，AO 能量 5.3eV；真空度 0.3Pa。

（1）弯曲强度变化

图 6-84 为 C/C 经（P＋AO）环境考核后弯曲强度变化。从图中可以看出，在经过 9

种（P＋AO）辐照环境条件考核后，C/C 的弯曲强度随着 AO 辐照通量的增加而降低。其降低速度大于（AO＋P）环境，说明（P＋AO）辐照对于材料的损伤较（AO＋P）环境更为明显。同样，从图中可以明显看出，（P＋AO）耦合辐照与单 AO 或图 6-93 所示的单质子辐照呈现相反的趋势。在质子辐照后，AO 辐照通量的增加使得材料抗弯强度明显降低。在（AO＋P）环境条件下（见 6.4.1.2 节），第一步 AO 辐照通量越大，在等通量质子辐照后，其弯曲强度也越大。但是调换辐照次序后，在（P＋AO）条件下，预先质子辐照通量越大，在等通量 AO 辐照后，试样的弯曲强度反而越小。这也说明了，AO 辐照对于 C/C 的力学性能、质量损失、结构等影响占据主导地位，预先的质子辐照会使得下一步的 AO 辐照更为严重地损伤材料。

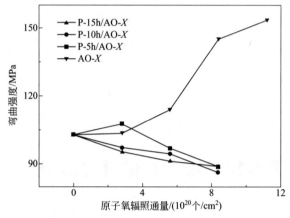

图 6-84　质子辐照后 C/C 弯曲强度随 AO 通量变化

（2）微结构变化

图 6-85 为（P＋AO）辐照环境下损伤后的 C/C 表面形貌，从图中可以看出，除了典型的 AO 蜂窝状孔洞外，材料表面还出现大量的棉状结构。C/C 被 AO 损伤的部分存在差异。绝大部分区域为深孔状的蜂窝形貌，而少部分区域仅仅是表面变得更加粗糙一些，并无明显孔洞。说明 AO 与材料在某些特定的局部区域也存在相对温和的反应，假设这种作用形式为某些特定因素（如 AO 入射角度、靶材致密度光整度等），AO 在局部区域并未一次性完成与材料的反应，而是发生反射散射后与材料进行二次接触，此时的 AO 动能变低，与材料进行着相对温和的氧化反应。棉状结构的出现很大可能是因为质子辐照的机械剥离作用在一定程度上改变了材料非致密区域的致密光整度。在这种因素的作用下，更多的二次 AO 使得相对规则的蜂窝状孔洞难以形成，而是变为结构更为疏松更易损伤的棉状结构，这也是为什么先质子辐照后 AO 辐照环境下，材料的弯曲强度损失更为明显的原因。与（AO＋P）（见 6.4.1.2 节）不同的是，在（P＋AO）环境中所出现的次级损伤层上可以明显观察到蜂窝状损伤结构和次级棉状损伤结构。这也说明了（P＋AO）辐照对材料损伤更为严重。

（3）热膨胀系数变化

如图 6-86～图 6-88 所示，（P＋AO）辐照对于 C/C 的热膨胀系数影响很小，即在辐

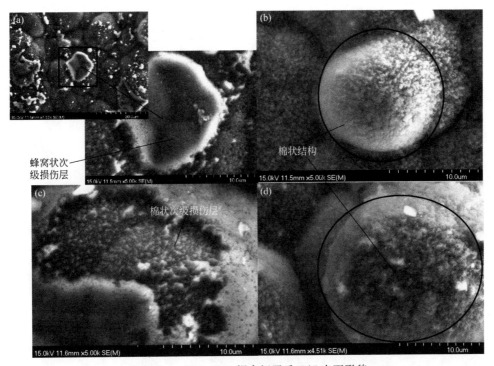

图 6-85 （P＋AO）耦合辐照后 C/C 表面形貌

（a）P-10h/AO-5h；（b）P-10h/AO-10h；（c）P-15h/AO-10h；（d）P-15h/AO-15h

照前后没有明显变化，而且随着辐照时间的增加，热膨胀系数也没有要发生变化的趋势。这说明耦合辐照对 C/C 的作用仅仅停留在表面微尺度区域，对于材料内部没有实质性的影响，材料整体依旧保持辐照前的热物理性质，进一步说明了耦合辐照对于 C/C 内部结构作用有限。

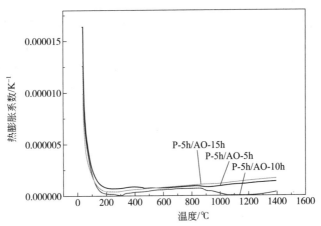

图 6-86 C/C 在 P-5h/AO-X 环境辐照后热膨胀系数变化

（4）阻尼性能变化

图 6-89 为 C/C 在（P＋AO）辐照条件下，质子辐照 5h 后，随 AO 辐照通量增加材料的阻尼性能变化。从图中可以看出，阻尼性能由高到低排列：P-5h/AO-10h＞P-5h/

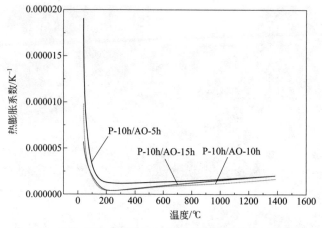

图 6-87　C/C 在 P-10h/AO-X 环境辐照后热膨胀系数变化

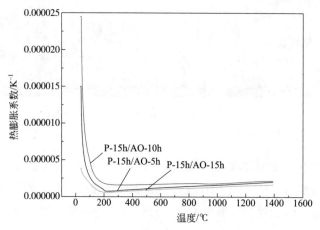

图 6-88　C/C 在 P-15h/AO-X 环境辐照后热膨胀系数变化

AO-5h＞P-5h/AO-15h。可以看出质子辐照后进行 AO 辐照，材料阻尼性能的规律性愈加不可判断。通过（AO＋P）环境下的阻尼性能分析可知，AO 辐照的通量愈大，数据的离散性愈大，不可靠性愈加明显，这一点在（P＋AO）环境中变得更为显著。

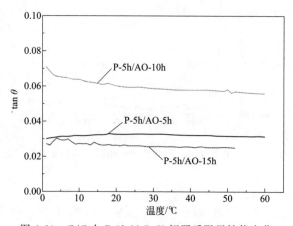

图 6-89　C/C 在 P-5h/AO-X 辐照后阻尼性能变化

　　图 6-90 为 C/C 在（P＋AO）辐照条件下，质子辐照 10h 后，随 AO 辐照通量增加材料的阻尼性能变化，从图中可以看出阻尼性能由高到低排列：P-10h/AO-5h＞P-10h/AO-10h＞P-10h/AO-15h。可以看出在质子辐照 10h 后，材料的阻尼性能大致上随 AO 通量的增加而降低，数据随着第一步的质子辐照通量的增加而开始具有一定程度的规律性。

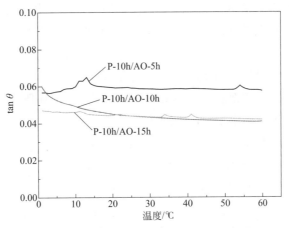

图 6-90　C/C 在 P-10h/AO-X 辐照后阻尼性能变化

　　图 6-91 为 C/C 在（P＋AO）辐照条件下，质子辐照 15h 后，随 AO 辐照通量增加材料的阻尼性能变化。从图中可以看出阻尼性能由高到低排列：P-15h/AO-5h＞P-15h/AO-10h＞P-15h/AO-15h。可以看出在质子辐照 15h 后，材料的阻尼性能大致上随 AO 通量的增加而降低，数据相对 P-10h/AO-X 环境条件下的阻尼性能更具规律性。阻尼比的降低说明了阻尼机制的减少，由于辐照对材料损伤仅停留在表面，因此，在裂纹以及孔洞这类有利于阻尼机制增加的情况下，印证了（P＋AO）环境下材料的物质损伤更为严重。

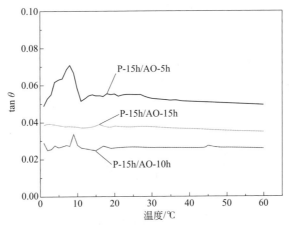

图 6-91　C/C 在 P-15h/AO-X 辐照后阻尼性能变化

　　通过以上分析，C/C 在（P＋AO）耦合辐照环境下的损伤规律可以作如下概括：在高能质子的机械剥离作用下，C/C 表面结构相对薄弱的区域内将会产生不同程度的非致密化以及平整度改变，这使得 AO 与材料在该区域也发生相对温和的反应。这类 AO 在局部区域并未一次性完成与材料的反应，而是发生反射、散射后与材料进行二次接触，此时的 AO 动能变低，与材料进行相对温和的氧化反应，进而导致材料在微结构上出现了较蜂窝状孔洞更为疏松、更易被损伤的棉状结构。另外，由于质子辐照的机械剥离作用，裸露出的次级损伤层暴露在下一步的 AO 辐照中，呈现出多层蜂窝状结构，造成材料表面的多层损伤。这也是（P＋AO）环境较（AO＋P）环境抗弯强度下降更为明显的两个原因。

通过弯曲强度分析可知，质子辐照后，随着 AO 通量的增加，材料的力学性能呈现明显下降趋势，这与单一辐照源的"热处理"效应相反。因此质子辐照加重了 AO 对 C/C 的损伤程度，产生了预期中 1＋1＞2 的效果。

结合热膨胀系数的数据分析可知，（P＋AO）辐照对材料热物理性能影响很小。由于高能 AO 极易与 C/C 组元反应，因此可以推断，（P＋AO）辐照的侵蚀作用仅仅停留在材料表面，材料内部基本保持不变。

通过阻尼测试可知，在（P＋AO）条件下，数据的可靠性随着第一步质子辐照通量的增加而逐渐规律化。虽然这种规律并不十分明显，但是这种变化趋势从一定程度上说明了阻尼性能下降是占据主导作用的 AO 所带来的物质损耗引起的。当然，由于阻尼机制原因复杂，加上 C/C 本身对阻尼性能的"敏感性"，该结论有待更多实验进行进一步论证。

6.4.1.2　C/C 的（AO＋P）氧化

C/C 的（AO＋P）氧化条件如下：AO 通量密度 1.53×10^{16} 个/cm² · s；质子束流密度 5.0×10^{11}（p/e）；辐照时间和条件分别为 AO-5h/P-5h（即先进行 AO 辐照 5h 处理，再进行 P 辐照 5h 处理，下同）、AO-5h/P-10h、AO-5h/P-15h、AO-10h/P-5h、AO-10h/P-10h、AO-10h/P-15h、AO-15h/P-5h、AO-15h/P-10h、AO-15h/P-15h；AO 能量 5.3eV；真空度 0.3Pa。

（1）弯曲强度变化

C/C 经 AO 辐照后，其弯曲强度变化如图 6-92 所示。可以看出，试样的室温弯曲强度随着 AO 累积通量的增加而升高。C/C 在 AO 辐照后弯曲强度呈上升趋势，同时试样强度的离散程度也随着 AO 辐照通量的增加而变大。由于 AO 对 C/C 的氧化侵蚀作用仅停留于材料表面，不会对材料内部构成损伤；而且高速轰击材料表面的 AO 辐照还具有一定的机械作用，通过应力传递能量，使内部结构各组元间的结合处于更合适的状态，在外加压力作用下，材料能更好地承载和传递应力，具体表现为试样强度的提高。这是一种类似"热处理"的效应。离散程度的增大，可能是由于表面侵蚀过于严重，出现了能影响整体强度的缺陷，而这种缺陷的出现跟试样表面形貌结构有关，具有很大的随机性，最终导致辐照后期试样强度更加离散。

图 6-93 为 C/C 经质子辐照考核后，试样的室温弯曲强度变化。可以看出，随着质子通量的增加，试样弯曲强度呈现上升趋势，同时其离散程度也有所增加，离散度的增

加导致材料可预测性（稳定性）越来越差。

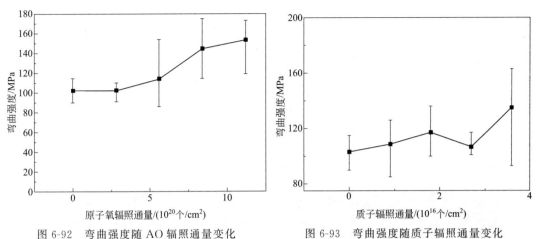

图 6-92　弯曲强度随 AO 辐照通量变化　　　图 6-93　弯曲强度随质子辐照通量变化

　　图 6-94 为 C/C 经（AO＋P）环境考核后弯曲强度变化。从图中可以看出，在经过 9 种（AO＋P）辐照条件考核后，C/C 的弯曲强度随着质子辐照通量的增加而降低。（AO＋P）耦合辐照呈现出与单辐照源效应相反的趋势。在 AO 辐照后，质子辐照通量的增加使得材料弯曲强度明显降低。从整体上看，AO 作为第一辐照源，其辐照通量越大，材料弯曲强度越高。由于单一辐照源所产生的“热处理”效应，第一步的 AO 辐照会使 C/C 弯曲强度增加，但是会使得作为第二辐照源的质子加剧材料损伤。图中 AO-15h/P-10h 处的坏点表明，随着 AO 和质子通量的增大，材料出现问题的概率越来越大。这同质子辐照有效且持续的破坏材料表面有直接关系。数据离散性变大，但是并未影响数据整体趋势。

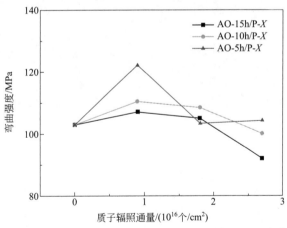

图 6-94　AO 辐照后，C/C 弯曲强度随质子辐照通量变化

　　（2）微结构变化

　　C/C 经（AO＋P）耦合辐照后，试样表面产生大量分布均匀的蜂窝状结构（图 6-95）。这与单 AO 辐照后所显示的表面结构十分相似（图 6-96），不同的是，试样表面出现大面积剥落状形貌（如图 6-95 所示）。可见，AO 轰击材料表面时，由于其化学以及机械作用，材料表面会形成大量蜂窝状孔洞。该作用使得材料表面结构疏松，局部致密度明

显下降。另外，在 SEM 低倍观察下，可以看出表面基体大量流失，纤维及纤维束骨架暴露等形貌。以上原因使得高能质子的机械剥离作用更广、更深、更有效，高能质子更容易剥离材料表层，并导致次级损伤层逐渐裸露，进而继续破坏材料。如图 6-95 所示，随着辐照总通量的增加，剥离程度进一步加剧。值得说明的是，大量在高能质子轰击下所产生的碎片以及颗粒随机分布在材料表面，远远超出单纯质子源辐照所产生的数量，这也说明了第一步的 AO 辐照有利于下一步质子辐照机械性损伤材料表面。通过图 6-95 可以看出，随着 AO 辐照通量的增加，表面所呈现出的蜂窝状孔洞愈加均匀化，孔径也有所增大，单位面积孔密度也愈大。因此该区域所对应的质子损伤也愈加明显，具体表现为剥落区域面积的增大，呈现大面积剥离形貌。

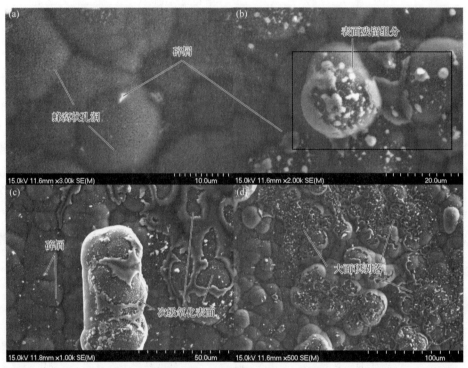

图 6-95　C/C（AO＋P）辐照后形貌

（a）AO-15h/P-15h；（b）AO-10h/P-10h；（c）AO-5h/P-10h；（d）AO-10h/P-15h

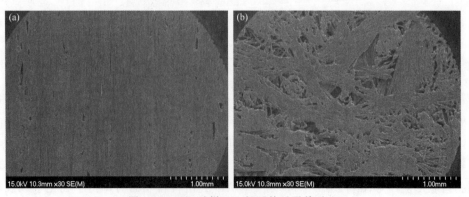

图 6-96　C/C 试样 AO 辐照前后形貌对比

（a）AO 辐照前；（b）AO 辐照 20h

（3）热膨胀系数变化

如图 6-97～图 6-99 所示，在（AO＋P）耦合辐照条件下，AO 辐照后，质子辐照通量对 C/C 的热膨胀系数没有明显影响。考虑到测定的热膨胀为 y 轴方向，辐照方向为 z 轴方向，说明在接受 AO 辐照的时候，辐照损伤的部分只集中在较薄的表面层，在这个表面层以下的内部结构没有变化。进一步说明，高动能、高活性的 AO 作用于 C/C 时没有长距离迁移的能力，只能在所轰击区域被反应掉，对横向表面和纵深方向都只有微尺度的创伤。

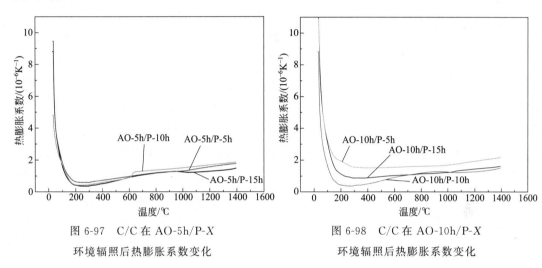

图 6-97　C/C 在 AO-5h/P-X 环境辐照后热膨胀系数变化

图 6-98　C/C 在 AO-10h/P-X 环境辐照后热膨胀系数变化

（4）阻尼性能变化

图 6-100 为 C/C 在（AO＋P）辐照条件下，AO 辐照 5h 后，随质子辐照通量增加材料的阻尼性能变化。从图中可以看出阻尼性能由高到低排列：AO-5h/P-5h＞AO-5h/P-10h＞AO-5h/P-15h，随着质子通量的增加，材料的阻尼比降低。因此初步推断，材料的质子辐照损伤过程是一个阻尼机制减少，阻尼性能降低的过程。除了质子的机械剥离效应对材料产生的物质损伤

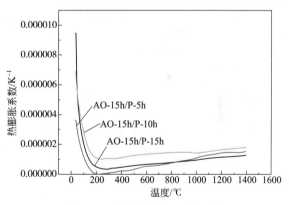

图 6-99　C/C 在 AO-15h/P-X 环境辐照后热膨胀系数变化

外，其对材料表面微结构的改变也是阻尼比变化的重要因素。AO 所形成的规律排列且紧密的蜂窝状孔洞有利于阻尼性能的提高，后来的质子辐照对表面产生的剥离作用以及对蜂窝状结构的一定程度的破坏很有可能是阻尼机制降低的重要原因。

图 6-101 为在（AO＋P）辐照条件下，AO 辐照 10h 后，随质子辐照通量增加 C/C 的阻尼性能变化。从图中可以看出 AO 辐照增至 10h 后，材料阻尼性能随质子通量增加而变化的程度愈加不明显。从整体上看，阻尼比由高到低排列：AO-10h/P-5h＞AO-10h/P-10h＞AO-10h/P-15h。因此随着质子通量的增加，材料的阻尼比趋向降低，阻尼

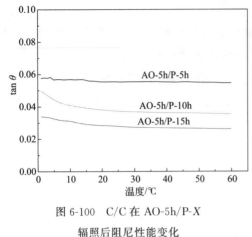

图 6-100　C/C 在 AO-5h/P-X
辐照后阻尼性能变化

降低的原因同上。

图 6-102 为 C/C 在（AO+P）辐照条件下，AO 辐照 15h 后，随质子辐照通量增加材料的阻尼性能变化。从图中可以看出 AO 辐照增至 15h 后，数据随机性进一步增大，其对材料内部结构产生复杂深刻的影响。从整体上看，阻尼比由高到低排列：AO-15h/P-5h＞AO-15h/P-10h＞AO-15h/P-15h。因此随着质子通量的增加，材料的阻尼比趋向降低。

通过以上分析，C/C 在（AO+P）耦合辐照环境下的损伤规律可以作如下概括：在高能 AO 的机械剥离和化学反应的综合作用下，C/C 表面结构呈现蜂窝状孔洞形貌，随着辐照通量增加，蜂窝分布愈加均匀化，密集化，疏松化，这种作用使得高能质子的机械作用可以更为轻易地剥离材料表面，进而形成大面积剥离以及裸露的次级损伤层等形貌。

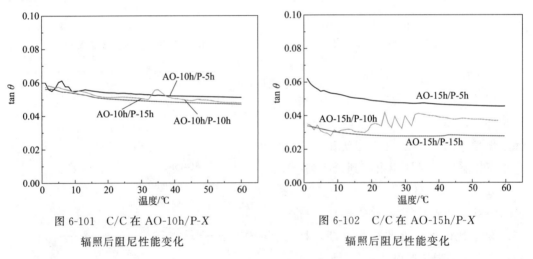

图 6-101　C/C 在 AO-10h/P-X
辐照后阻尼性能变化

图 6-102　C/C 在 AO-15h/P-X
辐照后阻尼性能变化

通过弯曲强度分析可知，AO 辐照后，随着质子通量的增加，材料的力学性能呈现明显下降趋势，这与单一辐照源的"热处理"效应相反。因此质子加重了 AO 辐照后的 C/C 损伤程度。

结合热膨胀数据分析可知，由于高能 AO 极易与 C/C 各组元发生反应，导致其侵蚀作用仅仅停留在表面，材料内部基本保持原始状态。

通过阻尼测试可知，在（AO+P）条件下，第一步 AO 辐照的通量越大，则数据的离散性越大，不可靠性越明显。理论上 AO 轰击所产生的蜂窝状孔洞对材料阻尼性能有积极作用，然而在这个过程中伴随的结构变化、物质损耗等复杂因素，加上 C/C 本身对阻尼性能的"敏感性"，使得辐照效应对阻尼性能的影响有待进一步讨论。

6.4.1.3　C/C 的（AO＋PE）氧化

C/C 的（AO＋PE）氧化试验条件如下：AO 通量密度 $1.53×10^{16}$ 个/cm² · s；质子束流密度 $5.0×10^{11}$（p/e）；电子束流密度 $5.0×10^{11}$（p/e）；辐照时间条件 AO-5h/PE-5h［即先进行 AO 辐照 5h 处理，再进行质子/电子耦合辐照（PE）5h 处理，下同］、AO-5h/PE-10h、AO-5h/PE-15h、AO-10h/PE-5h、AO-10h/PE-10h、AO-10h/PE-15h、AO-15h/PE-5h、AO-15h/PE10h、AO-15h/PE-15h；AO 能量 5.3eV；真空度 0.3Pa。

（1）三点弯曲强度变化

图 6-103 为 C/C 经（AO＋PE）耦合辐照后弯曲强度变化。从图中可以看出，经过三种不同时间的 AO 辐照后，三组 C/C 试样的弯曲强度均随着 PE 辐照通量的增加而降低。其降低程度相比较（AO＋P）环境更为显著，说明（AO＋PE）耦合辐照对于材料的损伤较（AO＋P）环境更为明显，显然引入电子束轰击材料，对试样的弯曲强度产生了消极影响。另外与（AO＋P）环境相比，（AO＋PE）环境考核后，试样弯曲强度因第一步 AO 辐照时间增加而降低，这说明在（AO＋PE）耦合辐照条件下，PE 辐照相比单质子辐照对材料的影响更为加剧。电子对复合材料作用的机制有两种：机制 1，对于强度较弱的部分，在电子持续的高速冲击下可以直接使其离位，进而将其剥离表面，如碎片颗粒；机制 2，对

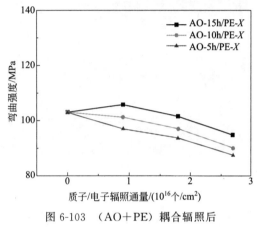

图 6-103　（AO＋PE）耦合辐照后 C/C 弯曲强度变化

于结合紧密、强度较高的部分，电子辐照的作用主要是通过促进材料内部裂纹扩展或者导致局部应力集中，迫使材料局部断裂，形成新的小碎片，然后再经由机制 1 完成整个剥离过程。因此第一步的 AO 效应对促进下一步的电子辐照的"清洁"作用起到了积极作用，在 AO 和电子的作用下，高能质子对材料进行机械性损伤也更为严重。

（2）微结构变化

图 6-104 为（AO＋PE）辐照环境考核后 C/C 表面形貌。从图中可以看出，除了常见的 AO 蜂窝状孔洞以及大面积剥蚀外，材料表面还出现了很多类似陨石坑的坑陷，这是由于质子/电子的机械剥离作用所引起的。这类深坑的边缘相比较单纯质子辐照所造成的更为平滑，其层状结构反映了在该区域两种电子剥离机制的交替作用。与图 6-95 中（AO＋P）表面形貌相比，（AO＋PE）的大面积剥离形貌出现所要求的 PE 通量更少，因此质子/电子耦合辐照的机械剥离作用较单纯质子辐照更显著。

由图 6-105 可以看出，（AO＋PE）辐照后表面形貌与（AO＋P）辐照后（图 6-95）相比变得更为"干净"，表面可见的小碎片以及颗粒数量明显减少，但是大尺度碎片和颗粒依旧无处不在。可以推断，电子辐照对材料的剥离效应有限。通过光滑的层状坑边缘以及平整的次级损伤面可知，电子辐照的剥离效应是一种较为温和缓慢的剥离。这种对材料表面产生的"清理"作用有利于为其他高能粒子扫清障碍从而进一步侵蚀材料。

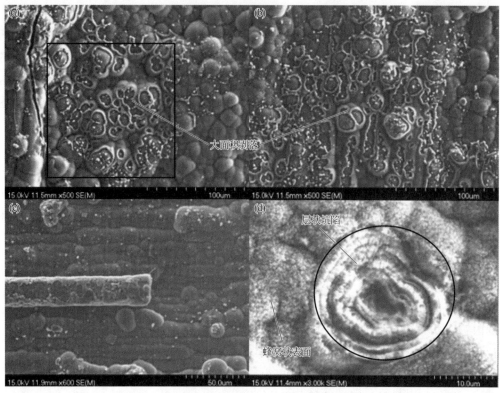

图 6-104　（AO+PE）耦合辐照后 C/C 表面形貌（一）

（a）AO-5h/P-10h；（b）AO-10h/P-10h；（c）AO-5h/P-15h；（d）AO-15h/P-15h

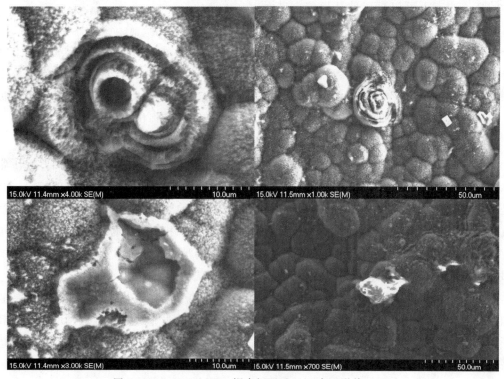

图 6-105　（AO+PE）耦合辐照后 C/C 表面形貌（二）

（3）热膨胀系数变化

图 6-106～图 6-108 为（AO＋PE）辐照对 C/C 热膨胀系数的影响。从图中可以看出，AO-5h/PE-X 以及 AO-10h/PE-X 两组试样的热膨胀系数在辐照前后没有明显变化，而且也没有要发生变化的趋势。这说明耦合辐照对 C/C 的作用仅仅停留在表面微尺度区域，对于材料内部没有实质性的影响，材料整体依旧保持辐照前的热物理性质。进一步说明耦合辐照对于 C/C 内部结构的影响作用有限。

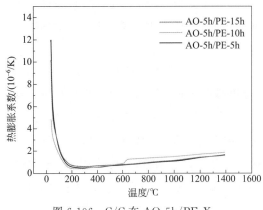

图 6-106　C/C 在 AO-5h/PE-X
耦合辐照后热膨胀系数变化

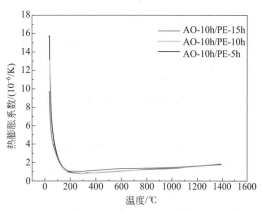

图 6-107　C/C 在 AO-10h/PE-X
耦合辐照后热膨胀系数变化

如图 6-108 所示，在 AO-15h/PE-X 环境考核后，各组试样热膨胀系数明显区分开来，但其并未随着 PE 通量的增加而具有某种规律性，可能是由于材料本身在制备时所产生的差异性所至。

（4）阻尼性能变化

图 6-109 为 C/C 在（AO＋PE）辐照条件下，AO 辐照 5h 后，随质子/电子辐照通量增加材料的阻尼性能变化曲线。从图中可以看出阻尼性能由高到低排列：AO-5h/PE-5h＞AO-5h/PE-15h＞AO-5h/

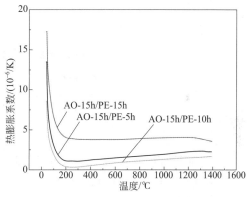

图 6-108　C/C 在 AO-15h/PE-X
耦合辐照后热膨胀系数变化

PE-10h。可以看出 AO 辐照后进行质子/电子辐照，材料的阻尼性能无规律性可言。通过（AO＋P）环境下的阻尼性能分析可知，AO 辐照的通量越大，数据的离散性越大，不可靠性越明显，这一点在（AO＋PE）环境下同样适用。

图 6-110 为 C/C 在（AO＋PE）辐照条件下，AO 辐照 10h 后，随质子/电子辐照通量增加材料的阻尼性能变化。从图中可以看出阻尼性能由大体上由高到低排列为：AO-10h/PE-10h＞AO-10h/PE-5h＞AO-10h/PE-15h。可以看出在 AO 辐照 10h 后，材料的阻尼性能随质子/电子耦合辐照通量的增加无规律变化，数据离散性变大。

图 6-111 为 C/C 在（AO＋PE）辐照条件下，AO 辐照 15h 后，随质子/电子辐照通

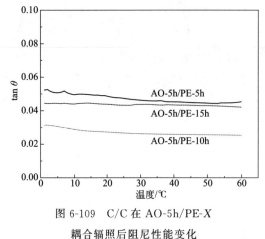

图 6-109　C/C 在 AO-5h/PE-X
耦合辐照后阻尼性能变化

量增加材料的阻尼性能变化。从图中可以看出阻尼性能大体上由高到低排列为：AO-15h/PE-10h＞AO-15h/PE-5h＞AO-15h/PE-15h。可以看出在 AO 辐照 10h 后，材料的阻尼性能随质子/电子耦合辐照通量的增加无规律变化，数据离散性变大。因此关于（AO＋PE）环境条件下 C/C 的阻尼性能变化还需大量实验数据进一步考证。

通过以上分析，C/C 在（AO＋PE）耦合辐照环境下的损伤规律可以作如下概括：在一定通量 AO 辐照后，疏松的蜂窝状表面在高能质子/电子耦合辐照的两种机械作用下，结构相对薄弱的区域被剥离，产生大面积剥落的形貌。除此之外，大量边缘柔和的层状陷坑以及平整的次级损伤层说明，电子辐照的"清洁"作用将有利于高能质子持续损伤材料表面。这种效应在力学上表现为抗弯强度的明显下降，其程度较（AO＋P）辐照更为显著。

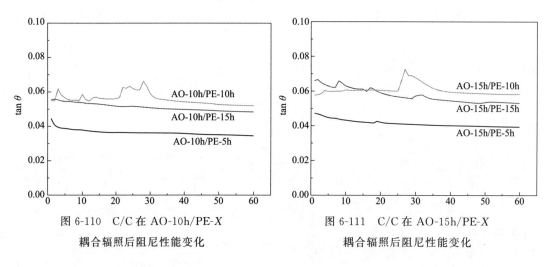

图 6-110　C/C 在 AO-10h/PE-X　　　　图 6-111　C/C 在 AO-15h/PE-X
耦合辐照后阻尼性能变化　　　　　　耦合辐照后阻尼性能变化

结合热膨胀系数分析可知，（AO＋PE）耦合辐照对材料热物理性能影响很小，由于高能 AO 极易与 C/C 组元发生反应，因此可以推断，材料内部基本保持原始状态。

通过阻尼测试可知，在（AO＋PE）条件下，阻尼比随辐照条件变化并无明显的规律可循，数据的可靠性变差。（AO＋PE）辐照引起的阻尼性能变化的原因较（AO＋P）条件更为复杂，具体原因还需大量实验数据进一步考证。

6.4.1.4　C/C 的（PE＋AO）氧化

C/C 的（PE＋AO）氧化试验条件如下：AO 通量密度 $1.53×10^{16}$ 个/cm² · s；质子束流密度 $5.0×10^{11}$ （p/e）；电子束流密度 $5.0×10^{11}$ （p/e）；辐照时间条件 PE-5h/AO-5h、P-5h/AO-10h、P-5h/AO-15h、P-10h/AO-5h、P-10h/AO-10h、P-10h/AO-15h、

P-15h/AO-5h、P-15h/AO-10h、P-15h/AO-15h；AO 能量 5.3eV；真空度 0.3Pa。

（1）弯曲强度变化

图 6-112 为 C/C 经（PE＋AO）环境考核后弯曲强度变化。从图中可以看出，在经过 9 种（PE＋AO）辐照环境考核后，C/C 的弯曲强度随着 AO 辐照通量的增加而降低，其降低速度大于（AO＋P）以及（AO＋PE）环境，说明（PE＋AO）辐照对于材料的损伤较（AO＋P）和（AO＋PE）环境更为明显。同样，从图中可以明显看出，（PE＋AO）耦合辐照呈现出与单 AO 或单质子辐照相反的趋势。在质子/电子耦合辐照后，AO 辐照通量的增加使得材料弯曲强度明显降低。在（AO＋PE）环境下，第一步 AO 辐照通量越大，在等通量质子辐照后，其弯曲强度越小；调换辐照次序后，在（PE＋AO）条件下，预先质子辐照通量越大，在等通量 AO 辐照后，试样的弯曲强度下降幅度越大。

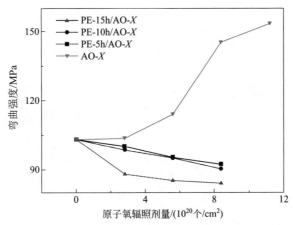

图 6-112　（PE＋AO）耦合辐照后 C/C 弯曲强度变化

（2）微结构变化

图 6-113 为（PE＋AO）辐照后 C/C 表面形貌。从图中可以看出，除了常见的 AO 蜂窝状孔洞外，材料表面也出现了与（P＋AO）辐照类似的棉状结构。但是更多的则是图中所示的珊瑚状形貌，孔洞变大变深，孔洞边缘棱角清晰、锐化明显，AO 所造成的孔洞体积密度也更大。说明在质子/电子耦合辐照后，材料变得更易被 AO 侵蚀。随着 AO 通量增加，棉状结构渐渐消失，疏松的团状"棉絮"被 AO 反应，随着 AO 通量增加，逐渐演变为珊瑚状结构。没有被质子/电子耦合辐照影响的表面保持了 AO 侵蚀的典型蜂窝状结构。C/C 被 AO 氧化的部分存在差异：绝大部分区域为深孔状的蜂窝形貌，少部分区域仅仅是表面变得更加粗糙一些，并无明显孔洞。说明 AO 与材料在某些特定的局部区域也存在相对温和的反应。假设这种作用形式为某些特定因素（如 AO 入射角度、靶材致密度和光洁度等），AO 在局部区域并未一次性完成与材料的反应，而是发生反射散射后与材料进行二次接触，此时的 AO 动能变低，与材料进行着相对温和的氧化反应。棉状结构的出现很大可能是因为质子辐照的机械剥离作用在一定程度上改变了材料非致密区域的致密度和光洁度，在这种因素的作用下，更多的二次 AO 使得相对

规则的蜂窝状孔洞难以形成，进而变为结构更为疏松更易损伤的棉状结构，但是电子束的"清洁"作用削弱了 AO 入射角度以及靶材光整度变化所引起的二次 AO 作用。这也是为什么棉状结构在（P＋AO）环境中大量存在而在（PE＋AO）中难以在大辐照通量范围内保存的原因。另外，质子/电子耦合辐照破坏了材料表面的完整性，所造成的表面裂纹、微孔等使得 AO 可以更轻易地对材料表面产生化学以及机械作用，这也在（PE＋AO）中弯曲强度下降幅度较（P＋AO）中更大的原因。

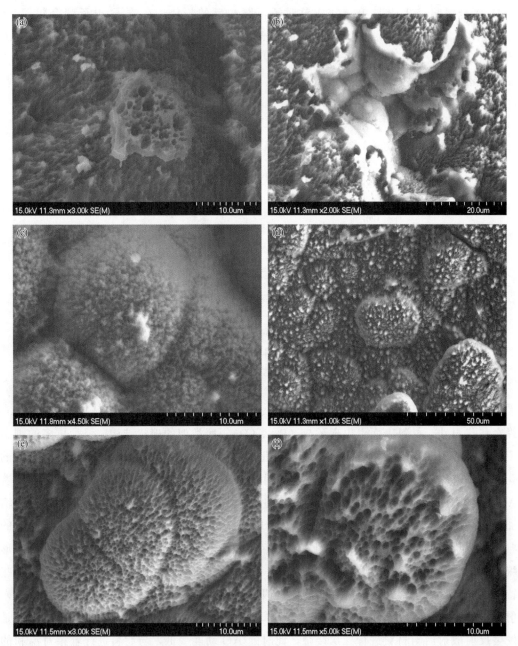

图 6-113　（PE＋AO）耦合辐照后 C/C 表面形貌
(a) PE-5h/AO-10h；(b) PE-10h/AO-10h；(c) PE-10h/AO-5h；
(d) PE-10h/AO-15h；(e) PE-15h/AO-10h；(f) PE-15h/AO-10h

（3）热膨胀系数变化

热膨胀系数是垂直于辐照方向测定的，即辐照损伤表面与内部结构为"并联"关系，如图 6-114～图 6-116 所示，（PE＋AO）辐照考核后试样的热膨胀系数没有明显规律，差异很小，热膨胀系数也没有要发生变化的趋势。这说明耦合辐照对 C/C 的作用仅仅是停留在表面微尺度区域，对于材料内部没有实质性的影响，材料整体依旧保持辐照前的热物理性质。进一步说明（PE＋AO）耦合辐照对于 C/C 内部结构作用有限。

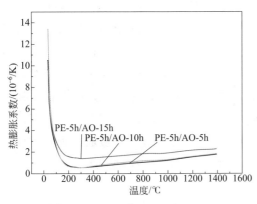

图 6-114　C/C 在 PE-5h/AO-X
耦合辐照后热膨胀系数变化

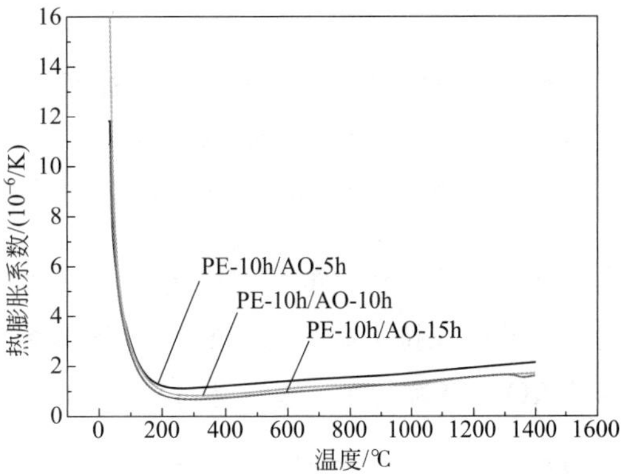

图 6-115　C/C 在 PE-10h/AO-X
耦合辐照后热膨胀系数变化

（4）阻尼性能变化

图 6-117 为 C/C 在（PE＋AO）辐照条件下，质子/电子耦合辐照 5h 后，随 AO 辐照通量增加材料的阻尼性能变化曲线。从图中可以看出，整体上阻尼性能由高到低排列顺序为：PE-5h/AO-5h＞PE-5h/AO-10h＞PE-5h/AO-15h。可以看出质子/电子耦合辐照后，随着 AO 通量增加，材料阻尼比降低。数据具有一定的离散性。

图 6-118 为 C/C 在（PE＋AO）辐照条件下，质子/电子耦合辐照 10h 后，随

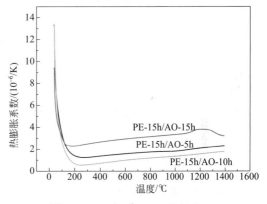

图 6-116　C/C 在 PE-15h/AO-X
耦合辐照后热膨胀系数变化

AO 辐照通量增加材料的阻尼性能变化曲线。从图中可以看出，整体上阻尼性能由高到低排列顺序为：PE-10h/AO-10h＞PE-10h/AO-5h＞PE-10h/AO-15h。数据随机性进一步增大。

图 6-119 为 C/C 在（PE＋AO）辐照条件下，质子/电子耦合辐照 15h 后，随 AO 辐照通量增加材料的阻尼性能变化曲线。从图中可以看出，整体上阻尼性能由高到低排列顺序为：PE-15h/AO-5h＞PE-15h/AO-10h＞PE-15h/AO-15h。可以看出在质子/电子耦合辐照 15h 后，材料的阻尼性能大致上随 AO 通量的增加而降低。数据随着第一步的

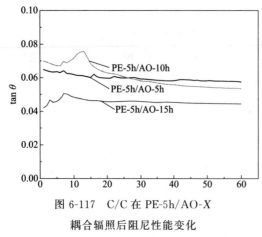

图 6-117　C/C 在 PE-5h/AO-X
耦合辐照后阻尼性能变化

质子辐照通量的增加而开始具有一定程度的规律性。

通过以上分析，C/C 在（PE＋AO）耦合辐照下的损伤规律可以作如下概括：在高能质子的机械剥离作用以及耦合电子较为温和的机械作用下，C/C 表面结构相对薄弱区域的致密度和光洁度首先被质子损伤改变，然后改变趋势被电子的"清洁"作用削弱，从而为进一步的质子损伤扫清"障碍"。这使得后续的 AO 辐照相对温和的二次反应减少，这一行为导致棉状损伤形貌减少，取而代之的是侵蚀更为严重的蚀刻状形貌。没有受到质子/电子耦合辐照影响的区域则保持了典型的蜂窝状损伤形貌。（PE＋AO）考核对材料造成的损伤程度较（P＋AO）更为严重，这也是（PE＋AO）考核后材料抗弯强度下降更为明显的原因。

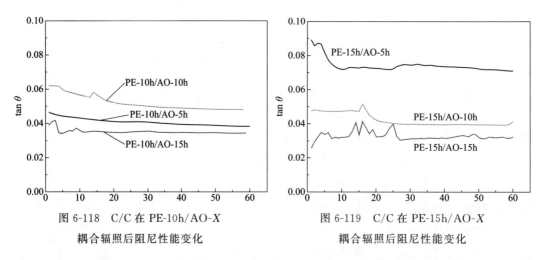

图 6-118　C/C 在 PE-10h/AO-X
耦合辐照后阻尼性能变化

图 6-119　C/C 在 PE-15h/AO-X
耦合辐照后阻尼性能变化

通过弯曲强度分析可知，质子/电子耦合辐照后，随着 AO 通量的增加，材料的力学性能呈现更为明显的下降趋势，这与单一辐照源的"热处理"效应相反。因此质子/电子耦合辐照比质子辐照加重了 AO 损伤 C/C 的程度，产生了预期中的加速效果。

结合热膨胀系数分析可知，（P＋AO）耦合辐照对材料热物理性能影响很小，由于高能 AO 极易与 C/C 组分发生反应，因此可以推断，材料内部基本保持原始状态。

通过阻尼测试可知，在（PE＋AO）条件下，数据的可靠性随着第一步质子辐照通量的增加而逐渐规律化。虽然这种规律并不十分明显，但是这种变化趋势从一定程度上说明了阻尼性能下降的原因是占据主导作用的 AO 所带来的物质损耗引起的。当然，由于阻尼机制原因复杂，加上 C/C 本身对阻尼性能的"敏感性"，该结论有待更多实验进行进一步论证。

6.4.2 原子氧/质子/电子耦合对 C/C-ZrC 的影响

ZrC 基体改性 C/C 复合材料（C/C-ZrC）制备：二维穿刺预制体，1600℃预石墨化后于 CVI 炉中进行 CVI 增密至 1.6g/cm³，沉积 ZrC 增密至 1.9g/cm³。丙烯为主要碳源气，900℃沉积 300h，最后进行 2100℃最终石墨化处理。

6.4.2.1 C/C-ZrC 的（PE＋AO）耦合辐照

C/C-ZrC 的（PE＋AO）耦合辐照试验条件如下：AO 通量密度 $1.53×10^{16}$ 个/cm²·s；质子束流密度 $5.0×10^{11}$（p/e）；辐照时间条件 PE-5h/AO-5h（即先进行 PE 辐照 5h 处理，再进行 AO 辐照 5h 处理，下同）、PE-10h/AO-10h、PE-15h/AO-5h、PE-15h/AO-10h、PE-15h/AO-15h；；AO 能量 5.3eV；真空度 0.3Pa。

（1）弯曲强度变化

C/C-ZrC 经（PE＋AO）辐照（PE 预处理 15h）后，其弯曲强度变化如图 6-120 所示。可以看出，试样的室温弯曲强度随着 AO 累积通量的增加而逐渐升高。C/C-ZrC 在（PE＋AO）辐照后弯曲强度呈上升趋势。由于高速轰击材料表面的 AO 辐照具有一定的机械作用，可以通过应力传递能量，使内部结构各组元间的结合处于更合适的状态，在外加压力作用下，更好地承载和传递应力，具体表现为试样强度的提高，这是一种类似"热处理"的效应。但耦合辐照在 C/C 上会出现损伤加剧的情况，应力消除作用远小于强度损失，但是在 ZrC 基体改性复合材料中，材料在耦合辐照后的力学表现仍然是"应力消除"作用为主，说明 ZrC 改性可以有效提高材料的抗辐照能力。

结合前文图 6-112 可以看出，除了上述说到的试样弯曲强度呈现上升趋势外，ZrC 改性试样的整体弯曲强度也明显高于未改性前的弯曲强度。

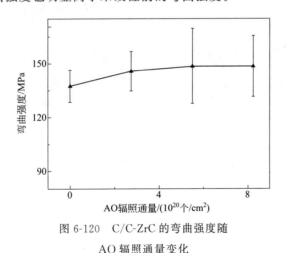

图 6-120 C/C-ZrC 的弯曲强度随

AO 辐照通量变化

（2）微结构变化

C/C-ZrC 经（PE＋AO）耦合辐照后，试样表面出现 ZrC 相的大面积剥落，进而暴露碳相的面积在 PE 作用下进一步增大，这种机械性损伤行为使得下一步 AO 的损伤程度加剧。从图 6-121 中可以看出，暴露的碳相出现了典型的蜂窝状孔洞，这是由于 AO

的化学作用导致。

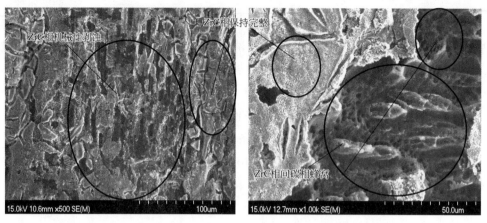

图 6-121　C/C-ZrC（PE＋AO）辐照后形貌

　　另外如图 6-122，可以看出 ZrC 没有与 AO 相互作用的痕迹，（PE＋AO）对材料的损伤主要是通过 PE 的机械性作用剥去 ZrC 相，暴露出抗辐照能力较弱的碳相，进而在 AO 的作用下损伤碳基体，可以看出未受到 ZrC 相保护的区域几乎全部被 AO 作用形成孔洞。这也说明了第一步的 PE 辐照会加剧下一步 AO 辐照对材料的损伤。

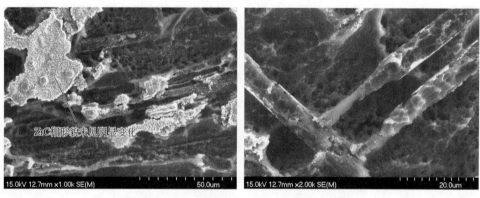

图 6-122　C/C-ZrC（PE＋AO）辐照后形貌

　　通过以上分析，C/C-ZrC 在（PE＋AO）耦合辐照下的损伤规律可以作如下概括：在高能 PE 的机械剥离作用下，C/C-ZrC 表面的 ZrC 区被冲击导致剥落，进而暴露被覆盖的碳相区，AO 的化学作用使得碳区呈现典型的蜂窝状孔洞形貌，随着其通量增加，损伤程度进一步加深。通过三点弯曲强度分析可知，耦合辐照后，随着辐照通量的增加，材料的力学性能呈现上升趋势，这与未改性前 C/C 的耦合辐照损伤行为相反。因此 ZrC 改性有效地提高了材料抵御空间耦合辐照的能力。

6.4.2.2　C/C-ZrC 的（AO＋PE）耦合辐照

　　C/C-ZrC 的（AO＋PE）具体试验条件如下：AO 通量密度 $1.53×10^{16}$ 个/cm² · s；质子束流密度 $5.0×10^{11}$（p/e）；辐照时间 AO-5h/PE-5h、AO-10h/PE-10h、AO-15h/

PE-5h、AO-15h/PE-10h、AO-15h/PE-15h；AO 能量 5.3eV；真空度 0.3Pa。

（1）弯曲强度变化

图 6-123 为（AO＋PE）辐照（AO-15h 预处理）后 C/C-ZrC 弯曲强度随 PE 通量变化曲线。从图中可以看出，在经过 15h AO 预处理后，试样弯曲强度随 PE 辐照通量增加整体呈现上升趋势。说明在辐照过程中，应力消除起到主导作用。这一趋势与 C/C 的耦合辐照效应相反，说明 ZrC 改性提高了材料抗空间辐照的能力。

结合前文图 6-103 可以看出，除了上述说到的试样弯曲强度保持稳定呈现趋势外，ZrC 改性试样的整体弯曲强度也明显高于未改性前的弯曲强度。

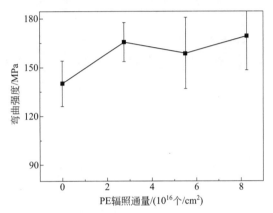

图 6-123　C/C-ZrC 经（AO＋PE）辐照后
弯曲强度随 PE 辐照通量变化

（2）微结构变化

图 6-124 为（AO＋PE）辐照环境损伤后 C/C-ZrC 表面形貌，从图中可以看出，预先的 AO 辐照消耗掉了材料表面的残余碳，因此辐照后表面呈现 ZrC 晶粒的白色，同时 ZrC 相间的碳相在高通量 AO 作用下被消耗，ZrC 相间形成较深的沟壑。表面形貌在碳相的消耗作用下形成了更多更严重的缺陷，使得材料便面结构更为松散，二次碰撞机会大大提高，因此使得下一步的 PE 机械作用对材料的损伤加剧。如图 6-125 所示，在碳

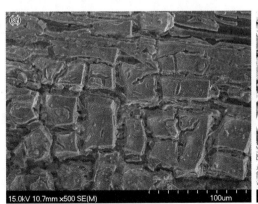

图 6-124　（AO＋PE）耦合辐照后 ZrC 表面形貌

（a）辐照前表面；（b）AO＋PE 辐照后表面

相暴露的地方未见与 AO 作用的蜂窝状孔洞，说明 PE 辐照的机械作用是 ZrC 相大面积剥落的原因。

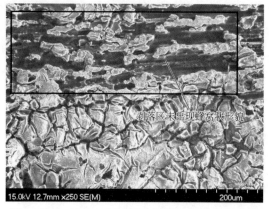

剥落区未出现蜂窝状形貌

图 6-125　（AO＋PE）耦合辐照后 ZrC 表面形貌

通过以上分析，C/C-ZrC 在（AO＋PE）耦合辐照下的损伤规律可以作如下概括：在高能 AO 的化学作用下，C/C-ZrC 表面残余碳和 ZrC 相间碳被消耗，ZrC 相间形成较深的沟壑，导致表面结构更为松散，进而在下一步电子/质子的机械作用下形成大面积剥落，材料损伤加剧。

通过弯曲强度分析可知，耦合辐照后，随着辐照通量的增加，材料的力学性能呈现稳步上升趋势，这与 C/C 在耦合辐照下力学性能下降的趋势相反。因此 ZrC 改性 C/C 的方法有效得提升了材料抵御空间辐照的性能。

6.4.2.3　C/C-ZrC 的（AO＋PE）与（PE＋AO）耦合辐照性能对比

C/C-ZrC 的（AO＋PE）与（PE＋AO）耦合辐照试验条件如下：AO 通量密度 1.53×10^{16} 个/cm^2·s；质子束流密度 5.0×10^{11}（p/e）；电子束流密度 5.0×10^{11}（p/e）；辐照时间条件 AO-5h/PE-5h、AO-10h/PE-10h、AO-15h/PE-15h、PE-5h/AO-5h、PE-10h/AO-10h、PE-15h/AO-15h；；AO 能量 5.3eV；真空度 0.3Pa。

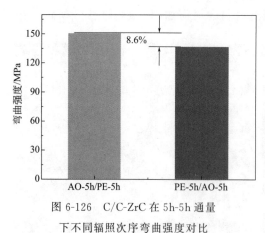

图 6-126　C/C-ZrC 在 5h-5h 通量
下不同辐照次序弯曲强度对比

（1）弯曲强度变化

图 6-126 为 C/C-ZrC 经 AO-5h/PE-5h 和 PE-5h/AO-5h 耦合辐照后弯曲强度变化。从图中可以看出，AO-5h/PE-5h 弯曲强度较 PE-5h/AO-5h 的辐照顺序高出 8.6％。这种情况说明 C/C-ZrC 在（PE＋AO）环境损伤较（AO＋PE）更为严重，这与 C/C 在该环境下的情况相同。这是由于 AO 作为损伤的主导因素，预先的 PE 机械作用暴露出更多的碳相，使得 AO 化学作用加剧所致。

图 6-127、图 6-128 为 C/C-ZrC 经 AO-10h/PE-10h 和 PE-10h/AO-10h 耦合辐照以

及 AO-15h/PE-15h 和 PE-15h/AO-15h 后弯曲强度变化。从图中可以看出，AO-5h/PE-5h 弯曲强度较（PE＋AO）的辐照顺序分别高出 12.8％ 和 6.6％。这种情况说明 C/C-ZrC 在（PE＋AO）环境损伤较（AO＋PE）更为严重，这与 C/C 在该环境下的情况相同，这是由于预先的 PE 机械作用暴露出更多的碳相，使得作为损伤的主导因素的 AO 化学作用进一步加剧所致。

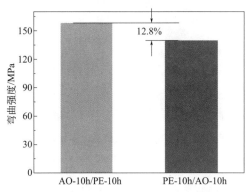

图 6-127　C/C-ZrC 在 10h-10h 通量下不同辐照次序弯曲强度对比

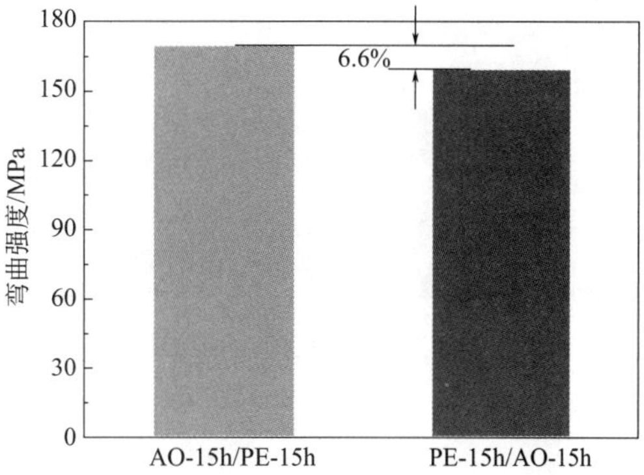

图 6-128　C/C-ZrC 在 15h-15h 通量下不同辐照次序弯曲强度对比

（2）剥蚀率对比

图 6-129～图 6-131 分别为 C/C-ZrC 在等通量的 AO、PE，但在不同辐照次序及不同辐照时间下的质量损失率对比。从图中可以看出，随着辐照通量的增大，（PE＋AO）较（AO＋PE）的质量损失率差越来越大，说明（PE＋AO）环境对 C/C-ZrC 的损伤更为严重，这与以前关于 C/C 的损伤规律相符，也符合上述弯曲强度的变化趋势。通过 AO 和 PE 两种单纯环境下的剥蚀率对比（图 6-132）可以发现，PE 对材料的剥蚀能力较 AO 要低一个数量级，因此两种辐照顺

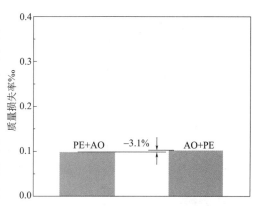

图 6-129　C/C-ZrC 在两种辐照次序下的质量损失率对比（AO 和 PE 辐照时间都为 5h）

对调造成的质量损失率差进一步增大反映了 AO 作为损伤的主导性和 PE 预处理对材料损伤的加速作用。

图 6-132 是 AO 与 PE 两种辐照对 C/C-ZrC 的剥蚀率对比，从图中可以看出，针对 C/C-ZrC 而言，AO 的剥蚀率高出 PE 几乎 1 个数量级，AO 是物质损伤的主要原因。图 6-133 为 ZrC 改性与 SiC 改性两种方法对 AO 的抗剥蚀能力对比，可以看出 ZrC 改性的剥蚀率低了将近 1 个数量级，因此 ZrC 基体改性 C/C 较 SiC 基体改性的方法有更优秀的抵御空间辐照的能力。另外剥蚀率开始时候急剧升高的原因是因为表面残余碳的消耗。

（3）EDS 分析

图 6-134 是耦合辐照前后 C/C-ZrC 表面成分分析，表 6-3 是表面元素含量变化。通

过分析可知，由于 ZrC 没有出现被氧化的痕迹，因此碳含量下降是由于表面残余碳被消耗所致，碳相对含量的减少使得 O 与 Zr 含量的比例有所提升。

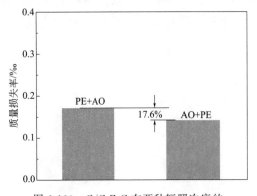
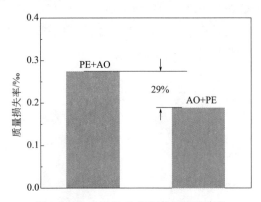

图 6-130　C/C-ZrC 在两种辐照次序的质量损失率对比（AO 和 PE 辐照时间都为 10h）　　图 6-131　C/C-ZrC 在两种辐照次序的质量损失率对比（AO 和 PE 辐照时间都为 15h）

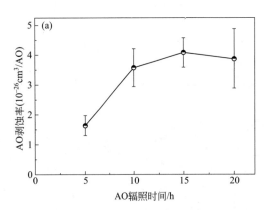
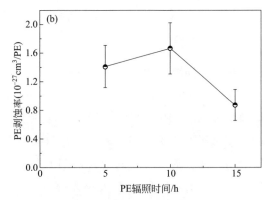

图 6-132　C/C-ZrC 在 AO 与 PE 辐照环境下的剥蚀率对比

（a）C/C-ZrC 的 AO 剥蚀率；（b）C/C-ZrC 的 PE 剥蚀率

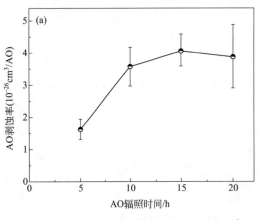
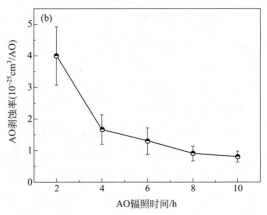

图 6-133　C/C-ZrC 与 C/C-SiC 的 AO 剥蚀率对比

（a）C/C-ZrC；（b）C/C-SiC

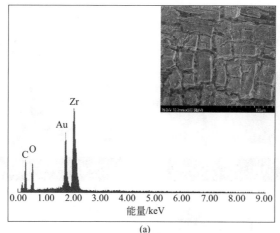

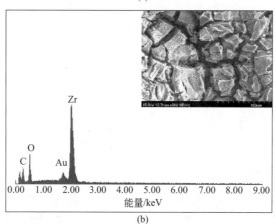

图 6-134　C/C-ZrC 耦合辐照前后 EDS 分析

（a）辐照前；（b）AO-10h/PE-10h

表 6-3　C/C-ZrC 耦合辐照前后表面元素含量变化

元素	辐照前		辐照后	
	质量分数/%	摩尔分数/%	质量分数/%	摩尔分数/%
C	45.55	66.73	33.44	54.55
O	25.10	27.61	30.84	37.77
Zr	29.35	5.66	35.72	7.67

（4）损伤机制对比

图 6-135 是（PE+AO）辐照对 C/C-ZrC 的损伤过程，PE 辐照阶段主要损伤机理为机械性碰撞，导致表面 ZrC 相剥落，继而暴露其所覆盖的碳相。被 PE 损伤后的材料在下一步的 AO 化学作用下与碳相作用形成典型的蜂窝状形貌。

图 6-136 是（AO+PE）辐照对 C/C-ZrC 的损伤过程示意图，AO 辐照阶段主要损伤机理为 AO 消耗表面残余碳以及 ZrC 相间碳相，使得表面缺陷更加严重，更易形成多次碰撞。在表面结构变化的作用下，下一步的 PE 可以大面积的剥落松散的 ZrC 相，形成大面积剥落形貌。

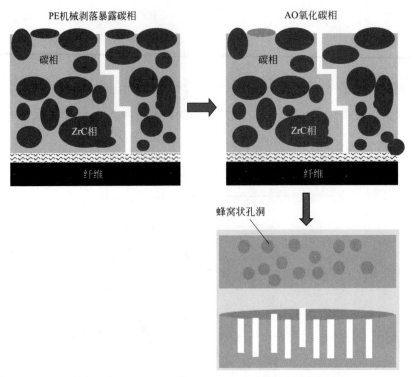

图 6-135 C/C-ZrC 的（PE＋AO）损伤机制示意图

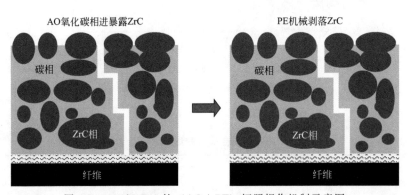

图 6-136 C/C-ZrC 的（AO＋PE）辐照损伤机制示意图

从机理上讲，之所以（PE＋AO）的损伤更为严重是因为预先 PE 处理，会导致碳相暴露面积更大，这样更有利于 AO 的损伤更深更广。如果第一步为 AO 辐照，则与其作用的残余碳对材料抗弯强度没有影响，ZrC 相间碳相含量也有限，虽然有利于下一步 PE 的进一步损伤，但是 PE 与 AO 相比损伤能力不在一个数量级，所以（PE＋AO）损伤更为严重，这与 C/C 的耦合辐照机理一致。通过以上分析，C/C-ZrC 在耦合辐照环境下的损伤规律可以作如下概括：ZrC 基体改性的方法显著提高了材料的抗剥蚀，力学性能，有效提高了 C/C 的抗空间耦合辐照能力，其各方面表现优于 SiC 基体改性 C/C 的方法；（PE＋AO）环境对材料的损伤程度大于（AO＋PE）环境；AO 是材料损伤的主要原因，其损伤主要是碳区域，AO 对 ZrC 损伤不明显。AO 与 ZrC 的具体相互作用机制还需实验数据进一步考证。

6.4.3　原子氧/质子/电子耦合对 CVD SiC C/C 的影响

6.4.3.1　CVD SiC C/C 的（AO＋PE）耦合辐照

CVD SiC 涂层改性 C/C 复合材料（CVD SiC C/C）的（AO＋PE）耦合辐照试验条件如下：AO 通量密度 1.53×10^{16} 个/$cm^2 \cdot s$；质子束流密度 5.0×10^{11}（p/e）；电子束流密度 5.0×10^{11}（p/e）；辐照时间条件 AO-5h/PE-5h、AO-10h/PE-10h、AO-15h/PE-15h；AO 能量 5.3eV；真空度 0.3Pa。

（1）弯曲强度变化

图 6-137 为 CVD SiC C/C 经（AO＋PE）环境考核后弯曲强度变化。从图中可以看出，在经过 3 种（AO＋PE）辐照环境条件考核后，CVD SiC C/C 的弯曲强度随着耦合辐照通量的增加而升高。说明（AO＋PE）辐照对于材料产生了积极的应力消除作用，与未改性前呈现相反的趋势，与原始 C/C 相比，其弯曲强度也大幅提高。因此从力学性能来讲，CVD SiC 涂层改性的方法有效抵御了一定通量内材料的抗空间耦合辐照能力。

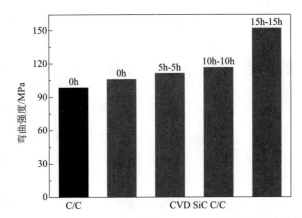

图 6-137　（AO＋PE）辐照后 CVD SiC C/C 弯曲强度变化

（2）微结构变化

图 6-138 为（AO＋PE）辐照前后 CVD SiC C/C 试样的表面形貌。从图中可以看出，辐照前试样表面平整连续；耦合辐照后，材料的表面出现了不规则的孔洞。这类孔洞与 AO 作用形成的蜂窝状不同，每个孔洞大小形状边缘以及深浅程度都各不相同，这类孔洞是由于试样表面在 AO 与 SiC 相互作用下形成 a-C 相以及 DLC 相所致。由于 a-C 相是辐照损伤的薄弱环节，因此在电子/质子的机械作用下转变的 DLC 由于其耐剥蚀性较强未能形成剥落，最终导致损伤在 a-C 相发生，形成机械性不规则孔洞。

通过以上分析，CVD SiC C/C 在（AO＋PE）耦合辐照下的损伤规律可以作如下概括：在高能 AO 化学作用下，AO 与 SiC 涂层相互作用，由之前研究基础可知，AO 与 Si 优先反应形成 a-C，在外界能量作用下 a-C 重结晶形成 DLC 膜，DLC 膜具有耐剥蚀的优异性能，从而对材料抗辐照损伤能力能够产生积极的作用。下一步的 PE 辐照会在抗损伤能力较弱的 a-C 区域形成机械性损伤，造成不规则孔洞形貌。

通过弯曲强度分析可知，SiC 涂层改性的方法有效地提高了材料抵御空间辐照损伤

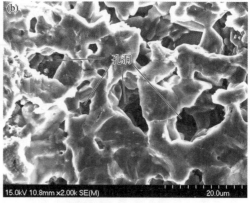

图 6-138　（AO＋PE）耦合辐照前后 C/C 表面形貌

（a）辐照前表面；（b）AO-15h/PE-15h 辐照后表面

的能力，在该实验所设定的通量范围内，材料力学性能变化主要是应力消除作用主导。

6.4.3.2　CVD SiC C/C 的（PE＋AO）耦合辐照

CVD SiC C/C 的（PE＋AO）耦合辐照试验条件如下：AO 能量 5.3eV；质子束流密度 5.0×10^{11}（p/e）；电子束流密度 5.0×10^{11}（p/e）；辐照时间条件 PE-5h/AO-5h、PE-10h/AO-10h、PE-15h/AO-15h；真空度 0.3Pa。

（1）弯曲强度变化

图 6-139 为 CVD SiC C/C 经（PE＋AO）环境考核后弯曲强度变化。从图中可以看出，在经过 3 种（PE＋AO）辐照环境条件考核后，CVD SiC C/C 的弯曲强度随着耦合辐照通量的增加而升高。说明（PE＋AO）辐照对材料产生了积极的应力消除作用，与未改性前呈现相反的趋势，与原始 C/C 相比其弯曲强度也大幅提高。因此从力学性能来讲，CVD SiC 涂层改性的方法有效抵御了一定通量和强度的空间耦合辐照损伤。

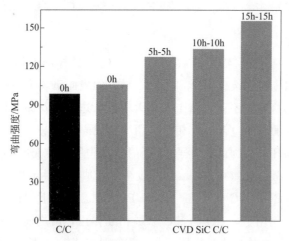

图 6-139　（PE＋AO）辐照后 CVD SiC C/C 弯曲强度变化

（2）微结构变化

图 6-140 为（PE＋AO）耦合辐照环境损伤后 CVD SiC C/C 的表面形貌。从图中可

以看出，耦合辐照后，材料表面平整度下降，出现少量碎屑。由于 SiC 涂层表面平整，与基体结合优异，第一步的 PE 机械型损伤对材料表面影响几乎没有，（PE＋AO）与的损伤机制可以看作 AO 与 CVD SiC 的作用机制。AO 与 CVD SiC 的作用机理具体请参照 6.1.6 小节。

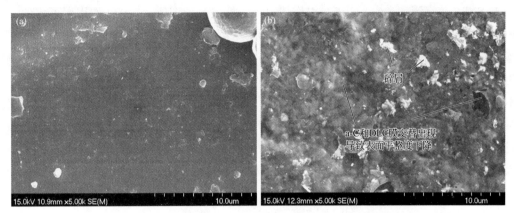

图 6-140　（PE＋AO）辐照前后 CVD SiC C/C 表面形貌

(a) 辐照前表面；(b) PE-10h/AO-10h 辐照后表面

通过以上分析，CVD SiC C/C 在（PE＋AO）耦合辐照环境下的损伤规律可以看作单纯 AO 的作用，在高能 AO 化学作用下，AO 与 Si 优先反应形成 a-C，在外界能量作用下 a-C 重结晶形成 DLC 膜。

CVD SiC 的 AO 剥蚀率为 $4.9×10^{-26} cm^3/AO$，与二氧化硅等耐 AO 材料的相当，属于耐 AO 剥蚀类材料。经 AO 处理后，CVD SiC 表面发现有"烧灼"状痕迹，说明 AO 对 CVD SiC 的表面能够产生影响。SRIM 蒙特卡罗模拟计算表明：AO 粒子单次轰击 CVD SiC 材料的入射深度约为 0.8nm。AO 与 CVD SiC 材料的作用机制是：第一阶段，AO 优先与 CVD SiC 材料的 Si 反应，生成 SiO 气态产物而失去 Si，在 CVD SiC 材料表面形成一定厚度的无定形碳层（a-C）；第二阶段，a-C 层逐渐重结晶，形成类金刚石膜（DLC）；第三阶段，DLC 逐渐被消耗，然后开始另一个新循环。

通过弯曲强度分析可知，SiC 涂层改性的方法有效地提高了材料抵御空间辐照损伤的能力，在该实验所设定的通量范围内，材料力学性能变化主要是应力消除作用为主导。

6.4.3.3　CVD SiC C/C 的（AO＋PE）与（PE＋AO）耦合辐照对比

CVD SiC C/C 的（AO＋PE）与（PE＋AO）耦合辐照对比试验条件如下：AO 能量 5.3eV；电子/质子通量密度 $5.0×10^{11}$ 个/$cm^2·s^{-1}$；辐照时间分别为 5h、10h 和 15h；真空度 0.3Pa。

图 6-141 为 CVD SiC C/C 在（AO＋PE）以及（PE＋AO）两种耦合辐照环境下的力学性能对比。可以看出，等通量情况下（PE＋AO）的抗弯强度略高于（AO＋PE）环境。这与之前其他材料体系在这两种辐照环境的结果相反，由于 AO 损伤的主导作用，PE 的预处理会使得下一步的 AO 损伤程度更大。CVD SiC 改性材料出现反常是由

于第一步的 PE 预处理对结合良好，表面连续完整的 SiC 涂层几乎没有影响。PE 预处理没有为下一步 AO 损伤提供必要条件。因此（PE＋AO）的损伤机制可以看作是单纯 AO 与 CVD SiC 相互作用。

图 6-142 是 CVD SiC C/C 在（AO＋PE）与（PE＋AO）环境损伤机制对比。针对 CVD SiC C/C 而言，（AO＋PE）损伤情况更为严重，如图所示，AO 作用所形成的 a-C 相与 DLC 过渡的区域是空间辐照损伤的薄弱环节，这一区域会在 PE 的机械作用下脱落，形成不规则孔洞。（PE＋AO）的损伤机制可以看作是单纯 AO 与 CVD SiC 相互作用的结果。综上所述，CVD SiC 涂层改性的方法大大提高了材料抗辐照性能。耦合辐照不仅没有降低材料力学性能反而由于产生应力消除作用提高了材料抗弯强度。由于 CVD SiC 与 AO 作用可形成 DLC 膜进一步降低辐照，因此具有更好的抵御 AO 剥蚀能力；同时 CVD SiC 涂层连续完整，与基体结合良好使得材料表面对 PE 等机械性损伤的敏感度大大降低。CVD SiC 对 AO 以及 PE 独特抵御机制也使得该材料大大降低了空间辐照的综合效应，是一种有效的抗辐照改性方式。

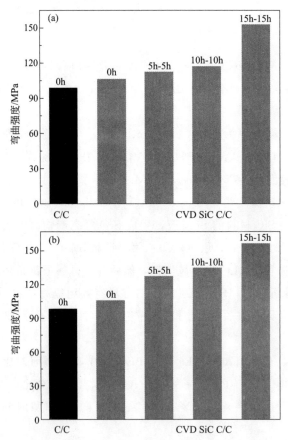

图 6-141　CVD SiC 在（AO＋PE）与（PE＋AO）环境下抗弯强度对比

（a）（AO＋PE）辐照环境；（b）（PE＋AO）辐照环境

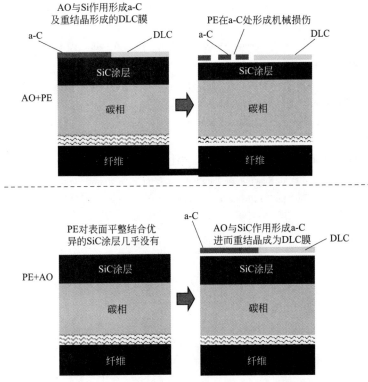

图 6-142　CVD SiC C/C 在（AO＋PE）与（PE＋AO）环境下损伤机制对比

6.5　小结

原子氧（AO）是空间粒子中的主要氧化物质，AO 可以直接与碳纤维等软质物反应，形成蜂窝状一次辐照损伤区；同时，AO 与热解碳、陶瓷等硬质物碰撞反射后，还会再次与软质物反应，形成均匀的二次辐照损伤区。质子（P）主要通过机械损伤，造成材料大面积剥落；电子（E）能中和材料表面的正电荷，加强质子的导向性机械损伤。两者都会加剧 AO 的二次损伤效应，其中（PE＋AO）辐照对材料的损伤程度大于（AO＋PE）辐照。由于 AO 会优先与 SiC 中的 Si 反应而留下碳层，因此 AO 损伤会加速 SiC 基复合材料的分子氧（MO）氧化行为。对于基体改性复合材料，空间粒子辐照可通过消除内应力来提高其力学性能，但是改性组元导致的 AO 二次辐照会加剧材料损伤。

参考文献

[1]　高禹，徐晋伟，王伯臣，等. 空间环境与碳/环氧复合材料交互作用的研究现状［J］. 航空制造技术，2012（15）：66-69.

[2]　沈志刚，赵小虎，王鑫. 原子氧效应及其地面模拟试验［M］. 北京：国防工业出版社，2006.

[3]　Blockley R，Shyy W. Encyclopedia of Aerospace Engineering［M］. New Jersey：Wiley，2010.

[4] 多树旺，李美栓，张亚明，等. 原子氧环境中聚酰亚胺的质量变化和侵蚀机制 [J]. 材料研究学报，2009，19（4）：337-342.

[5] Yushin G，Gogotsi Y，Nikitin A. Carbide Derived Carbon [M] //Gogotsi Y. Nanomaterials Handbook. Boca Raton，FL：CRC Press，2006：237-280.

[6] Park CK，Chang SM，Uhm HS，et al. XPS and XRR studies on microstructures and interfaces of DLC films deposited by FCVA method [J]. Thin Solid Films，2002，420-421：235-240.

[7] Mérel P，Tabbal M，Chaker M，et al. Direct evaluation of the sp3 content in diamond-like-carbon films by XPS [J]. Applied Surface Science，1998，136（1-2）：105-110.

[8] 陈长乐. 固体物理学 [M]. 西安：西北工业大学出版社，1998.

[9] Li J，Zhang Q，Yoon S F，et al. Reaction of diamond thin films with atomic oxygen simulated as low-earth-orbit environment [J]. Journal of Applied Physics，2002，92（10）：6275-6277.

第 7 章

超高温结构复合材料
环境性能模拟验证

前面各章分别探讨了各因素独立作用及多因素耦合作用下超高温结构复合材料的环境性能和环境行为、损伤演变机制及失效机理，为超高温结构复合材料的使用和评价奠定了理论基础和技术积累。然而，超高温结构复合材料应用和服役的真实环境工况极端苛刻，所涉及的因素非常复杂，因此，要全面评价和表征超高温结构复合材料的环境性能，必须采用更接近真实条件的手段和方法验证其综合性能。针对这一问题，本章介绍采用模型试件在地面台架模拟使役条件下超高温结构复合材料的性能响应和失效行为，主要涉及 C/C、C/SiC 和 UHTCMC 三类超高温结构复合材料，喷管、球头和前缘三种典型模型，火箭发动机燃气风洞、等离子体电弧风洞两种试验验证装置。

7.1　C/C 使役性能模拟验证

7.1.1　整体毡 C/C 固体火箭喷管模拟验证

本节验证了整体毡 C/C（F C/C，使用预氧丝整体毡 CVI 工艺）在固体火箭喷管内流燃气环境中的烧蚀行为[1]。试验采用两种典型含铝固体复合推进剂端羟基聚丁二烯/高氯酸铵（HTPB/AP），分为高温型［含 17%（质量分数）Al，燃烧温度 3327K］和低温型［含 13.5%Al（质量分数），燃烧温度 2978K］，分别产生不同温度、不同压力、不同流速、不同组分的多相流燃烧产物。

7.1.1.1　宏观形态

图 7-1[1] 为采用高温型推进剂试验后喷管照片（见文后彩插）。NG1、NG2 为喷管编号。可观察到喷管 NG1 整个内壁面黏附了一层 Al_2O_3 沉积层，特别是扩张段沉积严重，整个形成喇叭花状壳层。喷管 NG2 的收敛段到喉部有较薄的沉积层，而靠近喷管出口的扩张段沉积物也较多。

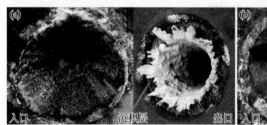

图 7-1　F C/C 喷管高温型推进剂试验后宏观照片[1]

(a) NG1；(b) NG2

图 7-2[1] 为采用低温型推进剂试验后喷管照片（见文后彩插），NGD1、NGD3 为喷管编号。可观察到喷管收敛段沉积层较厚，喉部沉积层较薄，喉部下游到出口间有较厚但疏松的沉积层，但不均匀。

对比可见，采用高温推进剂试验的喷管表面沉积层具有明显熔融状物质，因其燃气温度较高，喷管烧蚀表面温度也较高，导致沉积层处于熔融态，试验后迅速冷却过程中，该形态得以保留。

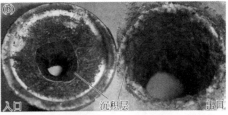

图 7-2　F C/C 喷管低温型推进剂试验后照片[1]

(a) NGD1；(b) NGD3

7.1.1.2　微观结构

图 7-3[1]为喷管 NGD3 喉部形貌，可见存在较多烧蚀沟槽［图 7-3(a)］，碳基体烧蚀后呈管状，碳纤维烧蚀后变细变尖呈锥状［图 7-3(b)］。

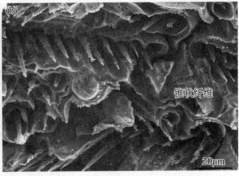

图 7-3　F C/C 喷管 NGD3 喉部烧蚀形貌[1]

(a) 烧蚀表面；(b) 界面优先烧蚀和锥状纤维

图 7-4[1]显示了喷管 NG2 喉部表面形貌，可以看到大量孔隙暴露出来［图 7-4(a)］，碳纤维头部和基体上存在烧蚀坑洞和沟槽［图 7-4(b)］。

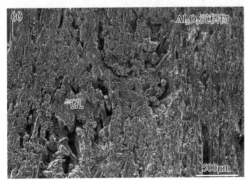

图 7-4　FC/C 喷管 NG2 喉部烧蚀形貌[1]

(a) 烧蚀表面；(b) 氧化孔洞与沟槽

7.1.2　整体毡 C/C 液体火箭喷管模拟验证

本节验证了 F C/C 在液体火箭喷管内流燃气环境中的烧蚀行为。试验采用液氧-酒精燃气发生器作为液体火箭模拟装置，分别产生不同温度、不同压力、不同流速、不同组分的多相流燃烧产物。

7.1.2.1 宏观形态

试验前［图 7-5(a)］喷管表面较为光滑，试验后［图 7-5(b)］可见 4 件喷管表面均粗糙多孔，收敛段到喉部上游型面破坏严重。CC1、CC2、CC3、CC4 为喷管编号。其中，喷管 CC3 烧蚀最严重，CC4 其次，CC1 和 CC2 最弱。图 7-5(c) 为喷管 CC3 的剖视照片，可见收敛段表面布满烧蚀坑，喉部表面出现沟槽，扩张段呈疏松状。此外，喷管入口边缘还形成 5 mm×1 mm 左右的烧蚀穿孔。

图 7-5　F C/C 喷管试验前后宏观照片[1]

(a) 试验前；(b) 试验后；(c) 试验后 CC3 剖面图

线烧蚀率在喷管喉部区域及收敛段中下游区域较大，反映烧蚀程度严重；线烧蚀率标准差大，说明烧蚀表面粗糙、不均匀。线烧蚀率主要取决于燃气条件，氧燃比增大，燃气温度升高，材料烧蚀加剧。

7.1.2.2 微观结构

图 7-6[1]显示了喷管收敛段表面的典型烧蚀形貌。除 CC2 外，其他三个喷管表面均可观察到直径约 1mm 的烧蚀坑。喷管收敛段内，氧化烧蚀受氧化性物质向壁面材料的扩散控制，材料表面活性点成为氧化烧蚀最先发生的部位，氧化性组分停留时间较长，热化学烧蚀消耗碳相量较大。此外，燃气涡流不断注入材料表面孔洞等缺陷部位，引起优先烧蚀并形成了局部力学薄弱区，在燃气气流剪切力和涡旋分离阻力的作用下，材料断裂剥落，造成材料表面粗糙度急剧增大，这又成为涡流剥蚀的活性点。以上因素共同加剧烧蚀过程深入，最终形成烧蚀坑。

通常来说，喉部是喷管服役条件最苛刻的部位。高温、高压和高速流动引起边界层减薄，使得燃气与喷管壁面对流换热和传质过程显著增强，加剧了材料的热化学烧蚀；而燃气动压也在喉部达到最大，气动剪切作用又强化了材料的机械剥蚀。在这种强耦合

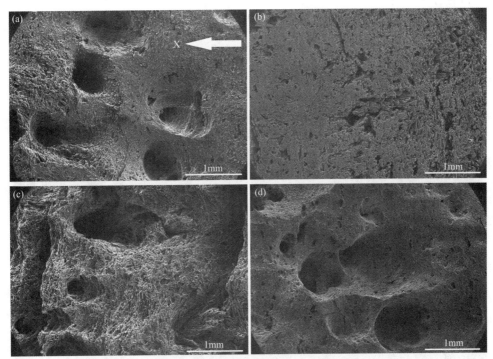

图 7-6 F C/C 喷管收敛段烧蚀形貌（箭头 X 表示燃气流动方向）[1]

(a) CC1；(b) CC2；(c) CC3；(d) CC4

场作用下，喷管喉部及上游附近区域的材料烧蚀严重，质量损失最大。图 7-7[1] 显示了喷管喉部表面烧蚀形貌。可见，虽然喷管 CC2 表面没有显著烧蚀，但烧蚀仍造成表面孔隙更多暴露，如图 7-7(b) 所示。其他三个喷管［见图 7-7(a)、(c)、(d)］喉部的碳纤维铺层间隙都形成了烧蚀沟槽，纤维附近则形成大的烧蚀坑。喉部表面疏松多孔，垂直于燃气方向的碳纤维烧蚀消退较多，仅观察到空壳状的碳基体。

图 7-8[1] 为喉部烧蚀形貌的高倍照片。图 7-8(a)、(b) 表明喷管 CC1 的碳纤维和基体已经开始出现明显消耗。碳基体烧蚀形成空壳，表面存在类似点蚀的烧蚀坑。碳纤维烧蚀变短退缩至基体内部，大部分纤维变细变尖，部分纤维表面存在小的缺口，可能是局部杂质或缺陷产生的优先烧蚀。此外，对于没有基体保护暴露的纤维，气动剪力剥蚀也会造成一定程度的机械侵蚀。图 7-8(c)、(d) 表明喷管 CC2 烧蚀程度最轻，碳纤维和碳基体几乎完好，大部分纤维头部还裸露在基体外，但碳基体层状特征已经明显可见，纤维基体界面优先烧蚀形成缝隙，基体片层间界面也开始烧蚀形成缝隙，纤维和基体表面出现纳米尺度的烧蚀麻点和沟槽，说明烧蚀仅在局部位置比较显著。之所以在这些部位发生优先烧蚀，是因为这些部位很可能是局部的杂质或缺陷聚集区域，发生化学反应的活化能较低[2-4]；而喷管 CC2 表面材料温度较低，烧蚀反应优先发生在这些活性点，推断喷管 CC2 烧蚀受化学动力学控制。

喷管 CC3 和 CC4 的喉部形貌非常近似，如图 7-8(e)～(h) 所示。碳纤维都烧蚀形成针尖状，近乎完美的几何锥体，反映其为扩散控制的烧蚀过程。由于喉部表面温度很高，化学反应速率很快，反应物扩散到达材料表面后迅速发生烧蚀反应，纤维表面几乎

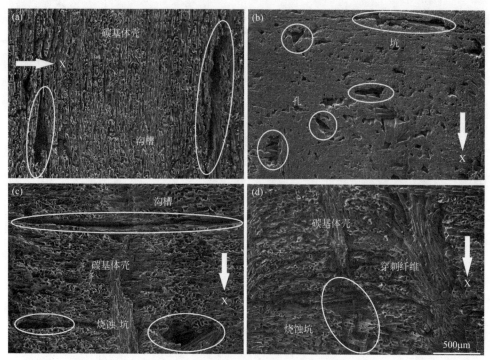

图 7-7　F C/C 喷管喉部烧蚀形貌（箭头 X 表示燃气流动方向）[1]

(a) CC1；(b) CC2；(c) CC3；(d) CC4

以相同速度消退，始终保持稳定的局部斜率和相似的烧蚀外形。碳基体烧蚀形成层状空壳，残余层厚度比喷管 CC1 要小，说明碳相消耗量大。此外，基体表面还存在大量烧蚀麻坑，而喷管 CC3 碳基体表面麻坑数量和面积都最大，其原因可能是碳基体组成不均匀和杂质作用［如图 7-8(h) 中杂质熔融黏附在纤维表面］。在烧蚀减薄的同时，受到气动剪切力作用，部分碳基体前缘也因机械剥蚀而断裂，如图 7-8(f) 所示。

扩张段燃气温度和压力迅速降低，氧化性组分 H_2O 和 CO_2 含量有所增加。高速流动造成的边界层减薄使得氧化性组分的扩散不再是制约烧蚀的因素，而较低的温度使氧化性组分与碳的化学反应动力学速率成为扩张段内热化学烧蚀的控制因素，材料表面的活性点仍是氧化烧蚀优先发生的部位。因此，喷管扩张段烧蚀程度最弱。图 7-9[1] 显示了 F C/C 喷管扩张段表面的烧蚀形貌。由图 7-9(a) 可见烧蚀表面较平整，虽然表面也是粗糙多孔，但没有明显的烧蚀坑和烧蚀沟槽。从图 7-9(b) 可以看到喷管 CC2 的碳纤维和基体表面仅有一些纳米尺度的侵蚀坑，纤维基体界面优先烧蚀仍然存在，烧蚀最弱。其他三个喷管则仍存在不同的热化学烧蚀和机械侵蚀，如图 7-9(c)、(d) 所示。可见，基体没有明显的片层状形貌，基体和纤维表面存在烧蚀麻坑，说明在动力学控制条件下，氧化烧蚀发生于复合材料表面的活性点处。此外，燃气高速流动带来的气动剥蚀也会对材料造成机械侵蚀，图 7-9(d) 中纤维头部的断裂则可能是这种作用所致。

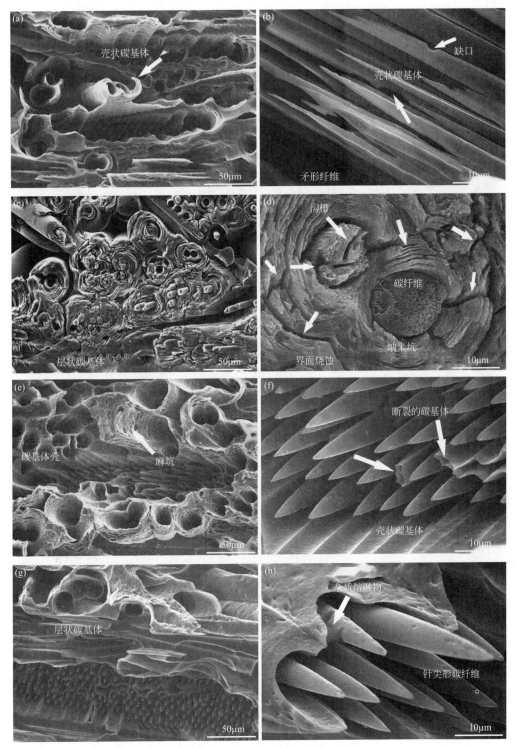

图 7-8　F C/C 喷管喉部烧蚀形貌高倍照片[1]

（a）、（b）喷管 CC1；（c）、（d）喷管 CC2；（e）、（f）喷管 CC3；（g）、（h）喷管 CC4

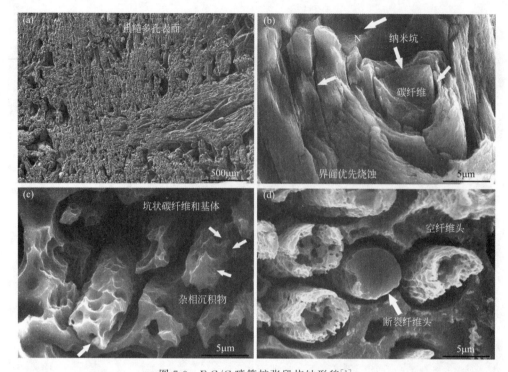

图 7-9　F C/C 喷管扩张段烧蚀形貌[1]

（a）粗糙但平整的烧蚀表面；（b）喷管 CC2 中碳纤维与基体表面的纳米尺度侵蚀坑；

（c）、（d）喷管 CC1、CC3 和 CC4 中碳纤维和基体的热化学烧蚀和机械侵蚀

7.1.3　三维针刺 C/C 固体火箭喷管模拟验证

本节验证了三维针刺 C/C（3DN C/C，使用 CVI 结合 PIP 工艺）在固体火箭喷管内流燃气环境中的烧蚀行为。试验采用前述两种典型含铝固体复合推进剂。

7.1.3.1　宏观形态

图 7-10[1]为高温推进剂烧蚀试验后喷管照片（见文后彩插），其中 G1、G2 为喷管编号。可见喷管 G1 收敛段到喉部区域均有沉积层，喷管 G2 收敛段有较薄沉积层，而喉部及下游沉积不明显。

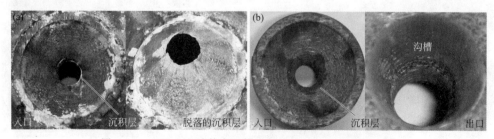

图 7-10　3DN C/C 喷管高温推进剂烧蚀试验后宏观照片[1]

（a）G1；（b）G2

图 7-11[1]为采用低温推进剂试验后照片（见文后彩插），GD2 为喷管编号。可见喷

管内表面均有沉积层，收敛段沉积层与内壁分离，喉部沉积层则完全附着在内壁，扩张段到出口沉积较少。

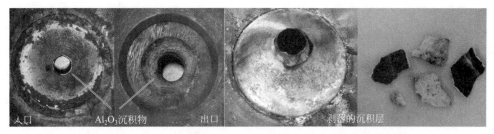

图 7-11　3DN C/C 喷管（GD₂）低温推进剂试验后宏观照片[1]

7.1.3.2　微观结构

图 7-12[1]为清除沉积层后的烧蚀表面形貌。可见喷管 G1 表面［图 7-12（a）］未发现明显氧化烧蚀特征，大尺寸的 Al_2O_3 粒子填充在材料表面孔隙内，小尺寸的 Al_2O_3 粒子则黏附在纤维表面和头部。图 7-12（b）为喷管 G2 喉部烧蚀形貌，可见表面孔隙内仍有残留粒子，孔隙暴露较多，部分位置出现烧蚀坑。放大观察［图 7-12（c）和（d）］可见碳纤维之间黏附了不同大小的 Al_2O_3 粒子；热解碳基体和纤维界面优先烧蚀分离，纤维变细变尖；部分块状树脂碳基体由束间孔隙脱落。大部分碳纤维烧蚀形成锥状形貌，部分纤维头部受到机械剥蚀断裂。

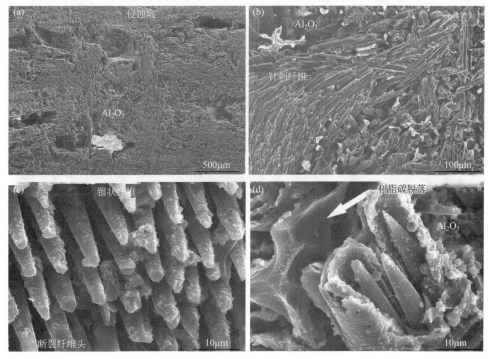

图 7-12　3DN C/C 喷管喉部清除沉积层后的烧蚀形貌[1]

(a) G1；(b)、(c)、(d) G2

图 7-13[1]给出了清除沉积层后喷管 GD3 喉部的显微结构照片。可见喉部区域材料

已出现较明显氧化特征：纤维和基体上均有不同程度的氧化孔洞以及沟槽［图 7-13(a)和（b)］，纤维/基体界面分离［图 7-13(b) 和 (c)］，部分碳基体暴露出层状结构且纤维头部可能出现一定程度的剥蚀［图 7-13(d)］，这可能与本试验燃气压强较高易于引起机械剥蚀有关。虽然 Al_2O_3 沉积层在喷管材料中起到了有效的热障作用，降低了喷管材料温度，同时也起到了阻挡氧化性物质向喷管材料扩散的作用，但沉积层通常也是 Al_2O_3 粒子堆积的多孔结构，其中的孔隙也是氧化性物质的扩散通道。燃气在喉部的高速流动减薄了边界层，使氧化性组分向喉部壁面的扩散通量大大提高。然而由于存在 Al_2O_3 沉积层，通过沉积层到达 C/C 表面的氧化性物质通量大大减小，而喷管材料温度也较低，有限的氧化性物质只在 C/C 表面的活性点发生反应，因而试验后仅观察到喉部碳纤维和基体表面出现类似点蚀的烧蚀坑洞［图 7-13(c)］，碳纤维没有形成锥状形貌。这说明在内壁有沉积的情况下，喷管材料的烧蚀受氧化性物质通过 Al_2O_3 沉积层的扩散控制。

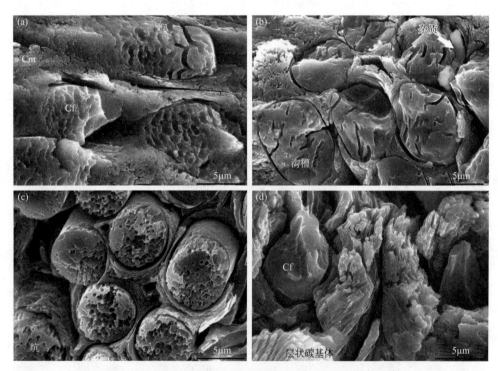

图 7-13　3DN C/C 喷管 GD3 清除沉积层后喉部烧蚀形貌[1]

(a) 轴向纤维与基体；(b) 径向纤维与基体；

(c) 界面优先烧蚀及纤维头部氧化孔洞；(d) 基体片层烧蚀与纤维头部剥蚀

7.1.4　三维针刺 C/C 尖锐前缘在固体火箭燃气射流中模拟验证

本节采用固体火箭燃气射流烧蚀模型试件试验，验证了三维针刺 C/C（3DN C/C，使用 CVI 结合 PIP 工艺）在固体火箭燃气羽流环境中的烧蚀侵蚀行为，模拟前缘类部件等（如冲压发动机进气口前缘、导流器及燃气舵等）在燃气射流条件下的响应。

试验中将待测模型件置于燃气羽流近场的核心区域，并使模型中心线和射流中心线保持准直，采用高温复合推进剂。图 7-14[1] 给出了本试验中 3DN C/C 前缘模型中纤维和铺层取向以及燃气射流与模型位置关系的示意图。

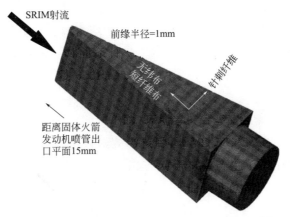

图 7-14　3DN C/C 前缘模型射流烧蚀试验示意图[1]

7.1.4.1　宏观形态

试验后模型前缘被烧蚀成马鞍状，如图 7-15[1] 所示。观察烧蚀形状可以发现，垂直于碳布层来看，前缘中心凹陷、两翼突出，这是驻点高温高压烧蚀所致。因厚度很小，当燃气射流冲击到前缘表面时，前缘很快被加热到高温。流场仿真计算结果表明，正对火焰核心的前缘中心区域温度最高，其驻点温度高达 3185K，驻点压力达 6MPa，造成该处热量和质量交换都很强烈，碳纤维和基体强烈氧化烧蚀，消退量较多。

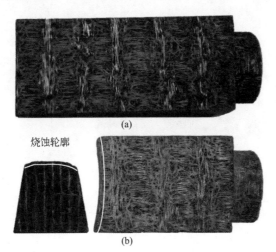

图 7-15　3DN C/C 前缘模型试验前（a）和实验后（b）照片[1]

7.1.4.2　微观结构

图 7-16[1] 显示了前缘中心驻点区域的氧化烧蚀形貌。在图 7-16（a）中可以看到，反应活性高的块状树脂碳基体受到侵蚀后塌陷。无纬布层与胎网层之间的界面优先烧蚀形成缝隙，为氧化烧蚀向材料内部发展提供通道。图 7-16（b）显示的锥形孔穴则可能是由

燃气复杂涡流作用形成的,因为正对燃气射流的碳纤维束的束内和束间均存在大量界面,这些界面优先烧蚀后,"皮芯结构"的碳纤维和层状结构的热解碳基体更容易在燃气涡旋分离力作用下逐层剪切剥蚀,暴露出来的新鲜表面又会进一步氧化烧蚀和剥蚀。但是,这种锥形孔穴很可能起源于固态和(或)液态 Al_2O_3 粒子撞击材料形成的侵蚀坑,但因该区温度较高导致反应消耗的碳相较多,且涡流作用强烈复杂,Al_2O_3 粒子难以滞留于所形成的侵蚀坑内,随后的涡流烧蚀则在这些侵蚀坑内继续深入进行,最终形成图示的锥形孔穴。除 H_2O 和 CO_2 等组分直接参与热化学烧蚀外,燃气中杂质及其活化效应也会加速材料局部氧化烧蚀,在碳纤维和基体表面产生类似点蚀的侵蚀坑,如图 7-16(c) 和 (d)。这些侵蚀坑形成了局部的力学薄弱区,在燃气气动剪切应力作用下,容易发生机械剥蚀,此后又将新鲜表面暴露为热化学烧蚀反应提供碳相。因此,在活化氧化和机械剥蚀两种效应的循环交互作用下,碳纤维和基体不断被侵蚀,表现为:垂直于气流方向的碳纤维头部呈现出平坦的断口,但头部有杂质熔体残留及其产生的点蚀坑,如图 7-16(c);而平行于气流方向的碳纤维和基体,则很容易受到气动剪力作用而连片剥蚀,如图 7-16(d)。

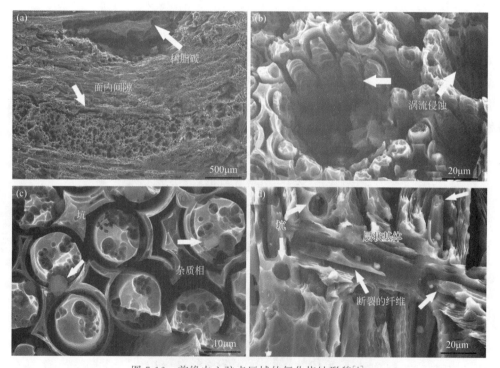

图 7-16 前缘中心驻点区域的氧化烧蚀形貌[1]

(a) 多孔表面;(b) 涡流侵蚀;(c) 碳纤维头部杂质侵蚀;(d) 基体和纤维头部的侵蚀

射流冲击会对 C/C 产生附加侵蚀,如图 7-17[1]所示。在前缘区域,气流方向不断迅速变化,产生了复杂多变的气动剪力,导致模型最外层的碳纤维和基体极易发生剥蚀,形成侵蚀台阶[如图 7-17(a) 所示]。假设材料强度均匀,最先发生破坏的位置不在驻点,而在驻点附近。一旦出现剥蚀,流场便由层流变为湍流,热流迅速增加,甚至超越驻点热流，导致最强换热部位后移，并与流场互相影响，产生显著的多相流冲刷和机械剥蚀效应，如图 7-17(b) 所示，碳纤维剥蚀形成多面体形貌。

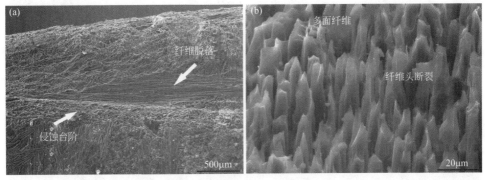

图 7-17　气动剪切引起的机械侵蚀[1]

(a) 侵蚀台阶；(b) 碳纤维形貌

燃气中含有约 30％（质量分数）的 Al_2O_3 粒子，会产生附加的热和机械侵蚀。这里的机械侵蚀是指粒子撞击材料表面直接引起表面材料损失。此外，粒子具有热能和动能，撞击过程中部分热能会直接传递给材料，又有部分动能则会转化为热能后传递给材料，这两种情况都会导致撞击区内材料温度升高，加速碳相热化学烧蚀。在固体火箭燃气射流中，小粒子质量较小，惯性也小，通常沿流线运动，但其温度和速度都大，且质量流量大，对材料的主要影响是产生热侵蚀，并在气相氧化性组分的作用下，加速材料表面局部区域的氧化烧蚀。图 7-18[1] 就显示了大量小粒子对碳基体和纤维的撞击作用及其引起的热侵蚀。

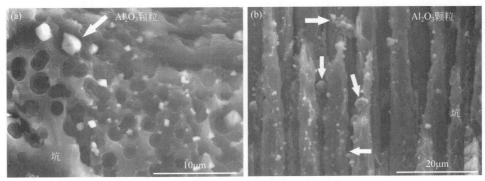

图 7-18　Al_2O_3 粒子造成的热侵蚀[1]

(a) 碳基体；(b) 碳纤维

对于大粒子，其质量和惯性都比较大，通常会直接撞击到材料表面产生机械侵蚀。尤其是模型尾部，燃气温度较低，所携带粒子温度也低，大都是团聚凝固的固态粒子，具有较大的尺寸和惯性。图 7-19[1] 显示了模型侧面受到大粒子撞击的照片，可见在固态大粒子的高速撞击下，材料发生动态断裂[5]，碳纤维和基体被压溃，形成纳米尺度的碳碎片。

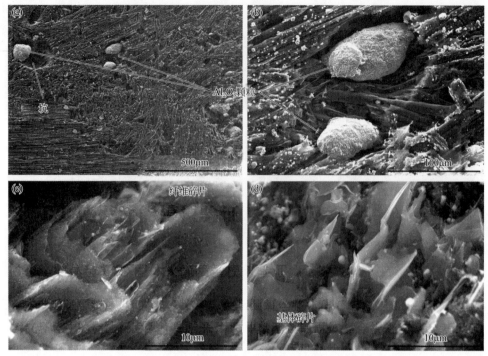

图 7-19 Al$_2$O$_3$ 粒子造成的机械侵蚀[1]

(a)、(b) 侵蚀坑及残留的 Al$_2$O$_3$ 粒子；(c)、(d) 碳纤维和基体碎片

7.2 C/SiC 使役性能模拟验证

7.2.1 三维编织 C/SiC 固体火箭喷管模拟验证

本节验证了三维编织 C/SiC（3D C/SiC）在固体火箭喷管内流燃气环境中的烧蚀行为。试验采用与前述高温型推进剂近似的推进剂，铝含量为 18%，燃烧温度约 3400K，燃烧室压强 5MPa 左右，喷管 CSC1 和 CSC3 试验时间分别为 6s 和 10s，其中 CSC1 和 CSC3 为喷管编号。

7.2.1.1 宏观形态

图 7-20[1] 为 3D C/SiC 喷管烧蚀后宏观照片。烧蚀表面粗糙多孔，大量针状纤维束裸露，尤其是收敛段到喉部下游之间的区域；喷管喉部烧蚀严重，仅留多孔纤维骨架，表层基体大部分损失；扩张段大部保持完整型面，但表面 SiC 涂层消失。喷管 CSC1 收敛段过渡处仍较好保持其圆弧型面，而 CSC3 此处型面已严重烧蚀破坏。

通过传热计算可知，喷管喉部及上游区域材料表面温度高于 3200K，且 3000K 等温线与所测得烧蚀轮廓基本保持一致，说明烧蚀去除的区域就是 SiC 分解（温度 2973K）的区域。特别是对于喷管 CSC3，试验时间延长增大了热穿透深度，同时造成更多 SiC 基体发生分解，在多相流燃气冲刷下，缺少基体保护的碳纤维预制体受到严重机械剥蚀，显著增大了喷管烧蚀率。因此，在 SRM 燃气中，温度是影响 3D C/SiC 喷管烧蚀行为的决定性因素。

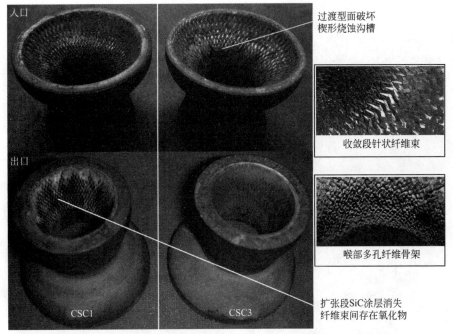

入口

过渡型面破坏
楔形烧蚀沟槽

收敛段针状纤维束

出口

喉部多孔纤维骨架

CSC1　　　　CSC3

扩张段SiC涂层消失
纤维束间存在氧化物

图 7-20　3D C/SiC 固体火箭发动机（SRM）喷管烧蚀后宏观形貌[1]

7.2.1.2　微观结构

对烧蚀后喷管解剖后进行 SEM 观察和相关物相分析，发现烧蚀表面主要有如下特征：Al_2O_3 的沉积与侵蚀、SiC 基体的分解流失、C/SiC 的氧化烧蚀及腐蚀。下面分别对这几种特征进行分析讨论。

（1）Al_2O_3 的沉积与侵蚀

发动机开始工作时，壁面温度较低，熔融的 Al_2O_3 液滴碰撞喷管收敛段壁面，并黏附于壁面上形成沉积物，如图 7-21(a)[1] 所示。图 7-21(b) 的 XRD 分析表明，沉积物主要为 α-Al_2O_3，还有两种形态的 SiC。由于试验所用 3D C/SiC 的基体为 β-SiC，故推测 α-SiC 应为试验过程中 β-SiC 发生相变形成的。

Al_2O_3 粒子与喷管壁面材料撞击发生的热传导、相变放热和动能热能转化效应以及撞击造成侵蚀效应，共同加剧了接触点处壁面材料的烧蚀。研究表明[6,7]，Al_2O_3 颗粒对复合材料造成的侵蚀由两部分构成，一部分是由于低速型 Al_2O_3 大粒子与材料发生化学反应引起的化学侵蚀，表现为平滑的接触侵蚀形貌，如图 7-21(c) 所示；另一部分是由于高速型 Al_2O_3 小粒子的冲击在材料表面层发生机械冲蚀引起的机械侵蚀，表现为不规则的压缩脆断形貌，如图 7-21(d) 所示。

对于高速小粒子撞击，撞击点附近碳纤维的石墨微晶没有足够时间对这种快速施加的冲击载荷做出响应，使裂纹传到周围的微晶。此外，碳纤维表面和内部还存在本征的不均匀结构、杂质和缺陷，在冲击载荷的作用下，撞击点附近破裂的石墨微晶从纤维整体上脱落，形成局部侵蚀坑。总之，这类侵蚀是由外部冲击载荷作用引起的单纯机械侵蚀。

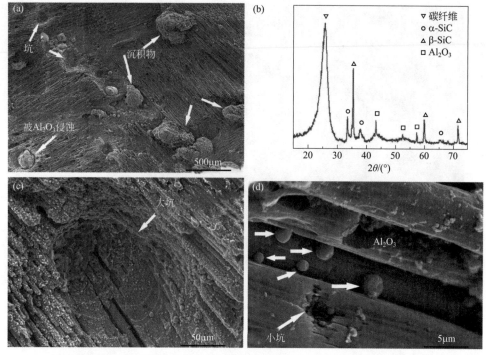

图 7-21 3D C/SiC 固体火箭发动机喷管收敛段内 Al_2O_3 粒子的沉积和侵蚀[1]

(a) 沉积物和侵蚀坑；(b) 烧蚀表面 XRD；(c) 低速型大粒子的撞击；(d) 高速型小粒子的撞击

关于低速 Al_2O_3 大粒子撞击造成化学侵蚀的问题，相关研究认为：Al_2O_3 与 C 的高温化学反应是一个复杂的多级过程，伴随产生铝的碳化物和碳氧化物；Al_2O_3 与 SiC 会发生还原反应产生 Al、Si 等，但作用过程和反应机理仍不是很清楚。在图 7-21(c) 中还可观察到大量黏附在侵蚀坑表面的小粒子，推测可能是大粒子破裂形成的，当然不排除其他小粒子沉积的可能。

在化学侵蚀过程中，大粒子除了直接与碳纤维发生化学反应外，通常还会存在由于撞击产生的附加的热侵蚀和动能侵蚀。正如前文所述，热侵蚀是大粒子本身储存的内能在向材料转移过程中引起材料温度升高而产生的附加侵蚀，而动能侵蚀则是大粒子动能转化成热能并转移给材料过程中所产生的附加侵蚀。这两种侵蚀虽然不能直接造成材料的消耗，但却能迅速增加撞击部位附近温度，加速化学侵蚀反应进行，增加材料的侵蚀量。这种情况对大粒子的化学侵蚀过程会产生显著影响，但对小粒子的机械侵蚀则不成为重要因素。

为了排除烧蚀表面 SiO_2 的影响，这里将烧蚀后试样在 40%（体积分数）HF 溶液浸泡 24h，以除去表面氧化物，便于观察碳纤维在大粒子作用下发生的变化。图 7-22[1] 给出一个大粒子侵蚀坑的形貌 [图 7-22(a)] 和放大观察的区域 [图 7-22(b)～(d)，分别对应图 (a) 中 b～d]。图 7-22(b) 中纤维表面平滑，这里认为可能是粒子化学侵蚀的结果，当然不能排除粒子热能对化学反应的贡献；图 7-22(c) 则给出剥蚀的碳片层形貌，可能来源于碳纤维或者热解碳；图 7-22(d) 给出了粒子将纤维压溃的形貌，虽然大粒子速度不高，但较大的惯性力可能对脆性的碳纤维造成破坏。

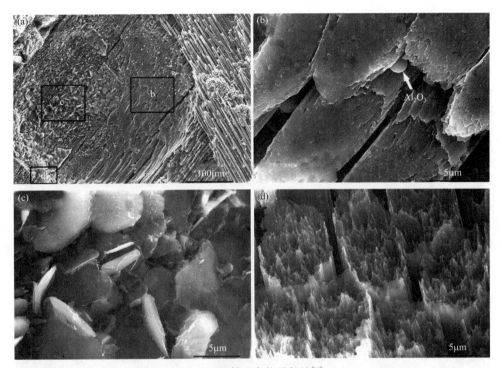

图 7-22　低速大粒子侵蚀[1]

（a）侵蚀坑；（b）热化学侵蚀；（c）剥蚀的碳碎片；（d）热机械侵蚀

　　以上仅讨论了 Al_2O_3 粒子对碳纤维的侵蚀作用，对于 C/SiC 来说，基体 SiC 的作用没有体现出来。这是基于以下假定，在固体火箭发动机环境下，涂层和基体 SiC 很快会因温度过高而分解流失。通过喷管热响应分析，对于本章研究的 3D C/SiC 喷管收敛段到喉部下游附近的大部分区域来说，认为这种假定是可信的。也就是说，在喷管收敛段到喉部区域内忽略 Al_2O_3 粒子对 SiC 涂层和基体的侵蚀而只考虑粒子对碳纤维的侵蚀是可行的。虽然试验开始还有一个升温阶段，Al_2O_3 粒子肯定会在 SiC 表面撞击沉积，但这只会导致 SiC 涂层剥离损失，或是提供热增量，导致局部达到分解温度而气化。对于喷管扩张段，这个假定是不成立的，因为材料表面温度较低，不足以使 SiC 发生分解。而在这种情况下，燃气速度增大显著提高了氧化性物质向材料表面的扩散通量，为喷管表面材料的氧化反应提供了充足的物质。

　　在高温燃气环境下，喷管表面 SiC 涂层或者 SiC 基体也可能氧化生成熔融 SiO_2，故粒子对材料的撞击还有另一种情况，即粒子撞击在表面熔融层上。这种情况下，熔融 SiO_2 层可能会有三种响应：首先，发生变形、流动或者飞溅，吸收撞击动能，成为熔融层下面复合材料的保护性缓冲层；其次，吸收粒子热能或动能转化的热能，并且可能发生局部气化，消耗大量热能，对熔体下面的材料和结构起到热障作用；最后，与 Al_2O_3 发生化学反应生成莫来石（$Al_6Si_2O_{13}$）或其他类型的铝硅酸盐物质[8]，减少了粒子对碳纤维造成的化学侵蚀。

　　（2）SiC 的分解

　　SiC 及其他许多碳化物在高温下都会分解。在 2700℃以上，SiC 开始发生热分解，气相产物有 Si、Si_2、Si_3、C、C_2、C_3、C_4、C_5、SiC、Si_2C、SiC_2 等物质，其中 Si、SiC_2 和 Si_2C 为主要物质[9,10]。

喷管内燃气温度沿轴向逐渐降低，但在收敛段到喉部区域燃气温度始终高于 SiC 分解温度，最终造成该部位 SiC 基体大量分解流失。图 7-23（a）和（b）给出了喷管收敛段下游和喉部区域烧蚀形貌，可见纤维束间的 SiC 基体已全部烧蚀，束间孔隙完全暴露出来，部分孔隙内还可见残留的 Al_2O_3 粒子，而原本连续编织的纤维束也在搭接处烧蚀断开。这些说明此处材料表面温度已达到 SiC 分解温度，SiC 基体分解流失。在缺少基体保护情况下，纤维束相交的搭接处在燃气流场中成为突起部位受到过度烧蚀，伴随的气动剪力剥蚀和 Al_2O_3 粒子冲蚀更进一步加速了交汇处的烧断。图 7-23（c）为残留 SiC 棒状晶粒形貌，可见晶界挥发比较严重，而部分晶粒表面也存在坑洞沟槽等侵蚀特征，说明 SiC 的分解挥发也是选择性的，即晶界和晶粒上有缺陷或杂质的薄弱点优先挥发。图 7-23（d）中 SiC 基体挥发较少，表面形貌类似点蚀坑，受侵蚀程度较弱。

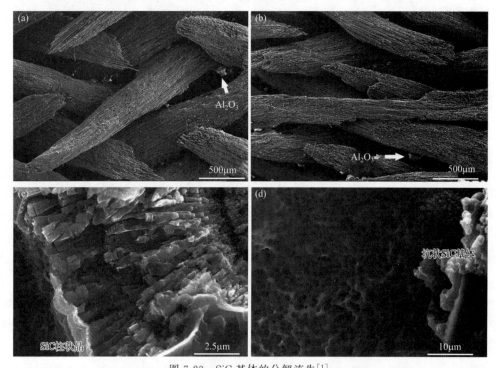

图 7-23　SiC 基体的分解流失[1]

（a）收敛段下游；（b）喉部；（c）残留 SiC 柱状晶粒；（d）部分挥发的 SiC 基体

对收敛段和喉部区域的进一步观察发现，碳纤维表面普遍黏附有大量表面光滑的球形碳，偶见碳纤维具有典型的氧化烧蚀形貌，如图 7-24 所示。图 7-24（a）和（b）首先展示了纤维表面这种球形碳形貌，可以看到碳纤维形状尺寸已经改变，尤其是头部，推断球形炭包裹内部的纤维可能已经发生过氧化烧蚀。EDS 分析表明这些球仅含碳元素，且能在图 7-24（b）中观察到碳纤维与球形碳层的界面。根据前面已经述及 SiC 分解形成富 Si 气相产物，留下富 C 的 SiC 或石墨，故推测这些球形炭可能是 SiC 基体分解留下的。由于推进剂本身设计为贫氧配方，实际燃烧过程中会因燃烧不充分出现积炭，特别是在发动机工作结束时，这也可能会形成上述碳球。另外，韩杰才[11]等人认为，在这种高温高压燃气环境中，碳相也会发生非平衡氧化，形成类似于中间相的球形碳。

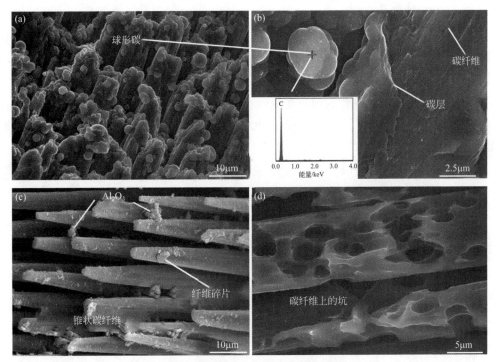

图 7-24　收敛段和喉部碳纤维的形貌[1]

(a)、(b) 球形碳；(c)、(d) 氧化烧蚀

由于缺少了 SiC 基体的保护，收敛段和喉部区域内碳纤维必然受到严重氧化烧蚀。在喷管喉部区域，虽然燃气温度和压强有所降低，但喉部通道面积狭小，燃气密流最大，燃气与壁面材料的对流换热系数在喉部达到最大值，壁面材料与燃气的热交换最强。根据传质与传热的类比关系，对流传质系数也在此达到最大，这样传输到喷管喉部壁面的氧化性组分浓度也最高，这些因素共同加剧碳纤维的氧化烧蚀。此外，随着燃气速度增加，由燃气黏性引起的气动剪切应力所造成的机械冲刷也在喉部区域大大增强，增加了碳纤维遭受机械剥蚀的可能。因此，喉部区域碳纤维的烧蚀是氧化烧蚀和机械侵蚀共同作用的结果。

由图 7-24(c) 和 (d) 可见，喉部区域碳纤维同时存在均匀和非均匀氧化烧蚀的形貌。前者表现在纤维呈锥形（也称冰笋状），纤维表面比较平滑，这是在具有充足氧化性物质供给条件下（即扩散不受限）纤维侧面以相同速率不断氧化的结果；而非均匀氧化的纤维表面表现为随机的坑洞，是氧化性物质供给受限条件下（即扩散受限）纤维表面活性点优先氧化的结果。由图可见，有的纤维呈锥形，有的则表面布满坑洞，甚至穿孔，此外还有被剥蚀的纤维碎屑和 Al_2O_3 粒子小球黏附。对于扩散受限的非均匀氧化，碳纤维表面的活性点是氧化烧蚀首先发生的部位。这些活性点可能是纤维本身杂质或缺陷存在的部位，而非均匀氧化烧蚀则在这些本征缺陷部位形成了局部的力学薄弱区，当

受到气动剪力和 Al_2O_3 粒子冲刷作用时，这些部位发生断裂，纤维碎片也被气流带走。长此以往，形成了纤维的氧化烧蚀和机械侵蚀协同作用的烧蚀机制。

（3）C/SiC 的氧化

由于喷管收敛段和喉部表面 SiC 基体大量分解且存在球形碳黏附，故很难观察 C/SiC 氧化的特征形貌。根据前面的计算结果可知，燃气进入扩张段后不断膨胀加速，温度逐渐降低，导致喷管表面温度也快速下降。因此，SiC 分解不再重要，而氧化成为 C/SiC 主要的损伤方式。在扩张段内，伴随膨胀加速，燃气压强和对流换热系数迅速下降，但流速的增加会减薄边界层厚度而提高对流传质系数，使氧化性组分向壁面材料的输运变得容易，大大促进 C/SiC 的氧化。

由图 7-25(a) 可见，材料的烧蚀损失主要发生在与燃气接触的表层，基体和纤维部

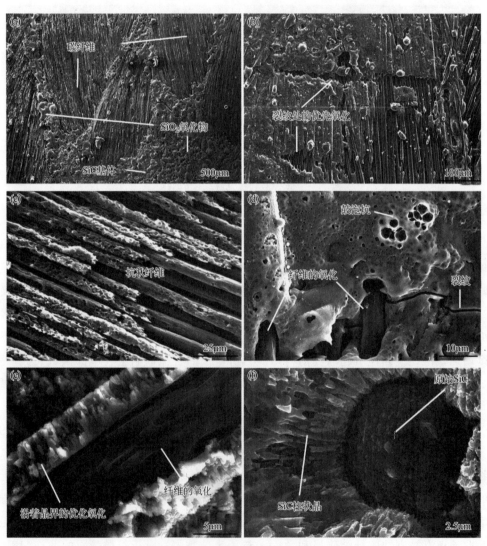

图 7-25   C/SiC 的氧化形貌[1]

（a）SiC 及其氧化物；（b）裂纹处的优先氧化；

（c）碳纤维的氧化；（d）SiO_2 表面的鼓泡坑；（e）、（f）SiC 晶界的优先氧化

分发生氧化。SiC 基体被动氧化的产物 SiO_2 黏附在 SiC 上，且从图 7-25(b) 可见 SiC 基体或涂层表面的裂纹是氧化最先开始的部位，造成该处基体和纤维的优先氧化。图 7-25(c) 给出了碳纤维的氧化形貌，可见其表面布满孔洞或变细变尖。放大观察 [见图 7-25(d)] 可见，SiC 基体上 SiO_2 膜表面形成大量坑洞，这是氧化过程中 SiC/SiO_2 界面反应[12,13]造成。界面反应生成的气相产物聚集形成气泡，在扩张段较低压强的情况下能够突破外压向外鼓泡，从而在 SiO_2 膜层上留下泡状坑。在用 HF 溶液清洗后，进一步放大观察如图 7-25(e)、(f) 所示，可见纤维和基体间的热解碳界面优先氧化消失，碳纤维氧化变细，SiC 颗粒受到侵蚀，内部柱状晶粒暴露出来。从颗粒形貌来看，SiC 晶粒形貌与图 7-23(c) 中 SiC 分解后留下的柱状晶粒形貌类似，说明晶界也是氧化优先发生的部位；但单个棒状晶粒表面没有发现如图 7-23(c) 中所示的坑洞沟槽等侵蚀特征，一方面证明了这里 SiC 所处的条件较前者缓和，另一方面也说明晶界的活性高于单个晶粒，总是优先受到侵蚀。

　　SiC 基体除了在直接与燃气接触的烧蚀表面上发生被动氧化外，在与烧蚀表面紧邻的烧蚀次表面内也存在被动氧化和一定程度的主动氧化，而且烧蚀表面的 SiO_2 熔体也对次表面有所渗入。图 7-26(a) 是切除烧蚀表层后复合材料内部形貌，可见碳纤维没有受到氧化烧蚀，束间孔隙内存在较多氧化物，说明束间孔隙成为氧化性物质向复合材料内部扩散的通道，束间 SiC 基体存在不同程度的氧化，但对碳纤维形成了有效的氧化防护。此外，烧蚀表面产生的 SiO_2 和 Al_2O_3 等熔融物也可能渗入这些孔隙，见图 7-26(b)。根据所处温度、压强和反应物浓度的环境差异，束间 SiC 基体同时存在被动氧化 [图 7-26(c)] 和

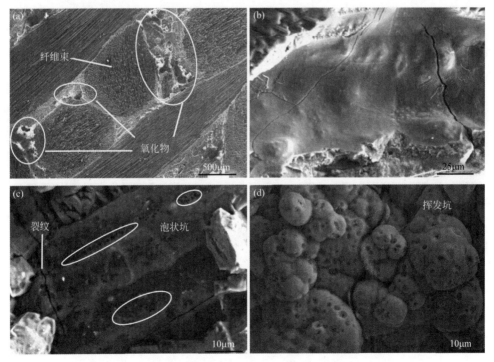

图 7-26　烧蚀次表面内 SiC 的氧化形貌[1]

(a) 氧化物分布；(b) 氧化物熔体渗入烧蚀次表面；
(c) SiC 的被动氧化和泡状坑洞的形成；(d) SiC 的主动氧化和侵蚀坑的形成

主动氧化［图 7-26(d)］。前者在 SiC 表面生成 SiO_2 膜的同时也在氧化膜内部生成气泡，机理与图 7-25(d) 相同；后者则是由于温度较高但物质浓度较低而产生。

（4）C/SiC 的腐蚀

通常将前面 H_2O 和 CO_2 对 C/SiC 的腐蚀情况归入氧化，主要是考虑到这些组分都是含氧物质，且反应产物也是含氧化合物。下文将讨论的腐蚀专指无氧物质对复合材料的侵蚀，特别是对 SiC 基体的腐蚀，因为碳纤维相对稳定。

采用复合固体推进剂的火箭燃气中具有腐蚀性的无氧物质主要有高浓度的 HCl 气体等含 Cl 非金属组分和 Na、K 等碱金属杂质。Gogotsi[14] 研究发现，HCl 会腐蚀 SiC 并在 SiC 表面生成游离碳层，这种碳可能是石墨或者四面体结构。对于碳纤维，外来的碱金属杂质与其本身存在杂质同样通常会加速所在部位的优先氧化。对于 SiC 基体，上述几种无氧杂质都会对其产生腐蚀，即使很少量也会在高温下对 SiC 基体产生腐蚀作用[15]。此外，金属燃烧室壳体在火箭高温燃气中工作时也会退化，在燃气中引入 Fe 等金属杂质。SiC 在与过渡金属元素 Fe 接触时，在 800℃ 左右就会发生分解[16]。除了直接与 SiC 发生反应造成 SiC 分解腐蚀的结果外，这些杂质还会通过进入 SiC 氧化产物 SiO_2 的网络结构中，产生非桥接键，使 $[SiO_4]_n$ 结构更为开放，还会降低 SiO_2 熔体的黏度，促进氧化腐蚀过程深入发展。

由图 7-27(a)[1] 可见 SiC 颗粒受腐蚀发生破裂，可能是 Fe 直接作用导致其分解。放大观察可见颗粒内部或周围的 SiO_2 层也出现龟裂，见图 7-27(b)。根据 EDS 分析结果并

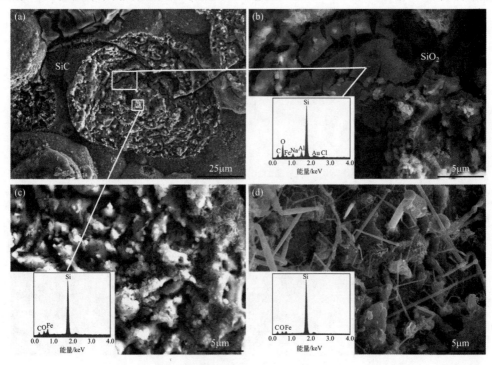

图 7-27 SiC 基体腐蚀形貌及元素分析[1]

(a) SiC 腐蚀形貌；(b)、(c) 将图 (a) 放大观察到的含杂质产物；(d) Fe 催化生长的纳米晶

结合前人研究成果，推断 SiO_2 层龟裂的主要原因是 Na、Fe 等杂质进入 SiO_2 破坏了硅氧四面体网络结构，以致无法形成致密连续氧化膜，也削弱了其对 SiC 的保护作用。图 7-27(c) 和 （d） 给出了 SiC 颗粒遭到 Fe 腐蚀的结果，可见 Fe 杂质侵蚀 SiC 晶粒，生成亮色粒状或絮状腐蚀产物。由图 7-27(d) 可见 SiC 颗粒内部萌生出纳米尺寸的针状晶，晶体头部为小圆球，可能是 Fe 杂质催化生长的纳米晶。

7.2.2　三维编织 C/SiC 液体火箭喷管模拟验证

本节验证了 3D C/SiC 在液体火箭喷管内流燃气环境中的烧蚀行为。试验采用前述液氧-酒精燃气发生器作为液体火箭模拟装置，分别产生不同温度、不同压力、不同流速、不同组分的多相流燃烧产物。

7.2.2.1　宏观形态

图 7-28[1] 为试验后各喷管的宏观形貌 （见文后彩插）。由此可见，烧蚀程度随燃气理论温度升高而加重，扩张段表面白色玻璃态物质的量也随之增多，经分析确定这些白色物质为 SiO_2。喷管 CSC♯（即 CSC+数字）为喷管编号。喷管 CSC2、CSC5 和 CSC9 烧蚀较为严重，喉部留下疏松多孔的碳纤维骨架。在低温条件下，烧蚀表面仅出现少量的棕黄色氧化膜和零星的彩色氧化膜，且均出现在涂层缺陷处，如 1760K 时的喷管 CSC6。随温度升高，蓝色氧化膜的量逐渐增加，棕黄色氧化膜的量逐渐减少，如喷管 CSC8；当温度进一步升高时，白色氧化膜出现，并随温度升高而增加，最后形成"成片"或"成块"的氧化层，如喷管 CSC10、CSC7、CSC9、CSC2 和 CSC5。此外，喷管

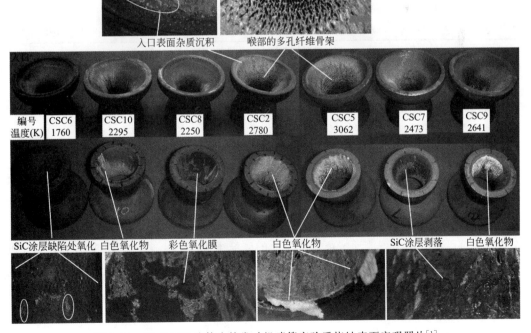

图 7-28　3D C/SiC 液体火箭发动机喷管实验后烧蚀表面宏观照片[1]

CSC7 和 CSC8 扩张段表面还可观察到 SiC 涂层和氧化膜的剥落现象，这可能是因为氧化膜自身强度及其与 SiC 涂层的结合强度较低，在试验结束后的降温过程中受到碳纤维束张应力作用而产生的。另外，在喷管入口处观察到一些玻璃态物质，可能是杂质元素进入氧化物所造成。

为具体分析燃气参数（包括主要组分分压 p、燃烧室压强 p_c、燃烧温度 T_c、喉部速度 V_t）与喉部平均线烧蚀率的作用关系和相关程度，这里计算了各个喷管内燃气参数及其与喷管喉部线烧蚀率的相关系数 R，如表 7-1[1] 所示。可见，线烧蚀率与燃气组分中 H_2O 和 CO_2 的分压存在显著相关性，而与 CO 分压相关性弱一些；与燃气温度和压强存在高度相关性，与燃气速度相关性较弱。由此可以确定，燃气组分中 H_2O 和 CO_2 分压、燃气温度与压强对喷管喉部线烧蚀存在重要贡献，CO 分压和喉部燃气速度也有所贡献。随着这些因素水平的增大，喉部烧蚀率增加。而与 H_2 分压的负相关性说明燃气中 H_2 的存在能抑制烧蚀。

表 7-1　喷管喉部平均线烧蚀率与燃气参数的相关分析[1]

喷管	主要组分分压/10^5 Pa				p_c/MPa	T_c/K	V_t/(m/s)
	p_{H_2O}	p_{CO_2}	p_{CO}	p_{H_2}			
CSC6	2.91	0.88	5.30	6.36	2.82	1760	991
CSC8	4.23	0.96	5.28	5.13	2.83	2250	1069
CSC10	4.29	0.96	5.18	4.92	2.78	2295	1075
CSC7	4.96	1.08	5.32	4.64	2.89	2473	1096
CSC9	5.42	1.18	5.09	3.97	2.82	2641	1120
CSC2	5.84	1.30	5.06	3.66	2.85	2780	1124
CSC5	8.21	2.05	5.66	3.22	3.44	3062	1140
R	0.9891	0.9840	0.7289	$-$0.8995	0.9252	0.9772	0.8783

7.2.2.2　微观结构

（1）氧化层形态

首先观察到的是烧蚀表面多样的 SiO_2 熔体流动形态，如图 7-29[1] 所示。可以看到 SiO_2 熔体在喷管不同部位具有不同的形态特征，在喷管入口处 SiO_2 熔体能比较完整的覆盖于复合材料表面，对复合材料内部仍具有一定的保护功能 [见图 7-29（a）]，但熔体表面和内部仍有大量孔洞，这种特征一直保留到收敛段上游 [见图 7-29（b）]。这可能是由于燃气发生器金属部件等劣化产生 Na、Fe 等杂质元素，而这些杂质离子会破坏 SiO_2 的网络结构并在 SiO_2 熔体内部和表面形成各种缺陷。图 7-29（b）同时表明，SiO_2 熔体在收敛段上游已经开始出现流动特征，将下面的碳纤维束暴露出来，从而丧失了对碳纤维的保护功能。在收敛段下游和喉部 [见图 7-29（c）、（d）] 可以观察到，碳纤维束暴露的越来越多，SiO_2 熔体保留得越来越少，且大多滞留在纤维束间孔隙处，而纤维束表面很少。进入喷管扩张段 [图 7-29（e）、（f）]，又观察到大量 SiO_2 熔体，流动前锋逐渐钝化，最后停滞堆积在扩张段下游。

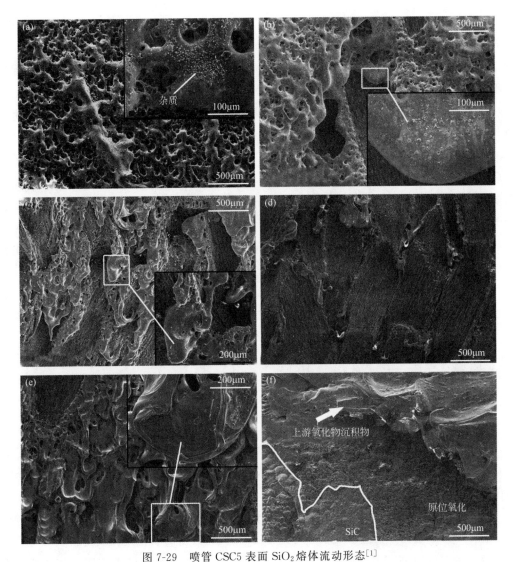

图 7-29　喷管 CSC5 表面 SiO$_2$ 熔体流动形态[1]

(a) 喷管入口处；(b) 收敛段上游；(c) 收敛段下游；(d) 喉部；(e) 扩张段上游；(f) 扩张段下游

　　SiO$_2$ 熔体流动形态差异，主要取决于熔体本征特性和外部剪切力两个因素，前者是指由温度和化学组成决定的熔体黏度，后者则是由黏性燃气高速流动引起的剪切应力。Doremus[17] 根据前人数据总结得出了 SiO$_2$ 黏度与温度的可靠关系式为：

$$\eta = 5.8 \times 10^{-7} \exp\,(515400/RT)\quad(1400\text{℃}<T<2500\text{℃})$$

$$\eta = 3.8 \times 10^{-13} \exp\,(712000/RT)\quad(1000\text{℃}<T<1400\text{℃})$$

　　式中，η 为黏度，单位为 P，$1P = 0.1\ Pa \cdot s$；R 为通用气体常数；T 为温度，℃。

　　根据上面两式，可计算喷管 CSC5 表面的 SiO$_2$ 黏度。SiO$_2$ 的软化黏度约 $10^{7.6}$ P（3.98×10^{6} Pa·s），对应的温度约 2000K，在有水、酸、金属等杂质情况下，软化温度会降低 150K 左右[18]。也就是说，在火箭燃气环境中，SiO$_2$ 实际黏度要比计算值低一个数量级以上。

　　在喷管 CSC5 中，虽然从喷管收敛段到喉部区域，燃气温度逐渐下降，但喉部以上温度降低不显著，而且随着对流换热的增强，材料表面温度逐渐升高。因而，从喷管入口开始 SiO_2 黏度便迅速下降，进入喉部以前便达到最低。而在此区域内，黏性燃气带来的壁面剪切应力却迅速增大，极大促进了 SiO_2 熔体向喷管下游流动，导致 SiO_2 的保留量不断减少，如图 7-29(b)～(d) 所示。特别是在喉部区域，SiO_2 的低黏度和燃气的高剪切应力共同加速了 SiO_2 熔体的流失，缺少了 SiO_2 的保护，碳纤维完全暴露在恶劣的氧化性燃气中，最终使喉部产生较大的烧蚀量。

图 7-29(e) 和 (f) 表明，喷管扩张段堆积了大量 SiO_2 熔体，这是因为燃气进入扩张段后温度逐渐下降，SiO_2 熔体黏度缓慢增大，直到喷管出口处才开始迅速增大；而壁面剪切应力在喉部以下的扩张段上游达到最大值后，才迅速降低。大体上来说，在扩张段大部分区域，随着黏度和燃气壁面剪切应力不断降低，从喷管上游而来的大量 SiO_2 熔体流动性逐渐变差，黏附在喷管扩张段表面，再加上扩张段原位生成的 SiO_2 膜，为扩张段复合材料起到了共同保护的作用。

此外，从喷管出口存在 SiO_2 块体来看，一部分 SiO_2 熔体已经离开喷管壁面。所以，上述观察到的不同形态的 SiO_2 玻璃体应是试验结束后冷却过程中熔体继续流动直到滞留凝固所得，但由此可以推测真实烧蚀过程 SiO_2 的熔融流动行为。

(2) SiC 的氧化烧蚀

本试验中，液体火箭高温燃气富含氧化性组分 H_2O 和 CO_2，以及少量分子和游离氧。因而，SiC 涂层和基体在与燃气接触过程中迅速发生被动氧化，生成大量 SiO_2，前文已经述及。

首先，以喷管 CSC6 为例讨论一下 SiC 表面氧化膜的形成及氧的扩散。之所以选择喷管 CSC6，是因为其他几个喷管试验条件较恶劣，生成的 SiO_2 损失较多，而喷管 CSC6 的试验温度和壁面剪切应力都较低，生成的 SiO_2 不会软化，更不会流失。

图 7-30[1] 展示了喷管 CSC6 表面 SiC 的氧化特征（见文后彩插）。可见，虽然试验时间仅有 6s，SiC 表面却已经形成了厚度约 $1\mu m$ 且较为致密的氧化膜。氧化膜表面存在裂纹，这可能是在试验结束后的冷却时形成。EDS 结合 XRD 分析结果表明，氧化膜是含 Si、O 两种元素的非晶态物质。烧蚀表面的 XPS 分析结果表明，Si 2p 的结合能有两个峰，峰位分别为 103.19eV 和 101.86eV，原子含量分别为 82.4% 和 17.6%。原始 SiC 中 Si 2p 的结合能为 100.4～101.0eV，SiO_2 中 Si 2p 的结合能为 103.0～103.4eV[19-23]。由此推测，Si 2p 结合能的两个峰都来自 Si 的氧化物，前者对应于 SiO_2，含量高，说明氧化膜的主要成分可能是 SiO_2；而后者可能是 SiC 氧化过程中生成的非化学计量比的 SiO_x 或 SiC_xO_y 型过渡化合物。

在图 7-30(a) 和 (b) 中还可观察到，氧化膜表面存在大量泡状坑洞，这是 SiO_2/SiC 界面反应的结果。此外，这些坑洞大多出现在颗粒之间的颈部，可能是由于颈部凹面的蒸气压小，界面反应生成的气体易于向此处扩散并鼓出。这种现象在喷管 CSC8 和 CSC10 的喉部区域也能观察到，但在其他几个喷管中，这种现象大多出现在扩张段。这是因为，随着温度的升高，SiO_2/SiC 的界面反应越加显著，界面气相压力就越大，发生鼓泡并形成洞的概率和数量就越多。然而，当温度进一步升高，喉部生成的低黏度 SiO_2

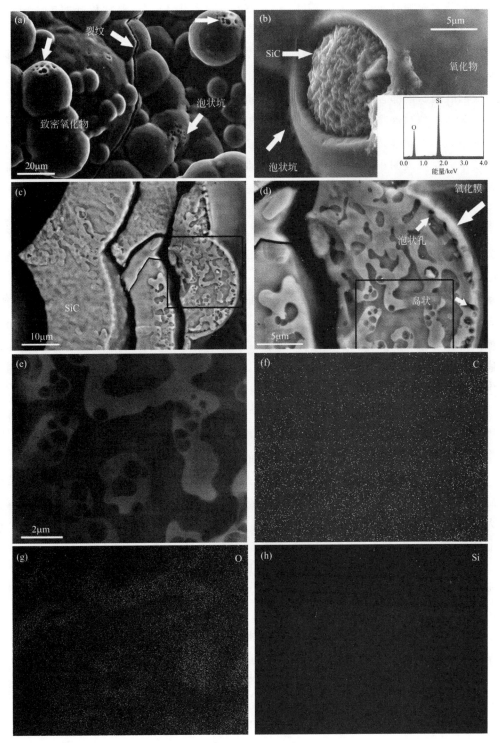

图 7-30　SiC 表面氧化膜的形成和氧的扩散[1]

（a）氧化膜；（b）氧化膜剥离；（c）SiC 涂层截面；（d）图（c）矩形区域的放大；

（e）图（d）矩形区域的放大；（f）～（h）图（e）中 C、O、Si 元素分布图

熔体大部分流向喷管下游，不再发生 SiO_2/SiC 的界面反应。在温度较低的扩张段，这种界面反应再次出现在原位生成的氧化膜与其下层的 SiC 界面上。

在喷管 CSC6 喉部中心取径向截面观察，如图 7-30(c) 和 (e)。可以看到，大部分孔洞出现在 SiO_2/SiC 的界面附近，部分位置的 SiO_2 膜截面存在缺口，这是内部气泡鼓出造成的破裂。内部各层 SiC 截面均呈现出亮色的岛状形貌，岛的数量从外向内逐渐递减且大多存在坑洞（暗色的），小岛周围的灰色区域为呈通道状。对最外面 SiC 颗粒截面上的小岛放大观察，如图 7-30(e) 所示，并分析整个区域的元素分布，如图 7-30(f)～(h) 所示。结果表明小岛上的氧元素含量比周围区域显著高，碳元素含量也较高，而硅元素含量的差异不明显。前文已经说明烧蚀表面氧化膜中可能存在非化学计量比的 SiO_x 或 SiC_xO_y 型过渡物质，因此推测这些小岛也可能是 SiC 的某些过渡氧化物。

由于在表层 SiO_2 以下的 SiC 内部，这些小岛所代表的物质中氧元素的含量应该比表层氧化物中的氧含量少。由此推断，小岛周围的灰色区域是氧化反应过程中气体物质扩散的通道。由于进入表层 SiO_2 以下的反应物很少，只能发生主动氧化反应。推测 SiC 的主动氧化反应过程为：外层 SiO_2/SiC 的界面反应首先为氧化性组分向内扩散打开通道，随着数量不多但源源不断的反应物扩散进入，SiC 的通道壁面将发生主动氧化反应而不断被消耗。壁面的消耗扩大了通道的容积，在维持氧化反应进行的同时，也不断增加扩散通道的分支数量，最终形成这种岛状形貌。由于氧化性组分浓度很低，反应过程中除了生成气体物质外，也可能生成过渡型的非计量比的 SiC_xO_y 物质。后者最终形成小岛，而前者一方面均匀消耗通道壁面 SiC 外，另一方面也在小岛上造成非均匀的过渡侵蚀，形成局部的坑洞。

前文已经述及，由于烧蚀表面覆盖较多的 SiO_2，为了彻查 SiC 氧化烧蚀后的结构特征，采用 40%（体积分数）HF 溶液清洗以去除 SiO_2。之后的观察发现：在喷管收敛段上游和扩张段下游，SiC 的烧蚀主要发生在表面涂层；而在收敛段下游-喉部-扩张段下游的大部分区域，SiC 的烧蚀已经深入到复合材料内部的基体。图 7-31[1] 就展示了 SiC 烧蚀的这种微观差异。

图 7-31(a) 为喷管收敛段上游 SiC 涂层烧蚀形貌，可见涂层 SiC 颗粒仅有部分位置出现烧蚀，烧蚀部位的 SiC 棒状晶粒缺失，晶界有明显的孔洞。在喷管收敛段上游，由于边界层较厚，氧化烧蚀反应大多仅限于表面 SiC 涂层，且燃气对壁面的剪切力较小，SiO_2 得以原位保留在 SiC 表面，抑制了氧化烧蚀的深入。在 SiC 多晶颗粒中，晶界通常是杂质和玻璃相的聚集区域，其发生化学反应的活化能较低，是多晶颗粒中的反应活性点。因此，氧化烧蚀反应首先从晶界开始，随后氧化性组分沿着晶界向内扩散，同时与接触的 SiC 晶粒发生反应，不断消耗 SiC。

图 7-31(b) 为喷管扩张段下游的 SiC 涂层形貌，可见只有表层 SiC 涂层上存在可见但数量较少的烧蚀坑，而次层 SiC 涂层的烧蚀仅出现在表层 SiC 涂层损失较多的烧蚀坑内。如前所述，扩张段下游存在丰富的高黏度 SiO_2，其特殊的双层结构——内层为原位生长的致密氧化膜，外层为上游流动而来形成的大片厚膜，共同构筑了氧化性组分扩散的阻挡层，使氧化烧蚀仅发生在极为有限的区域。

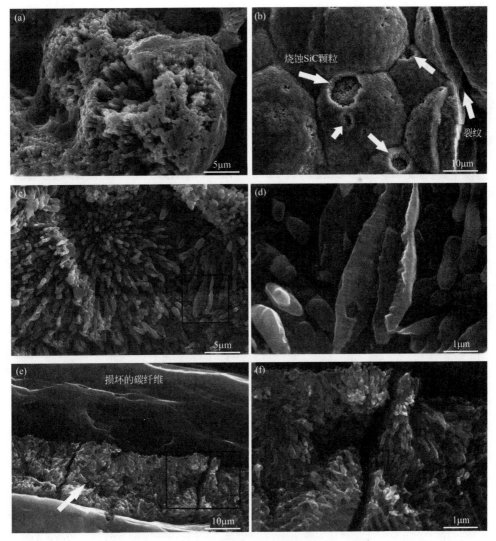

图 7-31　SiC 烧蚀特征[1]

（a）收敛段上游 SiC 涂层；（b）扩张段下游 SiC 涂层；（c）喉部束间 SiC 基体；（d）图（c）矩形区域的放大，
柱状 SiC 纳米颗粒；（e）喉部束内 SiC 基体；（f）图（e）矩形区域的放大，柱状 SiC 纳米颗粒

（3）碳纤维的氧化烧蚀

　　图 7-32[1]所示为碳纤维的烧蚀形貌。前文已经说明，SiO$_2$ 在收敛段上游已经逐渐开始流动，使碳纤维暴露出来并遭到氧化烧蚀，如图 7-32（a）所示。由于此处 SiO$_2$ 流失的还不甚多，且收敛段内燃气边界层较厚，氧化性组分不易扩散至反应物，碳纤维的氧化烧蚀受氧化性组分的扩散控制，因而烧蚀过程主要发生在纤维表面的活性点，从而形成类似点蚀的形貌特征。

　　同样，为了进一步观察碳纤维烧蚀后的结构特征，采用 40％（体积分数）HF 溶液清洗试样去除表面 SiO$_2$ 之后，观察发现，烧蚀表面为不平坦的坑，原先存在大量 SiO$_2$ 的部位呈现较大的坑，如图 7-32（b）。这些部位是纤维束编织的束间孔隙，本身沉积的 SiC 基体较少，这说明试验过程中 SiO$_2$ 熔体流动并滞留在这些孔隙内。放大观察可见，

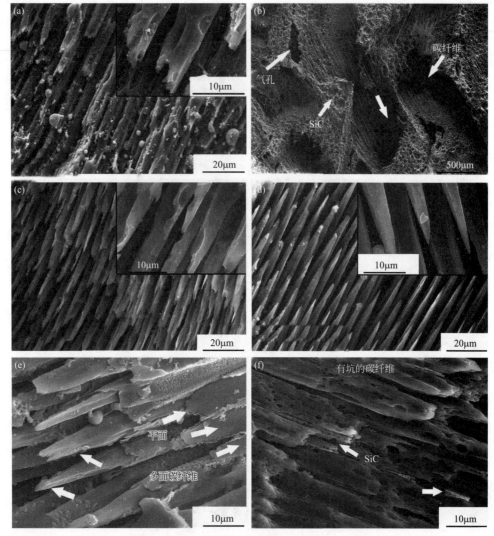

图 7-32　碳纤维的烧蚀形貌[1]

（a）收敛段上游；（b）收敛段下游；（c）收敛段下游放大；（d）喉部及附近区域；（e）扩张段上游；（f）扩张段下游

大部分纤维已经开始出现显著烧蚀，大多数纤维前端变细变尖，说明纤维表面出现了等速的消退，即扩散已经不再是烧蚀过程进行的障碍。但是，在部分纤维前端也观察到烧蚀的坑洞［见图 7-32(c)］，这是局部优先烧蚀的结果。因此，碳纤维在喷管收敛段下游的烧蚀过程大体上处于扩散控制机理向动力学控制机理转变的阶段。

喉部及附近区域的碳纤维普遍烧蚀严重，形成针状形貌，如图 7-32(d) 所示。这个区域内，不断增大的燃气速度显著减薄了边界层厚度，为烧蚀反应的进行提供了充足的氧化性反应物。虽然燃气温度有所降低，但不断增大的对流换热提高了喷管表面的温度。原来暴露的纤维和界面碳相迅速优先烧蚀，使纤维头部变细变尖，打开了氧化性物质沿纤维轴向扩散深入的通道。在 SiO_2 迅速流失后，碳纤维失去了对氧化物质扩散的屏障。进一步的烧蚀在整个纤维表面以几乎相同的反应速度持续推进，使纤维侧面也以近乎相等的速率消退，并最终形成纤维细长如针的形貌。

除了氧化烧蚀形成针状形貌外，扩张段上游的碳纤维还出现了如图 7-32(e) 所示的烧蚀形貌。碳纤维前端形成与其轴向斜切的光滑小平面，部分纤维前端则形成多面体，而不同于喉部区域纤维所具有轴对称的针尖状形貌，这可能与机械侵蚀有关。因为在扩张段上游，燃气动压和对壁面的剪切应力都达到最大，会对本征脆性的碳纤维造成机械剥蚀。

最后在已除去 SiO_2 的扩张段下游再次观察到碳纤维表面布满坑洞的点蚀状形貌，并且纤维之间还有残留的 SiC 基体，如图 7-32(f) 所示。这说明，此处的碳纤维在一定程度上得到了 SiO_2 的保护。扩张段下游表面具有丰富的高黏度 SiO_2，内层的 SiO_2 为原位生长的致密氧化膜，而外层的 SiO_2 是从喷管上游流动而来黏滞堆积形成的大片厚膜。虽然扩张段边界层很薄，但这两者共同构筑了氧化物质扩散的阻挡层，为扩张段提供了充分保护。此外，原位生成的 SiO_2 膜之下还存在尚未氧化的 SiC 基体，也起到了一定程度的氧化防护作用。

7.2.3　二维叠层 C/SiC 固体火箭导流管模拟验证

本节验证了图 7-33[24] 所示的二维叠层 C/SiC（2D C/SiC）导流管在模拟固体火箭燃气流中的烧蚀行为，工作条件为：温度2800～3000℃，最大压力 21MPa，工作时间 30s。

7.2.3.1　宏观形态

试验后有颗粒状物质附着在导流管内壁，且可观察到表面有冲刷痕迹。导流管的平均线烧蚀率在气流入口处为 0.018mm/s，而在出口处为 0.032mm/s，表明其沿轴向（气流方向）不均匀，呈递增趋势。此外，线烧蚀率沿导流管径向也存在不均匀。

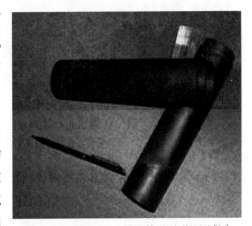

图 7-33　2D C/SiC 导流管试验前照片[24]

7.2.3.2　微观结构

图 7-34[24] 为试验后 2D C/SiC 导流管入口区和出口区的显微照片。从图 7-34(a) 可见粒子冲刷、撞击材料表面，EDS 分析表明其主要含 C、Si、Al、O 四种元素，是 SiC 氧化产物和推进剂燃烧产物的混合物。由图 7-34(b) 可见粒子冲刷后留下的凹坑。图 7-34(c) 表明在气流入口和出口处均存在纤维剥蚀现象，留下了纤维骨架。图 7-34(d) 为导流管入口处烧蚀形貌，可见 SiC 基体保护了碳纤维不被氧化烧蚀。

图 7-35[24] 给出了 2D C/SiC 导流管出口处显微照片。从图 7-35(a) 和 (b) 可见，出口处纤维严重氧化，且有纤维烧断现象，大部分纤维氧化后呈针状，纤维表面无 SiC 基体附着。比较纤维氧化程度可知，导流管出口处明显比入口处严重，说明出口处烧蚀程度严重，这解释了其烧蚀率的差异。

图 7-36[24] 给出了 2D C/SiC 导流管径向（厚度方向）截面的显微形貌。从图中可知，导流管截面的烧蚀程度随着离开气流距离增大而烧蚀程度逐渐减小。接触燃气的烧

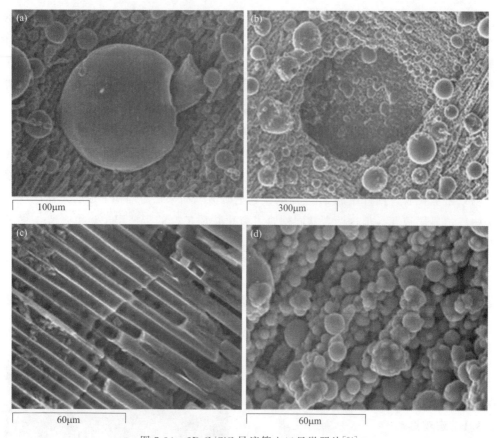

图 7-34　2D C/SiC 导流管入口显微照片[24]

（a）粒子冲刷；（b）烧蚀凹坑；（c）纤维剥蚀；（d）氧化

蚀表面存在多种吸热机制消耗大量热量，使材料温度沿径向由内壁向外壁降低，最终材料烧蚀程度也逐渐减弱。

综上所述，2D C/SiC 导流管的烧蚀机理是粒子冲刷、机械剥蚀和热化学烧蚀多种烧蚀机制共同作用。2D C/SiC 导流管能满足固体火箭发动机导流管的应用环境。

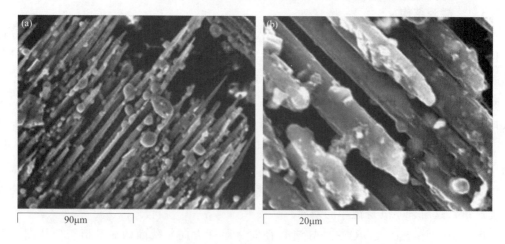

图 7-35　2D C/SiC 导流管出气口表面形貌[24]

（a）表面纤维形貌；（b）纤维氧化；（c）纤维剥蚀

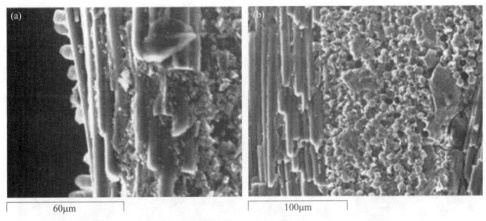

图 7-36　2D C/SiC 导流管垂直烧蚀面截面显微形貌[24]

（a）近内壁处；（b）近外壁处

7.2.4　二维叠层 2D C/SiC 固体火箭燃气舵模拟验证

本节采用电弧等离子加热设备验证了 2D C/SiC 燃气舵（图 7-37[24]）在模拟固体火箭燃气流中的烧蚀行为，燃气总温 3490K，速度 2590m/s，Al_2O_3 粒子含量 20%（质量分数），试验时间 3s。

7.2.4.1　宏观形态

试验后 2D C/SiC 燃气舵沿厚度方向层裂为两片，如图 7-38[24]所示。原因可归结为，试验开始和停止瞬间强烈热冲击作用使材料内部产生巨大的热应力，而二维叠层结构层间结合强度低，导致 2D C/SiC 燃气舵抗热震性不足和最终层裂。

2D C/SiC 燃气舵在前端沿气流方向的线烧蚀率为 1.007mm/s，沿厚度方向的线烧蚀率为 0.052mm/s，边缘沿气流方向的线烧蚀率为 0.523mm/s。可见 2D C/SiC 燃气舵沿各个方向的线烧蚀率相差比较大，其烧蚀极不均匀。

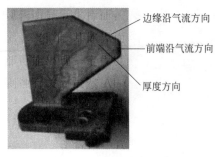

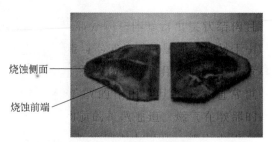

图 7-37　2D C/SiC 燃气舵试验前照片[24]　　　图 7-38　2D C/SiC 燃气舵试验后照片[24]

7.2.4.2　微观结构

图 7-39[24] 为 2D C/SiC 燃气舵前端沿气流方向显微照片，可见表面附着一层白色物质，且有明显流动痕迹。EDS 分析表明含 Si、O、C 和 Al 四种元素。推断白色物质是 SiC 氧化反应生成的 SiO_2，后者在高温下形成熔融物，一部分被高速气流冲刷走，使碳纤维暴露在气流中被氧化烧蚀，如图 7-39 所示；另一部分残留附着在材料表面形成液膜，有利于提高材料抗烧蚀性能。

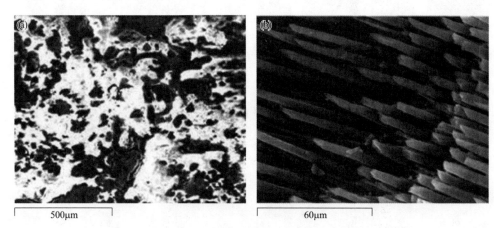

图 7-39　2D C/SiC 燃气舵前端显微形貌[24]

(a) 烧蚀表面；(b) 纤维形貌

2D C/SiC 燃气舵前端 [图 7-40(a)[24]] 和侧面 [图 7-40(b)[24]] 均有被粒子撞击后的凹坑，EDS 分析表明主要含 Si、O 和 Al 三种元素。大量高速高能固体粒子对材料强烈冲刷、撞击，使 2D C/SiC 表面温度迅速升高，加速了其氧化烧蚀。

图 7-41[24] 为 2D C/SiC 燃气舵前端和侧面的显微形貌，可见均存在机械剥蚀现象。因接触气流的表层 SiC 氧化且氧化物熔融流失，缺少保护的碳纤维在高速气流气动剪力作用下被剥蚀。

图 7-42[24] 为 2D C/SiC 燃气舵 XRD 物相分析结果。可见，烧蚀表面主要含 C、SiC、SiO_2、Al_2O_3 和 $3Al_2O_3 \cdot 2SiO_2$ 四种物质，说明 SiC 氧化反应生成 SiO_2，Al_2O_3 粒子冲刷后沉积在材料表面且与 SiO_2 反应生成 $3Al_2O_3 \cdot 2SiO_2$。

综上所述，2D C/SiC 燃气舵的烧蚀是粒子侵蚀、机械剥蚀、燃气冲刷和热化学烧蚀

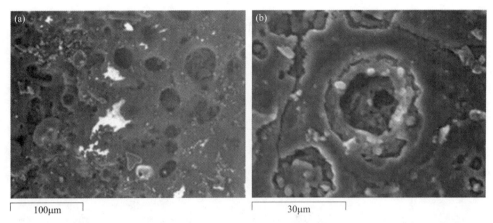

图 7-40　2D C/SiC 燃气舵粒子冲刷[24]

（a）前端；（b）侧面

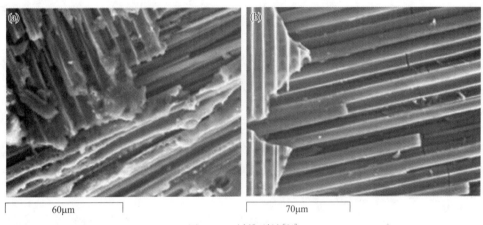

图 7-41　纤维剥蚀[24]

（a）侧面；（b）前端

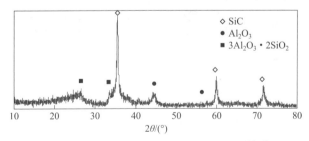

图 7-42　2D C/SiC 烧蚀组织的 XRD 图谱[24]

共同作用的结果。粒子侵蚀对燃气舵的烧蚀性能具有很大的影响，在不同方向上，粒子对燃气舵线烧蚀率的贡献不同。从 2D C/SiC 燃气舵破坏机理分析，可见其抗热震性能不足，要成功应用 C/SiC 燃气舵必须提高材料层间剪切强度和抗热震性能，其中选择三维预制体结构制作 C/SiC 燃气舵可能是一个更合适的选择。

7.2.5 三维细编穿刺 C/SiC 球头在固体火箭燃气羽流中模拟验证

本节采用固体火箭燃气射流烧蚀球头模型试件试验，验证了三维细编穿刺 C/SiC（3DP C/SiC）在固体火箭燃气羽流环境中的烧蚀侵蚀行为，模拟钝头体头锥、端头类等外防热应用部件在外流场环境所经历的烧蚀侵蚀耦合作用下的响应。

试验过程中将 3DP C/SiC 球头模型置于射流近场的核心区域，并使模型中心线和射流中心线保持准直。试验采用高温复合推进剂，燃烧室压强 7.5MPa，模型最前端距喷管出口平面 65mm，试验时间 4s。

7.2.5.1 宏观形态

试验前，3DP C/SiC 球头模型表面完整平滑，但存在一处 Z 向纤维束缺失形成的针孔缺陷，如图 7-43（a）[1] 所示。试验后，3DP C/SiC 球头模型烧蚀严重，如图 7-43（b）所示。其中，半球面被完全烧掉，烧蚀表面呈平面，有大量 Al_2O_3 沉积物，部分位置的沉积层在拆卸过程中剥落，露出碳纤维束。目视可见，烧蚀表面大体上处于同一碳纤维铺层平面内。文献[25,26]中关于 3DP C/C 的研究表明，在亚声速高压条件下，材料的剥蚀现象与试验时的驻点压力密切相关。在压力相对较小时，Z 向纤维束首先发生剥蚀，当压力升到相对较高时，碳布会发生层间剥蚀的现象；而在超音速高热流流场条件下，由于材料表面剪切力的作用，材料表面的 XY 向碳布更容易发生剥蚀。结合传热计算结果，可以推断：在实际烧蚀过程中，驻点高温区域 SiC 基体的热分解导致复合材料内部的碳纤维骨架发生严重氧化烧蚀，缺少基体保护的纤维铺层很可能发生连片逐层的剥蚀，显著增大了球头模型表面的退移；与此同时，被燃气射流加热的高温区域不断向球头模型内部推进，继续上述过程，最终产生较大烧蚀量。

图 7-43 3DP C/SiC 球头模型试验前后照片[1]

（a）试验前照片；（b）试验后照片

7.2.5.2 微观结构

SEM 照片中可清晰地观察到烧蚀表面附着大量沉积物，部分位置 Z 向纤维束和铺层 XY 平面内纤维表面沉积物发生剥落，如图 7-44（a）[1] 所示。XRD 分析［见图 7-44（b）］表明，除 Al_2O_3 沉积物外，还存在 SiO_2，并可能存在某种铝硅酸盐类物质，即熔融 Al_2O_3 可能与 SiO_2 的反应产物，但其含量较少，难以确定；而且烧蚀后碳纤维和 SiC

的衍射峰较试验前变窄变尖。由此推测，烧蚀过程中碳纤维可能进一步石墨化，而 SiC 晶体结构也可能发生了变化。进一步放大观察，可见沉积物中含有球状团聚的 Al_2O_3 粒子，和 SiO_2 冷却形成的液滴状和纺丝状的玻璃态物质，如图 7-44(c) 所示。采用 HF 溶液去除烧蚀表面的硅氧化物后，可见 Z 向纤维束和铺层纤维束之间，以及 Z 向纤维束内的孔隙也暴露无遗，如图 7-44(d) 所示。

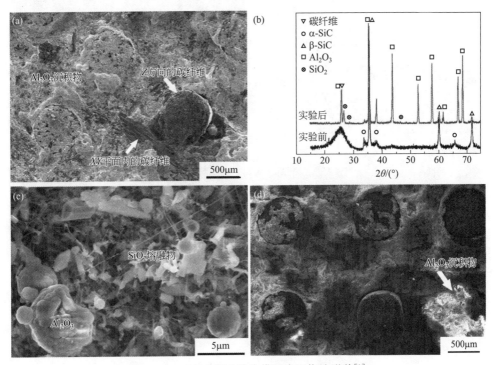

图 7-44　3DP C/SiC 球头模型表面烧蚀形貌[1]

(a) 烧蚀表面；(b) 烧蚀前后 XRD 图谱；(c) 沉积物放大；(d) HF 溶液清洗后的烧蚀表面

图 7-45[1] 为模型中心驻点区域附近无沉积物覆盖的 Z 向纤维束的 SEM 高倍照片。从图中可以看到，纤维束间没有完整的 SiC 基体，取而代之的是大量液滴状的团聚体，它们黏附在严重烧蚀而呈朽木状碳纤维的表面，如图 7-45(a) 和 (b) 所示。在采用 HF 溶液清洗后继续观察可见，纤维束间的团聚体完全消失，只在纤维头部的烧蚀坑洞中存在一些残留的杂质，而纤维表面的烧蚀坑洞也显而易见，如图 7-45(c) 和 (d) 所示。可以推断，纤维束间的 SiC 基体无法承受驻点区域的高温，发生热分解，释出的 Si 蒸气在沿纤维束间孔隙向外输运的过程中与燃气中氧化性组分发生进一步的氧化反应，反应产物可能是 SiO_2 或 SiO 气体，而后者则可能会在发动机工作结束的冷却过程中被空气继续氧化生成 SiO_2，最终形成液滴状 SiO_2 团聚体黏附于纤维表面。

图 7-46[1] 为模型边缘低温区域的 SEM 高倍照片。由图 7-46(a) 和 (b) 可以看到，Z 向碳纤维束间仍然保留了大部分层状 SiC 基体，但表面似乎也覆盖有熔融态物质，EDS 检测到其中存在氧；而纤维也出现明显的氧化烧蚀使其头部变细，烧蚀表面也存在大量坑洞和沟槽，这是氧化烧蚀与机械侵蚀共同作用的结果。前者在纤维上形成孔洞，

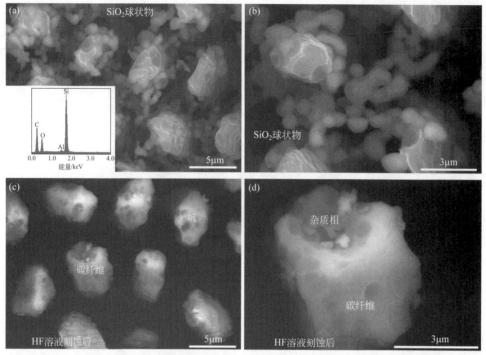

图 7-45　3DP C/SiC 球头模型驻点高温区域内 Z 向纤维束间 SiC 基体的热分解[1]

（a）纤维及黏附的氧化物；（b）图（a）的放大；（c）HF 溶液清洗后的纤维束；（d）图（c）的放大

降低了局部强度；后者则将烧蚀的纤维头部在这些薄弱区机械破坏，如此循环下去，形成图中所示形貌。经过 HF 溶液清洗后，可以看到 SiC 基体呈管状，而碳纤维头部则明显退缩至 SiC 基体壳层内，如图 7-46(c) 所示。进一步放大可以发现 SiC 基体在多次沉积过程中形成的层状结构，如图 7-46(d) 所示。这说明，除了纤维和基体之间的界面以及热解碳层会发生优先氧化烧蚀外，多层 CVI SiC 各层之间的界面也会发生优先的氧化烧蚀。此外，还可以观察到铺层内碳纤维表面黏附的 SiO$_2$［见图 7-46(e)］，这也是纤维束内 SiC 基体的氧化产物。在用 HF 溶液清洗后，烧蚀成针状的碳纤维完全暴露出来，如图 7-46(e) 所示。

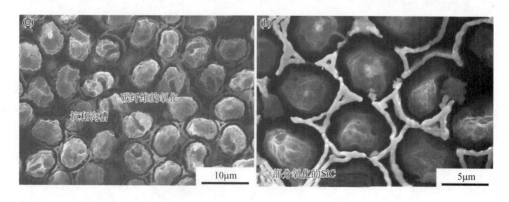

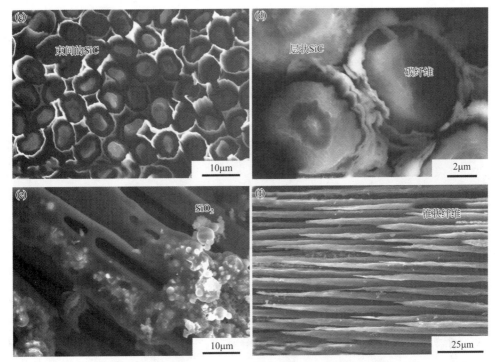

图 7-46　3DP C/SiC 球头模型边缘低温区域的氧化烧蚀[1]

（a）低倍形貌；（b）高倍形貌；（c）和（d）HF 溶液清洗后的低倍和高倍形貌；

（e）纤维表面黏附的氧化物；（f）HF 溶液清洗后的纤维形貌

7.3　UHTCMC 使役性能模拟验证

7.3.1　ZrB$_2$-SiC 改性 3DN C/C 固体火箭喷管模拟验证

本节验证了添加 ZrB$_2$-SiC 改性的 3DN C/C（3DN C/C-ZrB$_2$-SiC）在固体火箭喷管内流燃气环境中的烧蚀行为。试验采用两种典型含铝复合推进剂。

7.3.1.1　宏观形态

图 7-47[1]为 3DN C/C-0.7％ZrB$_2$-0.2％SiC 喷管 M14（喷管编号）试验后照片（见文后彩插），可见烧蚀表面没有明显沉积层。

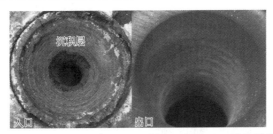

图 7-47　3DN C/C-0.7％ZrB$_2$-0.2％SiC 喷管 M14 试验后照片[1]

清除表面沉积层后对烧蚀表面产物进行分析，如图 7-48[1] 所示。可见试验后 ZrB_2 和 $ZrB(ZrC)$ 的衍射峰基本消失，但却出现了多个小峰，可能是 ZrO_2 和 SiO_2 等氧化物。

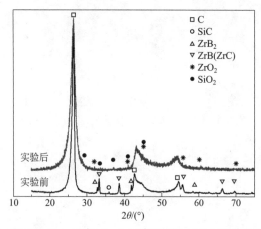

图 7-48　3DN C/C-0.7％ZrB_2-0.2％SiC 喷管 M14 试验前后物相[1]

7.3.1.2　微观结构

SEM 观察发现，改性剂 ZrB_2 和 SiC 仅部分氧化，图 7-49（a）[1]中的黑色区域为 C/C，灰色区域为 SiC 及其可能的氧化物，而亮白色区域为 ZrB_2 及其可能的氧化物。放大观察可见，杂质元素与氧化物形成熔融物质［图 7-49（b）］，可能是杂质元素与 SiO_2 熔体形成的硅酸盐，这一点可从检测到结合能为 102.64eV 的 Si 2p 电子得到证明。ZrB_2 发生氧化后生成类似烧结体的 ZrO_2 晶粒，其尺寸比原来 ZrB_2 颗粒要大，如图 7-49（d）所示。没有氧化的 ZrB_2 小颗粒被 SiO_2 熔体黏结在一起，如图 7-49（c）所示。改性剂 SiC 颗粒也发生氧化，而且氧化膜表面出现泡状孔洞，是 SiC/SiO_2 界面反应的结果，如图 7-49（e）所示。大部分碳纤维都呈现出锥状形貌，如图 7-49（f）所示。说明除了沉积层的保护作用外，改性剂也在一定程度上起到了牺牲自己保护基体的作用。但随烧蚀时间延长，含量较少的改性剂被氧化烧蚀而消耗殆尽，丧失了对 C/C 的保护功能。此外，改性剂粉体本身的团聚及不均匀分布，除了在复合材料局部产生缺陷和应力外，还在被氧化烧蚀或机械剥蚀后又扩大了这些部位的缺陷，反而加速了烧蚀。因此，改性剂的分散及其与 C/C 本体的相容性仍有待改善。

7.3.2　$MoSi_2$ 改性 3DN C/C 固体火箭喷管模拟验证

本节验证了添加 $MoSi_2$ 改性的 3DN C/C（3DN C/C-$MoSi_2$）在固体火箭喷管内流燃气环境中的烧蚀行为。试验采用高温型含铝推进剂。

7.3.2.1　宏观形态

图 7-50[1]为 3DN C/C-1.2％$MoSi_2$ 喷管 M17（喷管编号）照片（见文后彩插），可见喉部到出口有明显沉积层，出口较厚。

图 7-51[1]为 3DN C/C-1.2％$MoSi_2$ 喷管烧蚀表面的 XRD 衍射图谱，可见改性剂发生部分氧化，但是氧化烧蚀产物的物相比较复杂。通过对烧蚀表面的 XPS 分析，可知

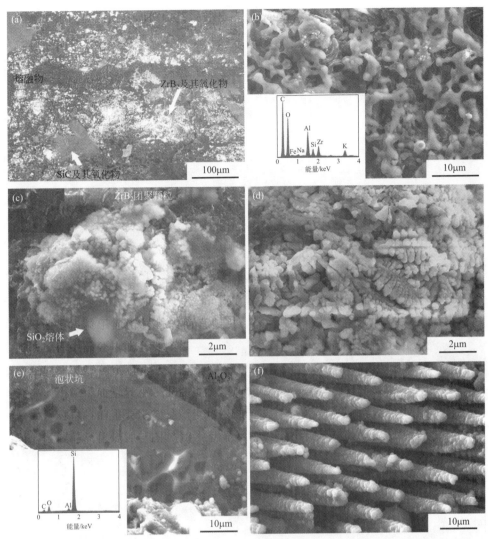

图 7-49　3DN C/C-0.7％ZrB₂-0.2％SiC 喷管喉部烧蚀形貌[1]

（a）烧蚀表面；（b）杂质引起的熔融物；（c）ZrB₂团聚体及 SiO₂熔体；（d）ZrO₂产物；（e）SiC 的氧化；（f）锥状纤维

Mo 3d 的电子能谱存在两个结合能峰 227.790eV 和 232.347eV，分别对应 $MoSi_2$ 和 MoO_3 中的 Mo。由此可以确定烧蚀表面主要产物是 MoO_3，但其他物相仍难以确定。

7.3.2.2　微观结构

喷管 M17 表面烧蚀后粗糙多孔，铺层间隙出现烧蚀沟槽，Al_2O_3 沉积物嵌入其中，如图 7-52（a）[1]所示。图 7-52（b）

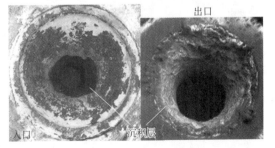

图 7-50　3DN C/C-1.2％$MoSi_2$
喷管 M17 试验后照片[1]

表明大尺寸的 Al_2O_3 粒子也会撞击材料表面形成侵蚀坑。此外，碳纤维表面出现典型的氧化烧蚀形貌 ［见图 7-52（c）］，且表面黏附有 SiO_2 小球。

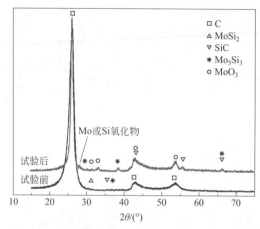

图 7-51　3DN C/C-1.2%MoSi₂ 喷管 M17 试验前后物相[1]

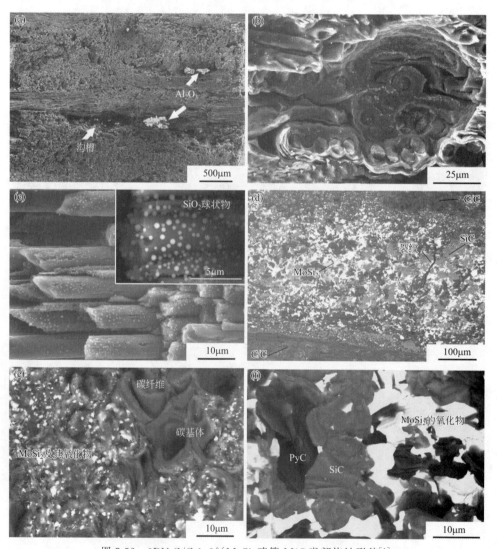

图 7-52　3DN C/C-1.2%MoSi₂ 喷管 M17 喉部烧蚀形貌[1]

（a）烧蚀表面；（b）粒子侵蚀坑；（c）碳纤维表面黏附的 SiO₂ 小球；（d）～（f）各相分布及形貌

在喷管 M17 中，几乎观察不到残留的改性剂及其氧化产物相，可能是长时间工作过程中氧化烧蚀和机械剥蚀导致改性剂损失。但在喷管 M17-0（喷管编号）中，特别是在改性剂团聚体分布的铺层间隙区域，仍然可以观察到多种相组分，如图 7-52(d)。其中黑色区域仍为 C/C，灰色区域为 SiC 及其可能的氧化物，而亮白色区域为 $MoSi_2$ 及其可能的氧化物，另有部分 $MoSi_2$ 及其可能的氧化物黏附于碳纤维头部，如图 7-52(e) 所示。在图 7-52(d) 中还可观察到贯穿改性剂区域的裂纹。放大观察改性剂团聚区域可见，PyC 片层（暗色）、SiC（灰色）和 $MoSi_2$ 氧化物（亮色）三种颜色的组分相间分布，如图 7-52(f) 所示。EDS 分析表明亮色颗粒含大量氧元素，其他两种相没有显著含量的氧元素。

7.3.3　HfC 改性 3DN C/C 固体火箭喷管模拟验证

本节验证了添加 HfC 改性的 3DN C/C（3DN C/C-HfC）在固体火箭喷管内流燃气环境中的烧蚀行为。试验采用高温型含铝推进剂。

7.3.3.1　宏观形态

本次试验后 3DN C/C-HfC 喷管出口有大量沉积，扩张段中部以上保留沉积层，厚度约 0.3 mm。清除沉积层后，喉部无可测线烧蚀量，如图 7-53[1] 所示（见文后彩插）。

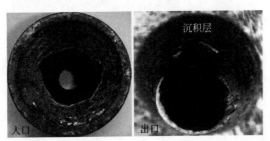

图 7-53　3DN C/C-0.7%HfC 喷管 M21（喷管编号）试验后照片[1]

图 7-54[1] 为烧蚀表面物相分析结果，可见试验后 HfC 衍射峰基本消失，出现多个 HfO_2 的小峰。烧蚀表面的 XPS 分析表明，Hf 4f 的电子能谱中存在两个峰，结合能为 17.846eV 和 19.157eV。通常 HfO_2 中 Hf $4f_{7/2}$ 的结合能高于 16.3eV [1,19,20]，说明这两个峰都来自氧化物，可能分别对应于 Hf 4f 的两个分裂能级 Hf $4f_{7/2}$ 和 Hf $4f_{5/2}$。

7.3.3.2　微观结构

SEM 观察发现，烧蚀表面存在黑、白、灰三种不同颜色的相组分，如图 7-55(a)[1]。EDS 鉴定表明，黑色区域仍为 C/C，灰色区域为 HfC 及其可能的过渡型氧化物，而亮白色区域则为 HfO_2。图 7-55

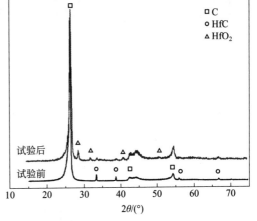

图 7-54　3DN C/C-0.7%HfC
喷管试验前后物相[1]

（b）为亮色区域放大后照片，可见 HfO_2 小颗粒似乎熔融并逐渐烧结在一起，形成珊瑚状形貌。由于 HfO_2 的熔点较高，而本试验中喷管内壁温度难以完全超过其熔点，所以 HfO_2 不能完全熔融并铺展在材料表面，但有可能在局部位置出现部分熔融，形成上述形貌。灰色区域放大后的照片如图 7-55（c）所示，可见这些白色团聚体外表粗糙，并不像原始 HfC 呈颗粒状，表面包裹的透明 PyC 层也已消失，EDS 表明这些团聚体中含有一定量的氧元素，而碳元素含量较高。另外，在团聚体间隙和周围还存在黑色的碳片层，推断这些团聚体应是发生 HfC 氧化的中间产物 HfC_xO_y，而碳片层则是氧化过程中析出且未被氧化的残留物。此外观察到，碳纤维和基体界面优先烧蚀分离，部分纤维头部出现点蚀坑形貌，可能是由于杂质或缺陷引起的优先氧化。部分纤维头部有折断痕迹，很可能是局部氧化烧蚀引起纤维头部强度下降，在气动剥蚀和粒子撞击下发生断裂所致。

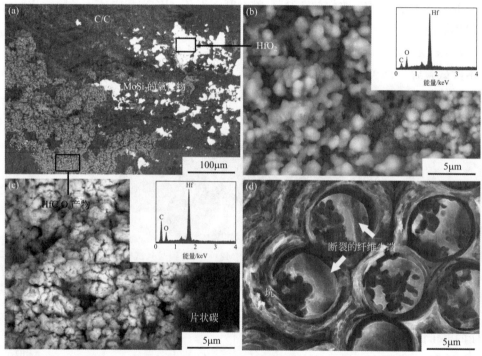

图 7-55　3DN C/C-0.7％HfC 复合材料喷管 M21 喉部烧蚀形貌[1]

（a）烧蚀表面；（b）HfO_2 熔体；（c）HfC_xO_y 产物；（d）碳纤维形貌

7.3.4　HfC-TaC 改性 3DN C/C 固体火箭喷管模拟验证

本节验证了添加 HfC-TaC 改性的 3DN C/C（3DN C/C-HfC-TaC）在固体火箭喷管内流燃气环境中的烧蚀行为。试验采用高温型含铝推进剂。

7.3.4.1　宏观形态

图 7-56[1] 为喷管 M23（喷管编号）试验后照片（见文后彩插），可见收敛段上游有少量沉积，但下游直到喉部并无沉积。喉部有显著烧蚀，使喷管内轮廓发生改变。此外

喷管内外壁均有显见裂纹沿铺层分布，试验前原始裂纹也有所扩展。

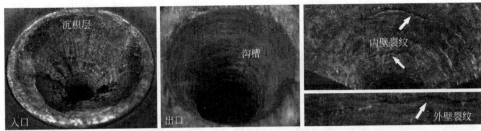

图 7-56　3DN C/C-1.4％HfC-0.6％TaC 喷管 M23 试验后照片[1]

图 7-57[1] 为 3DN C/C-1.4％HfC-0.6％ TaC 喷管烧蚀表面的 XRD 衍射图谱，可见与 3DN C/C-0.7％HfC 喷管试验后物相类似，但烧蚀产物物相仍然难以确定。对烧蚀表面的 Hf 4f 的分析表明，只有一个结合能为 17.810eV 的峰，来自于 Hf 的氧化物。而 Ta 4f 则存在两个峰，结合能为 22.828eV 和 24.939eV。前者的含量比较高，可能是 TaC 或部分氧化的 TaC，因为 TaC 中 Ta 4f 的结合能通常为 22.5～22.7eV。后者的含量较低，但要比 Ta_2O_5 中 Ta 4f 的结合能低，介于 TaC 和 Ta_2O_5 之间，因而可能是 TaC 的过渡型氧化产物，即 Ta 的碳氧化物。

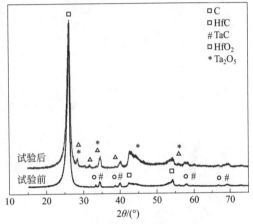

图 7-57　3DN C/C-1.4％HfC-0.6％ TaC 喷管试验前后物相[1]

7.3.4.2　微观结构

喷管表面粗糙多孔，存在烧蚀坑和烧蚀沟槽 [见图 7-58(a)[1]]，这是原有缺陷在烧蚀过程中发展的结果。大部分碳纤维都烧蚀变尖形成锥状形貌，如图 7-58(b) 所示。烧蚀表面改性剂区域仅有亮白色一种主色，但其中夹杂少量黑色相及裂纹，如图 7-58(c) 所示。

放大观察和元素分析发现，喉部附近及以上的收敛段内 Hf 和 Ta 含量较少，且 Ta 的含量比 Hf 更少。通过进一步对扩张段的对比观察发现，在扩张段下游存在较多的含 Ta 物质。这表明，含 Ta 物质从喷管上游转移到了喷管下游，甚至可能排出喷管外。HfC 的氧化物 HfO_2 熔点为 2758℃，而 TaC 的氧化物 Ta_2O_5 熔点仅有 1780℃。试验过程中，喷管温度不断升高，能轻易超过了 Ta_2O_5 的熔点。原位氧化生成的 Ta_2O_5 黏附在材料表面 TaC 颗粒周围，但随温度进一步升高，其黏度逐渐降低，在燃气剪切力作用下，这些熔融物被带离喷管，或者迁移到喷管下游。虽然这些熔体在迁移的同时会降低喷管表面温度，但由于添加物本身团聚使得这些氧化物离开后在原位置形成较大的缺陷，促使燃气在此形成局部涡流，反而加剧了此处的过度烧蚀和喷管的非均匀烧蚀。由图 7-58(d) 和（e）可见，Ta 氧化物已经完全熔融的同时也析出了大量片层碳，这些熔融物质呈现出流动迹象，而未发生完全氧化的碳化物或生成的过度物质则仍然保持团聚状态。与喷管 M21 类似，喷管表面也存在 HfC 的过度型氧化物及析出的片层碳，如图 7-58(f) 所示。

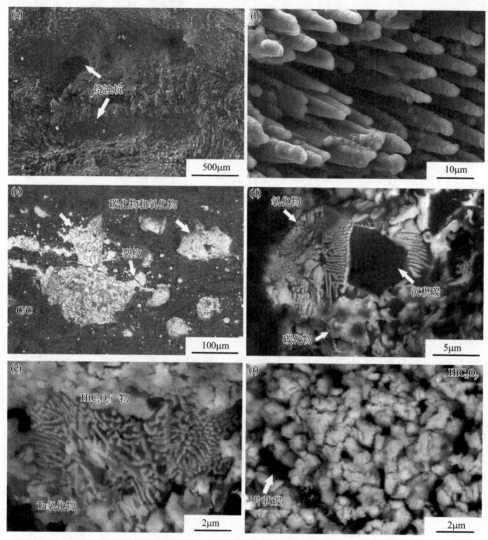

图 7-58　3DN C/C-1.4％HfC-0.6％TaC 喷管 M23 喉部烧蚀形貌[1]

(a) 烧蚀坑；(b) 锥状碳纤维形貌；(c) ～ (f) 各相分布及形貌

7.4　本章小结

本章通过对超高温结构复合材料环境性能的模拟验证及分析讨论，了解了其在典型极端环境应用中的使役行为。

C/C 在液体火箭燃气环境中的烧蚀是碳纤维和碳基体的热化学烧蚀和气流冲刷综合作用的结果，温度和氧化性介质含量决定热化学烧蚀率，压强和流速影响机械剥蚀。在固体火箭燃气环境中，C/C 的烧蚀原因可归结为：氧化性介质（高温）引起的热化学烧蚀及其与热化学烧蚀耦合侵蚀；多相流粒子冲刷引起的热机械侵蚀及其与热化学烧蚀耦合侵蚀。此外，高速、高压（高温）射流的气动侵蚀也对驻点烧蚀有显著贡献。

C/SiC 在液体火箭燃气环境中的烧蚀主要是碳纤维的氧化和 SiC 基体的氧化及其氧化产物流失所造成的。在固体火箭燃气环境中，C/SiC 烧蚀的主要原因是超高温度引起的 SiC 基体分解流失，氧化性介质引起的热化学烧蚀，多相流粒子冲刷引起的热机械侵蚀及其与热化学烧蚀耦合侵蚀。

因此，C/C 应用于超高温贫氧的固体火箭燃气环境中具有明显优势，而 C/SiC 应用于中高温富氧的液体火箭燃气环境则具有明显优势，这是因为 C/C 耐高温但不抗氧化，而 SiC 抗氧化却不耐高温，也限制了 C/SiC 的耐高温性。

在几种 UHTCMC 喷管中，超高温改性成分因其氧化消耗了部分氧化性组分确实在一定程度上起到了"牺牲自我，保护基体"的作用，但烧蚀率较大，烧蚀不均匀。这主要是因为，改性成分团聚引起孔隙或微裂纹等缺陷，产生局部烧蚀不同步现象，导致烧蚀表面粗糙度增大，最终造成局部烧蚀严重。因此，采用过渡金属难熔碳化物、硼化物（如 HfC、TaC、ZrC、HfB$_2$、ZrB$_2$ 等）对现有且技术成熟的 C/C 和 C/SiC 等复合材料进行改性时，需要特别关注其与基体材料的物理和化学相容性，这也使得 UHTCMC 的发展应更多从自生基体着手。

参考文献

［1］　陈博 . 火箭燃气中 C/C 和 C/SiC 的烧蚀行为及机理 ［D］. 西安：西北工业大学，2010.

［2］　Pu TY，Peng WZ. SEM Analysis of Ablated Carbon Felt-Carbon Composite Samples ［J］. Ceramic International，1998，24（8）：611-615.

［3］　彭维周 . 碳毡-碳复合材料烧蚀样品扫描电镜分析 ［J］. 宇航学报，1985，01：60-64.

［4］　彭维周 . 碳-碳复合材料结构特征的扫描电镜研究 ［J］. 宇航学报，1981，02：99-109.

［5］　王洋，梁军，杜善义 . 碳基材料超高速粒子侵蚀的数值模拟 ［J］. 复合材料学报，2006，23（3）：130-134.

［6］　希什科夫 AA，帕宁 сл，鲁缅采夫 BB. 固体火箭发动机工作过程 ［M］. 北京：中国宇航出版社，2006：170，220-223.

［7］　郑亚，陈军，鞠玉涛，等 . 固体火箭发动机传热学 ［M］. 北京：北京航空航天大学出版社，2006：111，204.

［8］　McCauley R. Corrosion of Ceramic and Composite Materials ［M］. 2nd Edition. NEW YORK BASEL：Marcel Dekker Inc.，2004：80-84.

［9］　Bernath PF，Rogers SA，OBrien LC，et al. Theoretical predictions and experimental detection of the SiC molecule ［J］. Physical review letters，1988，60（3）：197-199.

［10］　董捷，刘喆，徐现刚，等 . SiC 单晶生长热力学和动力学的研究 ［J］. 人工晶体学报，2004，33（3）：283-287.

［11］　Han J，He X，Du S. Oxidation and ablation of 3D carbon-carbon composite at up to 3000℃ ［J］. Carbon，1995，33（4）：473-478.

［12］　魏玺 . 3D C/SiC 复合材料氧化机理分析及氧化动力学模型 ［D］. 西安：西北工业大学，2004.

［13］　殷小玮 . 3D C/SiC 复合材料的环境氧化行为 ［D］. 西安：西北工业大学，2001.

［14］　Gogotsi Y，Jeon I，McNallan M. Carbon coatings on silicon carbide by reaction with chlorine-containing gases

[J]．Journal of Material Chemistry，1997，7（9）：1841-1848.

［15］ Jacobson NS. Corrosion of silicon-based ceramics in combustion environments［J］．Journal of American Ceramic Society，1993，76（1）：3-28.

［16］ Schiepers R，Van Loo F，With GD. Reactions between α-silicon carbide ceramic and nickel or iron［J］．Journal of American Ceramic Society，1988，71（6）：C214-287.

［17］ Doremus R. Viscosity of silica［J］．Journal of Applied Physics，2002，92（12）：7619-7629.

［18］ 小野文衛，斎藤俊仁，植田修一，等．C/C 複合材用 CVD-SiC 耐酸化膜の酸化消耗特性の研究［R］．宇宙航空研究開発機構研究開発報告，JAXA-RR-04-008，2004.

［19］ 赵良仲，刘芬，李建章，等．三维编织 C/SiC 纤维复合块材的 XPS 研究［J］．物理化学学报，2001，17（9）：802-805.

［20］ Moulder J，Chastain J. Handbook of X-ray photoelectron spectroscopy［M］．Perkin-Elmer Eden Prairi：MN，1992.

［21］ Sreemany M，Ghosh TB，Pai BC，et al. XPS studies on the oxidation behavior of SiC particles［J］．Materials Research Bulletin，1998，33（2）：189-198.

［22］ Wang P，Hsu S，Wittberg T. Oxidation kinetics of silicon carbide whiskers studied by X-ray photoelectron spectroscopy［J］．Journal of Materials Science，1991，26（6）：1655-1658.

［23］ Avila A，Montero I，Galan L，et al. Behavior of oxygen doped SiC thin films：An X-ray photoelectron spectroscopy study［J］．Journal of Applied Physics，2001，89（1）：212-216.

［24］ 潘育松．碳/碳化硅复合材料的环境烧蚀性能［D］．西安：西北工业大学，2004.

［25］ 俞继军，马志强，姜贵庆，等．C/C复合材料烧蚀形貌测量及烧蚀机理分析［J］．宇航材料工艺，2003，33（1）：36-39.

［26］ 张巍，张博明，孟松鹤，等．细编穿刺碳/碳复合材料等离子火炬高温烧蚀性能研究［J］．材料工程，2003，（5）：23-25.

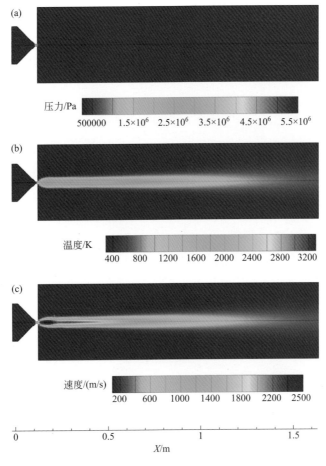

图2-39　典型SRM燃气流场参数分布[51]

（a）压强；（b）温度；（c）速度

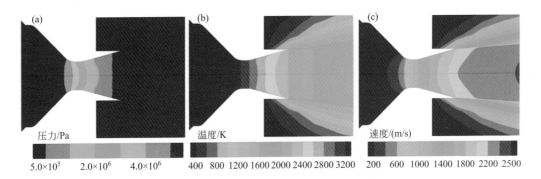

图2-40　典型SRM喷管内部燃气流场参数分布[51]

（a）压强；（b）温度；（c）速度

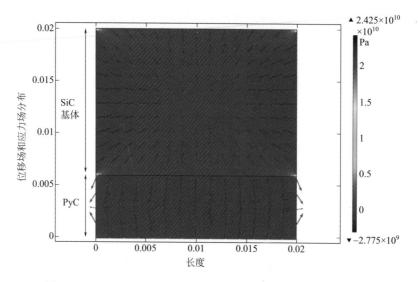

图3-15　SiC/SiC深冷温度F/M界面模型位移场有限元计算结果[14]

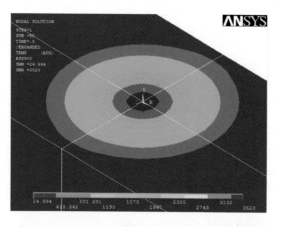

图3-26　激光功率为500W、照射0.5s时2D C/SiC表面温度场云图[27]

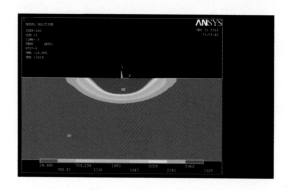

图3-43　激光功率为1000W、烧蚀0.5s时材料深度方向的温度场云图[27]

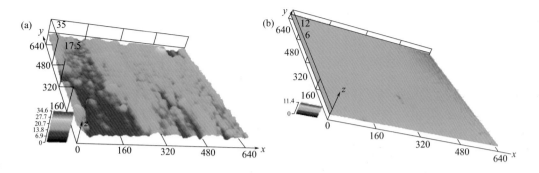

图4-3 试样抛光前后的表面3D扫描图[1]

（a）抛光前；（b）抛光后

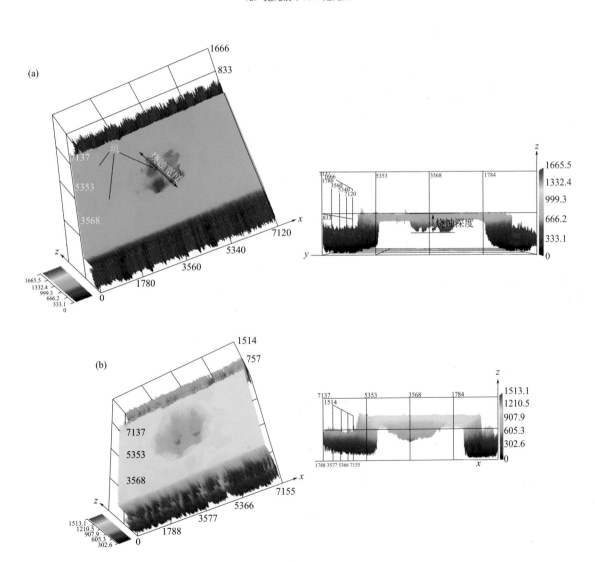

图4-18

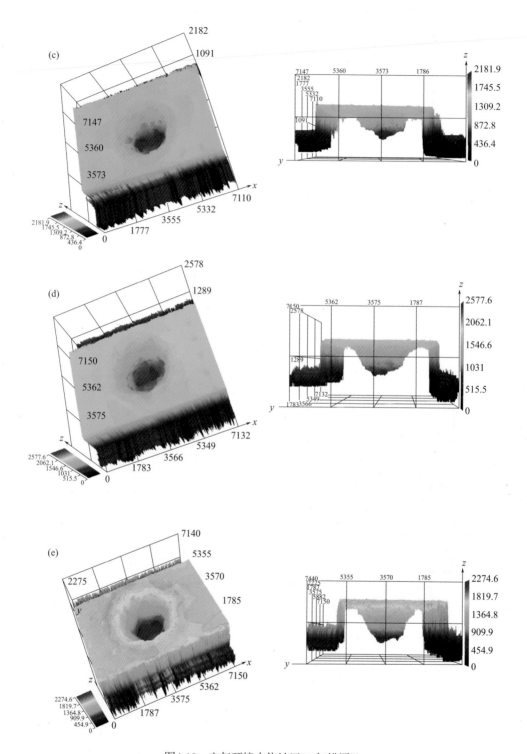

图4-18 空气环境中烧蚀区3D扫描图[1]

（a）500W；（b）750W；（c）1000W；（d）1250W；（e）1500W

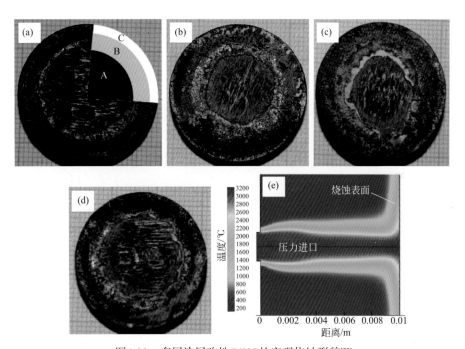

图4-33 多层涂层改性C/SiC的宏观烧蚀形貌[22]

（a）I#涂层；（b）II#涂层；（c）III#涂层；（d）IV#涂层；（e）烧蚀表面温度分布

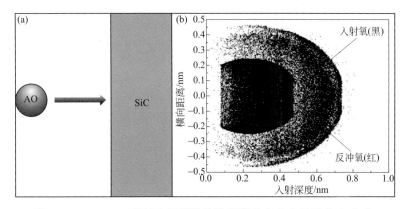

图6-22 SRIM2008蒙特卡洛模拟的模拟模型（a）和轨迹分布（b）

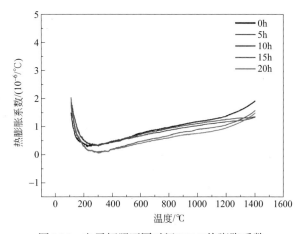

图6-35 电子辐照不同时间C/C-B热膨胀系数

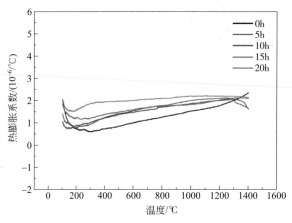

图6-43 质子辐照不同时间C/C-SiC热膨胀系数

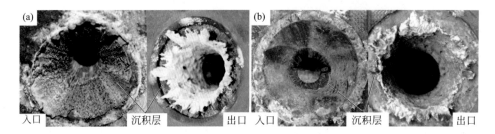

图7-1 F C/C喷管实验后宏观照片[1]

（a）NG1；（b）NG2

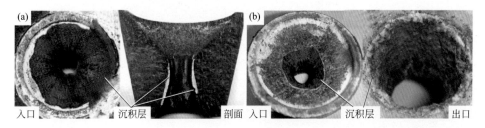

图7-2 F C/C喷管实验后照片[1]

（a）NGD1；（b）NGD3

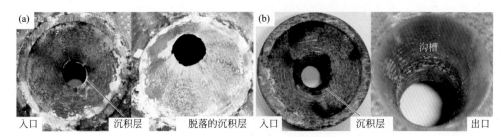

图7-10 3DN C/C喷管实验后宏观照片[1]

（a）G1；（b）G2

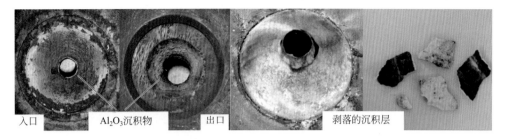

入口　　　　Al₂O₃沉积物　　出口　　　　　　剥落的沉积层

图7-11　3DN C/C喷管（GD2）低温推进剂实验后宏观照片[1]

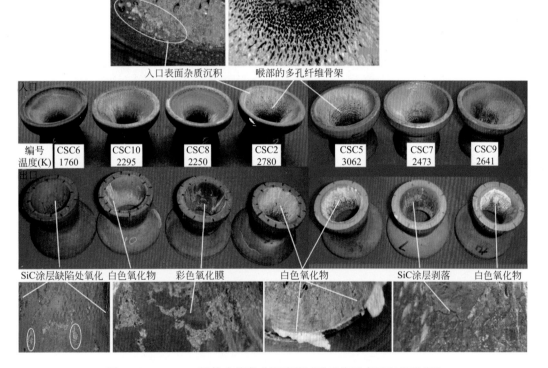

图7-28　3D C/SiC 液体火箭发动机喷管试验后烧蚀表面宏观照片[1]

图7-47　3DN C/C-0.7%ZrB₂-0.2%SiC喷管M14试验后照片[1]

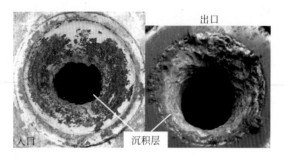

图7-50　3DN C/C-1.2%MoSi₂喷管M17试验后照片[1]

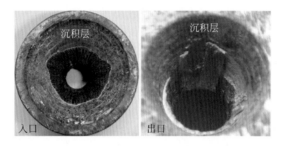

图7-53　3DN C/C-0.7%HfC喷管M21（喷管编号）试验后照片[1]

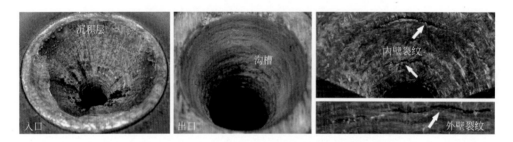

图7-56　3DN C/C-1.4%HfC-0.6%TaC喷管M23试验后照片[1]